Wolfgang Kawollek
1000 Fragen für den jungen Gärtner
Zierpflanzenbau mit Friedhofsgärtnerei

Wolfgang Kawollek

1000 Fragen für den jungen Gärtner

Zierpflanzenbau mit Friedhofsgärtnerei

69 Abbildungen

Inhalt

Vorwort

Gärtner ist ein abwechslungsreicher und anspruchsvoller Beruf. Zierpflanzengärtner kultivieren termingerecht und umweltschonend Pflanzen, setzen moderne Technik ein, bereiten Zierpflanzen marktgerecht auf, präsentieren und verkaufen sie und informieren und beraten Kunden. Friedhofsgärtner gestalten, bepflanzen und pflegen darüber hinaus Gräber und bieten umfassende Dienstleistungen auf Friedhöfen an. Entsprechend groß ist das Wissen, das beherrscht werden muss, um im Beruf erfolgreich zu sein.

Mit dem vorliegenden Frage- und Antwortbuch wurde dem Wunsch vieler Auszubildenden nach einer Sammlung von Grundfragen aus dem großen Gebiet des Zierpflanzenbaus mit Friedhofsgärtnerei entsprochen. 1000 Fragen sind auf den ersten Blick viel, doch wenn man sich etwas näher mit der Materie befasst, merkt man sehr bald, dass noch viel mehr Fragen auftauchen. Gleichwohl haben sich der Verfasser und der Verlag nach Beratung mit Ausbildern und Mitgliedern von Prüfungsausschüssen entschlossen, die nach ihrer Meinung für die Berufsausbildung wichtigen Fragen zusammenzustellen.

Den Auszubildenden soll dieses Buch ein Begleiter durch ihre Ausbildung sein und helfen, das in Betrieb und in der Berufsschule Erlernte in Erinnerung zu rufen und zu festigen. Ausbilder und Ausbilderinnen erhalten mit diesem Buch zum Mindesten eine Anleitung, wie sie das Wissen ihrer Auszubildenden prüfen können.

Es sei betont, dass mit diesem Buch keinesfalls Lehrbücher für die gartenbauliche Berufsschule sowie spezielle Fachbücher ersetzt werden können. Solche Arbeitsmittel müssen immer die Grundlage einer soliden Aus- und Weiterbildung bleiben.

Zur besseren Übersicht und um diesem Buch eine Struktur zu geben, sind die Fragen in Themenbereiche zusammengefasst, die in der Regel auf den verschiedenen Aufgabengebieten des Gärtners aufbauen. Durch diese Gliederung ist das Buch sowohl für einen ersten Überblick über die angesprochenen Themen als auch zum schnellen Nachschlagen geeignet. Innerhalb der Aufgabengebiete sind die Fragen nach Stichwörtern gegliedert. Auf diese Weise gelingt es, den Wissensstoff schnell zu erfassen; vor allem aber kann jeder sich damit selbst gut prüfen.

Möge das Fachbuch „1000 Fragen" der jungen Gärtnerin und dem jungen Gärtner helfen, ihr Fachwissen zu festigen und auf wichtige Fragen aus den verschiedenen Aufgabengebieten eine Antwort zu finden.

Kassel, im Sommer 2011 Wolfgang Kawollek

Pflanzenkunde

Pflanzensystem: Was versteht man darunter?

Eine nach der engeren oder weiteren Verwandtschaft geordnete Übersicht über alle Pflanzenarten. Es ist ein aus Kategorien bestehendes Ordnungs- und Klassifikationsschema für Pflanzen. Als Erste gaben der griechische Naturforscher und Philosoph Aristoteles (384–322 v. Chr.) und seine Schüler einen umfassenden Überblick über die damals bekannten Pflanzen und Tiere. Ihr Werk blieb das ganze Mittelalter hindurch die Grundlage für die Beschreibung und Einteilung der Lebewesen. Etwa zweitausend Jahre später unternahm der Schwede Carl von Linné (1707–1778) erneut den Versuch, Ordnung in die Fülle der inzwischen bekannt gewordenen Lebensformen zu bringen. Sein damals anerkanntes System war ein künstliches System, da er zur Unterscheidung und Einteilung der Lebewesen vornehmlich äußere, leicht erkennbare Merkmale verwendete. Es ist auf Zahl, Beschaffenheit und Verhältnis der Geschlechtsorgane begründet, ohne Berücksichtigung der natürlichen Verwandtschaft. Es wurde im Verlauf des 19. Jahrhunderts nach Aufkommen der Evolutionslehre durch das natürliche System des Pflanzen- und Tierreiches ersetzt, das von der stammesgeschichtlichen Verwandtschaft der Organismen auszugehen bestrebt ist.

Die systematische Grundeinheit ist die Art. In einer Art werden diejenigen Organismen zusammengefasst, die in allen wesentlichen Merkmalen übereinstimmen. Die nächsthöhere Einheit ist die Gattung, in der mehrere Arten zusammengefasst werden. Mehrere Gattungen bilden eine Familie, mehrere Familien eine Ordnung, mehrere Ordnungen eine Klasse und mehrere Klassen eine Abteilung.

Botanische Namen: Wozu dienen sie?

Der mündlichen und schriftlichen Verständigung der Wissenschaftler und auch Gärtner aller Länder untereinander, der genauen Bezeichnung einer Pflanze innerhalb eines Landes (z. B. gibt es für viele Pflanzen mehrere deutsche Namen), dem reibungslosen zwischenstaatlichen Pflanzenaustausch und Pflanzenverkehr und der einheitlichen Bezeichnung von Pflanzen, für die es keinen Namen in der jeweiligen Landessprache gibt.

Auf welcher Grundlage basieren botanische Namen?

Der schwedische Wissenschaftler Carl von Linné (1707–1778) begründete die bis heute verwendete wissenschaftliche Nomenklatur (Namensgebung) in der

Botanik und in der Zoologie. Für die einheitliche Benennung von Pflanzen legte er in seinem 1753 erschienenen Werk „Species plantarum" eine binäre Nomenklatur mit substantivischen Gattungsnamen und adjektivischen Artnamen fest.

Wie setzt sich der botanische Name einer Pflanze zusammen?

Aus zwei Wörtern. Das erste, groß geschriebene Wort bezeichnet die Gattung, das zweite, klein geschriebene, den Artbegriff (Epitheton). Beispiele für Artnamen sind *Picea abies* (Gewöhnliche Fichte) und *Gladiolus communis* (Gewöhnliche Siegwurz). Während der Gattungsname nur ein Wort umfasst, kann der Artbegriff gelegentlich auch aus zwei durch Bindestrich verbundene Wörter bestehen, z. B. *Capsella bursa-pastoris* (Gewöhnliches Hirtentäschel). Bei Unterarten (subsp.) oder Varietäten (var.) wird noch der entsprechende Begriff angefügt, z. B. *Fuchsia magellanica* var. *conica* oder *Gladiolus communis* subsp. *byzantinus*. Die vollständige Form des Namens nennt auch noch den Erstbeschreiber (Autorname), meist in abgekürzter Form. So lautet z. B. der wissenschaftliche Name der Moschus-Malve *Malva moschata* L. (Abkürzung L. für Linné). Im täglichen Gebrauch wird der Name des Erstbeschreibers in der Regel weggelassen.

Gattung: Was ist das?

Systematische Kategorie von Pflanzen (und Tieren), in der verwandtschaftlich einander sehr nahestehende Arten zusammengefasst werden. Diese Arten tragen dann dieselbe Gattungsbezeichnung, z. B. *Primula farinosa* (Mehl-Primel), *Primula veris* (Echte Schlüsselblume), *Primula denticulata* (Kugel-Primel) usw. In der binären Nomenklatur bezeichnet immer der erste Name die Gattung, d. h., Gattungsnamen sind Teil des Artnamens, z. B. *Picea abies* (Gemeine Fichte).

Gattungsbastarde: Was versteht man darunter?

Nachkommen aus Kreuzungen zwischen Eltern, die verschiedenen Gattungen angehören. Im Namen an einem vorangestellten × zu erkennen. Von besonderer Bedeutung im Gartenbau sind Gattungsbastarde unter den Orchideen, z. B. × *Epicattleya* (*Cattleya* × *Epidendrum*) oder × *Epidrobium* (*Dendrobium* × *Epidendrum*).

Art (Species): Was ist das?

Die wichtigste Einheit im System der Pflanzen und der Tiere (z. B. *Picea abies*). Als Grundeinheit umfasst sie die Gesamtheit der Individuen, die in allen wesentlich erscheinenden Merkmalen übereinstimmen und die Fähigkeit besitzen, untereinander unter natürlichen Bedingungen fruchtbare Nachkommen zu erzeugen.

subsp.: Was versteht man darunter?

Abkürzung für Subspezies, Unterart, früher ssp. Sie ist die wichtigste systematische Kategorie unterhalb der Art. Unterarten unterscheiden sich von der Art durch einige Merkmale und treten in der Natur stets räumlich von ihr getrennt auf. Sie bilden aber bei Kreuzung mit anderen Unterarten fertile, d. h. Samen tragende Bastarde.

Varietät: Was versteht man darunter?

Die Varietät ist eine unter der Unterart stehende systematische Kategorie.

Sorte (Cultivar): Wie wird sie definiert?

Die wissenschaftliche Bezeichnung für Sorte ist Cultivar, was übersetzt werden kann mit angebaute bzw. gezüchtete Varietät. Andere Bezeichnungen sind Kulturvarietät, Kulturform, Gartenvarietät und Gartenform. Die Sorte ist die niedrigste taxonomische Einheit der Kulturpflanzen bzw. das grundlegende Taxon der Kulturpflanzen. Nach dem offiziellen Internationalen Code der Nomenklatur der Kulturpflanzen (ICNCP) ist eine Sorte ein Taxon, das im Hinblick auf eine bestimmte Eigenschaft oder eine Kombination von Eigenschaften ausgelesen wurde. Es ist eindeutig umgrenzt, einheitlich und merkmalsstabil und behält seine Merkmale bei geeigneten Vermehrungsmethoden bei. Sorten werden nach internationalen Regeln mit einem Namen aus einer lebenden Sprache bezeichnet und durch Einzel-Ausführungsstriche gekennzeichnet (z. B. ‘Schneekönigin’).

Klon: Was versteht man darunter?

Eine Pflanzengruppe mit gleicher Erbmasse, die durch vegetative Vermehrung eines Individuums (einer Ausgangspflanze) entstanden ist. Alle Pflanzen eines Klons besitzen also denselben genetischen Fingerabdruck. Klonsorten können nicht durch Samen rein vermehrt werden. Es handelt sich praktisch bei allen Sorten, die sich nur vegetativ reinerbig weiter vermehren lassen, um Klone.

Sport: Was versteht man darunter?

Ein Sport ist eine Knospenmutation eines Klons, die andere Blüten- oder Fruchtfarben bei weitgehend identischen Wuchseigenschaften aufweist. Wenn eine Pflanze „sportet“, kann man den Sport wieder als Ausgangspflanze nutzen und vegetativ vermehren und so einen neuen Klon aufbauen. Sind die Merkmale dieses Klons homogen, beständig und von anderen Sorten unterscheidbar, kann daraus eine neue Sorte entstehen.

Synonym: Was versteht man darunter?

Bezeichnung für botanische Namen, die den Nomenklaturregeln nicht (oder nicht mehr) entsprechen. In botanischen Werken und speziellen Fachbüchern sind die jeweiligen Synonyme den gültigen Namen in Klammern ( ) beigefügt.

Beispiel: *Euphorbia pulcherrima* (Syn. *Poinsettia pulcherrima*). Grundlage hierfür ist die Prioritätsregel.

Prioritätsregel: Was besagt sie?

Regel der botanischen Namensgebung, nachdem der älteste, zuerst veröffentlichte regelmäßige Name für eine Pflanze als korrekt (legitim) anerkannt wird. Die botanischen Namen werden von Wissenschaftlern auf internationalen Kongressen, den sog. Nomenklaturkongressen, festgelegt. Gültig sind nur Namen, die den anerkannten Vorschriften der Nomenklaturregeln entsprechen. Wichtig dabei ist die Prioritätsregel (Priorität = Erstrecht), die besagt, dass nur der nach 1753 zuerst gegebene Name gültig ist, sofern er den geltenden Regeln entspricht. Später verwendete Namen bezeichnet man als Synonyme (Nebennamen), die oft hinter den gültigen Namen in Klammern oder mit der Vorsilbe syn. angeführt werden, z. B. *Sinningia speciosa* syn. *Gloxinia speciosa* (Gartengloxinie).

Zu beachten ist, dass bei der praktischen Anwendung der Prioritätsregel die Nomenklatur immer mit der Systematik (d. h. der Einteilung der Pflanzen in das Pflanzenreich) übereinstimmen muss. Mit den Nomenklaturvorschriften allein lässt sich keine sichere Entscheidung über die Zugehörigkeit zur einen oder anderen Gattung treffen. Hat aber der Systematiker entschieden, dass z. B. die Garten-Hortensie zur Gattung *Hydrangea* gehört und nicht wie Thunberg, der die erste gültige veröffentlichte Beschreibung gab, annahm, zu *Viburnum*, dann gilt nicht der älteste Name *Viburnum macrophyllum*. Aber nach den jetzt geltenden Nomenklaturvorschriften muss die älteste Artbezeichnung zu dem Namen jener Gattung gestellt werden, in die die Pflanze nach allgemeiner Auffassung gehört. Unsere Hortensie darf also nur *Hydrangea macrophylla* heißen, weil der Botaniker Seringe sie als erster korrekt in diese Gattung stellte.

Vulgärname: Was versteht man darunter?

Bezeichnung für eine Pflanze in der jeweiligen Landessprache. Beispiele: Linde für die Gattung *Tilia*, Alpenveilchen für die Gattung *Cyclamen*.

Pflanzeneinteilung: Nach welchen Gesichtspunkten kann man Pflanzen einteilen bzw. unterscheiden?

Pflanzen kann man nach sehr unterschiedlichen Gesichtspunkten einteilen, nach ihren verwandtschaftlichen Beziehungen (Familie, Gattung und Art), nach der Nutzung (Zier- und Nutzpflanzen), nach ihrer Stellung im Pflanzenreich (höhere und niedere Pflanzen), nach ihrer Lebensform, nach Art der Belaubung (immergrüne und Laub abwerfende Pflanzen), nach den Lichtansprüchen (Sonnenpflanzen und Schattenpflanzen) und vielen anderen Gesichtspunkten.

Höhere Pflanzen: Was versteht man darunter?

Die Pflanzen des Pflanzenreichs, die in echte Wurzeln, Stängel und Blätter differenziert sind. Hierzu zählen die Farn- und Samenpflanzen. Im Gegensatz dazu stehen die niederen Pflanzen.

Niedere Pflanzen: Was versteht man darunter?

Algen, Flechten und Moose werden zusammenfassend als niedere Pflanzen bezeichnet. Im Gegensatz dazu stehen die höheren Pflanzen.

Blütenlose Pflanzen: Was versteht man darunter?

Umgangssprachlich (niedere) Pflanzen, die keine Blüten bilden und deren Vermehrung meist durch Sporen erfolgt (Blaualgen, Algen, Flechten, Moose, Farne). Den Gegensatz bilden die Samen- bzw. Blütenpflanzen.

Samenpflanzen: Was versteht man darunter?

Die Samenpflanzen bilden die am höchsten entwickelte und mit über 240 000 Arten größte Abteilung aus dem Reich der Pflanzen. Allen Samenpflanzen gemeinsam ist der Aufbau aus Wurzel, Spross mit Achse und Blättern. Samenpflanzen vermehren sich geschlechtlich über männliche und weibliche Geschlechtszellen in den Blüten, aus den befruchteten weiblichen Geschlechtszellen entwickeln sich die Samen. Je nachdem, ob die Samen nur teilweise oder völlig in die Fruchtblätter eingehüllt sind, unterscheidet man traditionell Nacktsamer (Gymnospermen) und Bedecktsamer (Magnoliophytina – früher Angiospermen).

Nacktsamer (Gymnospermen): Was versteht man darunter?

Unterabteilung der Samenpflanzen. Pflanzen, deren Samenanlagen von keinem Fruchtblatt im eigentlichen Sinne umschlossen werden. Die Blüten sind immer eingeschlechtig, ein- oder seltener zweihäusig verteilt und sehr einfach gebaut, eine Blütenhülle fehlt. Es sind ausschließlich Holzgewächse mit sekundärem Dickenwachstum. Zu den Nacktsamern gehören die Palmfarne (z. B. *Cycas*), *Gnetum-*, *Ephedra-*, *Welwitschia-* und die *Ginkgo*-Gewächse sowie die Nadelgehölze.

Bedecktsamer (Magnoliophytina – früher Angiospermen): Was versteht man darunter?

Unterabteilung der Samenpflanzen. Typisch ist die Samenbildung innerhalb des Fruchtknotens, im Gegensatz zu den Gymnospermen (Nacktsamer), bei denen die Samen frei auf den Fruchtblättern liegen. Die Magnoliophytina werden in die Klassen Dikotyledonen (Zweikeimblättrige) und Monokotyledonen (Einkeimblättrige) gegliedert.

Dikotyledonen (Zweikeimblättrige): Was ist das?

Klasse der Bedecktsamer (Magnoliophytina). Die wichtigsten Merkmale sind zwei am Embryo seitenständig angelegte Keimblätter, langlebige Hauptwurzel, Blätter in der Regel netznervig, offene Leitbündel kreisförmig auf dem Stängelquerschnitt – daher sekundäres Dickenwachstum möglich.

Monokotyledonen (Einkeimblättrige): Was ist das?

Klasse der Bedecktsamer (Magnoliophytina). Die wichtigsten Merkmale sind nur ein Keimblatt am Embryo, kurzlebige Hauptwurzel, Blätter meist wechselständig, häufig mit Scheiden und ohne Stiel (z. B. Gräser), größtenteils linear oder elliptisch, parallel- oder bogennervig. Mangels Kambium kein normales sekundäres Dickenwachstum möglich.

Einjährige (annuelle) Pflanzen: Was versteht man darunter?

Krautige Pflanzen, die nur einmal blühen und fruchten und dann absterben. Sie entwickeln sich vom Keimen bis zur Samenreife im Verlauf einer Vegetationsperiode. Keimung der Samen im Frühjahr, Blühen und Fruchten im Sommer/Herbst, Überwinterung als Samen. Beispiele: *Callistephus chinensis* (Gartenaster), *Centaurea cyanus* (Kornblume), *Papaver rhoeas* (Klatschmohn).

Zweijährige (bienne) Pflanzen: Was versteht man darunter?

Krautige Pflanzen (Kräuter), die wie einjährige Pflanzen nur einmal blühen und fruchten. Im Gegensatz zu den Einjährigen entwickeln sie sich aber vom Keimen bis zur Samenreife (Pflanzen) im Verlauf von zwei Vegetationsperioden: im Jahr der Aussaat vegetative Entwicklung (oft in Form von Blattrosetten), im 2. Jahr Blühen und Fruchten, Beispiele: Möhre, Kohl, *Campanula medium* (Marien-Glockenblume), *Oenothera biennis* (Gewöhnliche Nachtkerze), *Digitalis purpurea* (Roter Fingerhut).

Perennierende Pflanzen: Was bezeichnet man damit?

Ausdauernde (perenne) Pflanzen, deren vegetative Teile ein verschieden hohes Alter erreichen und dabei mehr- oder vielmals blühen und fruchten. Ausdauernd sind Stauden, Halbsträucher, Sträucher und Bäume.

Sommergrüne Pflanzen: Was versteht man darunter?

Mehrjährige (perennierende) Pflanzen, bei denen die Laubblätter nur eine Vegetationsperiode lebensfähig bleiben (die meisten Laubgehölze), nennt man sommergrün, im Gegensatz zu den immergrünen Pflanzen, deren Blätter über mehrere Vegetationsperioden (Jahre) hin erhalten bleiben.

Immergrüne Pflanzen: Was versteht man darunter?

Mehrjährige (perennierende) Pflanzen, deren Laubblätter über mehrere Vegetationsperioden (Jahre) hin erhalten bleiben (die meisten Nadelgehölze), nennt man immergrün, im Gegensatz zu den sommergrünen Pflanzen, bei denen die Laubblätter nur eine Vegetationsperiode tätig sind. Zu den immergrünen Pflanzen gehören auch viele Laubgehölze wie *Ilex, Rhododendron, Hedera* und *Buxus* sowie die meisten tropischen und subtropischen Zierpflanzen (z. B. *Ficus*-Arten).

Stauden: Was sind das?

Krautige Pflanzen, die jährlich blühen und fruchten und mehrere Jahre lebensfähig bleiben. Bei den meisten Stauden sterben die oberirdischen Teile nach Abschluss der Wachstumszeit ab. Die Pflanzen ziehen ein, überwintern in unterirdischen Dauerorganen (Zwiebeln, Knollen und Rhizomen) mit Winterknospen, aus denen sie mit Beginn der folgenden Wachstumszeit neu austreiben. Bei vielen Stauden sitzen die Überwinterungsknospen nicht unter, sondern unmittelbar über oder an der Erdoberfläche. Auch gibt es eine Menge, vor allem niedriger Stauden, die im Winter nicht „einziehen“, sondern ihr grünes Kleid behalten. Sie sind für uns meist in der Gestalt von Horst- und Polsterbildnern oder von Kriechstauden als immergrüne „Bodendecker“ wertvoll.

Wildstauden: Was versteht man darunter?

Im gärtnerischen Sprachgebrauch Stauden, die mehr oder weniger züchterisch bearbeitet sind und ihren Stammarten sehr ähneln oder diesen entsprechen.

Beetstauden: Was versteht man darunter?

Zur Gruppe der Beetstauden gehören all jene Stauden, die durch langjährige, oft jahrzehnte- oder sogar jahrhundertelange gärtnerische Züchtung und Auslese entstanden sind. Hierzu gehören u. a. Pfingstrosen (*Paeonia*-Lactiflora-Hybriden), Schwertlilien (*Iris*-Barbata-Elatior), Rittersporn (*Delphinium*-Elatum-Hybriden) und viele der üppigen Stauden, die im Hochsommer auf den extra dafür angelegten Beeten (Rabatten) blühen. Beetstauden verlangen regelmäßige Bodenpflege, Düngung und Bewässerung.

Solitärstauden: Was versteht man darunter?

Stauden werden entsprechend ihrem Charakter unterschiedlich eingesetzt, so als Solitärstauden. Solitärstauden sind einzeln stehende, große und eindrucksvolle Pflanzen, wie z. B. der Herbsteisenhut (*Aconitum carmichaelii*), die Riesen-Steppenkerze (*Eremurus robustus*) oder die Staudensonnenblume (*Helianthus decapetalus*).

Leitstauden: Was versteht man darunter?

Stauden werden entsprechend ihrem Charakter unterschiedlich eingesetzt, so als Leitstauden. Leitstauden bestimmen den Charakter einer Pflanzung durch

Farbe und Gestalt, wie z. B. die Prachtspiere (*Astilbe × arendsii*) oder der Sonnenhut (*Rudbeckia fulgida* var. *sullivantii*).

Begleitstauden: Was versteht man darunter?

Stauden werden entsprechend ihrem Charakter unterschiedlich eingesetzt, so als Begleitstauden. Begleitstauden ergänzen, betonen oder bilden einen Kontrast zu den Leitstauden in Farbe, Wuchs oder Form. Zu ihnen zählt man z. B. die Berg-Aster (*Aster amellus*), Tränendes Herz (*Dicentra spectabilis*) oder die Gemswurz (*Doronicum orientale*). Sie können vor den Leitstauden, parallel mit den Leitstauden oder nach den Leitstauden blühen.

Bodendeckende Stauden: Was versteht man darunter?

Stauden, die sich mithilfe von Rhizomen (unterirdischen Sprossausläufern) oder Stolonen (oberirdischen Ausläufern) flach und geschlossen ausbreiten und größere Flächen überwachsen. Hierzu zählen z. B. das Gewöhnliche Katzenpfötchen (*Antennaria dioica*), Gelber Lerchensporn (*Corydalis lutea*) und die Silberwurz (*Dryas octopetala*).

Lebensbereiche von Stauden: Was versteht man darunter?

Unter einem Lebensbereich versteht man eine Gruppe von Pflanzen mit gleichen oder sehr ähnlichen Ansprüchen. Es sind Pflanzen, die aus vergleichbaren Pflanzengesellschaften stammen und im Siedlungsbereich oder – wenn heimisch – in der freien Landschaft nach gemeinsamen Ansprüchen und Eigenschaften verwendet werden. Die Einteilung der Stauden nach Lebensbereichen berücksichtigt die natürlichen Lebensansprüche der jeweiligen Stauden. Dazu gehören die Boden- und Lichtverhältnisse, die Feuchtigkeitsverhältnisse und die Konkurrenz anderer Stauden oder Gehölze. Andere Begriffe für Lebensbereich sind Wuchsgemeinschaft oder pflanzliche Lebensgemeinschaft. Der Lebensbereich ist der Typ des Idealstandorts.

Zwischen welchen Lebensbereichen wird bei Stauden unterschieden?

Nach Prof. Dr. J. Sieber wird zwischen folgenden Lebensbereichen unterschieden:
Lebensbereich Alpin/Montan (A),
Lebensbereich Gehölz (G),
Lebensbereich Gehölzrand (GR),
Lebensbereich Freifläche (Fr),
Lebensbereich Steinanlagen (ST),
Lebensbereich Beet (B),
Lebensbereich Wasserrand (WR),
Lebensbereich Wasser (W).

Gehölze: Was versteht man darunter?

Gehölze sind mehrjährige verholzende Pflanzen, die durch Erneuerungsknospen überwintern und deren Überdauerungsknospen mindestens 50 cm über dem Erdboden liegen. Die Knospen befinden sich damit über der Laubstreu oder der Schneedecke und sind somit der winterlichen Kälte ohne jeden Schutz ausgesetzt. Häufig finden sich daher spezielle Anpassungen an die Winterkälte wie Laubfall oder Nadelblätter. Unterschieden wird zwischen Bäumen und Sträucher. Den Übergang zu den Stauden bilden die Halbsträucher.

Bäume: Wie werden sie definiert?

Bäume sind Holzgewächse mit einem aufrechten Stamm und einer aus Ästen und Zweigen bestehenden Krone. Sie setzen ihr Wachstum vorrangig an den Sprossenden fort, sodass sie nach Jahrzehnten oder Jahrhunderten beachtliche Höhen erreichen können. Das gilt vor allem für Nadelbäume, bei denen sich das Höhenwachstum auf den noch im Alter bis zur Gipfelknospe durchlaufenden Stamm konzentriert. Bei der Mehrzahl der Laubbäume läuft die Krone im Alter mehrästig auseinander und reicht deshalb mehr in die Breite. Bäume können immergrün (z. B. Fichte, Tanne, Eibe, Ilex) oder sommergrün (z. B. Linde, Erle, Buche) sein.

In welche Wuchsgrößen werden Bäume unterschieden?

Bäume 1. Ordnung: Großbäume: 20–40 m hoch und bis 30 m breit.
Bäume 2. Ordnung: Mittelbäume: Höhe bis etwa 20 m, Breite bis etwa 6 m.
Bäume 3. Ordnung: Kleinbäume: Höhe bis 10 m, Breite bis 4 m.

Sträucher: Wie werden sie definiert?

Sträucher sind Holzgewächse ohne oberirdischen Stamm, sie sind vom Grund her verzweigt, d. h. mit starker sogenannter basaler Verzweigung. Hierzu gehören beispielsweise *Berberis, Crataegus, Forsythia, Prunus spinosa, Euonymus* usw.

In welche Wuchsgrößen werden Sträucher unterschieden?

In Kleinsträucher (bis etwa hüfthoch), Mittelsträucher (bis etwa 2 m hoch) und Großsträucher (deutlich über 2 m hoch).

Halbsträucher: Was versteht man darunter?

Sträucher, deren Zweige nur im unteren Teil verholzen und den Winter überdauern, während der obere krautige Teil abstirbt. Beispiele: *Teucrium, Lavandula*.

Solitärpflanze: Was versteht man darunter?

Bezeichnung für einen Baum oder Strauch, gelegentlich auch für eine krautige Pflanze, der/die einzeln stehend und frei von konkurrierender Nachbarschaft im Blickfeld des Betrachters steht (lat. *solus* = allein, vereinzelt). Abweichend davon gilt im Sprachgebrauch der Baumschulen als Solitär ein nach ganz bestimmten Regeln kultiviertes Gehölz. Es kommt aus weitem oder extra weitem Stand, ist mindestens dreimal verpflanzt, schon relativ groß und zeigt bereits deutlich den endgültigen Wuchscharakter. Es verhilft einem neu angelegten Garten schnell zu einem „Gesicht".

Vogelschutzgehölze: Was versteht man darunter?

Heckenartige Anpflanzungen aus Sträuchern, meist durchsetzt mit einzelnen Bäumen, in denen Vögel Schutz vor ihren natürlichen Feinden und reichlich Nistgelegenheit finden. Zu diesen Gehölzen zählen insbesondere Arten, die durch dichten Wuchs und Bewehrung Schutz bieten wie z. B. Weißdorn, Schlehe, Liguster und Feldahorn.

Einfassungsgehölze: Was versteht man darunter?

Niedrige, geschlossen buschig wachsende Sträucher zum Einfassen von Rabatten, Wegen, Gräbern usw., die starken jährlichen Formschnitt ertragen. Ein bekanntes Einfassungsgehölz ist der Buchsbaum.

Moorbeetpflanzen: Was versteht man darunter?

Sammelbezeichnung für Gehölze verschiedenartiger, bodensaurer Wildstandorte. Sie sind alle hochgradig empfindlich gegen Kalkgehalt im Boden und Wasser. Zu den Moorbeetpflanzen gehören viele Ericaceaen, besonders *Rhododendron* und *Azalea, Erica gracilis, Fothergilla* und *Skimmia*.

Arboretum: Was versteht man darunter?

Sammlung lebender Bäume und Sträucher, zumeist in parkartiger Anordnung zu botanisch-wissenschaftlichen, gartenbaulichen oder forstlichen Zwecken. Arboreten sind häufig Teile von botanischen Gärten.

Herbar: Was ist das?

Ursprünglich ein bebildertes Kräuterbuch. Seit dem 16. Jh. eine (wissenschaftliche) Sammlung gepresster und getrockneter Pflanzen bzw. Pflanzenteile.

Andere Einteilungen von Pflanzen – Kulturpflanzen: Was versteht man darunter?

Pflanzen, die aus der Wildflora stammend, teils züchterisch weiterentwickelt, gezielt vom Menschen als Zier- oder Nutzpflanzen angebaut werden.

Blume: Was versteht man darunter?

Umgangssprachlich eine Blüten tragende Pflanze oder die einzelne (meist auffallende) Blüte mit Stiel. Blütenbiologisch ist Blume die Bezeichnung für eine Einzelblüte oder eine als Einheit wirkende Anhäufung von meist unscheinbaren Einzelblüten, teilweise mit auffälligen gefärbten Hochblättern oder vergrößerten, meist sterilen Randblüten (so die Blütenstände von *Callistephus* und *Helianthus*, von *Viburnum* und *Sambucus*). Für den Blütenbesucher, z. B. das Insekt, stellt die Blume eine ökologische Einheit dar.

Heimische Pflanzen: Was versteht man darunter?

Als heimische Arten werden allgemein Pflanzen bezeichnet, welche vor dem Eingreifen des Menschen (nach der Eiszeit) Bestandteil der natürlichen Flora waren oder eingewandert sind. Nach der Definition des Bundesnaturschutzgesetzes ist eine Pflanzenart heimisch, wenn ihr natürliches Verbreitungsgebiet ganz oder teilweise im Innland liegt oder in der Vergangenheit lag oder sich auf natürliche Weise in das Innland ausdehnt. Verwilderte bzw. durch den menschlichen Einfluss eingebürgerte Pflanzen der betreffenden Art gelten als heimische Arten im Sinne dieser Verordnung, wenn sie sich im Innland in freier Natur ohne menschliche Hilfe über mehrere Generationen als Population erhalten. Hierzu zählen z. B. fremdländische Pflanzenarten, die ursprünglich in Kloster-, Bauern- und Apothekergärten oder in botanischen Gärten angebaut wurden.

Neophyten: Was sind das?

Neophyten sind Pflanzenarten, die von Natur aus nicht in Deutschland vorkommen, sondern erst durch den Einfluss des Menschen zu uns gekommen sind. Sie gehören daher zu den gebietsfremden oder nichteinheimischen Arten (Neobiota). Bei den meisten Pflanzenarten ist dies beabsichtigt geschehen, z. B. bei der Einführung von Zier- und Nutzpflanzen oder kann unbeabsichtigt erfolgen (z. B. Verschleppung von Pflanzensamen mit Handelsgütern). Der menschliche Handel und Verkehr spielt für die Einführung von Neophyten eine so wichtige Rolle, dass die Entdeckung Amerikas 1492 und der sich mit ihr extrem verstärkende transkontinentale Handel auch als „Stichtag“ für die Einführung von Neophyten (wörtlich „Neu-Pflanzen“) festgelegt wird.

Gebietsfremde Pflanzen, die bereits zu früheren Zeiten zu uns kamen (z. B. mit dem Beginn des Ackerbaus in der Jungsteinzeit oder durch den Handel der Römer), werden als Archäophyten („Alt-Pflanzen“) bezeichnet.

Wenn sich gebietsfremde Arten bei uns selbstständig , d. h. ohne Einfluss des Menschen, über mehrere Generationen erhalten, gelten sie als etabliert. Etablierte gebietsfremde Arten, die natürliche oder naturnahe Lebensräume besiedeln und sich deshalb auch ohne menschlichen Einfluss bei uns halten würden, nennt man Agriophyten.

Als invasive Arten werden im Naturschutz gebietsfremde Pflanzenarten bezeichnet, die unerwünschte Auswirkungen auf andere Arten, Lebensgemeinschaften oder Biotope haben. So können sie z. B. in Konkurrenz um Lebensraum und Ressourcen zu anderen Pflanzen treten und diese verdrängen. Beispiele hierfür sind die *Solidago*-Arten aus Amerika, die Herkulesstaude bzw. der Riesen-Bärenklau (*Heracleum mantegazzianum*), der Japanische Flügelknöterich (*Fallopia japonica*, syn. *Reynoutria japonica*), der Sachalin-Flügelknöterich (*Fallopia sachalinensis*, syn. *Reynoutria sachalinensis*), verschiedene Wasserpflanzen wie die Wasserpest (*Elodea canadensis*) und das Ährige Tausendblatt (*Myriophyllum spicatum*).

Blütenpflanzen: Was versteht man darunter?

Wissenschaftlich werden darunter alle Samenpflanzen verstanden. Im Zierpflanzenbau oder der Innenraumbegrünung steht der Begriff für Topfpflanzen, die im Gegensatz zu Blattpflanzen mehr oder weniger große, zahlreiche und farbenprächtige Blüten entwickeln, meist in voller Blüte zum Verkauf kommen und nach der Blütezeit oft nicht mehr oder kaum für die weitere Zimmerpflege geeignet sind, z. B. *Cyclamen, Sinningia, Hydrangea* usw.

Blattpflanzen: Was versteht man darunter?

In der Innenraumbegrünung Topfpflanzen, die im Gegensatz zu Blütenpflanzen keine (z. B. Farne) oder nur unscheinbare Blüten entwickeln und ihres dekorativen, oft bunten Blattwerks wegen als meist dauerhafte Zimmerpflanzen geschätzt werden (z. B. *Ficus, Philodendron*, verschiedene Begonien, z. B. *Begonia rex*).

Topfpflanzen: Was versteht man darunter?

Im gärtnerischen Sprachgebrauch Begriff für alle Pflanzen, die üblicherweise im Topf kultiviert und verkauft werden. Im Gegensatz zu den Topfpflanzen stehen die Schnittblumen; sie werden ausgepflanzt oder im Topf (eher selten) kultiviert und kommen stets abgeschnitten in den Verkauf.

Sommerblumen: Was versteht man darunter?

Im gärtnerischen Sinne Zusammenfassung der Pflanzen, die als echte Ein- oder Zweijährige nach der Blüte bzw. Samenreife ihr Wachstum abschließen und absterben sowie Stauden (selten Sträucher und Bäume), die zur Bepflanzung von Rabatten und Beeten verwendet werden, mit den Herbstfrösten absterben, da sie aus wärmeren Klimagebieten (Tropen und Subtropen) stammen und bei uns nicht winterhart sind. Hierzu gehören u. a. *Ageratum, Petunia, Pelargonium, Begonia*.

Gruppenpflanzen: Was versteht man darunter?

Gärtnerische Bezeichnung für ein- und zweijährige oder in anderen Klimaten ausdauernde, bei uns einjährig gezogene Pflanzen für bunte Rabatten und wechselnde Blumenbeete, die einer Topf- oder zumindest Vorkultur bedürfen und im blühenden bzw. knospigen Zustand ausgepflanzt werden. Zu dieser Gruppe gehören u. a. *Pelargonium, Fuchsia, Lantana, Ageratum, Petunia, Ricinus, Antirrhinum*.

Beetpflanzen: Was versteht man darunter?

Pflanzen mit auffälligen Blüten oder Blättern, die in großer Zahl im Sommer auf Beete und Rabatten gepflanzt werden. Sie sind identisch mit den Typen Gruppenpflanze und Sommerblumen sowie Strukturpflanzen.

Strukturpflanzen: Was versteht man darunter?

Pflanzen, die weniger durch Farbigkeit, wohl aber durch langlebige Blütenstand- oder Blattstrukturen auffallen, werden als Strukturpflanzen bezeichnet. Dies auch deshalb, weil sie – wiederholt in einer Pflanzung verwendet – Pflanzungen ein ordnungshaltendes Gerüst geben können. Im Gartenraum insgesamt sind Gehölze – ob einzeln oder gruppiert – die wesentlichen Strukturbildner, in Balkonkästen sind es Blattpflanzen und auf den Staudenbeeten sind es insbesondere Gräser und Farne.

Leitpflanzen: Was versteht man darunter?

Unter Leitpflanzen versteht man Pflanzenarten, die ein bestimmtes Gebiet oder eine Pflanzengesellschaft kennzeichnen. In der Gartengestaltung versteht man unter Leitpflanzen jene Pflanzen, die der Pflanzung das Gepräge geben.

Dekorationspflanzen: Was versteht man darunter?

Im engeren Sinne Bezeichnung für größere Pflanzen (Kübelpflanzen), die zur Ausschmückung, insbesondere von geschlossenen Räumen, dienen (Innenraumbegrünung), z. B. Lorbeer (*Laurus*) und *Ficus*. Im weiteren Sinne können alle Blatt- oder Blütenpflanzen Dekorationspflanzen sein.

Neuholländer-Pflanzen: Was versteht man darunter?

Früher Sammelbegriff für in Australien heimische Pflanzen. Dieser Erdteil wurde 1605 von dem Holländer W. Janstoon entdeckt und zunächst Neuholland benannt.

Schaupflanzen: Was versteht man darunter?

Für Ausstellungs- oder Sonderzwecke gezogene, in Größe und Qualität, oft auch im Alter weit über der normalen Handelsware stehende Pflanzen (z. B. große und mehrjährige Azaleen und Hortensien, zweijährige *Cyclamen*, starke, mehrjährige Einzelpflanzen von z. B. *Dieffenbachia*, *Anthurium*, Farnen usw.).

Sukkulenten: Was ist das?

Viele an trockene Standorte angepasste Pflanzenarten (die sogenannten Xerophyten) weisen nicht nur eine starke Einschränkung der Wasserabgabe auf, sondern speichern außerdem während der kurzen Regenperioden Wasser in besonderen Wassergeweben für die oft langen Dürrezeiten. Organe, in denen sie sehr mächtig entwickelt sind, werden dadurch sehr dick und fleischig-saftig. Daher nennt man solche Pflanzen Sukkulenten. Alle drei Grundorgane der Pflanzen können Wasserspeichergewebe enthalten. Daher unterscheidet man zwischen Wurzelsukkulenz, Blattsukkulenz (z. B. *Sedum*) und Stammsukkulenz (z. B. *Kakteen*).

Sonderkulturen: Was versteht man darunter?

Sammelbegriff für Kulturpflanzen, die nicht zum üblichen gärtnerischen Sortiment gehören und deren Kultivierung meist besondere Kenntnisse verlangen. So werden beispielsweise Orchideen zu den Sonderkulturen gezählt. Eine Abgrenzung der Sonderkulturen gegenüber den normalen gärtnerischen Kulturen ist exakt nicht möglich.

Epiphyten: Was versteht man darunter?

Pflanzen, die auf anderen Pflanzen (z. B. Bäumen) wachsen und keine Verbindung mit dem Erdboden haben. Die Unterpflanzen werden aber nicht parasitisch ausgenutzt, sondern dienen nur der besseren Ausnutzung des Lichts. Zu den Epiphyten gehören Flechten, Moose, verschiedene Farne, verschiedene Orchideen und die Mehrzahl der Bromelien. Epiphyten verfügen im Allgemeinen über spezielle Einrichtungen, um ihren Wasserhaushalt und die Nährstoffversorgung zu sichern. Ein Wurzelsystem kann bei Epiphyten fast vollständig fehlen oder dient nur zur Befestigung auf der Unterpflanze (verschiedene Bromelien).

Ampelpflanzen: Was versteht man darunter?

Eine Ampel ist ursprünglich eine von der Decke herabhängende Lampe (besonders im Altertum und Mittelalter verwendet). Aus gärtnerischer Sicht ist eine Ampel ein herabhängendes Blumengefäß. Ampelpflanzen sind in Ampeln kultivierte Pflanzen. Dabei werden bevorzugt Pflanzen mit kriechenden oder kletternden Trieben verwendet.

Pionierpflanzen: Was versteht man darunter?

Bezeichnung für Pflanzenerstbesiedler von Standorten (Flächen), die nach einer natürlichen oder vom Menschen hervorgerufenen Änderung noch keine Vegetation aufweisen. Als Pionierarten fungieren zunächst insbesondere Algen, Flechten und Moose, denen dann höhere Pflanzen folgen. In manchen Fällen werden solche Flächen durch Pionierarten so verändert, dass sie für Folgebewohner besiedelbar werden, den ursprünglichen Pionierarten aber keine Lebensmöglichkeit mehr bieten.

Zeigerpflanzen: Was versteht man darunter?

Pflanzen, die durch ihr Vorhandensein oder ihr Fehlen, ihr Aussehen, ihr Wachstum oder ihre Vermehrung auf bestimmte Bodeneigenschaften schließen lassen. Man unterscheidet Zeigerpflanzen, die Nährstoffmangel, eine saure oder alkalische Bodenreaktion, staunasse oder trockene Standorte anzeigen.

Unkraut: Was versteht man darunter?

Bezeichnung für unerwünschte Pflanzen in einem Kulturpflanzenbestand oder am Standort von Kulturpflanzen, wo sie den Ertrag oder die Qualität der Kulturpflanzen negativ beeinflussen (Konkurrenten um Platz, Licht, Wasser und Nährstoffe) oder die vom Menschen gewünschte Zusammensetzung der Pflanzengesellschaften stören (z. B. in Gärten, Parks, Zierrasen und Staudenbeeten).

Giftpflanzen: Was versteht man darunter?

Pflanzen, die Substanzen enthalten, die bei Aufnahme in den Körper bei Mensch und Tier Vergiftungserscheinungen hervorrufen (unter Umständen tödliche). In geringer Dosierung werden solche Substanzen auch als Arzneimittel verwendet. Die giftig wirkenden Inhaltsstoffe sind sekundäre Pflanzenstoffe, hauptsächlich Alkaloide und auch Glykoside. Art und Stärke der Giftwirkung sind abhängig von der Dosierung, von der chemischen Zusammensetzung und von der Verteilung sowie dem Angriffsort im Organismus. Besonders stark wirkende Gifte enthalten Pflanzen der Familien der Euphorbiaceae, Solanaceae, Asclepiadaceae und Apocynaceae.

Schnittgrün: Was versteht man darunter?

Zusammenfassende Bezeichnung für die als „Beiwerk“ zu Bindezwecken in der Floristik verwendeten Triebe oder Blätter der verschiedensten Pflanzenarten (u. a. Farne, *Asparagus,* Eukalyptus-Triebe, Gräser).

Schattenpflanzen: Was sind das?

Pflanzen (mit niedrigem Lichtkompensationspunkt), die im Gegensatz zu den Lichtpflanzen bereits bei niedriger Beleuchtungsstärke eine positive Netto-Fotosynthese betreiben und damit Stoffgewinne erzielen können. Zu den Schattenpflanzen gehören die für das Waldinnere typischen Gewächse. Zwischen Licht- (oder Sonnen-) und Schattenpflanzen gibt es naturgemäß Übergänge. So gibt es von ihrer natürlichen Umwelt her gesehen Schattenpflanzen, die auch im vollen Sonnenlicht vorzüglich gedeihen. Umgekehrt ist dieser Fall eher selten.

Sonnenpflanzen: Was sind das?

Pflanzen (mit hohem Lichtkompensationspunkt), die im Gegensatz zu Schattenpflanzen erst bei hoher Beleuchtungsstärke durch eine positive Netto-Fotosynthese Stoffgewinne erzielen können.

Gewürzpflanzen: Wie werden sie definiert?

Übergeordnete Bezeichnung für Pflanzenarten, die aufgrund des ihnen eigenen Aromas, das meist durch den Gehalt an ätherischen Ölen bestimmt wird, dazu dienen, Speisen und Getränke schmackhafter zu machen. Der Nährwert ist meist gering. Verwendet werden Wurzeln, Rinden, Sprosse, Blätter, Blüten, Früchte oder Samen. Gewürzpflanzen sind im Haushalt, in der Nahrungsmittelindustrie und bei der Getränkeherstellung unentbehrlich. Auch Arzneimittel werden teilweise aus Gewürzpflanzen hergestellt.

Dauerkulturen: Was versteht man darunter?

Anpflanzungen, die nach gewisser Anlaufzeit entweder periodisch wiederkehrende oder Enderträge bringen, letztere werden nur mit Entfernung der Kulturen gewonnen. Als Dauerkulturen mit periodisch wiederkehrenden Erträgen sind im Gartenbau z. B. Obst, Spargel, Rhabarber aber auch Dekorationspflanzen wie Palmen, Lorbeer, Aukuben zu nennen. Zu den Dauerkulturen mit Endertrag zählt in erster Linie die Waldnutzung aber auch die Kultur von Baumschulerzeugnissen (hier insbesondere Solitärpflanzen).

Kurztagpflanzen: Was versteht man darunter?

Pflanzenarten, die auf Unterschreiten einer bestimmten Tageslänge (der sogenannten kritischen Tageslänge) mit der Einleitung einer bestimmten Entwicklung (z. B. Blütenbildung) reagieren. Kurztagpflanzen brauchen eine ungestörte Dunkelperiode von bestimmter Länge, damit die Reaktion eingeleitet werden kann, das heißt, sie ist eigentlich eine Langnachtpflanze, ein Ausdruck, der den Sachverhalt viel besser wiedergibt; doch die alte Bezeichnung Kurztagpflanze ist weiterhin die gebräuchliche. Das heißt, bei Kurztagpflanzen wird durch lange Tage das vegetative Wachstum gefördert und die Blütenbildung unterdrückt. In den Sommermonaten kann man beispielsweise die Blütezeit bei Kurztagpflanzen vorverlegen, wenn man durch Lichtentzug (Verdunkelung) während einer bestimmten Zeitspanne den Kurztag künstlich erzeugt. Die Knospenbildung tritt aber erst ein, wenn das vorangehende vegetative Wachstum bereits so weit fortgeschritten ist, dass die Pflanze auch entwicklungsgemäß zum Knospenansatz befähigt, d. h. blühfähig ist. Zu den Kurztagpflanzen gehören u. a. *Calathea crocata*, *Chrysanthemum* x *grandiflorum*, *Cosmos bipinnatus* und *Euphorbia pulcherrima*.

Langtagpflanzen: Was versteht man darunter?

Pflanzen, die nur dann zum Blühen kommen, wenn die für diesen Vorgang entscheidende (arttypisch verschiedene) kritische Tageslänge überschritten und dadurch eine entsprechend lange Lichtperiode erreicht wird. Das heißt, bei Langtagpflanzen wird durch Kurztag das vegetative Wachstum gefördert und die Blütenbildung unterdrückt. Die Blütezeit kann man bei Langtagpflanzen vorverlegen, wenn man durch künstliche Belichtung während einer bestimmten Zeitspanne den Langtag künstlich erzeugt. Die Knospenbildung tritt aber erst ein, wenn das vorangehende vegetative Wachstum bereits so weit fortgeschritten ist, dass die Pflanze auch entwicklungsgemäß zum Knospenansatz befähigt, d. h. blühfähig ist. Zu den Langtagpflanzen gehören u. a. *Ageratum houstonianum*, *Antirrhinum majus*, *Calceolaria integrifolia*, *Petunia* und *Viola*.

Tagneutrale Pflanzen: Was versteht man darunter?

Bezeichnung für Pflanzenarten, die unabhängig von der Tageslänge (Licht- oder Dunkelperiode) blühen (z. B. *Saintpaulia ionantha*, *Hibiscus*, *Cyclamen*, Pelargonien), im Gegensatz zu Kurztag- und Langtagpflanzen.

Lichtsummenblüher (Lichtmengenblüher): Was versteht man darunter?

Pflanzen, bei denen die Blütenbildung erst dann erfolgt, wenn eine bestimmte Lichtsumme, als Addition der täglichen Lichtmenge, überschritten wird. Lichtsummenblüher sind u. a. Pelargonien und Gazanien.

Bodenkunde

Boden: Was ist Boden?

Boden ist ein durch klimabedingte Verwitterung und Organismentätigkeit aus der obersten Gesteinshülle der Erde (Lithosphäre) entstandenes und sich veränderndes System. Als solches System ist Boden das Substrat in dem Pflanzen wurzeln, sich verankern und aus dem sie Wasser und ihre Nahrung ziehen. Aus betriebswirtschaftlicher Sicht ist Boden neben der Arbeit und dem Kapital einer der Produktionsfaktoren. Als solcher tritt er in Erscheinung als land – und forstwirtschaftliche sowie gartenbauliche Anbaufläche, als „Lieferant" von Rohstoffen (Bodenschätze) und als Standort für Betriebe und Verkehrswege. Drei Merkmale des Bodens werden in der traditionellen Wirtschaftslehre hervorgehoben: Unbeweglichkeit, Unvermehrbarkeit, Unzerstörbarkeit.

Woraus besteht Boden?

Boden stellt ein Dreistoffgemisch dar und besteht aus fester Masse (aus Gestein entstandene – mit unterschiedlich großen Mineralbestandteilen – und gegebenenfalls organische Substanz), Wasser und Luft. Hieraus kann sich in zwei Grenzfällen ein Zweiphasensystem bilden: Im völlig ausgetrockneten Zustand besteht Boden nur aus fester Masse und Luft, im völlig wassergesättigten Zustand nur aus fester Masse und Wasser. Zwischen diesen Grenzfällen verändert sich die Mischung der drei Phasen laufend in unterschiedlicher Schwankungsbreite.

Oberboden: Was bezeichnet man damit?

Die oberste, aus Verwitterung von Gesteinen entstandene Bodenschicht, die organische Substanz (Humus) sowie Bodenleben bzw. Mikroorganismen enthält. Dadurch sind die Voraussetzungen für eine Vegetation gegeben. Wurde Oberboden zuvor gärtnerisch oder landwirtschaftlich genutzt, spricht man auch von Ackerkrume. Synonym spricht man bei Oberboden auch von Mutterboden.

Unterboden: Was versteht man darunter?

Die direkt unter dem Oberboden liegende Bodenschicht. Sie ist (wie der Oberboden) verwittert, hat aber weniger oder keinen Humusgehalt und enthält nur begrenzt Bodenorganismen. Durch entsprechende Bodenverbesserungsmaßnahmen kann der Unterboden aber für die Aufnahme von Vegetation verwendbar gemacht werden.

Untergrund: Was versteht man darunter?

Das unverwitterte Ausgangsgestein, aus dem der Boden durch Verwitterung entstanden ist.

Gewachsener Boden: Was versteht man darunter?

Boden, der durch einen erdgeschichtlichen Vorgang entstanden ist.

Bodenbestandteile: Woraus setzt sich die feste Bodensubstanz zusammen?

Die feste Bodensubstanz setzt sich aus mineralischen und organischen Bestandteilen zusammen. Die mineralischen Substanzen bestehen aus den sehr unterschiedlich großen Bruchstücken der Mineralien und Gesteine, können aber durch chemische Umsetzungen verändert sein oder Neubildungen darstellen. Die organischen Substanzen sind Überreste von Pflanzen und auch Tieren, sie sind mehr oder weniger zersetzt (biologisch und chemisch verändert), meist dunkel gefärbt und werden in der Endstufe als Humus bezeichnet.

Woraus setzt sich der Mineralanteil eines Bodens zusammen?

Aus den bei der Verwitterung der Gesteine sich anreichernden primären Mineralen (z. B. Quarz, Feldspäte, Glimmer) und den bei deren Verwitterung neu entstehenden Mineralen (z. B. die Carbonate und die Tonminerale Kaolinit, Illit, Vermiculit und Montmorillonit), die in verschieden großen Korngrößen vorliegen können und zu Korngrößenfraktionen zusammengefasst werden. Dabei wird zwischen dem Grobboden oder dem Bodenskelett (größer als 2 mm) und dem Feinboden (kleiner als 2 mm) unterschieden.
Dem Grobboden zugerechnet werden:
Geröll oder Steine (63–200 mm),
Kies oder Grus (2–63 mm).
Dem Feinboden zugerechnet werden:
Sand (0,063–2 mm),
Schluff (0,002–0,063 mm) und
Ton (< 0,002 mm).

Humus: Was ist das?

Die tote organische Substanz des Bodens. Sie wird den Böden im Gartenbau mit den Ernte- und Wurzelrückständen, den Gründüngungspflanzen, Stallmist, Kompost, Rindenhumus, Torf oder sonstigen organischen Rückständen zugeführt. Humus lässt sich nach seiner Bedeutung und Beständigkeit untergliedern. Dabei wird allgemein zwischen Nährhumus, Dauerhumus und Rohhumus unterschieden.

Welche Bedeutung hat Humus (die organische Substanz des Bodens) für das Pflanzenwachstum?

Humus begünstigt zusammen mit Kalk die Bildung großporiger und stabiler Krümel. Dadurch werden sowohl die Luft- und Wasserverhältnisse als auch die Bearbeitbarkeit von schweren Böden verbessert. Humus kann das 3- bis 5-fache seines Eigengewichts an Wasser aufnehmen und festhalten. So können beispielsweise Humusgaben die zu geringe Wasserhaltefähigkeit von leichten, sandigen Böden verbessern. Darüber hinaus bildet die organische Substanz die Lebensgrundlage für das Bodenleben. Das unüberschaubar große Heer von Bodenlebewesen sorgt für eine gründliche Durchmischung von Mineralteilchen und organischem Material und setzt Nährstoffe frei. Die einzelnen Bodenteilchen werden so zu beständigen Krümeln zusammengefügt, die kennzeichnend für einen fruchtbaren Boden sind. Das ist vor allem für bindige Böden mit hohem Tongehalt von besonderer Bedeutung. Hier bewirkt die Durchmischung die Entstehung der Ton-Humus-Komplexe, die nichts anderes sind, als eine durch die Kleinstlebewesen erreichte Verkittung vieler Ton- und Humusteilchen zu größeren Gebinden (Krümeln). Da nun diese Krümel unregelmäßige Gestalt haben und locker lagern, bleibt zwischen ihnen viel Raum frei. Raum, der mit Luft und damit mit Sauerstoff gefüllt ist, und dementsprechend den Wurzeln beste Lebensbedingungen bietet.

Humusgehalt: Wie hoch ist er in unseren Böden?

Der Humusgehalt der natürlichen Böden schwankt in weiten Grenzen. In Moorböden liegt er über 15 %. In Ton- und Sandböden liegt er meist unter 1 %, in Lehmböden bei etwa 2 %. In langjährig bewirtschafteten Böden liegt er meist über 4 %. Die Zufuhr an Humus muss auch bei von Natur aus fruchtbaren Böden oder durch Menschenhand verbesserten Böden mindestens in Höhe des jährlichen Abbaus erfolgen, um eine ausgeglichene Humusbilanz zu gewährleisten. Stetige Humuszufuhr ist eine wichtige Maßnahme für die Dauergare.

Edaphon: Was versteht man darunter?

Die Gesamtheit der im Boden lebenden Kleintiere (Bodenfauna, siehe Abb. 1 Seite 26) und pflanzlichen Mikroorganismen (Bodenflora) wird als Edaphon bezeichnet. In der Ackerkrume macht das Edaphon 1–10 %, in Grünlandböden 15 % der organischen Substanz aus. Der Organismenbesatz nimmt wie der Humusgehalt mit der Bodentiefe ab.

Lebendverbauung: Was versteht man darunter?

Die Mitwirkung von Organismen, besonders der Mikroorganismen (vor allem der Pilze durch Myzelwachstum), bei der Bildung von Bodenkrümeln und bei der Vereinigung der Krümel zu größeren Aggregaten wird als Lebendverbauung bezeichnet. Sie ist ein wesentlicher Faktor einer guten Bodengare.

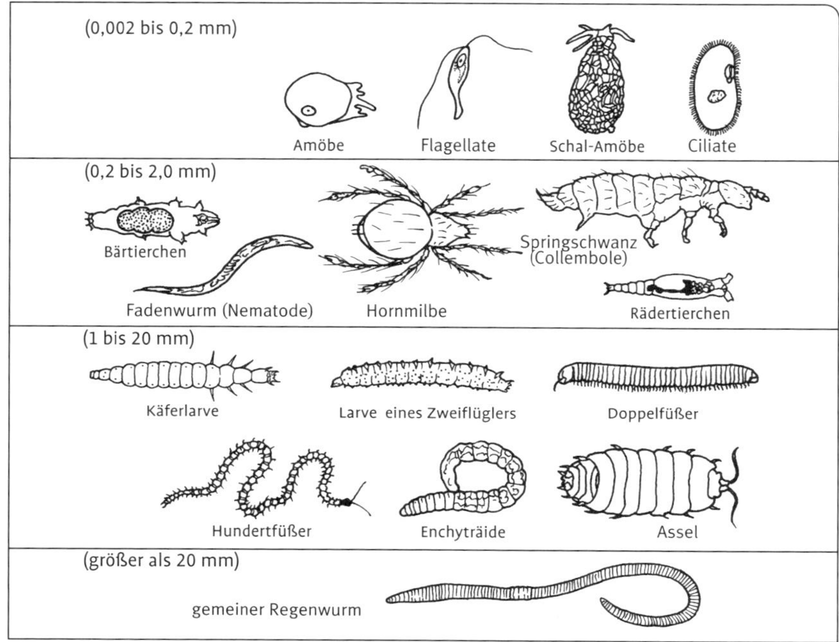

Abb. 1 Bodenfauna.

Bodenentstehung: Durch welche Vorgänge entsteht Boden?

Durch Verwitterung der Gesteine (mechanisch, chemisch oder biologisch), durch Abtragung des Gesteins (Erosion), durch Transport der Gesteinsteile und Ablagerung der Gesteinsteile (Sedimentation). Alle vier Vorgänge können gleichzeitig wirksam sein, um aus Felsgestein ein Lockergestein, den Boden, zu bilden. Dabei können zusätzliche organische Bestandteile auf oder in den Boden geraten.

Bodentypen: Was versteht man darunter?

Der Bodentyp kennzeichnet den entwicklungsbedingten Zustand des Bodens. Bodentypen werden geprägt durch das Ausgangsgestein, das Klima, das Wasser, die Vegetation und durch menschliche Eingriffe. Sie bleiben, abhängig von diesen Faktoren, veränderlich. Ein Bodentyp ist gekennzeichnet durch eine typische Abfolge und durch typische Merkmale seiner Horizonte. Böden mit gleicher Horizont-Abfolge befinden sich im gleichen Entwicklungszustand und bilden einen bestimmten Bodentyp. Die Namen der Bodentypen leitet man zu-

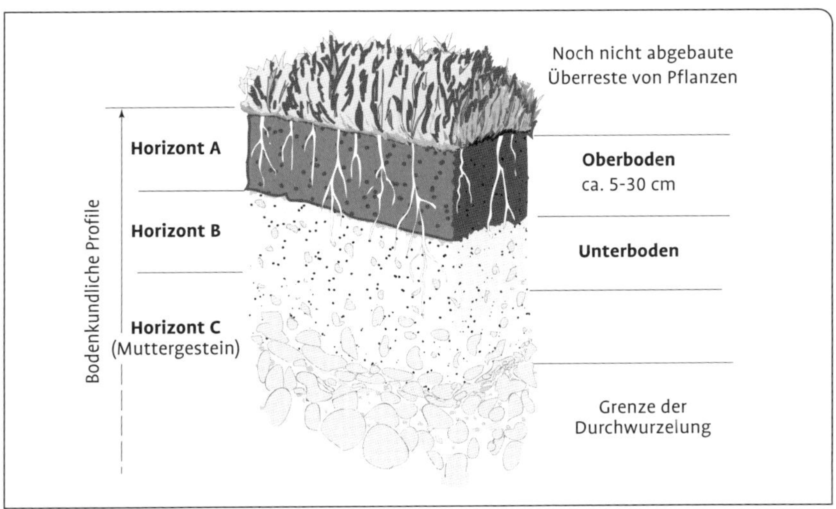

Abb. 2 Bodenprofil.

meist von einer auffälligen Eigenschaft ab, z. B. Farbe (Schwarzerde, Braunerde, Bleicherde oder Podsol) oder der Zugehörigkeit zu einer Landschaft (Marsch, Moor). Die Bezeichnungen Gley (russ.) und Rendzina (poln.) sind übernommene ausländische Namen.

Bodenhorizonte: Was versteht man darunter?

Die vertikale Gliederung (Schichtung) eines Bodens. Um die vertikale Gliederung, das Bodenprofil, für alle verständlich und vergleichbar zu machen, hat man sich auf bestimmte Bezeichnungen für die einzelnen Horizonte (Schichten) geeinigt. In grober Gliederung unterscheidet man zwischen dem A-Horizont, dem B-Horizont und dem C-Horizont. Charakteristische vertikale Horizontabfolgen bilden einen Bodentyp.

Bodenprofil: Was ist das?

Das Bodenprofil ist ein Längsschnitt durch den Boden. Es lässt die Färbung, das Gefüge, die Umbildung und Verlagerung von Stoffen der Bodenschichten (Bodenhorizonte) erkennen.

Bodenart: Wodurch wird sie bestimmt?

Die Bodenart wird durch die Anteile und Mischung der Kornfraktionen Sand, Schluff und Ton bestimmt. Herrscht eine dieser drei Kornfraktionen vor, bezeichnet man den Boden als Sand-, Schluff- oder Tonboden. Enthält der Boden etwa gleiche Anteile dieser drei Kornfraktionen, spricht man von einem Lehmboden. Ein Sandboden, der relativ viel Ton enthält wird als toniger Sand, ein Boden der relativ viel Sand enthält als sandiger Ton bezeichnet. Es ist einsichtig, dass sich die unterschiedlich zusammengesetzten Bodenarten hinsichtlich ihrer Eigenschaften deutlich voneinander unterscheiden. Diese Unterschiede wirken sich direkt auf die Nutzung als Vegetationsstandort aus, sodass der Kenntnis der Bodenart für die Nutzung bzw. die Bearbeitung wesentliche Bedeutung zukommt.

Sandböden: Welche Eigenschaften haben sie?

Als Sandböden bezeichnet man Böden, die zu mehr als 80 % aus mineralischen Bodenbestandteilen in der Größe von 0,2 bis 2 mm bestehen und weniger als 10 % abschlämmbare Bestandteile enthalten. Sandböden besitzen ein geringes Wasserspeicherungs-, Sorptions- und Pufferungsvermögen und sind erosionsgefährdet. In Trockenzeiten sind die Pflanzen in stärkerem Maße auf eine Zusatzbewässerung angewiesen als auf Lehmböden. Die negativen Eigenschaften von Sandböden können durch eine Zugabe sorptionsstarker Komponenten, wie Schluff, Ton und Humus, abgeschwächt werden. Lehmige Sande bis sandige Lehme besitzen deshalb, besonders bei guter Humusversorgung, die besten Voraussetzungen für das Wachstum der Pflanzen.

Tonböden: Welche Eigenschaften haben sie?

Als Tonböden bezeichnet man Böden, deren Gehalt an abschlämmbaren mineralischen Bodenbestandteilen mehr als 60 % beträgt. Tonböden besitzen eine hohe Wasserkapazität. Das Speicherungsvermögen für pflanzenverfügbares Bodenwasser (in 0–100 cm Tiefe) ist zwei- bis dreimal größer als das von Sandböden. Die hohe Wasserkapazität geht aber auf Kosten der Durchlüftung. Bei Niederschlägen wächst die Gefahr des Verdichtens und Verschlämmens. Wegen des hohen Wassergehalts und der schlechten Luftführung in den engen Bodenporen sind Tonböden kalt und erwärmen sich nur langsam. Beim Austrocknen schrumpfen sie. Es entstehen tief gehende Trockenrisse. Pflanzenwurzeln können durch diese Quell- und Schrumpfungsvorgänge abgerissen oder beschädigt werden. Die Bearbeitung von Tonböden ist nur zu bestimmten Zeiten im günstigsten Feuchtigkeitszustand möglich. Tonböden mit einer Luftkapazität unter 10 % lassen sich pflanzenbaulich kaum nützen, es sei denn, es gelingt die Wasser- und Luftverhältnisse eines Tonbodens durch Sand und Humus zu verbessern.

Lehmböden: Welche Eigenschaften haben sie?

Lehm stellt ein Gemisch aus Sand, Schluff und Ton dar. Daher liegen Lehmböden in ihren Eigenschaften zwischen den Ton- und Sandböden, ohne extreme Nachteile zu besitzen. Lehmböden sind gut zu bearbeiten und haben eine gute natürliche Fruchtbarkeit. Sie erwärmen sich langsam und kühlen auch nur langsam ab. Kommt noch ein reichlicher Kalk- und Humusgehalt hinzu, so führt dies zu Böden, die im Hinblick auf ihre physikalischen wie chemischen Eigenschaften den Pflanzen günstigste Entwicklungsbedingungen liefern. Humose Lehmböden mit etwa 5 % Humus und 30–50 % Ton und Schluff gehören zu den besten Böden.

Schwere und leichte Böden: Was versteht man darunter?

Die Begriffe „schwere" und „leichte" Böden haben nicht etwa mit dem Gewicht eines Bodens zu tun, sondern sie beziehen sich auf ihre Bearbeitbarkeit. Böden mit hohem Sandanteil nennt man leichte Böden, weil man bei der Bearbeitung vergleichsweise wenig Kraft (Zugkraft) benötigt. Stark tonhaltige Böden nennt man schwere Böden, weil sie, durch die Klebkraft der Tonteilchen bedingt, für die Bearbeitung viel Zugkraft erfordern.

Lößböden: Wodurch sind sie gekennzeichnet?

Lößböden sind durch Anwehungen von kalkreichem, feinsandigem Staub durch den Wind im Laufe von Jahrhunderten gebildet worden. Der Löß stellt demzufolge hinsichtlich der ursprünglichen Geologie des Standorts eine fremde Bodenart dar. Lößböden gelten im Allgemeinen als sehr fruchtbar. Häufig liegen Lößschichten über geringwertigen Kiesböden und verbessern diese dadurch entscheidend. Es gibt wenig veränderte, hellgelbe Lößböden, die dort auftreten, wo infolge fortwährender Erosion keine starke Humusdecke entstehen konnte. In Trockenlagen, wie in der Magdeburger Börde, kam es zu Bildung der Schwarzerdeböden, in denen sich im Bereich der oberen Lößdecke Humuskarbonate in beachtlichem Umfang gebildet haben. In regenreichen Gegenden (Gebieten mit über 550 mm Niederschlag) wird der Kalk ausgewaschen, es bildet sich dabei der dem Lehmboden ähnelnde Lößlehm. Lößböden eignen sich bestens für alle Pflanzenarten. Löß weist einen ausgeglichenen, günstigen Wasserhaushalt sowie ein gutes Kapillarsystem auf. Er speichert Winterfeuchtigkeit und Sommerniederschläge wie ein Schwamm und bleibt daher auch bei lang anhaltender Trockenheit feucht.

Bodengefüge (Bodenstruktur): Was versteht man darunter?

Die räumliche Anordnung der unregelmäßig geformten festen mineralischen und organischen Bodenteile. Dabei unterscheidet man zwischen Einzelkornstruktur oder Einzelkorngefüge und Krümelstruktur oder Krümelgefüge.

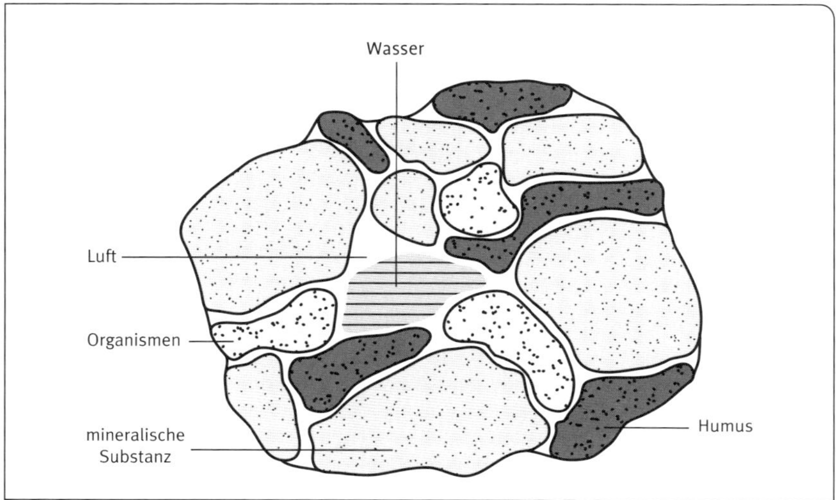

Abb. 3 Krümelgefüge.

Einzelkornstruktur: Wie ist sie gekennzeichnet?

Die Bodenteilchen sind nicht miteinander verbunden, sie liegen lose nebeneinander. Typisch ist dieses Gefüge für reinen Sand. Je kleiner die Teilchen umso stärker ist der Lufthaushalt reduziert. Es kommt zu Bodenverdichtungen mit Sauerstoffmangel und Verschlämmung bei Regen. Bei ausreichender Feuchtigkeit kommt es zu einem lockeren Zusammenhalt, der sich jedoch bei Austrocknung oder Überflutung sofort wieder auflöst und zerrieselt.

Krümelstruktur: Wie ist sie gekennzeichnet?

Krümel entstehen durch lockere Aneinanderlagerung, Kopplung und Verklebung von mineralischen Bodenbestandteilen (Ton, Schluff, Sand) und organischen Bestandteilen, wie Humus, Pilzgeflechten, den schleimigen Ausscheidungen der Bakterien und Kleinlebewesen und ihren Leibern unter dem Einfluss von Calciumionen zu gröberen Aggregaten. Zwischen den Krümeln findet man große und innerhalb der Krümel feine Poren. Im Krümelgefüge gibt es im Gegensatz zur Einzelkornstruktur ein optimales Verhältnis von Festsubstanz zu Porenvolumen und eine optimale Porenverteilung. Die Bodenlebewesen finden beste Bedingungen für ihre Aktivitäten.

Ton-Humus-Komplex: Was versteht man darunter?

Die Anlagerung von Huminsäuren bzw. Huminen an Tonsubstanz. Die Ton-Humus-Komplexe haben u. a. Bedeutung für das Sorptionsvermögen des Bodens und für die Ausbildung stabiler Krümelstrukturen. Ton-Humus-Komplexe sind in allen fruchtbaren Böden vorhanden.

Fruchtbarer Boden: Wodurch zeichnet er sich aus?

Ausgeglichenes Porenvolumen mit hohem Luftporenanteil, hohe nutzbare Wasserkapazität, hoher effektiver Wurzelraum, ausgeglichene artspezifische Nährstoffverhältnisse und keine Verdichtung unter dem Oberboden damit sich Wasser nicht stauen kann.

Die wichtigsten Merkmale für einen fruchtbaren Boden sind:

- gute Durchwurzelbarkeit, auch des Unterbodens,
- gute Wasser- und Luftführung,
- große Fähigkeit, Nährstoffe und Wasser zu speichern (Sorptionskraft),
- hoher Anteil an Calcium und Magnesium,
- hoher Nährstoffgehalt,
- hohe bodenbiologische Aktivität und damit die Fähigkeit, organische Stoffe zu verarbeiten, umzuwandeln und die Nährstoffe pflanzenverfügbar zu machen,
- hoher Humusgehalt.

Warum ist ein guter Lufthaushalt im Boden für das Leben der Pflanzen so wichtig?

Ein guter Lufthaushalt ist notwendig, damit die Pflanzenwurzeln atmen können, denn die aktive Nährstoffaufnahme der Wurzeln durch Ionenaustausch setzt Wurzelatmung für die Produktion von H^+ und HCO_3-Ionen voraus. Ohne ausreichend Sauerstoff in der Bodenluft findet keine Nährstoffaufnahme statt. Darüber hinaus ist ein guter Lufthaushalt notwendig, damit die Mikroorganismen des Bodens optimale Lebensbedingungen vorfinden und Reduktions- und Oxidationsvorgänge im Boden ablaufen können (z. B. Abbau organischer Bestandteile zu Kohlendioxid und Nährsalzen).

Bodengare: Was versteht man darunter?

Mit guter Bodengare umschreibt man den Zustand eines Bodens mit besten physikalischen, biologischen und chemischen Eigenschaften. Er ist mürbe und elastisch, locker bis schwammig. Er gibt leichtem Druck federnd nach und hat ein großes Porenvolumen (Hohlraumsystem) mit einem günstigen Luft-Wasser-Verhältnis. Er ist meist von einer dunklen Farbe und von aromatischem Geruch. Die Bodenlebewesen finden beste Bedingungen für ihre Aktivitäten. Ein garer Boden zeichnet sich darüber hinaus durch Nährstoffreichtum und Ertragssicherheit aus.

Die Qualität der Bodengare ist von vielen Faktoren abhängig. Sie kann durch die Art der Bearbeitung (Bearbeitungsgare), durch die Witterung (Frostgare), durch Kalkzugaben (Kalkgare), durch Bodenbedeckungsmaßnahmen bzw. Art des Pflanzenbewuchses (Schattengare) und durch den Anteil an organischer Substanz (Humus- oder Dauergare) entscheidend beeinflusst werden.

Gareschwund: Was versteht man darunter?

Die langsam fortschreitende Zerstörung einer guten Bodenstruktur. Auslösende Faktoren können sein:

- falsche Bearbeitung (zu oft oder im falschen Feuchtigkeitszustand),
- Kalkverluste,
- Humusverluste (keine Zufuhr organischer Substanz),
- einseitige Düngung,
- starke Niederschläge oder falsche Beregnung (zu große Tropfen auf nacktem Boden),
- mangelnde Bodenbedeckung (großer Pflanzenabstand, keine Mulchdecke oder fehlende Zwischenbegrünung),
- fehlender Fruchtwechsel,
- Staunässe und Trockenperioden,
- Verdichtung durch schwere Fahrzeuge.

Bodenreaktion (pH-Wert): Was versteht man darunter bzw. was gibt sie an?

Die Bodenreaktion zeigt den Basen- oder Säuregehalt des Bodens an und wird in pH-Werten ausgedrückt. Der pH-Wert gibt die Konzentration der Wasserstoffionen einer wässrigen Lösung an. Der Name ist vom lateinischen potentia hydrogenii (Potenz des Wasserstoffs) abgeleitet. So kann z. B. eine Bodenlösung neutral, sauer oder alkalisch sein. Eine Lösung ist dann neutral, wenn die Menge der H -Ionen und die der OH^--Ionen gleich ist. Ist die Lösung sauer – überwiegen die H -Ionen –, ist sie alkalisch – sind mehr OH^--Ionen als H -Ionen vorhanden. Die Menge der H -Ionen ist damit ein Maßstab für die Stärke des sauren oder alkalischen Bereichs einer Lösung. Je kleiner der pH-Wert, desto saurer, je größer der pH-Wert, desto alkalischer ist die wässrige Lösung. Ein Boden mit einem pH-Wert von 6,5–7,4 bezeichnet man als neutral, darüber als alkalisch. Böden mit pH-Werten von 6,5–5,3 sind als schwach sauer, bei noch tieferen Werten als sauer anzusprechen.

Der pH-Wert hat für den Boden bzw. das Pflanzenwachstum eine große Bedeutung. Ist der pH-Wert zu niedrig, kommt es zu Mangel an den Nährelementen Kalk, Magnesium, Kali und Molybdän; Aluminium, Eisen und Mangan können toxisch wirken. Darüber hinaus kommt es zu einer geringeren Durch-

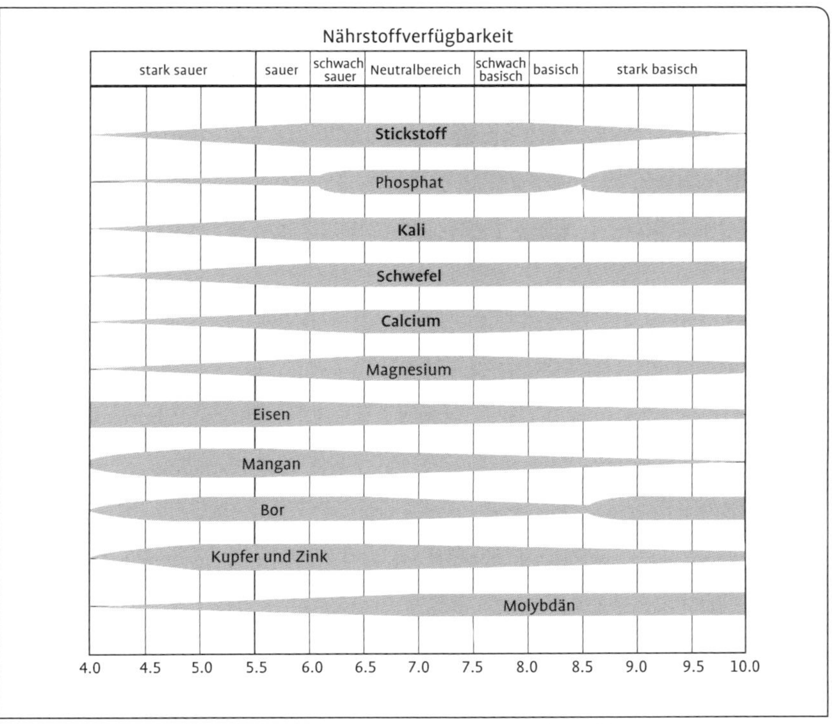

Abb. 4 Einfluss des pH-Wertes auf die Verfügbarkeit von Nährstoffen.

lüftung des Bodens und einer schwachen Bewurzelung. Ist der pH-Wert zu hoch, kommt es zu Mangel an den Nährelementen Eisen, Mangan, Zinn und Kupfer.

Wie wird der pH-Wert gemessen?

Der pH-Wert kann entweder genau bestimmt oder grob geschätzt werden. In der Pflanzenproduktion kommt nur die genaue chemische Bestimmung über eine gezielte Bodenuntersuchung in einem Bodenuntersuchungslabor infrage. Die im Gartenbedarfshandel angebotenen einfachen Mittel für eine pH-Wert-Messung, wie z. B. das Indikatorpapier, sind sehr unzuverlässig. Auch viele der einfachen elektronischen Messgeräte mit Metallelektroden sind nicht ausreichend. Brauchbare Ergebnisse liefert der sog. Calcitest, der auf dem Farbumschlag eines Indikators basiert. Eine Tablette wird gemeinsam mit destilliertem Wasser mit etwas Boden vermischt und in ein feines Glasröhrchen gefüllt. Anschließend wird ein Farbvergleich zwischen dieser "Lösung" und der beiliegenden Farbtafel durchgeführt. Eine sehr grobe Schätzung ist über Zeigerpflanzen möglich, deren Wachstum an einen bestimmten pH-Bereich gebunden ist, und deren Vorkommen und Gedeihen daher diesen pH-Bereich anzeigt.

Pehameter: Was ist das?

Einfaches Gerät zur orientierenden Bestimmung des pH-Wertes (der Bodenreaktion). Es besteht aus einer Kunststoffplatte mit einer Vertiefung zur Aufnahme des Bodens und der Indikatorflüssigkeit, die in eine Rinne einlaufen kann. Zum Vergleich der Reaktionsfarbe des Indikators sind daneben auf der Pehameterplatte die Farben mit den Farbstufen von 4 bis 9 pH aufgedruckt.

Bodenpufferung: Was versteht man darunter?

Für den Boden bzw. für die Pflanzen ist nicht nur das Vorhandensein einer bestimmten Bodenreaktion wichtig, mindestens ebenso bedeutsam ist zugleich die Beständigkeit der günstigen Reaktion oder die Fähigkeit des Bodens, Reaktionsverschiebungen Widerstand zu leisten. Diese Widerstandskraft wird als Pufferung bezeichnet. Der Begriff entstammt der Chemie. Man versteht darunter die Eigenschaft bestimmter chemischer Systeme ihre Wasserstoffionenkonzentration bei Zusatz von Säuren oder Laugen (Basen) nicht wesentlich zu verändern. Substanzen, die die Fähigkeit besitzen, Reaktionsverschiebungen im Boden zu puffern sind insbesondere Ton- und Humuskolloide.

Bodenmüdigkeit: Was versteht man darunter?

Wenn Pflanzen nicht richtig wachsen und blühen wollen, unter Wuchsdepressionen leiden, die Erträge von Nutzpflanzen bezogen auf eine bestimmte Fläche spürbar zurückgehen, bezeichnet man dies mit Bodenmüdigkeit.

Welche Ursachen kann Bodenmüdigkeit haben?

- Einseitiger Nährstoffentzug, insbesondere das Fehlen von lebensnotwendigen Spurennährelementen.
- Anreicherung von Organismen, die als Krankheiten (z. B. Wurzelfäule) und Schädlinge (z. B. Nematoden) wirken.
- Ausscheidung von Stoffwechselprodukten durch die Wurzeln.

Fruchtwechsel: Was versteht man darunter?

Unter Fruchtwechsel wird der aufeinanderfolgende Anbau verschiedener Pflanzenarten auf der gleichen Fläche verstanden. In der Regel sollte nacheinander nie dieselbe Art (oder auch Gattung und Familie) auf dieselbe Fläche gepflanzt werden, sondern die "Früchte" sollen wechseln. Beispiel: Sommerastern (*Callistephus chinensis*) folgt auf Löwenmaul (*Antirrhinum majus*) oder Kohl folgt auf Salat. Der Fruchtwechsel dient der Erhaltung der Bodenfruchtbarkeit und ist besonders für den Gemüsebau von großer Bedeutung. Denn wird eine Pflanzenart mehrere Jahre hintereinander auf der gleichen Fläche angebaut, wird man bei der Mehrzahl der Arten feststellen, dass die Erträge immer weiter zurückgehen. Die Ursachen dieser Erscheinung liegen darin begründet, dass sich im Boden biologische, physikalische und chemische Veränderungen abspielen, die das Pflanzenwachstum stark beeinflussen. Man spricht dann von Bodenmüdigkeit.

Bodenschäden: Wie entstehen sie und welche gibt es?

Als Bodenschäden bezeichnet man durch äußere Einflüsse entstandene, für das Wachstum der Pflanzen (Wurzeln) ungünstige Bodenzustände. Bodenschäden können verschiedene Ursachen haben.

Oberbodenverdichtungen durch Begehen und Befahren. Durch den Einsatz schwerer Maschinen und Geräte können die luft- und wasserführenden Grobporen so stark vermindert werden, dass mangelhafte Durchlüftung und Wasserführung die Durchwurzelung behindern. Das ist besonders in Nässeperioden der Fall, wenn der Boden stark durchfeuchtet ist und oft zu viel Wasser enthält. Kräfte, die beim Gleiten und Rutschen von Rädern (Schlupf) im Boden auftreten, können Gefüge und Struktur des Bodens zerstören. Die Gefahr von Verdichtungen wächst mit dem Gewicht der auf dem Boden fahrenden Maschinen und Geräten.

Unterbodenverdichtung (unter der Bearbeitungsgrenze) durch Pflugsohlenbildung. Bei der Pflugarbeit sollte stets dafür Sorge getragen werden, dass zwischen Krume und Untergrund ein offener Übergang bleibt, damit Wasser und Wurzeln ungehindert eindringen können. Einer schädlichen Pflugsohlenbildung durch den Druck des Schlepperrads in der Pflugfurche und durch die Schleifwirkung des Pflugs kann dadurch begegnet werden, dass man mit tiefer und flacher Bearbeitung abwechselt.

Bodenverdichtungen durch eine Bodenbearbeitung zum falschen Zeitpunkt. So werden bei einem in zu nassem Zustand gepflügten Boden die Poren zugeschmiert, der Luftaustausch verhindert, das Bodenleben erstickt und eine Garebildung unmöglich gemacht. Tonreiche Böden besitzen den für das Pflügen geeigneten Zustand oft nur während eines Tages, oder sogar nur während weniger Stunden, weshalb sie auch Stundenböden heißen.

Zerstören der Krümelstruktur durch zu häufiges Bearbeiten des Bodens mit schnell laufenden Bodenbearbeitungsgeräten. Die gute Arbeit der Fräsen verleitet dazu, sie zu häufig einzusetzen. Im Übermaß benutzt, zerschlagen sie aber die Bodenstruktur und es kommt zu einer dichten Lagerung der feinen Bodenteilchen und damit zu Bodenverdichtungen im Oberboden. Man spricht in diesem Zusammenhang auch vom "Totfräsen".

Bodenerosion durch Wasser und Wind. Wasser und Wind bewirken eine Verlagerung von Bodenteilchen. Wassererosion ist vor allem bei geneigten Bodenflächen zu beobachten, Winderosion vor allem in ebenen Lagen und auf sandigen Böden. Das Aufschlagen von Regentropfen und das Abfließen des Wassers auf der Oberfläche sind die Hauptverursacher der Wassererosion. Diese Erosion tritt allerdings nur dann auf, wenn die Niederschlagsmenge größer ist als das Wasseraufnahmevermögen des Bodens. Je stärker die Geländeneigung, desto höher ist die Erosionsgefahr.

Bodenschäden durch Eintrag von Schadstoffen. Hierzu gehören der Eintrag von Schwefeldioxid, der aus der Verbrennung von fossilen Brennstoffen stammt, von Stickoxiden aus Verbrennungsmotoren und der Eintrag von Schwermetallen (Blei, Cadmium, Zink, Nickel u. a.) durch industrielle und gewerbliche Produktion und Produkte.

Bodenverbesserung: Welche Ziele werden dabei verfolgt?

Die Verbesserung des Oberbodens ist darauf gerichtet, die bodenphysikalischen und bodenchemischen Gegebenheiten dem Verwendungszweck anzupassen oder Schäden, die aufgetreten sind, aufzuheben, zu mildern oder eine biologische Aktivierung des Oberbodens wieder einzuleiten. Das heißt, Bodenverbesserungsmaßnahmen sollen dazu beitragen, vorhandenen Boden als Pflanzenstandort nutzbar zu machen oder zu optimieren. Im Einzelnen kann es sich um folgende Maßnahmen handeln:

- Verbesserung der Wasserdurchlässigkeit bei bindigen Böden.
- Verbesserung der Wasserhaltefähigkeit nichtbindiger Böden.
- Veränderung des Gehaltes an organischer Substanz.
- Veränderung der Bodenreaktion.
- Verbesserung des Nährstoffgehalts.
- Regeneration von gestörten Oberböden.
- Veränderungen des Grundwasserstandes.

Bodenverbesserungsmittel: Was versteht man darunter?

Bodenverbesserungsmittel sollen einen Boden im Hinblick auf eine nicht standortgerechte Bepflanzung oder Nutzung verändern oder die Regeneration eines durch Bearbeitung gestörten Bodens einleiten und unterstützen. Als Materialien kommen organische und mineralische Hilfsstoffe sowie Kunststoffe infrage.

Wozu dienen organische Stoffe und welche kommen infrage?

Organische Stoffe dienen der Erhöhung des Gehalts an organischer Substanz, Verbesserung der Wasserspeicherfähigkeit und -verfügbarkeit, Veränderung der Bodenreaktion und der Förderung der Tätigkeit von Mikroorganismen. Zur langfristigen Erhöhung des Humusgehalts dienen Komposte und Rindenhumus. Komposte sollten keine löslichen pflanzenschädlichen Stoffkonzentrationen enthalten oder entwickeln.

Wozu dienen mineralische Stoffe und welche kommen infrage?
Mineralische Stoffe dienen der Verbesserung der Wasserdurchlässigkeit. Belastbarkeit, Strukturstabilisierung und bessere Porenraumverteilung des Bodens werden erhöht. Infrage kommen Sande, Lavamaterialien, Bims und Blähton. Mineralische Stoffe, die wegen rascher Verwitterung die Kornzusammensetzung oder den pH-Wert des Bodens ungünstig beeinflussen, sollten nicht verwendet werden.

Wozu dienen Kunststoffe und welche Stoffe kommen infrage?
Je nach ihrer Struktur werden Kunststoffe zur Erhöhung der Wasserspeicherfähigkeit (z. B. Hygropor oder zur Veränderung der Kornstruktur (z. B. Styromull) des Bodens verwendet. Wichtig ist, dass diese Stoffe keine löslichen pflanzenschädlichen Stoffkonzentrationen enthalten oder entwickeln. Kunststoffe spielen heute aus Gründen des Umweltschutzes bei der Bodenverbesserung nur noch eine untergeordnete Bedeutung.

Welche Möglichkeiten gibt es, die Wasserdurchlässigkeit eines Bodens zu erhöhen?
Boden mechanisch lockern und/oder Grobkorn einbringen.

Welche Möglichkeiten gibt es, um die Wasserdurchlässigkeit eines Bodens zu mindern?
Boden mechanisch lockern und/oder Feinkorn einbringen, organische Substanz erhöhen.

Welche Möglichkeiten gibt es, um die Wasserspeicherfähigkeit (pflanzenverfügbares Wasser) eines Bodens zu erhöhen?
Feinkorn einbringen und organische Substanz erhöhen, um die Poren zu verkleinern, das Porenvolumen aber insgesamt zu vergrößern.

Welche Möglichkeiten gibt es, um die Wasserspeicherfähigkeit (pflanzenverfügbares Wasser) eines Bodens zu mindern?
Grobkorn einbringen und organische Substanz verringern, um die Poren zu vergrößern, das Porenvolumen aber insgesamt zu verkleinern.

Bodenuntersuchung: Wozu dient sie?
Sie dient dazu, das jeweilige Nährstoffangebot des Bodens bzw. des Substrats festzustellen. Um das jeweilige Nährstoffangebot des Bodens bzw. Substrats bei der Düngerbemessung anrechnen zu können, sind genaue Werte aus einer Boden- bzw. Substratanalyse nötig. Als Untersuchungsmethoden werden heute überwiegend chemische Verfahren eingesetzt, die schnell und preiswert sind.

Je nach zu analysierendem Nährstoff wird das Boden- bzw. Substratmaterial hierbei mit verschiedenen Extraktionslösungen ausgeschüttelt.

Die Bedeutung der Boden- und Substratuntersuchung besteht in der Bereitstellung von Anhaltswerten für die Düngung, Vermeidung von Nährstoffmangel oder Nährstoffüberschuss und der Kontrolle der Nährstoffgehalte im zeitlichen Verlauf. Sie bietet damit die wesentliche Grundlage für eine bedarfs- und umweltgerechte Düngung.

Probeentnahme: Wie ist vorzugehen?

Der Aussagewert eines Bodenuntersuchungsergebnisses hängt entscheidend davon ab, ob die Bodenprobe fachgerecht eingeholt wurde. Sie muss für die zu untersuchende Fläche repräsentativ sein. Benötigt werden vom Labor 300–500 g feldfeuchter Boden. Die Probenentnahme erfolgt in der Regel aus dem bearbeiteten Bodenhorizont (0–30 cm Bodentiefe). Bei der Untersuchung des Mineralstickstoffgehalts des Bodens (N_{min}-Analyse) muss die gesamte durchwurzelte Schicht, also ggf. 0–30, bzw. 0–60 oder 0–90 cm, beprobt werden. Gleichmäßig über die Fläche verteilt werden etwa 20 bis 40 Einzelproben entnommen, diese zu einer Mischprobe vereinigt, von der dann 300–500 g an das Untersuchungslabor gesandt werden. Zur Probenentnahme gibt es spezielle zylinderförmige Probenstecher. Man drückt den Probestecher bis zur vorgesehenen Tiefe in den Boden, dreht ihn kurz im Boden herum und streift nach dem Herausziehen mit einem Holzstab aus dem Schlitz die Erde in einen Eimer ab. Die Bodenprobe lässt sich auch mit einem Spaten nehmen. Dazu werden zwei Spatenstiche Boden ausgeworfen und eine Wand senkrecht abgestochen. Vom dritten Spatenstich wird die Erde in einem 3 cm breiten Streifen von oben nach unten in den Eimer abgekrümelt, die gezogene Erde gemischt und daraus die Durchschnittsprobe genommen.

Aus gelagerten Substrathaufen (z. B. Komposten) müssen die Einzelproben mit Bohrstöcken aus unterschiedlichen Tiefen bis zu 1 m gezogen werden. Von Topfpflanzen gewinnt man Substratproben, indem Keile aus mehreren Wurzelballen herausgenommen werden.

Probenbeutel und Probenlisten werden auf Anforderung von den Untersuchungsanstalten zugesandt. Die Beschriftung der Proben muss außen erfolgen. Eingelegte Zettel weichen auf und werden unleserlich.

Die Angabe der Nährstoffe im Untersuchungsbefund erfolgt bei Böden in mg/100 g, bei Substraten in mg/l Substrat. Sie erfolgt bei Substraten deshalb in mg/l, weil den Pflanzen in Töpfen und Containern Nährstoffe eines begrenzten Substratvolumens oder Wurzelraums zur Verfügung stehen.

Aus dem durch die Analyse festgestellten verfügbaren Gehalt an Nährstoffen wird dann die notwendige Düngermenge abgeleitet, indem die im Boden verfügbaren Nährstoffmengen von dem für die einzelnen Pflanzenarten oder -gruppen bekannten Nährstoffbedarf für einen bestimmten Anbauzeitraum abgezogen werden.

N_{min}-Methode: Was versteht man darunter?

Nährstoffuntersuchungsmethode, mit der der momentane Stickstoffgehalt von Böden und Substraten festgestellt werden kann. Die N_{min}-Methode erfasst dabei den mineralischen, also den pflanzenverfügbaren Stickstoffanteil. NO_3- + NH_4-Stickstoff = N_{min}-Vorrat. Die N_{min}-Methode bildet die Grundlage für die Verabreichung gezielter, dem Bedarf der Pflanze angepasster Düngergaben. Für genaue Untersuchungsergebnisse müssen die Proben von der Entnahme bis ins Labor gekühlt werden.

Fingerprobe: Wozu dient sie?

Für die grobe Unterscheidung der Bodenarten und zur Bestimmung der Kornfraktionen kann die Fingerprobe angewendet werden. Zerreibt oder knetet man feuchten Boden zwischen Daumen und Zeigefinger, so spürt man gröbere und feinere Teilchen. Zugleich kann man feststellen, ob der Boden leicht durch die Finger läuft, auseinanderfällt und locker ist (hoher Sandanteil) oder ob er sich bindig, fettig anfühlt und sich kneten lässt (hoher Tonanteil).
Besondere Kennzeichen der Korngrößen:
Sand: Einzelteilchen körnig, fühl- und gut sichtbar, nicht bindig oder formbar, haftet nicht an den Fingern.
Schluff: Einzelteilchen mehlig, nicht oder kaum fühl- und sichtbar, nicht bindig, schlecht formbar, haftet deutlich in Fingerrillen.
Ton: Einzelteilchen schmierig, nicht fühl- oder sichtbar, bindig, plastisch, klebrig, fettig, gut form- und ausrollbar.

Bodenbearbeitung: Welche Maßnahmen umfasst sie?

Unter Bodenbearbeitung wird die mechanische Beeinflussung des Bodens mit geeigneten Geräten und Maschinen verstanden, wobei der Boden gelockert, gekrümelt oder gemischt wird. Daraus ergeben sich physikalische, chemische und biologische Wirkungen. Durch die Bodenbearbeitung werden für das Pflanzenwachstum günstige Verhältnisse geschaffen, da durch sie das Eindringen von Feuchtigkeit, Luft und Wärme erleichtert wird. Weiterhin wird durch die Bodenbearbeitung die Tätigkeit der Bodenorganismen gefördert, die Verdunstung herabgesetzt und das Unkraut bekämpft. Maßnahmen zur Bodenbearbeitung lassen sich in drei Bereiche unterteilen:

- Grundbodenbearbeitung oder Primärbodenbearbeitung.
- Saatbettbearbeitung, Pflanzbeetbearbeitung oder Oberbodenbearbeitung.
- Pflegende Bodenbearbeitung oder Flachbearbeitung.

Grundbodenbearbeitung: Welchem Zweck dient sie?

Sie hat den Zweck den Boden tief zu lockern (zu wenden und zu mischen), um die Bodenstruktur, die Belüftung und damit das Bodenleben und die Wasserführung zu verbessern. Bodenverhärtungen und Bodenverdichtungen sollen beseitigt, Pflanzenreste und Düngemittel sowie Bodenverbesserungsmittel in den Boden eingearbeitet werden. Wie tief die Bearbeitung erfolgt, richtet sich nach der Mächtigkeit des Oberbodens, der Bodenart und nach der Pflanzengruppe, die gesät bzw. gepflanzt werden soll. Zur Grundbodenbearbeitung kommen im Gartenbau insbesondere Pflug, Spatenmaschine, Anbaufräse, Spaten und Grabegabel infrage.

Saatbett- und Pflanzbeetbearbeitung: Welchem Zweck dient sie?

Sie hat den Zweck den Boden für Aussaaten oder Pflanzungen im Anschluss an die Grundbodenbearbeitung vorzubereiten. Sie hat eine gut strukturierte homogene Bodenschicht mit guter kapillarer Wasserführung zum Ziel. Für die Quellung der Samen ist eine feinkrümelige, lockere, gut durchlüftete Bodenschicht anzustreben, die dem Sämlingswachstum nur geringen Widerstand entgegensetzt und den Wasserverlust des Bodens durch Verdunstung mindert. Die Tiefe der lockeren Schicht muss mindestens der Saattiefe entsprechen. Pflanzbeete sind mindestens bis zur Pflanztiefe zu lockern. Zur Oberbodenbearbeitung kommen insbesondere einfache Zinkenegge, Rüttelegge, Kreiselegge, Packer, Feingrubber, Anbaufräse, Motorhacke, Kultivator, Krail und Rechen infrage.

Pflegende Bodenbearbeitung: Welchem Zweck dient sie?

Die Aufgabe der pflegenden Bodenbearbeitung ist es, nach der Saat oder Pflanzung eine günstige Bodenstruktur zu erhalten. Hierzu gehören das Brechen von Krusten und das Lockern der Bodenoberfläche sowie die Unkrautbekämpfung. Es gilt der Grundsatz, stets flach zu bearbeiten, um die Wurzeln der Kulturpflanzen zu schonen und den Boden nicht zu verdichten. Zur pflegenden Bodenbearbeitung kommen insbesondere folgende Bodenbearbeitungsgeräte infrage: Netzegge, Stachelwalze, Motorhacken, Reihenhackfräsen oder Handgeräte wie Ziehhacke, Kultivator, Grubber, Rechen, Krail.

Minimale Bodenbearbeitung: Was versteht man darunter?

Einen weitgehenden Verzicht auf wendende oder auch mischende Bodenbearbeitungsmaßnahmen und ein überwiegendes Bedeckthalten der Bodenoberfläche durch lebende Pflanzen oder Mulchmaterialien.

Maschinen und Geräte zur Bodenbearbeitung siehe Seite 170 bei Maschinen und Geräte.

Erden und Substrate

Erden und Substrate: Was versteht man darunter?

Das Wort Substrat (lat. *substratum* = Unterlage) wird in vielen Wissenschaftsgebieten benutzt. So ist beispielsweise Substrat in der Dünnschichtphysik das Grundmaterial, auf das oder in das andere Werkstoffe auf- oder eingebracht werden. In der Biologie ist Substrat ein Nährboden oder Nährmedium. Bezogen auf den Gartenbau sind Substrate Stoffe, in denen sich die unterirdischen Pflanzenteile befinden und die den Pflanzen einerseits als Standort und andererseits zur Versorgung der Pflanzenwurzeln mit Wasser, Nährstoffen und Sauerstoff dienen. Substrat kann aus organischen, mineralischen und synthetischen Substanzen bestehen. Nach dieser Definition sind die Begriffe Substrat und Erde gleichbedeutend. Das heißt, beide werden synonym benutzt, wobei ersterer zunehmend bevorzugt wird. Früher verstand man unter Erden künstlich hergestellte Gemische aus humosen und mineralischen Bestandteilen zur Verwendung im Topfpflanzenbau, unter Substraten alle Stoffe, die in der Lage sind, die Verbindung zwischen Pflanzenwurzeln und Nährstoffen innerhalb der Hydrokultur oder ähnlichen Kulturverfahren herzustellen. Andere verwendeten den Begriff Erden für Materialien, die im Betrieb entstanden sind (z. B. Komposte) oder zumindest im Betrieb selbst gemischt wurden (Praxiserden). Substrate dagegen nannte man Materialien, die industriell in Erdewerken hergestellt wurden (Fertigerden wie Fruhstorfer-Einheitserde oder Torf-Kultur-Substrate = TKS).

Welche Anforderungen sind an Substrate (gärtnerische Erden) im Allgemeinen zu stellen?

Wichtige Anforderungen an ein gärtnerisches Kultursubstrat sind:

- Hohe Wasserkapazität.
- Hohe Luftkapazität, auch bei maximaler Wasserkapazität.
- Strukturstabilität über längere Zeit.
- Hohe Sorptionskapazität und gute Nährstoffdynamik.
- Gute Pufferung gegen pH-Verschiebung und hohes Pufferungsvermögen für Nährstoffe.
- Frei von Schädlingen, Krankheitserregern und Unkrautsamen.
- Frei von pflanzenschädigenden und wachstumshemmenden Stoffen.
- Stets gleichartige Beschaffenheit.
- Gute Lagerfähigkeit.
- Gute Wiederbenetzbarkeit nach Austrocknung.
- Wenig mikrobielle Belebung.

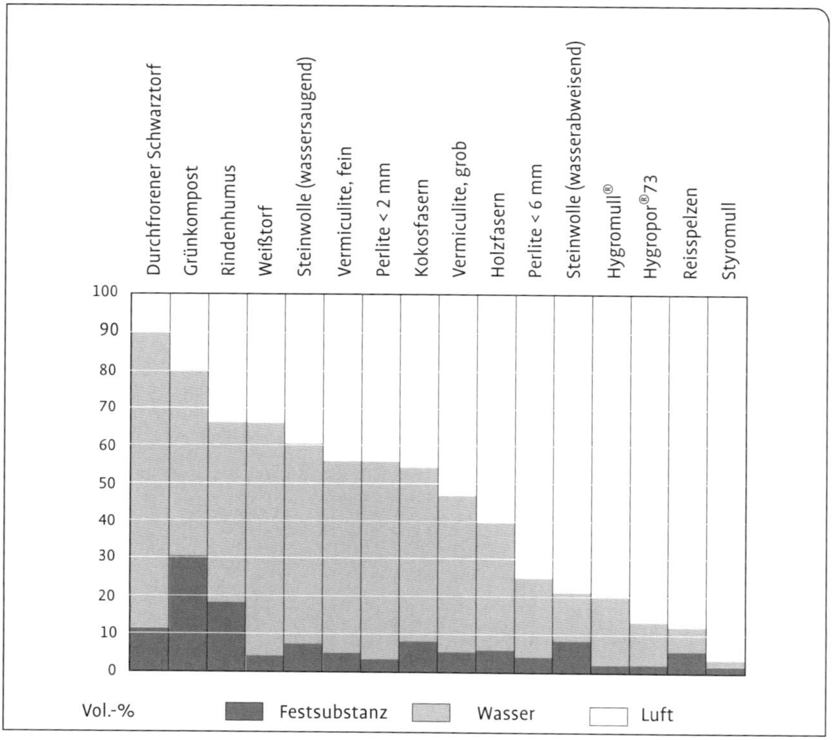

Durchfrorener Schwarztorf
Grünkompost
Rindenhumus
Weißtorf
Steinwolle (wassersaugend)
Vermiculite, fein
Perlite < 2 mm
Kokosfasern
Vermiculite, grob
Holzfasern
Perlite < 6 mm
Steinwolle (wasserabweisend)
Hygromull®
Hygropor®73
Reisspelzen
Styromull

100
90
80
70
60
50
40
30
20
10
0

Vol.-%
Festsubstanz
Wasser
Luft

Abb. 5 Festsubstanz und Gesamtporenvolumen verschiedener Substrate.

Je nach dem Einsatzbereich und den Kulturbedingungen können sich innerhalb dieses Forderungskatalogs die Schwerpunkte verschieben.

Substratgrundstoffe: Welche Grundstoffe (Komponenten) kommen für Substrate infrage?

Als Substratgrundstoffe für Kultursubstrate kommt eine Vielzahl von Komponenten infrage:

- Praxiserden: betriebseigener Kompost, Lauberde, Nadelerde, Misterde, Rasenerde, Heideerde, Moorerde, Lehm.
- Organische, industriell bearbeitete bzw. aufbereitete Grundstoffe: Weißtorf, Schwarztorf, Rindenhumus (Rindenerde), Biokompost, Grünkompost, Kokosfasern, Reisspelzen, Holzfaserstoffe (z. B. Toresa, Culti-Fibre), Holzhäcksel.

- Mineralische, industriell bearbeitete bzw. aufbereitete Grundstoffe: Ton (z. B. Montmorillonit, Bentonit), Sand, Lava, Bims, Blähton, Blähschiefer, Vermiculit, Steinwolle, Perlite.
- Synthetische, industriell hergestellte Grundstoffe: Styromull, Hygromull, Hygropor.

Kompost: Was versteht man darunter?

Werden pflanzliche (und tierische) Abfälle, frisch oder trocken, direkt in oder auf den Boden gebracht, werden sie mehr oder weniger schnell abgebaut, haben aber nur eine geringe (manchmal sogar nachteilige) Wirkung und tragen kaum nachhaltig zur Bodenverbesserung bei. Von alters her sind daher Verfahren bekannt, die Abfälle zu brauchbaren Bodenverbesserungsmitteln oder Substratgrundstoffen umformen, nämlich zu Komposten. Kompost ist ein Verrottungsprodukt aus pflanzlichen (und tierischen) Abfällen. Ziel der Kompostierung ist die Vererdung organischer Substanz und ihre Umformung zu wachstumsfördernden und nachhaltig bodenverbessernden Stoffen. Neben betriebseigenen Komposten stehen dem Gärtner auch kompostierte organische Siedlungsabfälle zur Verfügung. Unterschieden wird dabei zwischen Grünkompost und Biokompost. Während der Grünkompost überwiegend aus Rückständen der Garten- und Grünflächenpflege hergestellt wird, entsteht Biokompost aus den getrennt gesammelten organischen Haushaltsabfällen. Sogenannte Müll- und Müllklärschlammkomposte sollten aufgrund der hohen Schwermetallbelastung nicht verwendet werden.

Kompost dient der Belebung toter Böden, wenn z. B. Unterboden als Oberboden verwendet werden muss oder zur Herstellung gärtnerischer Erden. Kompost verbessert die Durchlüftung, den Wasserhaushalt und fördert die Krümelstruktur und die Mikroorganismentätigkeit.

Kompostierungsprozess (Rotte): Wie läuft er ab?

Unter dem Kompostierungsprozess, auch Rotte genannt, versteht man die Zersetzung, den Abbau und Umbau organischer Substanz durch Kleinstlebewesen, in sauerstoffhaltiger Umgebung. Im Gegensatz dazu steht die Zersetzung unter Luftabschluss, die man als Fäulnis bezeichnet. Das Ergebnis der Rotte ist eine mürbe, erdige Masse, die angenehm nach Waldboden duftet. Bei der Fäulnis hingegen entsteht eine wässrige, breiartige Masse, die übel riecht. Die Kunst des Kompostierens besteht darin, für Mikroorganismen günstige Bedingungen zu schaffen. Die Abbauvorgänge im Komposthaufen verlaufen dann besonders zügig, wenn die aufgebrachten Materialien locker und luftig lagern und ausreichend feucht sind. Bei fehlender Feuchtigkeit gehen viele Mikroorganismen in eine Ruhepause über, sodass der Verrottungsprozess stockt. Zu viel Wasser behindert dagegen die Tätigkeit der Luft liebenden Lebewesen: Die Durchlüftung ist gefährdet und in der Folge kann es zu unerwünschten Fäulnisvorgängen kommen. Sind beste Bedingungen für die Rotte gegeben, dann setzt die Rotte zu Beginn geradezu stürmisch ein und kann mit einer merklichen Erwärmung des Rotteguts verbunden sein. Der Rottebeginn bringt dann auch die augenfälligste Veränderung seiner Struktur: Die Zellwände in den Pflanzenresten werden zerstört, weshalb der Kompost sehr rasch zusammensackt. Die späteren Veränderungen sind weit weniger auffällig und verlaufen auch wesentlich langsamer. Der eigentliche Reifevorgang, bei dem es zur Vereinigung der Humusteilchen und Mineralien kommt, nimmt die längste Zeit des ganzen Prozesses in Anspruch.

Wird frisches Rottegut in größeren Mengen auf einmal zu einer Miete aufgeschichtet, so erhitzt es sich, weil die Mikroorganismen die leicht abbaubaren Substanzen schnell umsetzen und ihre dabei entstehende Körperwärme nicht an die Umgebung abgeben können (Isolationseffekt). Die Erhitzung des Rotteguts ist erwünscht, da bei den entstehenden Temperaturen von mehr als 50 °C (bis zu 80 °C) verschiedene Krankheitserreger und Unkrautsamen abgetötet werden. Die starke Erhitzung des Rotteguts hält einige Tage bis wenige Wochen an. Die Temperatur fällt in dieser Zeit nach Überschreiten eines Maximums kontinuierlich ab. Diese Art der Rotte, die man auch als Heißrotte bezeichnet, findet aber nur in Komposthaufen statt, die in einem Zug aufgesetzt werden. Wird das Rottegut dagegen nach und nach in kleineren Mengen aufgeschichtet, was im Gartenbau meist der Fall ist, so verläuft der mikrobielle Abbauprozess weniger intensiv und die entstehende Wärme kann an die Umgebung abgegeben werden. Bei dieser sog. Kaltrotte wird eine Hygienisierung des Rotteguts nicht erreicht.

Welche Anforderungen sind für einen risikofreien Einsatz an Substratkomposte zu stellen?

Komposte müssen für einen risikofreien Einsatz im Substrat hohe Anforderungen erfüllen. Die allgemeinen Qualitätskriterien für die sog. Fertigkomposte, die sich hervorragend zur Bodenverbesserung (insbesondere Zufuhr von Nährstoffen und Humus) eignen, reichen dabei nicht aus. In der Gütegemeinschaft Kompost wurden für Substratkomposte folgende Qualitätskriterien erarbeitet:

Physikalische Eigenschaften:

- Körnung: 0–25 mm, davon mindestens 50 Vol.-% 0–5 mm,
- nur geringste Stein- und sonstige Fremdstoffgehalte, insbesondere frei von Steinen über 10 mm,
- maximal 5 Gew.-% Steine bis 5 mm.

Biologische Eigenschaften:

- frei von keimfähigen Samen und Pflanzenteilen,
- frei von humanpathogenen Krankheitserregern,
- frei von phytopathogenen Krankheitserregern,
- frei von Wuchshemmstoffen,
- mindestens 15 Gew.-% organische Substanz in der Trockensubstanz.

Chemische Eigenschaften:

- der Kali-Gehalt sollte 1000 mg/l im Substrat nicht überschreiten,
- die Gehalte an Phosphor sollten zwischen 200 und 500 mg/l Substrat liegen,
- der Salzgehalt sollte 2,0 g/l Substrat nicht übersteigen.

Torf: Was ist das?

Ein in Mooren entstandenes Gemenge unvollständig zersetzter Pflanzenteile von dunkler Farbe und hohem Kohlenstoffgehalt. Nach der Entstehung wird zwischen Hochmoortorf und Flachmoortorf (Niedermoortorf) unterschieden. Torfe finden im Gartenbau Verwendung zur Herstellung von Substraten und zur Bodenverbesserung. Früher diente Torf auch als Brennstoff. Für Substrate wird überwiegend der nährstoffarme und saure Hochmoortorf eingesetzt, der fast ausschließlich aus *Sphagnum*-Resten, durchsetzt mit Resten von *Eriophorum* (Wollgras), besteht. Er ist in trockenem Zustand sehr leicht und besitzt ein sehr großes Wasseraufnahme- und Wasserhaltevermögen. Der am stärksten zersetzte Hochmoortorf (untere Schicht) heißt Schwarztorf, der jüngere, weniger zersetzte (obere Schicht) Weißtorf.

Weißtorf: Durch welche Eigenschaften zeichnet er sich aus?

- Hohes Porenvolumen. Durch eine günstige Porenverteilung von Grob-, Mittel- und Feinporen ist ein guter Lufthaushalt gewährleistet.
- Strukturstabilität über einen längeren Zeitraum. Dies ist in Substraten erwünscht, da dadurch eine nachteilige Sackung verhindert wird und sich der Luft- und Wasserhaushalt günstig für die Pflanze verhält. Das Porenverhältnis verschiebt sich während einer Kultur nur geringfügig hin zu den Feinporen.
- Niedriger Nährstoffgehalt. Er hat den Vorteil, dass das Substrat je nach Bedarf der Pflanzen aufgedüngt werden kann, ohne die Gehalte des Ausgangsstoffs ermitteln und berücksichtigen zu müssen.
- Niedriger pH-Wert. Durch die Nährstoffarmut und den niedrigen pH-Wert (in der Regel zwischen 2,5 und 3,5) ist die biologische Aktivität von Torfen gering, was zu seiner hohen Strukturstabilität beiträgt. Der niedrige pH-Wert ist auch deshalb als Vorteil anzusehen, da man den pH-Wert eines Substrats leicht durch definierte Kalkzugabe erhöhen kann. Außerdem haben viele andere Ausgangsstoffe einen relativ hohen pH-Wert, der sich durch Torf senken lässt.
- Geringes Volumengewicht. Dies ist ein Vorteil beim Transport. Ein Nachteil ist, dass Pflanzen mit einem kompakten, schweren Spross, in Torfsubstrate gepflanzt, leicht umfallen können.

Torfkultursubstrate: Was versteht man darunter?

Substrate, die ausschließlich aus aufgedüngtem Torf bestehen. Dabei wird im Allgemeinen zwischen den folgenden Typen unterschieden:

- TKS 0 wird nur aufgekalkt und mit Spurennährstoffen angereichert, die Gehalte der Hauptnährstoffe entsprechen den Gehalten des Ausgangstorfs. TKS 0 dient der Herstellung betriebseigener Erden (auch mit Kompost gemischt) und wird auch als Null-Substrat bezeichnet.
- TKS 1 mit geringer Nährsalzkonzentration wird für Aussaaten, zur Stecklingsvermehrung und zum Pikieren verschiedener Pflanzenarten sowie zum Topfen salzempfindlicher Kulturen verwendet. Dieser Substrattyp wird auch als Vermehrungssubstrat bezeichnet.
- TKS 2 hat hohe Nährstoffgehalte und wird zum Topfen nährstoffbedürftiger Kulturen verwendet.
- Moorbeetsubstrat hat einen niedrigen pH-Wert sowie geringe Nährstoff- und Salzgehalte.
- Presstopf- bzw. Traysubstrate unterscheiden sich von TKS 1 durch ihre sehr feine Struktur, der durch einen hohen Anteil an durchfrorenem Schwarztorf zustande kommt.

Rindenkultursubstrate: Was versteht man darunter?

Als Rindenkultursubstrate (RKS) werden – entsprechend den Bestimmungen der Gütegemeinschaft Substrate für Pflanzenbau e. V. – Erden bezeichnet, deren Hauptanteil Rindenhumus ist. Besteht das Substrat aus zwei Komponenten, muss der Rindenanteil mehr als 50 % ausmachen, bei drei Komponenten mehr als 40 %. Die Mehrzahl der angebotenen Rindenkultursubstrate besteht aus einer Mischung aus Rindenhumus, Weißtorf und Ton.

Rindenhumus: Was ist das?

Zerkleinerte, fraktionierte und fermentierte Rinde. Für die Herstellung von Rindenhumus wird frische Rinde zerkleinert, mit Ammoniumdünger oder Harnstoff als Stickstoffquelle beimpft (um ein enges C/N-Verhältnis herbeizuführen) und in Mieten kompostiert. Mikroorganismen schließen die Rinde auf, wodurch Wärme entsteht. Die Temperatur kann bis auf 80 °C ansteigen. Der Kompostiervorgang, um Rindenhumus zu gewinnen, dauert zwischen 6 und 15 Wochen.

Rindenmulch: Was versteht man darunter?

Zerkleinerte, unkompostierte Rinde, die zum Mulchen genutzt wird. Er ist besonders geeignet zur Abdeckung von Baumscheiben (Schutz der stammnahen Wurzeln) und zur Verhinderung von Verunkrautung frisch bepflanzter Flächen.

Einheitserde: Was versteht man darunter?

Bei den ursprünglichen, von Prof. Dr. A. Fruhstorfer in den Jahren 1945–1948 entwickelten Einheitserden handelt es sich um Mischungen aus kalkfreiem, krümelfestem Ton und Torf mit Zusatz von Mineraldüngern.
Unterschieden wird allgemein zwischen
Typ 0 = ohne zusätzliche Nährstoffe,
Typ P = Pikiererde und
Typ T = Topferde.

Der pH-Wert liegt um pH 5,5. Heute sind zahlreiche abgewandelte Torf-Ton-Substrate auf dem Markt zu finden, aber auch Substrate, die neben Torf und Ton noch weitere Zuschlagstoffe aufweisen.

Blähton: Was ist das?

Produkt aus salzarmen und schadstofffreien Tonen. Ton wird im Drehrohrofen bei 800 °C getrocknet und anschließend bei 1 200 °C gebrannt. Dabei werden die Tongranulate um ein Mehrfaches ihrer ursprünglichen Größe aufgebläht. Durch Volumenausdehnung des Gases wird eine poröse Innenstruktur erreicht. Gleichzeitig verschmilzt die äußere Tonschicht zu einer keramischen Außenhaut. Blähton findet in erster Linie in der Hydrokultur Verwendung. Es sind die physikalischen Eigenschaften, die den Blähton zum geeigneten Substrat für die Hydrokultur machen. Gebrochener Blähton mit guter Wasserspeicherfähigkeit wird darüber hinaus sowohl zur Verbesserung stark bindiger Böden als auch zur Herstellung von Substraten verwendet.

Lecadan: Was ist das?

Handelsname für ein Blähtonprodukt in gebrochener Form. Als Grundlage dient normaler Blähton. Durch zusätzliches Brechen entsteht ein Material, das im Unterschied zu diesem eine poröse Struktur aufweist. Gebrochener Blähton vermag mit 45 bis 50 Gew.-% eine erhebliche Wassermenge zu speichern. Lecadan wird im Bereich der Dachbegrünung, als Pflanzsubstrat und zur Langzeitbewässerung in der Innenraumbegrünung eingesetzt. Auch im Rahmen der Dünnschichtkultur kommt gebrochener Blähton zum Einsatz.

Perlit: Was ist das?

Ein Mineral vulkanischen Ursprungs. Das Perlitgestein zählt zu den nichtkristallinen Gesteinen und ist weltweit verbreitet. Innerhalb des Gesteins befindet sich ein bestimmter Gehalt an Wasser, das von Lavamassen eingeschlossen wurde. Das Ausgangsgestein wird zerkleinert und in Expandieranlagen für kurze Zeit auf über 1 000 °C erhitzt. Dabei verdampft das Wasser, und das Material vergrößert sich auf das 15- bis 20-fache seines Ursprungsvolumens. Auf diese Weise entsteht ein leichtes, offenporiges, inertes Granulat ohne chemische Hilfsmittel, das multifunktional, u. a. als Bau-, Dämm- und Füllstoff in der Bauindustrie oder als Filtermaterial beim Bierbrauen eingesetzt werden kann. Im Gartenbau finden Perlite Verwendung als Substratgrundstoff in der Vermehrung und in erdelosen Kulturverfahren sowie als Substratzuschlagstoff zur Bodenverbesserung. Das Gesamtporenvolumen beträgt 95 Vol.-%, die Wasserspeicherfähigkeit bis zu 50 Vol.-%. Perlit erhöht die Wasserspeicherkapazität des Bodens und sorgt gleichzeitig für eine bessere Durchlüftung. Perlit ist sofort wiederbenetzbar, salzfrei, nährstofffrei und pH-Wert-neutral. Das Trockengewicht beträgt 90 kg/m^3. Perlit ist absolut natürlich und ökologisch unbedenklich, es ist zersetzungsbeständig, d. h. es verrottet und schrumpft nicht.

Styromull: Was ist das?

Zuschlagstoff für Substrate in Flockenform aus Polystyrol-Schaumstoff. Mit Styromull lässt sich eine dauerhafte Lockerung und Verminderung der Wasserkapazität erzielen. Die Wasserkapazität ist wegen der geschlossenporigen Struktur gering. Nachteilig ist, dass sich Styromull in Verbindung mit anderen Substratkomponenten aufgrund seines geringen Gewichts leicht entmischt.

Hygromull: Was ist das?

Geflockter, offenzelliger Harzschaum. Inhaltsstoff ist synthetisch-organisches Schaumharz auf Basis von Harnstoff. Es enthält etwa 30 % Stickstoff und etwa 30 % Kohlenstoff. Hygromull kann Wasser und darin gelöste Nährstoffe bis zu 70 % (unter besonderen Umständen auch 90 %) seines Volumens speichern. Es wird im Gartenbau zur Verbesserung der Wasserspeicherung bei leichten bis mittleren Böden und Substraten eingesetzt. Vom vorhandenen Stickstoff sind nur 0,25–0,5 % unmittelbar verfügbar, der Rest wird nach und nach abgebaut, jährlich etwa 5–9 %.

Hygropor: Was ist das?

Flockengemisch aus 70 % offenzelligem Hygromull und 30 % geschlossenzelligem Styromull. Hygropor vereinigt die Eigenschaften von Hygromull und Styropor und wird in Böden, Erden und Substraten zur Verbesserung der Luftführung und Wasserspeicherung eingesetzt. Die Wasserkapazität liegt bei 35–50 Vol.-%.

Vulkaperl: Was ist das?

Handelsname für ein rein mineralisches Pflanzsubstrat aus Lava (10 %), Bims (10 %) und Perlite (30 %). Verwendung als Bodenverbesserungsmittel, zur

Herstellung von Substraten, als Pflanzsubstrat für Dachgärten und bei der Baumpflanzung. Vulkaperl besitzt eine Wasserspeicherfähigkeit von 55 Vol.-%, verhindert Staunässe und ist sofort wieder benetzbar.

Steinwolle: Was versteht man darunter und wo wird sie eingesetzt?

Steinwolle, vertrieben unter dem Handelsnamen GRODAN, ist ein nach Erhitzen von Mineralien (Diabas) fädig gezogenes Material, welches chemisch und biologisch stabil (inert) ist und sich durch ein hohes Porenvolumen auszeichnet. Steinwolle ist strukturstabil, das heißt, es treten keine Verdichtungen mit den zugehörigen Begleiterscheinungen auf. Die Wasserkapazität liegt bei rund 80 Vol.-%. Bei einem Feststoffanteil von 3–4 Vol.-% bedeutet dies eine Mindestluftkapazität von 16–17 Vol.-%. Auch bei Übernässung erfolgt keine Vernässung des Substrats. Das gesamte Überschusswasser, welches die Wasserkapazität überschreitet, kann ungehindert abfließen, ohne die Struktur zu beeinflussen.

Steinwolle dient als Kultursubstrat in offenen (das Überschusswasser mit den darin enthaltenen Nährsalzen versickert im Boden) und geschlossenen (das Überschusswasser wird aufgefangen und zur Wiederverwendung zurückgeführt) Kultursystemen. Viele Rinnen- und Kastensysteme wurden speziell für den Einsatz von Steinwolle entwickelt. Die Firma Grodan hat darüber hinaus ein eigenes System entwickelt, das AD-(Aktive-Dränage-)System. Im Gemüsebau wird Steinwolle u. a. für die Kultur von Gurken, Tomaten und Paprika eingesetzt. Im Zierpflanzenbau werden vor allem Rosen, Gerbera und Nelken auf Steinwollmatten kultiviert. Für Mutterpflanzenbestände verwendet man je nach Kulturdauer und Pflanzenart Matten oder Kulturblöcke. Da bei der Entsorgung gebrauchter Steinwolle Probleme auftraten, bietet die Firma Grodan den Gärtnern die Möglichkeit, ihre gebrauchte Steinwolle einem Recyclingverfahren zuzuführen.

Steinwollprodukte: Welche werden auf dem Markt angeboten?

Das Angebot an Steinwollprodukten umfasst:

- Kulturplatten für die Produktion von Gemüse und Schnittblumen,
- Multiblöcke, Multitrans und Miniblöcke für die Stecklings- und Samenvermehrung,
- Kulturblöcke für die Weiterkultur,
- Granulate für die Vermehrung, als Zuschlagstoffe für Erden und Substrate und zur Strukturverbesserung von Böden.

Jiffy: Was verbirgt sich hinter der Bezeichnung?

Jiffy ist der Name einer Gruppe von Vermehrungseinheiten bzw. Anzuchtgefäßen, die von der Firma Romberg vertrieben werden und hauptsächlich aus Torf bestehen (engl. *jiffy* = Augenblick, Moment). Das Jiffy-System unterscheidet zwischen Jiffy-Pots (einschließlich Jiffy-Strips, Jiffy-Pot Poly-Pack), Jiffy-7 (einschließlich Jiffy-7 Poly-Roll, Jiffy-7 Tray-System) und Jiffy-9. Die Thermobehandlung aller Jiffy-Torfprodukte während der Herstellung tötet Mikroorganismen, tierische und pflanzliche Schädlinge sowie Unkrautsamen ab und vermindert so die Infektionsgefahr für die Jungpflanze.

Jiffy-7: Was ist das?

Eine zylinderförmige Substrat-Einheit für die Jungpflanzenanzucht aus reinem Sphagnum-Weißtorf, die von einem speziellen Kunststoffnetz umgeben ist. Im Rahmen des Produktionsprozesses wird das Substrat tablettenförmig auf 1/10 seines Ursprungsvolumens zusammengepresst. Nach Wasseraufnahme expandiert der Torf wieder auf das ursprüngliche Volumen, wobei das Kunststoffnetz das Substrat sicher zusammenhält und dem Ballen einen festen Halt gibt. Man bezeichnet ihn deshalb auch als Torfquelltopf. Durch ein besonderes Herstellungsverfahren reißt das Netz bereits bei geringer mechanischer Beanspruchung in Längsrichtung ein. So können die Wurzeln ohne Druckaufwand, und ohne dass ihr Wachstum behindert wird, hindurchwachsen. Der pH-Wert ist auf 5,3 (± 0,3) eingestellt. Dem Substrat sind in ausgewogenem Verhältnis Nährstoffe für die Jungpflanzenanzucht beigemischt. Jiffy-7 Torfquelltöpfe eignen sich für das Stecken unbewurzelter Stecklinge, für die Direktaussaat sowie zum Pikieren kleiner Sämlinge. Vorgefertigte Löcher in der Mitte der Torftabletten (soft center) erleichtern das Stecken von Stecklingen und gewährleisten den genauen Stand der Pflanze in der Topfmitte. Die Wässerung kann mit der Schlauchbrause, durch Anstauen oder mit der Sprühanlage erfolgen. Weil die Ballen eine hohe Wasserkapazität besitzen, braucht später nur mäßig gegossen zu werden. Im trockenen Zustand sind Jiffy-7 bei sachgerechter Lagerung über mehrere Jahre verwendungsfähig. Sie behalten ihre Quellfähigkeit und ihre Nährstoffe, die erst nach der Befeuchtung wirksam werden. Jiffy-7 gibt es in den Größen 18, 22, 25, 30, 38 und 42 mm.

Jiffy-7 Poly-Roll: Was ist das?

Um Lohnkosten zu senken und Arbeitskräfte so rationell und effektiv wie möglich einzusetzen, wurde Jiffy-7 Poly-Roll entwickelt. Beim Poly-Roll sind die Torftabletten mit 38 mm Durchmesser im Verband auf perforierte Folienbahnen von 0,03 mm Stärke geheftet und werden aufgerollt in stabilen Palett-Kartons geliefert. Die Rollen werden auf die Kulturtische gelegt und wie ein Teppich ausgerollt. Auf diese Weise ist eine Arbeitsleistung von 40 000 St./AKh möglich. Das heißt, die Arbeitsleistung ist 15-mal höher als bei manueller Auslegung loser Jiffy-7. Um alle Tischbreiten zu belegen, stehen die Rollen in 50,

60 und 80 cm Breite zur Verfügung. Passend für die gängigsten Pflanzenarten gibt es unterschiedliche Quadratmeterbelegungen.

Jiffy-7 Tray-System: Was ist das?

Beim Jiffy-7 Tray-System handelt es sich um mit Jiffy-7-Quelltöpfen befüllte Kunststoffplatten. Dieses System wurde entwickelt, um sowohl pflanzenbaulichen als auch transporttechnischen Aspekten gerecht zu werden. Die Kunststoffplatten (Trägerplatten, Trays) besitzen eine hohe Stabilität durch heruntergezogene Plattenränder. Jede einzelne Topfstelle besitzt große, seitlich hochgezogene Bewässerungs- und Drainageöffnungen. Der Wurzelballen ist komplett luftumspült. Somit ist ein optimaler Gasaustausch im Substrat gewährleistet und ermöglicht ein sehr aktives Wurzelwachstum der Jungpflanzen. Es sind Trays für Jiffy-7 der Größen 38, 30 und 22 mm Durchmesser erhältlich.

Jiffy-9: Was ist das?

Ein Torfquelltopf, der eine Weiterentwicklung der gepressten Topf-Substrat-Einheit Jiffy-7 darstellt. Er ist ebenso aus hochwertigem Sphagnum-Weißtorf hergestellt, ohne allerdings mit einem Kunststoffnetz ummantelt zu sein. Ein organisches Bindemittel, ein Hydrokarbonat, stabilisiert den Ballen und hält ihn sicher zusammen.

Jiffy-9-Torfquelltöpfe sind mit 35 und 25 mm Durchmesser lieferbar. Aufgequollen sind sie etwa 28 mm hoch. Die vorgestanzten Löcher haben einen Durchmesser von 4 und 7 mm. Pro 1 m³ losen Torf sind 0,8 kg Volldünger enthalten. Der pH-Wert ist auf 5,3 (± 0,3) eingestellt und eignet sich für die meisten Zierpflanzen, Gemüsepflanzen und Stauden. Das Angießen zum Aufquellen kann mit der Schlauchbrause, durch Anstauen oder mit einer Sprühanlage erfolgen. Wegen des vorhandenen Bindemittels erfolgt die Expansion langsamer als bei Jiffy-7 und dauert etwa 30 Minuten. Nach dem Stecken, Säen oder Pikieren sollten Jiffy-9-Töpfe bis zur Bewurzelung nicht mehr gerückt werden. Bis zur Keimung oder Bewurzelung ist das Substrat gut feucht zu halten, doch ist stauende Nässe zu vermeiden.

Jiffy-Pots: Was versteht man darunter?

Runde oder quadratische Einzeltöpfe, die zu 60 % aus einem humusreichen *Sphagnum*torf und zu 40 % aus einer schwefelfreien Stapelzellulose bestehen. Durch dieses Mischungsverhältnis erhalten die Töpfe die nötige Festigkeit für die feuchten Kulturbedingungen. Ihre Porenstruktur lässt eine ideale Durchwurzelung zu. Darüber hinaus verfügen sie über eine hohe Wasserkapazität. Nach dem Auspflanzen verrottet der Topf – je nach Kulturführung – innerhalb von drei Monaten. Er wird Bestandteil des Bodens und ist deshalb besonders umweltfreundlich. Jiffy-Pots gibt es in Größen von 6 × 6 cm bis 11 × 11 cm.

Jiffy-Strips: Was sind das?

Quadratische Jiffy-Pots in zusammenhängenden Einheiten von sechs bzw. zwölf Stück in Doppelreihe. Einzeltopfmaße von 4 × 4 cm bis 8 × 8 cm. Die Arbeitsproduktivität kann mit diesen Topfplatten in Doppelreihe gegenüber Einzeltöpfen um 60 % gesteigert werden. Weitere Vorteile liegen in der größeren Standsicherheit und der noch besseren Ausnutzung von Vermehrungsflächen.

Jiffy-Pot Poly-Packs: Was sind das?

50 × 30 cm große Kunststoffeinwegplatten, die bereits mit quadratischen Jiffy-Strips belegt sind. Die Anzahl der Töpfe pro Platte richtet sich nach der jeweiligen Topfgröße. Die Kunststoffplatte dient als Trägerplatte und ist für einen guten Wasser- und Luftaustausch mit Bodenlöchern versehen.

Presstöpfe: Was verstehen wir darunter?

Bezeichnung für „Töpfe“, die vor Ort (im Betrieb) aus Substrat in speziellen Topfpressen gepresst werden. Presstöpfe werden in Abmessungen von 3 × 3 cm bis 10 × 10 cm mit eingestanzten Löchern zur Saatgutablage oder zum Pikieren hergestellt. Als Substrat werden spezielle Substrate wie Potgrond und Humosoil oder auch betriebseigene Erde verwendet. Presstöpfe sind insbesondere im Gemüsebau von Bedeutung.

Paperpots: Was sind das?

Anzuchttöpfe, deren Wandungen aus Papier bestehen. Paperpots werden aus präpariertem Spezialpapier mit einem wasserlöslichen Leim so zusammengeklebt, dass sie als flache Platten transportiert und über Blechrahmen zu wabenartig verbundenen sechseckigen Töpfen auseinandergezogen und mit relativ trockenem Substrat gefüllt werden können. Für das Besäen werden Spezialmaschinen angeboten. Im Verlauf der Anzucht lösen sich die Töpfe voneinander. Paperpots werden insbesondere zur Jungpflanzenanzucht im Gemüsebau eingesetzt.

Düngung (Pflanzenernährung)

Düngung: Was versteht man darunter?

Die gesteuerte Zufuhr von Nährstoffen (Mineralstoffen, Düngemitteln, Düngern) zu den Pflanzen oder zum Nährsubstrat (zum Boden oder bei der Hydrokultur zum Wasser).

Was ist Ziel der Düngung?

Die bedarfsgerechte Versorgung der Pflanzen mit den Nährelementen. Angestrebt werden gesunde Pflanzen und im Rahmen der Produktion hohe Erträge und gute (marktgerechte) Qualitäten.

Ertragsgesetze: Was besagen sie?

Wachstum und Ertragsleistung der Pflanzen gehen nach bestimmten Regeln vor sich. Sie lassen sich durch Maßnahmen der Düngung, der Bodenpflege und des Pflanzenschutzes steigern. Zwei Gesetze sind dabei jedoch zu beachten: das Gesetz vom Minimum und das Gesetz vom abnehmenden Ertragszuwachs.

Das Gesetz vom Minimum besagt, dass das Wachstum und der Ertrag einer Pflanze von dem Nährelement oder Wachstumsfaktor bestimmt werden, der ihr in geringster Menge (Minimum) zur Verfügung steht. Justus von Liebig (1803–1873) hat als einer der ersten erkannt, dass kein Nährelement oder ein sonstiger Wachstumsfaktor fehlen darf, wenn gesunde Pflanzen und ein voller Ertrag erzielt werden sollen. Man kann also den Mangel eines Nährelements (z. B. Stickstoff, Eisen) oder eines Wachstumsfaktors (Licht, Temperatur, Kohlendioxid usw.) nicht durch die anderen Faktoren ausgleichen. Erst, wenn jeder einzelne in dem Maß gegeben ist, dass er dem Bedarf der Pflanze entspricht, ist ein optimaler Ertrag möglich. Liebig hat diese Erkenntnisse im "Gesetz vom Minimum" zusammengefasst.

Nach heutigen Erkenntnissen muss das "Gesetz vom Minimum" im Zusammenhang mit dem "Gesetz vom abnehmendem Ertragszuwachs" gesehen werden. Der Ertrag wird demnach nicht allein vom jeweiligen Minimumfaktor bestimmt, sondern ist auch von der Höhe und dem Verhältnis der anderen Wachstumsfaktoren zueinander abhängig.

Der Bodenkundler Mitscherlich (1874–1956) hat durch Versuche bereits im Jahre 1909 herausgefunden, dass ein Wachstumsfaktor den Ertrag umso mehr steigert, je mehr dieser Faktor im Minimum ist. Wenn z. B. mit einer bestimmten N-Düngermenge der Ertrag um die Hälfte des möglichen Höchstertrags gesteigert wird, kann man durch eine weitere gleichstarke N-Gabe den Ertragszuwachs nur noch um ein Viertel steigern. Mit jeder weiteren gleichen Düngergabe würde der zusätzliche Ertrag immer mehr abnehmen.

Das heißt, wird ein Wachstumsfaktor (z. B. ein Nährelement) gesteigert, nimmt der Ertrag zwar zu, die Ertragswirkung wird jedoch geringer, je näher man dem Höchstertrag kommt; stagniert schließlich und kann sogar abfallen. Ein Optimum ist erreicht, wenn die Kosten für Pflanzennährstoffe und der zu erwartende Gelderlös aus der Ernte im günstigsten Verhältnis stehen.

Pflanzennährstoff: Was versteht man darunter?

Als Pflanzennährstoff wird ein Stoff bezeichnet, der für Wachstum, Stoffbildung und Fortpflanzung der Pflanze unentbehrlich ist und in dieser Funktion durch keinen anderen Stoff ersetzt werden kann. Pflanzennährstoffe liefern sowohl die notwendige Energie als auch die Bau- und Wirkstoffe. Ein Mangel an einem bestimmten Nährelement macht eine normale vegetative und generative Entwicklung der Pflanze entweder unmöglich oder behindert sie wesentlich und führt zu ganz charakteristischen Ernährungsstörungen und mit bloßem Auge wahrnehmbaren Mangelsymptomen.

Nährelemente (Nährstoffe): Welche sind für Pflanzen lebenswichtig?

Pflanzen benötigen zu ihrer Entwicklung neben den nichtmineralischen Nährelementen Kohlenstoff (CO_2), Wasserstoff (H_2) und Sauerstoff (O_2) noch weitere 13 mineralische Nährelemente. Diese 13 unentbehrlichen, mineralischen Nährstoffe nimmt die Pflanze als gelöste Salze (Ionenform) oder als ungeladene Moleküle mithilfe der Wurzeln aus dem Boden auf. Ihrer Bedeutung entsprechend unterteilt man diese 13 Nährelemente in zwei Gruppen, in Hauptnährelemente (in größeren Mengen erforderlich) und in Spurennährelemente oder Spurenelemente (in geringen Mengen erforderlich).

- Hauptnährelemente (Kernnährelemente) sind Stickstoff (N), Phosphor (P), Kalium, (K), Calcium (Ca), Magnesium (Mg) und Schwefel (S).
- Spurenelemente sind Eisen (Fe), Kupfer (Cu), Bor (B), Mangan (Mn), Zink (Zn), Molybdän (Mo) und Chlor (Cl).

Über die eindeutig als notwendig zu bezeichnenden Nährelemente hinaus gibt es die Gruppe der nützlichen und die der entbehrlichen Elemente. Nützliche Elemente sind solche, die bei manchen Pflanzen an bestimmten Standorten das Wachstum fördern, obwohl sie unter optimalen Wachstumsbedingungen entbehrlich sind. So kann z. B. Natrium (Na) bis zu einem gewissen Grad Funktionen des Nährelements Kalium übernehmen und wird damit bei Kaliummangel zu einem nützlichen Element. Auch Aluminium (Al), Silizium (Si) und Kobalt (Ko) zählen zu den nützlichen Elementen.

Entbehrliche Elemente sind weder notwendig noch nützlich, z. B. Jod, Brom, Fluor, Nickel und Selen. Sie gelangen in die Pflanze, da diese hierfür kein vollständiges Ausschließungsvermögen hat.

Stickstoff: Welche Aufgaben hat Stickstoff in der Pflanze?

Stickstoff (N) wird wegen seiner vielfältigen Funktionen in der Pflanze und der besonders auffälligen Wirkung auch als „Motor des Wachstums“ bezeichnet. Stickstoff ist wesentlicher Bestandteil von Aminosäuren und damit für die Eiweißbildung unerlässlich, er ist damit auch Baustein aller Enzyme. Darüber hinaus ist er Bestandteil von organischen Basen, aus welchen die Nukleinsäuren (Träger der Erbsubstanz) gebildet werden. Weiter ist Stickstoff in Chlorophyll, bestimmten Vitaminen und Wuchsstoffen, in energiereichen Phosphatiden und einer Reihe weiterer Verbindungen enthalten.

Stickstoffmangel: Wie zeigt sich Stickstoffmangel?

Stickstoffmangel führt rasch zu einer deutlichen Verringerung von Wachstum und Ertrag. Als Symptom tritt zuerst eine Aufhellung der älteren Blätter auf, die dann in eine regelrechte Vergilbung (Chlorose) übergehen kann. Außerdem kommt es zu einer geringeren Seitentriebbildung (Bestockung), zur Verschiebung der Spross-Wurzel-Relation zugunsten der Wurzel sowie häufig zu einer vorzeitigen Blütenbildung (Notblüte).

Stickstoffüberschuss: Wie zeigt sich Stickstoffüberschuss?

Stickstoffüberschuss äußert sich in einer dunkelgrünen Farbe der Blätter, häufig einer Verzögerung der Blütenbildung und Reife, großzelligem, weichem Gewebe, mangelnder Standfestigkeit und oft erhöhter Anfälligkeit für Befall von Schaderregern. Bei Nahrungsmitteln wird gelegentlich durch Anhäufung von Stickstoff eine Geschmacksbeeinträchtigung festgestellt. Auch können wichtige Inhaltsstoffe (Zucker, Vitamine, Nitratgehalt u. a.) in unerwünschter Weise verändert werden. Während die Blattmasse meist vermehrt wird, treten bei anderen Organen (z. B. Früchten, Wurzeln) oft Ertragsminderungen auf.

In welchen Bindungsformen nimmt die Pflanze Stickstoff auf?

Für den Pflanzenanbau sind drei Formen von Bedeutung. Sofort wirksam ist die Nitratform (NO_3), mäßig schnell wirkt die Ammoniumform (NH_4). Ammonium kann zwar sofort von den Wurzeln aufgenommen werden, erreicht aber im Boden erst nach Umwandlung in Nitrat eine bessere Beweglichkeit. Langsam wirkend ist die Amidform (die wichtigsten Amiddünger sind Kalkstickstoff und Harnstoff). Sie wird im Boden durch mikrobielle Umsetzungen in NH_4- oder/und NO_3-Stickstoff umgewandelt. Das heißt, die Wurzeln können die Amidform erst aufnehmen, wenn diese Umsetzung vonstattengegangen ist.

Phosphor: Welche Aufgabe hat Phosphor in der Pflanze?

Die wichtigste Funktion hat Phosphor in Form von freigesetztem Phosphat bei der Speicherung und Übertragung von chemischer Energie. Pflanzensamen enthalten besonders im Keimling hohe Phosphormengen, da die Keimung mit intensiven Stoffumsetzungen verbunden ist. Weiter ist Phosphat am Aufbau von Biomembranen beteiligt, fungiert als Träger für Nährionen und ist in Nukleinsäuren (Baustein der Chromosomen) und Enzymen enthalten.

Phosphormangel: Wie äußert sich Phosphormangel?

Phosphormangel hat kleine, kümmerliche Pflanzen mit aufrechtem, starrem Wuchsbild, der sog. Starrtracht, zur Folge. Die Stängel sind dünn, das Wurzelwachstum ist gering. Blätter, Blattscheiden und oft auch die Stängel werden dunkelgrün, gelegentlich schmutzig grün. Starker Mangel äußert sich oft in einer zunehmenden Anthocyanbildung und damit einer deutlichen Rotfärbung, die gelegentlich auch in eine Bronze- oder Violettfärbung übergehen kann. Die Blühreife und die Blüte werden verzögert.

Kalium: Welche Aufgabe hat Kali in der Pflanze?

Kali sorgt dafür, dass das Wasser aus dem Xylem aufgrund des osmotischen Gefälles in die Zelle eindringt und hier den notwendigen Turgor hervorruft. Das Bodenwasser kann besser ausgenutzt und die Transpiration in Trockenzeiten stärker herabgesetzt werden. Eine gute Kali-Versorgung hilft Wasser zu sparen. Eine hohe Kali-Konzentration in der Vakuole erhöht außerdem die Frostresistenz, weil sich der Gefrierpunkt des Zellsafts erniedrigt. Darüber hinaus ist Kalium an der Aktivierung (Einfluss auf Ladung und Quellung) vieler Enzyme, insbesondere bei der Fotosynthese und dem Kohlenhydrathaushalt beteiligt. Kali wird nicht in die organische Substanz eingebaut, die aufgenommenen K-Ionen bleiben zu 50 % frei im Zellsaft gelöst.

Wie äußern sich Kaliummangel und Kaliumüberschuss?

Symptome extremen Kaliummangels sind zunächst Chlorosen und schließlich Nekrosen, die am Blattrand beginnen, und zwar zuerst bei den älteren Blättern. Kaliumüberschuss schädigt durch zu hohe Salzkonzentration. Daneben wird durch antagonistische Wirkungen die Aufnahme anderer Kationen wie Magnesium und Calcium gehemmt und außerdem die Stärkesynthese verringert.

Kalk: Welche Aufgabe hat Kalk in der Pflanze?

Calcium, der pflanzenphysiologisch wirksame Bestandteil von Kalk, kommt in den Pflanzen, bezogen auf die Trockensubstanz, in Gehalten von 0,5–5 % vor. Meist liegt der Wert zwischen 1 und 2 %, wobei die älteren Blätter in der Regel die höchsten Gehalte aufweisen. Die Bedeutung des Calciums liegt in der allgemeinen Ionenwirkung, Ca^{2+} wirkt entquellend (koagulierend). Daneben ist es Baustein wichtiger Verbindungen (Pektin) und trägt durch Vernetzung der Zellwände zur Gewebefestigkeit bei. Manche Enzyme werden durch Calcium aktiviert, insbesondere mit Oxalsäure (Calciumoxalat) wird Calcium von der Pflanze zur Neutralisation benutzt.

Wie zeigt sich Kalkmangel bzw. Kalküberschuss bei Pflanzen?

Bei Calciummangel ist das Wachstum, vor allem der Wurzeln, verringert. Sie bleiben kurz und sterben von der Spitze her ab. Ca-Mangelsymptome treten an den oberirdischen Organen in der Regel relativ spät und dann meist als sekundäre Schädigungen auf. Bei extremem Mangel werden die jüngsten Blätter chlorotisch, der Vegetationskegel stirbt ab. Auch die Knöllchenbildung der Leguminosen ist im Allgemeinen stark gehemmt. Eine typische Calcium-Mangelerscheinung ist die Stippe bei Äpfeln. Calciumüberschuss ist bei Pflanzen praktisch nicht bekannt. Durch Erhöhung des pH-Werts (über pH 7) kommt es aber zur Festlegung von Spurenelementen in Boden und Substrat und in der Folge zu Mangel an Fe, Mn, B, Cu und Zn. Molybdän ist dagegen bei hohem pH-Wert besser verfügbar.

Welche Wirkungen hat Kalk auf den Boden?

Kalk hat auf den Boden eine chemische, biologische und physikalische Wirkung.

Chemische Wirkung: Kalk nimmt Einfluss auf den pH-Wert des Bodens und beeinflusst die Verfügbarkeit vieler Nährelemente, kann aber auch Nährstoffe festlegen. Kalk neutralisiert Säuren und beugt damit Schäden an den Pflanzen vor (Bodenpufferung). Kalk vermindert das Auftreten von Schaderregern.

Physikalische Wirkung: Kalk fördert und sichert die Krümelstruktur und erhöht dadurch das Porenvolumen. Vor allem bei schweren, tonreichen Böden verbessert er die Wasser- und Luftführung und Bodenerwärmung durch Vermehrung der Grobporen und mindert die Verschlämmungsgefahr.

Biologische Wirkung: Über die chemische Wirkung (optimaler pH-Wert) und physikalische Wirkung (Lockerung des Bodens) fördert Kalk das Leben der Mikroorganismen.

Erhaltungskalkung: Welchem Zweck dient sie?

Der (laufenden) Ergänzung des verbrauchten Kalks, um den günstigen pH-Wert zu erhalten. Die in der Regel in drei- bis vierjährigem Abstand durchgeführte Düngung soll die jährlichen Verluste von 250 bis über 600 kg/ha CaO ersetzen. Für die Erhaltungskalkung verwendet man langsam wirkende Kalke wie Hüttenkalk oder kohlensauren Kalk.

Gesundungskalkung: Welchem Zweck dient sie?

Maßnahme, wenn der Kalkgehalt des Bodens stark abgesunken ist (Bodenversauerung) und ein hoher Nachholbedarf besteht. Schweren Böden kann bis 500 kg/ha CaO zugeführt werden, u. U. auch mehr, während leichte Böden nur bis 150 kg/ha CaO in einer Gabe erhalten sollten. Größere Mengen würden zu schnell ohne Wirkung ausgewaschen, Nährstoffe durch höheren pH-Wert festlegen (z. B. Mn, B) und zu verstärktem Humusabbau führen. Für die Gesundungskalkung verwendet man allgemein schnell wirkende Kalkdünger wie Branntkalk.

Kalkumrechnungsfaktoren: Was besagen sie?

Bei der Bemessung der Kalkgaben ist stets zu berücksichtigen, dass der Calcium- und Magnesiumgehalt der Kalke entweder in der Carbonatform, also als $CaCO_3$ und $MgCO_3$ oder in der Oxidform CaO und MgO angegeben ist. Ein Vergleich erfordert eine Umrechnung mit bestimmten Umrechnungsfaktoren.

CaO × 0,715 = Ca
CaCO3 × 0,400 = Ca
CaCO3 × 0,560 = CaO
MgCO3 × 0,478 = MgO
Ca × 1,399 = CaO
Ca × 2,497 = CaCO3
CaO × 1,785 = CaCO3
MgO × 2,092 = MgCO3

Magnesium: Welche Aufgabe hat Magnesium in der Pflanze?

Magnesium wirkt als zentraler Baustein des Blattgrüns entscheidend bei der Fotosynthese mit und greift direkt in verschiedene Stoffwechselvorgänge ein. Magnesium hat neben der allgemeinen Ionenwirkung (entquellende Eigenschaft) die Aufgabe, Enzyme zu aktivieren – speziell bei der Energieübertragung sowie bei der Eiweißsynthese. Darüber hinaus ist Magnesium Baustein wichtiger Verbindungen – allen voran des Chlorophylls, wo es als Zentralatom das Grundgerüst verknüpft.

Magnesiummangel: Wie zeigt sich Magnesiummangel?

Bei Magnesiummangel ist die Kohlenhydratproduktion verringert. Das ausgeprägteste Symptom sind Chlorosen, die an älteren Blättern zwischen den Blattadern beginnen (Interkostalchlorosen) und später zu Nekrosen werden. Dabei bleibt häufig ein typischer dunkelgrüner Rand erhalten. Bei Gräsern zeigt sich das Symptom als Streifenchlorose.

Dünger: Was versteht man darunter?

Stoffe, die zur Verbesserung der Ernährung von Pflanzen bestimmt sind. In § 1 Begriffsbestimmung des Düngemittelgesetzes werden Düngemittel folgendermaßen definiert: Stoffe, die dazu bestimmt sind, unmittelbar oder mittelbar

Nutzpflanzen zugeführt zu werden, um ihr Wachstum zu fördern, ihren Ertrag zu erhöhen oder ihre Qualität zu verbessern; ausgenommen sind Stoffe, die überwiegend dazu bestimmt sind, Pflanzen vor Schadorganismen und Krankheiten zu schützen oder, ohne zur Ernährung von Pflanzen bestimmt zu sein, die Lebensvorgänge von Pflanzen zu beeinflussen, sowie Bodenhilfsstoffe, Kultursubstrate, Pflanzenhilfsmittel, Kohlendioxid, Torf und Wasser.

Wie werden Düngemittel eingeteilt?

- Nach der Bindungsform der Nährstoffe in mineralische, organisch-mineralische und organische Dünger.
- Nach Art der Nährstoffe in Hauptnährstoff- und Spurenelementdünger.
- Nach Anzahl der enthaltenen Nährstoffe in Ein-, Zwei- und Mehrnährstoffdünger.
- Nach der Konsistenz in feste (Salzform, Mikrogranulate, Granulate) und flüssige (konzentrierte Salzlösung, Suspension = übersättigte Salzlösung mit wenig Wasseranteil) Düngemittel.
- Nach der Löslichkeit in vollständig, bedingt und nicht wasserlösliche Düngemittel.
- Nach der Wirkungsgeschwindigkeit in schnell und langsam verfügbare Nährstoffe.
- Nach Art der Depotwirkung in Düngemittel mit kunststoffumhüllten, organisch gebundenen und austauschbar gebundenen Nährstoffen.
- Nach der Relation an Hauptnährstoffen in ausgeglichene sowie stickstoff-, phosphor- oder kaliumbetonte Dünger.
- Nach der Stickstoff (N)-Form in ammonium-, nitrat- und amidhaltige Düngemittel.
- Nach dem Effekt auf den pH-Wert in sauer und basisch wirkende Düngemittel.
- Nach ihrer Herkunft in Wirtschaftsdünger und Handelsdünger.
- Nach der Art ihrer Entstehung in Naturdünger und synthetische Dünger (künstliche Dünger, Kunstdünger).

Handelsdünger: Was versteht man darunter?

All die Dünger, die zugekauft, d. h. über den Handel bezogen werden. Die Handelsdünger bilden die Mehrzahl der Dünger, die für die Nährstoffversorgung der Kulturpflanzen Bedeutung haben.

Wirtschaftsdünger: Was versteht man darunter?

Sammelbegriff für alle Düngemittel, die aus dem (landwirtschaftlichen) Betrieb selbst stammen. Beispiele sind Stallmist, Gülle, Stroh, Kompost.

Kunstdünger: Was versteht man darunter?

Irreführender Begriff für in Fabriken hergestellte Düngemittel, entweder durch chemische Veränderung von Naturprodukten (z. B. P- und K-Dünger) oder vollsynthetisch aus einfachen Ausgangsstoffen (z. B. die meisten Stickstoffdünger). Im gärtnerischen Sprachgebrauch wird die Bezeichnung Kunstdünger weitgehend vermieden.

Natürliche Dünger: Was versteht man darunter?

Düngemittel, die natürlich entstanden sind und ohne oder mit geringer Aufbereitung in der anfallenden Form verwendet werden, z. B. Stallmist (frisch oder verrottet), Torf, Kalkmergel oder Rohphosphat.

Mineraldünger (anorganische Dünger): Was versteht man darunter?

Dünger, die aus einzelnen oder mehreren anorganischen Verbindungen (Salzen, Oxiden usw.) bestehen. Sie enthalten mineralische Nährelemente oder setzen nach Umsetzungsvorgängen solche frei. Zugunsten einer zweckmäßigen Einteilung der Düngemittel werden laut Typenliste des Düngemittelgesetzes auch einige Verbindungen als Mineraldünger eingestuft, die zwar ihrer chemischen Natur nach organisch sind (z. B. Harnstoff), die aber im Boden schnell zu Mineralstoffen umgesetzt werden.

Einnährstoffdünger: Was versteht man darunter?

Düngemittel mit nur einem einzigen oder nur einem wesentlichen Nährelement, z. B. Dünger, die nur Stickstoff enthalten. Der Zusatz „wesentlich" deutet bereits an, dass es unterschiedliche Möglichkeiten der Eingruppierung geben kann. So umfassen laut Düngemittel-Typenliste die Kali-Einnährstoffdünger auch gleichzeitig Kali-Magnesiumdünger, die im Grund genommen Zweinährstoffdünger sind.

Mehrnährstoffdünger: Was versteht man darunter?

Düngemittel mit mehreren Nährstoffen. Die Typenliste des Düngemittelgesetzes beschränkt sich auf eine Gruppierung mit maximal drei Nährstoffen, den drei Kernnährelementen (N, P, K). Verwendet werden aber auch Mehrnährstoffdünger mit bis zu sechs Hauptnährelementen und mehreren Spurennährelementen.

Universal-Dünger: Was versteht man darunter?

Bezeichnung für Mehrnährstoffdünger, die bei vielen Pflanzen und vielen verschiedenen Bodenarten, d. h. universell einsetzbar sind. Meist sind es Mehrnährstoffdünger mit einem mehr oder weniger ausgeglichenen Nährstoffverhältnis an N:P:K.

Volldünger: Was versteht man darunter?

Heute nicht mehr gebräuchlicher Begriff für einen Dünger, der alle drei Kernnährelemente (N, P, K) enthält.

Kompaktierte Dünger: Was versteht man darunter?

In einem besonderen Verfahren hergestellte gekörnte Dünger. Beim Kompaktieren werden die homogen gemischten Ausgangsstoffe unter hohem Druck (ohne Einwirkung von Hitze) zu einem festen Band gepresst. Durch nachfolgendes Brechen und Absieben entstehen die gewünschten Korngrößen. Im Gegensatz zu granulierten Düngern sind die Körner nicht mehr rund, sondern unregelmäßig gebrochen. Durch das Kompaktieren ist die Kornhärte meist größer als bei Granulaten. Dies ist besonders für stickstoffhaltige Dünger von Bedeutung. Das Korn zerfällt langsamer und gibt dadurch verzögert den Stickstoff frei.

Ionenaustauschdünger: Was versteht man darunter?

Düngemittelgruppe mit Langzeitwirkung für Hydrokulturen und sonstige Wasserbevorratungssysteme in der Innenraumbegrünung (Handelsnamen z. B. Lewatit HD 5, Lewaterr 80). Bei diesen Düngern handelt es sich um eine Mischung aus einem nährstoffbeladenen Kunstharz-Kationenaustauscher und einem nährstoffbeladenen Kunstharz-Anionenaustauscher. Die Nährstoffversorgung der Pflanzen erfolgt nach den Prinzipien des Ionenaustausches. Für jedes einzelne Nährstoffion, das in die Nährlösung abgegeben wird, wird ein anderes Ion gleicher Ladung (Kation oder Anion) durch die Ionenaustauscher aufgenommen. Der Dünger liefert also nicht nur Nährstoffionen, sondern entzieht der Nährlösung gleichzeitig andere Ionen und vermindert so die Konzentration der nicht benötigten Salze des Gießwassers. Hierin liegt ein besonderer Vorteil des Ionenaustauschdüngers. Die Gesamtsalzgehalte der Nährlösung bleiben dadurch unverändert. Selbst sehr hohe Düngergaben können den Gesamtsalzgehalt der Nährlösung nicht erhöhen. Eine Überdüngung ist praktisch nicht möglich.

Kurzzeitdünger: Was versteht man darunter?

Als Kurzzeitdünger bezeichnet man Dünger, die weniger als 30 % Langzeitstickstoff enthalten. Sie zeichnen sich durch raschen Wirkungsbeginn bei relativer geringer Wirkungsdauer aus.

Kombinationsdünger: Was versteht man darunter?

Kombinationsdünger sind Dünger, die 30 bis 80 % Langzeitstickstoff enthalten. Sie enthalten rasch und langsam wirkende Stickstoffformen, sodass die Stickstoffwirkung schnell einsetzt und je nach Langzeitanteil und Stickstoffmenge länger andauert.

Langzeitdünger (Depotdünger): Was versteht man darunter?

Langzeitdünger (Depotdünger) sind Dünger, die über 80 % Langzeitstickstoff enthalten. Sie bestehen ganz oder überwiegend aus langsam wirkenden Stickstoffformen synthetisch-organischer oder natürlich-organischer Art. Zu dieser Gruppe gehören ferner umhüllte Dünger mit vergleichbarer Wirkungsdauer. Die Stickstofffreisetzung der Langzeitdünger beginnt zögernd, hält in der Regel aber mehrere Monate an.

Komplexdünger: Was versteht man darunter?

Nach EU-Recht versteht man unter Komplexdünger einen Dünger in fester Form, bei dem jedes Körnchen alle Nährstoffe in ihrer deklarierten Zusammensetzung enthält.

Mischdünger: Was versteht man darunter?

Nach EU-Recht versteht man unter Mischdünger ein durch Trockenmischung mehrerer Dünger (ohne chemische Reaktion) entstandenes Düngemittel.

Organische Dünger: Was versteht man darunter?

Düngemittel organischer (tierischer oder pflanzlicher) Herkunft. Das Düngemittelgesetz bezieht organisch-mineralische Dünger in die Gruppe der organischen Handelsdünger mit ein. Bekannte organische Dünger tierischer Herkunft sind Knochenmehl, Blutmehl, Horndünger und Guano. Sonstige tierische Abfälle wie Haare, Därme, Knorpel, Fischabfälle usw. bilden die Basis für weitere organische Dünger, ferner aufbereiteter tierischer Kot (z. B. von Rindern und Geflügel). Dünger pflanzlicher Herkunft sind z. B. Rizinusschrot, Rapsschrot, Trester (z. B. aus Trauben), Erbsenschrot, Ackerbohnenschrot. Darüber hinaus werden Rückstände von Tabak, Kakao, Malzkeimen, Melasse und Seetang ebenfalls zu Düngern verarbeitet.

Welche Vor- bzw. Nachteile haben organische Dünger?

Bei der Verwendung organischer Dünger ist zu beachten, dass die Nährstoffe in verschiedenen Bindungsformen vorliegen, in denen die Pflanze sie nicht ohne Weiteres aufnehmen kann. Sie müssen im Boden erst von Mikroorganismen in für Pflanzen verfügbare Formen umgewandelt werden, d. h. mineralisiert werden. Dies geschieht allmählich und hängt unter anderem von der Temperatur ab.

Der Vorteil organischer Dünger besteht in der langsamen, lang anhaltenden Düngerwirkung. Voraussetzung ist allerdings ein mikrobiell belebter, humushaltiger Boden, der die erforderlichen Umsetzungsvorgänge ermöglicht. Die Gefahr, den Pflanzen durch zu reichliche Düngung Schaden zuzufügen, ist gering, ebenso tritt keine Bodenversalzung ein und die Gefahr der Auswaschung von Nährstoffen in das Grundwasser hält sich in Grenzen. Ungünstig ist die unkontrollierbare Freisetzung der Nährstoffe zu beurteilen. Ein Nährstoffmangel lässt sich nur langsam beheben, weil die vorhandenen Nährstoffe erst umgewandelt werden müssen. Zur Behebung eines akuten Nährstoffmangels sind daher rein organische Dünger nicht geeignet. Auch ist zu beachten, dass sie meist nur einen oder zwei Nährstoffe in nennenswerter Menge enthalten, sodass man vielfach nicht umhin kommt, sie durch mineralische Dünger zu ergänzen, um eine ausgewogene Düngung zu gewährleisten. Auf die Nachteile rein organischer Düngemittel hat die Düngemittelindustrie insofern reagiert, dass sie organisch-mineralische Düngemittel anbietet, die alle wichtigen Nährstoffe enthalten und die lang anhaltende Wirkung des organischen mit der sofortigen Verfügbarkeit des mineralischen Düngers vereinigt.

Organisch-mineralische Dünger: Was versteht man darunter?

Organische Dünger, denen Mineraldünger, in erster Linie Kali und Magnesium, beigemischt werden. Der Stickstoff ist in Eiweißform und Phosphor als Knochenmehl enthalten.

Torfdünger: Was versteht man darunter?

Torf in seiner ursprünglichen Form (früher vor allem der bräunliche, faserige Weißtorf, heute infolge von Knappheit auch Schwarztorf) gilt seit alters her als organischer Dünger. Deshalb ist es auch nicht verwunderlich, wenn reiner Torf auch als Düngetorf bezeichnet wird, obwohl er keine zusätzlichen Nährstoffe enthält und somit eigentlich kein Pflanzendünger ist. Torf in reiner Form ist als Bodendünger anzusehen, da er vor allem strukturverbessernd wirkt. In Torfmischdüngern, die das Düngemittelgesetz in seiner Typenliste aufführt, ist die natürliche Nährstoffarmut des reinen Torfs durch Zugabe von Mineraldüngern zumindest teilweise ausgeglichen. Im Gartenbau hat diese Düngerform keine große Bedeutung.

Ballaststoffe: Was versteht man darunter?

Bezeichnung für die Trägerstoffe konventioneller Mineraldünger. Es sind die Stoffe (sogenannte Begleitsalze), die nach Abzug des Nährstoffanteils eines Düngers übrig bleiben. Ballaststoffe sind beispielsweise Gips, Natrium, Chlor, Sulfate. Sie können sich bei fortdauernder Verwendung gleicher Dünger im Boden oder Substrat anreichern und unerwünschte Wirkungen zeigen. Bei der Beurteilung des Gesamtsalzgehaltes müssen diese Trägerstoffe Berücksichtigung finden.

Düngemittellagerung: Was ist zu beachten?

Jedes Handelsgut besitzt bestimmte Eigenschaften, die bei seiner Lagerung und Handhabung beachtet werden müssen. Dies gilt auch für Düngemittel. Dabei geht es bei Düngemitteln nicht nur um den Erhalt der Streufähigkeit und der Wirkung des jeweiligen Düngers, sondern auch um Aspekte der Gesundheitsgefährdung und Sicherheit.

Die meisten im Gartenbau verwendeten Dünger liegen fast ausschließlich in fester, granulierter Form vor und nehmen leicht Feuchtigkeit auf. Um ihr Zusammenbacken zu verhindern und ihre Streufähigkeit zu erhalten, sind sie daher stets trocken zu lagern und vor Luftfeuchtigkeit zu schützen. Lagergebäude bzw. Lagerräume müssen ein dichtes Dach und gut schließende Fenster und Türen besitzen. Böden und Wände sind gegen Feuchtigkeit zu isolieren. Düngemittel in loser Schüttung sind mit Kunststoffplanen abzudecken. Ammoniumnitrathaltige Düngemittel, insbesondere Kalkammonsalpeter, sind vor direkter Sonneneinstrahlung zu schützen, um Kornzerfall zu vermeiden. Auch sind sie getrennt von alkalisch oder sauer reagierenden Düngemitteln (z. B. Kalkdüngern, Kalkstickstoff, Thomas- und Superphosphaten) zu lagern.

Besonderer Hinweis zu Stickstoffdüngemitteln: Die von der Stickstoffindustrie hergestellten und vertriebenen Düngemittel sind weder explosionsfähig noch selbstentzündlich. Bei ammoniumnitrathaltigen Düngemitteln ist aber immer zu beachten, dass sie sich durch äußere Einwirkung von Hitze oder Feuer bei Temperaturen oberhalb 130 °C langsam unter Bildung gesundheitsschädlicher Gase zersetzen. Bei NK-Düngern und NPK-Düngern kann sich eine durch äußere Erhitzung ausgelöste Zersetzung langsam über die gesamte Düngermasse ausbreiten (sich selbst unterhaltende, fortschreitende thermische Zersetzung). Der Beginn einer derartigen Schwelzersetzung ist von der Höhe der Temperatur und der Einwirkungsdauer abhängig. Sie kann innerhalb weniger Minuten, aber auch erst mehrere Stunden nach der Erhitzung einsetzen. Eine Schwelzersetzung macht sich durch stechenden Geruch und anfänglich weißen, später braunen Qualm bemerkbar. Sie ist nicht auf Luftsauerstoff angewiesen und kann sich daher, einmal in Gang gebracht, ohne äußere Zufuhr von Luft und weiterer Energie über die gesamte Düngermasse ausbreiten. Dabei entstehen Temperaturen zwischen 300 und 500 °C, ohne dass Flammen oder Lichterscheinungen auftreten. Es bilden sich große Mengen heißer Gase. Diese bestehen überwiegend aus Wasserdampf, enthalten aber auch giftige Gase wie Chlor, Salzsäurenebel und Stickstoffoxide.

Nährstoffverfügbarkeit: Was versteht man darunter?

Die Verfügbarkeit der im Boden oder im Substrat vorhandenen Nährelemente für die Pflanze. Dabei unterscheidet man grob die folgenden Gruppen:

- Ungebunden in der Bodenlösung.
- Schwach gebunden, an Austauschern locker sorbiert.
- Immobil, aber mobilisierbar. Sie umfassen den bei Weitem größten Teil der Bodennährstoffe.
- Immobil, schwer mobilisierbar. Hierbei handelt es sich in Humus und lebender Substanz gebundene Nährstoffe.
- Praktisch unverfügbar.

Die beiden ersten Gruppen gelten als verfügbare Fraktionen, wobei nur die erste für Pflanzen direkt verfügbar ist. Die nächsten beiden Gruppen werden erst durch die Nährstoffdynamik des Bodens durch Umformungen der Bindungsformen den Pflanzen zur Verfügung gestellt. Bedingt durch die Prozesse der Nährstoffdynamik stehen die Gruppen in ständiger Wechselwirkung miteinander.

Wodurch wird die Nährstoffverfügbarkeit bestimmt?

Die Nährstoffverfügbarkeit wird durch physikalische, biologische und chemische Faktoren bestimmt. Physikalische Faktoren sind Bodenart, Struktur des Bodens, Tongehalt, Humusgehalt, Durchfeuchtung, Temperatur. So werden Nährstoffe bei zunehmender Trockenheit meist stärker immobilisiert (und damit weniger verfügbar), bei zunehmender Feuchtigkeit dagegen stärker mobilisiert (also besser verfügbar). Biologische Faktoren sind Bodenleben und Durchwurzelung. Chemische Faktoren sind Art der Tonminerale und der pH-Wert. So sind die Spurenelemente Eisen, Mangan, Kupfer, Zink und Bor im alkalischen Milieu wenig pflanzenverfügbar, Molybdän hingegen wird im sauren Boden festgelegt.

Nährstoffantagonismus: Was versteht man darunter?

Einige Nährelemente verdrängen sich gegenseitig von den Austauscherplätzen im Boden oder Substrat und behindern so die Nährstoffaufnahme an der Wurzel. Diesen Vorgang nennt man Antagonismus (= Gegenwirkung, Gegenspieler). Er kann zum Mangel eines Nährelements führen. Zum Beispiel mindert hoher Kali-Gehalt des Bodens die Magnesium- und Calcium-Verfügbarkeit. Auch Eisen (Fe) und Mangan (Mn) wirken als Antagonisten. Bei hoher Mn-Konzentration im Boden kann Fe von der Aufnahme an der Wurzel ausgeschlossen werden. Je mehr von jedem dieser Nährelemente angeboten wird, desto weniger nimmt die Pflanze die anderen auf.

Nährstoffauswaschung: Was versteht man darunter?

Die Verlagerung von Nährelementen mit Sickerwasser aus der von den Wurzeln nutzbaren Bodenschicht in tiefere Bodenschichten, in das Grundwasser und in Gewässer (Gräben, Bäche, Flüsse, Seen und Meere). Von umweltrelevanter Bedeutung sind dabei insbesondere die Nährelemente Stickstoff und Phosphor. Stickstoff erhöht den Nitratgehalt und vermindert damit die Qualität des Trinkwassers. Eine Anreicherung der Gewässer mit Phosphorsäure regt zum verstärkten Pflanzenwachstum an (Eutrophierung). Dadurch wird dem Wasser Sauerstoff entzogen, die Selbstreinigung der Gewässer vermindert und es kommt u. U. zum Fischsterben.

Auswaschungsverluste: Wovon ist die Höhe abhängig?

Die Höhe der Auswaschungsverluste hängt von der Niederschlagsmenge, der Bodenart, dem Versorgungsgrad der Böden mit Nährstoffen, der biologischen Tätigkeit der Bodenlebewesen, der Bodenbearbeitung und vom Pflanzenbestand ab.

So sind die Auswaschungsverluste auf leichten, sandigen Böden höher als auf bindigen, humusreichen und auf unbedeckten Böden höher als auf Böden mit einer Pflanzendecke.

Nährstoffeinwaschung: Was versteht man darunter?

Bezeichnet die Verlagerung von Nährstoffen, insbesondere von N-Verbindungen, aus der Krume in den noch von der Pflanze erreichbaren Unterboden. Die Verlagerungsstrecke hängt neben den Niederschlägen von der Durchlässigkeit und damit von der Bodenart ab.

Nährstofffestlegung: Was versteht man darunter?

Die Umwandlung mobiler oder leicht mobilisierbarer Nährstoffe in schwer mobilisierbare, nicht pflanzenverfügbare Ionen. Sie sind damit immobilisiert. Die Festlegung von Nährstoffen kann verschiedene Ursachen haben und kurzfristig oder langfristig sein. So wird Stickstoff vorübergehend von Mikroorganismen in ihren Zellen gespeichert und für die Aufnahme durch die Pflanzenwurzeln blockiert. Langfristig werden Nährstoffe in Huminstoffe eingebaut und dadurch unbeweglich. Auch der pH-Wert ist von Bedeutung. So wird Eisen im alkalischen Bereich und Molybdän im sauren Bereich im Boden festgelegt. Die Festlegung von Nährstoffen kann sich aber auch positiv auswirken, weil sie die Nährstoffe vor Auswaschung schützt.

Nährstoffsperre: Was versteht man darunter?

Die Immobilisierung von Nährstoffen durch Bodenorganismen in Böden bzw. Substraten. Bodenorganismen speichern mineralische Nährstoffe vorübergehend in ihren Körpern, wodurch diese den Pflanzenwurzeln nicht mehr zur Verfügung stehen. Bedeutsam ist besonders die Stickstoff-Sperre beim Abbau von organischer Substanz mit einem C/N-Verhältnis von über 25.

C/N-Verhältnis: Was versteht man darunter?

Das C/N-Verhältnis bezeichnet das Verhältnis von Kohlenstoff (C) zu Stickstoff (N). Das C/N-Verhältnis hat große Bedeutung für die Zersetzbarkeit organischer Stoffe. Die Bakterientätigkeit ist gehemmt, wenn nicht genügend Eiweiß-Stickstoff für den Aufbau ihrer Körpersubstanz zur Verfügung steht. Je höher der Kohlenstoff-Anteil ist, desto langsamer verläuft die Mineralisierung. Man nennt dies ein „weites“ C/N-Verhältnis (Stroh hat z. B. ein C/N-Verhältnis im Durchschnitt von 80:1). Ist der N-Anteil dagegen hoch, spricht man von einem „engen“ C/N-Verhältnis (Grünmasse aus frischen gärtnerischen Abfällen hat z. B. ein C/N-Verhältnis von 7:1), die Mineralisierung verläuft rasch. Bei Böden mit einem weiten C/N-Verhältnis kann es bei den Pflanzen zu Stickstoffmangelerscheinungen kommen, weil der im Boden vorhandene bzw. gegebene Stickstoff zunächst von den Mikroorganismen zum Aufbau ihrer Körpersubstanz verbraucht wird und damit den Pflanzen nicht zur Verfügung steht. Man spricht auch von einer „Stickstoffsperre“ der Mikroorganismen.

Düngungsverfahren (Düngungssysteme) – Grunddüngung: Was versteht man darunter?

Die Nährstoffgabe, die zur Auspflanzung bzw. der Ansaat auf dem Boden ausgestreut und eingearbeitet oder dem Topf- bzw. Containersubstrat zugegeben wird.

Vorratsdüngung (Depotdüngung): Was versteht man darunter?

Bei der Vorratsdüngung erfolgt die Nährstoffzufuhr in fester Form. Dabei kann den Pflanzen so viel Dünger verabreicht werden wie sie für eine Wachstumsperiode benötigen. In der Regel wird die Depotdüngung aber für einen bestimmten Zeitraum verabreicht. Zur Vorratsdüngung sind nur solche Dünger geeignet, die sich sehr langsam auflösen und die Konzentration der Bodenlösung nicht wesentlich erhöhen, wie beispielsweise Langzeit- bzw. Depotdünger. Die auf dem Markt angebotenen Depotdünger haben eine Wirkungsdauer (Laufzeit) zwischen drei und zwölf Monaten.

Nachdüngung: Was versteht man darunter?

Nährstoffgaben, die während der Wachstumszeit ergänzend zur Grunddüngung gegeben werden, um den von den Wachstumsphasen abhängigen Nährstoffbedarf zu befriedigen.

Kopfdüngung: Was wird damit bezeichnet?

Eine Form der Nachdüngung. Werden gekörnte bzw. granulierte Düngemittel über den Pflanzen ausgestreut, wird dies in der gärtnerischen Umgangssprache als Kopfdüngung bezeichnet. Sie erfolgt auf die trockenen Pflanzen, um die Verätzungsgefahr zu mindern.

Oberflächendüngung: Was versteht man darunter?

Gleichmäßiges Ausstreuen eines festen Düngers auf die gesamte Bodenoberfläche, ohne ihn anschließend einzuarbeiten. Beim Stickstoff entstehen in Folge seiner guten Löslichkeit und Beweglichkeit im Boden dabei keine Probleme für die Versorgung der Pflanzen. Je nach Bodenart und Niederschlagsmenge gelangt er schon innerhalb von wenigen Tagen (Wochen) in den Wurzelbereich der Pflanzen. Bei tief wurzelnden Pflanzen (vor allem Gehölzen) kann es bei anderen Nährelementen allerdings Schwierigkeiten geben. So ist die Wanderungsgeschwindigkeit des Kalks deutlich geringer als die des Stickstoffs, er wird jedoch nicht über längere Zeiträume hinweg im Boden festgehalten. Seine Verlagerungstiefe lässt sich an der Veränderung des pH-Werts im Bodenprofil nachweisen. Auch Magnesium ist ausreichend beweglich. Bei Kalium erfolgt dagegen eine wesentlich geringere Verlagerung in die tieferen Bodenschichten. Noch stärker wird Phosphat im Boden festgehalten. Schon kurze Zeit nach einer Phosphatdüngung werden, ungeachtet der Form, in der das Phosphat ausgebracht wird, unbewegliche, wasserunlösliche Produkte gebildet.

Punktdüngung: Was versteht man darunter?

Modernes Verfahren der Ausbringung von Langzeitdüngern. Bei der Topfkultur wird während des Maschinentopfens mit speziellen Dosiergeräten in jeden Topf die gleiche Düngermenge an einer Stelle unterhalb des Wurzelballens der zu topfenden Pflanze abgelegt. Vorteile der Punktdüngung sind: Alle Pflanzen erhalten nahezu gleiche Nährstoffmengen, das Lagern aufgedüngter Substrate entfällt, mit wenigen Handgriffen kann die Düngermenge entsprechend der zu topfenden Pflanzenart, ggf. Sorte, verändert werden, ungleichmäßige bzw. schlechte Nährstoffversorgung durch Lagern oder mangelhaftes Mischen der Substrate entfällt. Auch für Freilandkulturen gibt es Geräte, mit denen eine Punktdüngung vorgenommen werden kann.

Tiefendüngung: Was versteht man darunter?

Bezeichnet die Einbringung der Düngemittel in tiefere Bodenschichten. Die Tiefendüngung ist nur bei tief wurzelnden Pflanzen von Bedeutung, wie z. B. bei Obstgehölzen oder Straßenbäumen. Bei der Tiefendüngung geht es in der Regel um die Sicherstellung einer ausreichenden Versorgung der Pflanzen mit den Nährelementen Phosphor und Kali. Die tieferen Bodenschichten sind infolge der schlechten Beweglichkeit von Kali und Phosphorsäure häufig schlecht mit diesen Nährstoffen versorgt und bei einer Oberflächendüngung dauert es sehr lange, bis sie dort angekommen sind. Eingebracht wird die Tiefendüngung mithilfe von Düngelanzen.

Flüssigdüngung: Was versteht man darunter?

Die Zufuhr von Düngemitteln an die Pflanzen in flüssiger Form.

Bewässerungsdüngung: Was versteht man darunter?

Düngungsverfahren, das dadurch gekennzeichnet ist, dass der Boden oder das Substrat keine oder nur eine ganz geringe Grunddüngung erhält, die notwendige Nährstoffversorgung sofort nach dem Topfen oder Pflanzen mit der ersten Bewässerung einsetzt und mit jedem Bewässerungsvorgang fortgesetzt wird. Die Nährstoffkonzentration ist natürlicherweise niedriger als bei der konventionellen Intervalldüngung. Als Faustzahl gelten 0,08 % eines Mehrnährstoffdüngers. Die Bewässerungsdüngung ist in der Innenraumbegrünung von Bedeutung, vor allem aber im Unterglasanbau im Rahmen geschlossener Bewässerungssysteme.

Intervalldüngung: Was versteht man darunter?

Die Intervalldüngung ist eine Form der Nachdüngung, bei der sich Nährstoffgaben in flüssiger Form mit reinen Wassergaben abwechseln. Die Intervalle können z. B. ein- bis zweimal wöchentlich oder alle vier Wochen sein. Die Nährstoffkonzentrationen sind dabei höher als bei der Bewässerungsdüngung (z. B. wöchentlich zweimal 0,3 % eines Mehrnährstoffdüngers).

Blattdüngung: Was versteht man darunter?

Mit der Blattdüngung werden in Wasser gelöste Düngemittel über das Blatt in die Pflanze gebracht. Dazu werden in Wasser gelöste Nährsalze bzw. Suspensionen in geringer Konzentration und Tropfengröße fein, ggf. unter Zusatz von Haft- oder Benetzungsmitteln, auf die Blätter versprüht.

Um Ätzschäden zu vermeiden, soll die Konzentration der Düngelösung im Allgemeinen 0,1 % nicht übersteigen.

Düngung und Umwelt: Was muss der Gärtner beachten, um negative Umweltauswirkungen zu verhindern?

Um negative Umweltauswirkungen der Düngung zu verhindern, sollten folgende Regeln beachtet werden:

- Düngung (besonders von Stickstoff) zeitlich und mengenmäßig abgestimmt auf den Bedarf (Entwicklungsstand der Pflanze) und Bodenvorrat (d. h. auf Grundlage von Bodenuntersuchungen).
- Auf leichten Böden (z. B. Sand) organische und mineralische Düngemittel nur kurz vor oder während der Vegetationsperiode ausbringen.
- Keine Düngung während der Vegetationsruhe, besonders nicht auf tiefgefrorenen Boden bzw. bei höherer Schneedecke (Gefahr des Oberflächenablaufs).
- Anwendung weniger leicht löslicher oder zumindest im Boden weniger mobiler Dünger.
- Verbesserung der Speicherfähigkeit des Bodens für Wasser und Nährstoffe durch Bearbeitung und Zufuhr organischer Substanz.
- Erhöhung der Speicherkapazität für Stickstoff durch Förderung des Bodenlebens.

- Boden möglichst ganzjährig mit Pflanzenwuchs bedeckt halten (Begrünungsgebot). Das heißt, während längerer Brachezeiten Zwischenfrüchte (Gründüngung) anbauen, um vom Boden nachgelieferte Nährstoffe zu binden.
- Damit der ausgebrachte Dünger pflanzenbaulich möglichst optimal wirkt, ist der Dünger gleichmäßig auszubringen bzw. Geräte mit exakter Dosierung und gleichmäßiger Längs- und Querverteilung einzusetzen.

Die Beachtung dieser Punkte führt zu einer bedarfs- und standortgerechten Düngung, die nicht nur zu einer umweltverträglichen und Gewässer schonenden Bewirtschaftung beiträgt, sondern gleichzeitig Kosten spart.

Nährstoffbedarf: Wovon hängt der Nährstoffbedarf einer Pflanze ab?

Die Nährstoffmenge, die eine Pflanze bzw. ein Pflanzenbestand im Laufe der Kultur benötigt ist keine feststehende Größe, sondern hängt von vielen Einflussgrößen ab, so u. a. von

- der Pflanzenart oder auch Sorte,
- der Ertragshöhe,
- der angestrebten Pflanzengröße,
- der Kulturdauer,
- den Wachstumsbedingungen (z. B. Temperatur und Lichtintensität),
- der Pflanzdichte (Standweite),
- dem Substrat (mögliche Festlegung z. B. von Stickstoff oder Phosphat),
- dem Kulturverfahren.

Neben dem Gesamtnährstoffbedarf ist für den Gärtner der von der Wachstumsphase abhängige Nährstoffbedarf, d. h. die Verteilung der Gesamtnährstoffe über die Kultur- bzw. Anbauzeit hinweg, von besonderer Bedeutung. In einem Schaubild dargestellt, entspricht dieser im Normalfall einer S-förmigen Kurve, mit anfänglich niedrigen, in der Hauptwachstumsphase hohen und in der Reifezeit (Blüten- und Fruchtbildung) wieder abnehmenden Bedarfsmengen.

Düngung nach Faustzahlen: Was versteht man darunter?

Die Steuerung der Düngung kann nach verschiedenen Strategien erfolgen. Unter einer Düngung nach Faustzahlen versteht man die Düngung nach Erfahrungswerten. Grundlage der Bemessung der Nährstoffzufuhr ist dabei jeweils ein empirisch, im Rahmen von Düngungsversuchen ermittelter Nährstoffbedarf, der sich aus Tabellen entnehmen lässt. Die Anwendung derartiger Empfehlungen bedeutet allerdings nicht zwangsläufig eine bedarfsorientierte Ernährung der Pflanzen, da im Boden bzw. Substrat vorhandene Vorräte an Nährstoffen keine Berücksichtigung finden. Häufig kommt es daher zu einer unausgeglichenen Ernährung, wobei in den meisten Fällen infolge von Sicherheitszuschlägen eine Überversorgung anzutreffen ist, was die Umwelt durch Auswaschung überschüssiger Nährstoffe erheblich belastet. Das Faustzahlenkonzept war in der Vergangenheit die wichtigste Strategie zur Steuerung der Düngung. Aufgrund verschärfter Umweltauflagen und auch aus ökonomischer Sicht (auch Dünger kosten Geld) ist eine Düngung nach Faustzahlen nicht mehr zeitgemäß bzw. im Hinblick auf den Umweltschutz nicht verantwortbar. Die Berechnung des tatsächlichen Düngerbedarfs sollte sich wie folgt berechnen: Nährstoffbedarf der Pflanzen bzw. des Pflanzenbestands abzüglich des pflanzenverfügbaren Nährstoffvorrats im Wurzelraum ergibt den Düngerbedarf.

Von Bedeutung sind Faustzahlen aber auch weiterhin im Zusammenhang mit der Durchführung der Düngung, so hinsichtlich von Ausbringungsmengen und Düngerlösungskonzentrationen. Folgende Soll- bzw. Richtwerte sind zu empfehlen:

- Grunddüngung von Pikiererden: 1,5 kg/m³ Mehrnährstoffdünger.
- Grunddüngung von Topferden: 2–3 kg/m³ Mehrnährstoffdünger.
- Gießdüngung (Intervalldüngung): 0,2–0,3 %ige Lösung.
- Blattdüngung: 0,05–0,1 %ige Lösung.
- Flächendüngung: 50–100 g/m² Mehrnährstoffdünger.

Düngungssysteme (Düngungsverfahren): Welche sind im Gartenbau üblich?

Wichtige Düngungssysteme bei gärtnerischen Kulturen sind:

- Einmalige Vorratsdüngung mit löslichen Düngern: Die gesamte Nährstoffmenge wird zu Kulturbeginn in verfügbarer Form (meist gekörnt) verabreicht, sodass in der Jugendphase ein extrem hohes Angebot vorliegt.
- Einmalige Vorratsdüngung mit Depot- bzw. Langzeitdüngern: Die gesamte Nährstoffmenge wird zu Kulturbeginn in zumeist nicht verfügbarer Form zugeführt. Im Kulturverlauf kommt es dann zu einer allmählichen Freisetzung der Nährstoffe. Dies hängt sowohl von Boden-, Substrat- und Klimafaktoren als auch von der Bindungsart bzw. Umhüllung der Nährstoffe ab.
- Grund- und Kopfdüngung: Der überwiegende Teil der Nährstoffe wird in fester Form zu Kulturbeginn gegeben, der Rest folgt dann fest oder flüssig an ein oder zwei Terminen während der Kultur.
- Grund- und Intervall-Flüssigdüngung: Es erfolgt eine verhältnismäßig geringe Bevorratung des Wurzelmediums zu Kulturbeginn, nach zwei bis drei Wochen setzt dann eine regelmäßige Nachdüngung (meist ein- bis zweimal wöchentlich) in flüssiger Form ein.

- Bewässerungsdüngung: Mit jeder Wassergabe werden Nährstoffe zugeführt; die Bevorratung des Wurzelmediums zu Kulturbeginn wird auf ein Minimum reduziert.

Überdüngung: Was versteht man darunter?

In der Regel Bezeichnung für die Anwendung zu hoher Düngergaben. Sie ist meist auf eine falsche Düngerberechnung zurückzuführen. Beispiel: Statt mit 0,5 %iger Lösung zu düngen (= 5 ml/l Wasser) wird durch Verrücken um eine Kommastelle eine 5 %ige Lösung angesetzt (= 50 ml/l Wasser). Mit Überdüngung wird auch allgemein eine Versalzung des Bodens oder Substrats bezeichnet, die verschiedene Ursachen haben kann.

Welche Auswirkung hat eine Überdüngung?

Zunächst wird bei einer erhöhten Salzkonzentration die Assimilations- und Transpirationsleistung der Pflanze erheblich abgeschwächt. Diese durch die Konzentrationsänderungen hervorgerufenen Schäden sind zunächst äußerlich nicht sichtbar, sie sind latent vorhanden. Akute, äußerlich sichtbare Schäden wirken sich zunächst wie Wassermangel aus: Pflanzen kümmern, welken oft, zeigen am Blattrand Chlorosen und Nekrosen, werfen ältere Blätter ab, um schließlich abzusterben. Ursache dafür ist die durch die hohen Salzkonzentrationen ausgelöste Plasmolyse. Wassermangel verstärkt durch Erhöhung der Salzkonzentrationen im Boden diese Schäden. Besonders gefährdet sind Pflanzen in Kübel- bzw. Containerkultur, da hier die Nährsalze nicht in den Untergrund ausgewaschen werden. Auch bei zu hohen Gaben einzelner Nährstoffe spricht man von Überdüngungsschäden. Am häufigsten kommt es durch Stickstoff zu solchen Schäden.

Gründüngung: Was versteht man darunter?

Den gezielten Anbau von ein- oder auch mehrjährigen krautigen Pflanzen, die nach entsprechendem Wachstum im „unreifen“ (nicht ausgewachsenen) Zustand in den Boden eingearbeitet werden.

Welche Ziele bzw. Wirkungen hat die Gründüngung?

Die Ziele und Wirkungen der Gründüngung sind vielfältig. Zweck der Gründüngung ist nicht nur die Verwendung als organischer Dünger, wie die Bezeichnung vielleicht Glauben machen will.

- Eine Gründüngung bietet wie das Mulchen die Möglichkeit, unbedeckten Boden vor Sommerdürre und Gewitterregen zu schützen und die Lebensbedingungen der Mikroorganismen durch Beschattung zu verbessern.
- Eine Gründüngung liefert beachtliche Mengen an leicht abbaubarer organischer Masse (Nährhumus), welche bei der Einarbeitung die biologische Ak-

tivität des Bodens steigert. Dies wirkt sich günstig auf das Bodengefüge und auf das Nährstoffumsetzungsvermögen des Bodens aus.
- Gründüngungspflanzen können durch entsprechende Pflanzenwahl zur tiefgründigen Lockerung des Bodens beitragen.
- Eine Gründüngung vermindert eine Nährstoffauswaschung in erheblichem Maße, da die leicht löslichen Nährstoffe (insbesondere Stickstoff) in der wachsenden Pflanzenmasse vorübergehend gebunden werden. In diesem Zusammenhang spricht man beim Anbau von Gründüngung auch von „biologischer Konservierung" des Stickstoffs. Flächen, die längere Zeit keinen Pflanzenwuchs mehr tragen sollen, werden mit Gründüngung bestellt. Werden die Flächen benötigt, wird die Gründüngung eingearbeitet.
- Bei Verwendung von Leguminosen als Gründüngungspflanzen wird der Boden zusätzlich mit Stickstoff angereichert.
- Gründüngung dient der Unkrautbekämpfung.
- Gründüngung wird in Verbindung mit dem Urbarmachen von Baugelände oder von Brachland eingesetzt.

Welche Pflanzen sind für Gründüngungsmaßnahmen besonders geeignet?

Für die Gründüngung steht uns eine Vielzahl von Pflanzenarten zur Verfügung. Grundsätzlich wird dabei zwischen Leguminosen und Nichtleguminosen unterschieden. Dabei nehmen die Leguminosen bei der Gründüngung einen besonderen Rang ein. Sie leben mit Knöllchenbakterien in Symbiose (Lebensgemeinschaft), die sich an den Wurzeln der Pflanzen ansiedeln. Diese Knöllchenbakterien sind in der Lage, den in der Bodenluft enthaltenen Stickstoff aufzunehmen und in ihr Zelleiweiß einzubauen. Wenn die Wirtspflanze verrottet, zerfallen auch die Wurzelknöllchen, der Stickstoff gelangt in den Boden, indem er mithilfe von anderen Bakterien aus dem Eiweiß gelöst und in Stickstoffverbindungen übergeführt wird.

Bei den Nichtleguminosen bietet der Senf (*Sinapis alba*) die einfachste und vielseitigste Verwendung unter den Gründüngern. Senf keimt leicht und schnell, bildet schon in kurzer Zeit einen schützenden Teppich und passt sich den ärmsten Standorten an. Darüber hinaus ist es die Phazelie (*Phacelia tanacetifolia*), Bienenfreund oder Büschelschön, die dem Imker als eine der besten Bienenweidepflanzen bekannt ist. Neben der Ringelblume (*Calendula*) ist die Studentenblume (*Tagetes*) zu erwähnen, weil sie die Entwicklung frei lebender Wurzelnematoden hemmen kann. Unter den Getreidearten ist der Winterroggen eine wertvolle Gründüngungspflanze für den Spätherbst und Winter. Er besitzt die besondere Fähigkeit, noch bei niedrigen Temperaturen zu keimen und bestockt sich in milden Wintern flächendeckend. Überall dort, wo vorübergehend größere Brachflächen entstehen, ist der Winterroggen eine ideale Gründüngungspflanze.

Bei den Leguminosen gibt es Arten, die ausdauernd und winterhart (Rotklee, Weißklee) sind und andere, die beim ersten Frost vergehen (Sommerwicke). Manche Leguminosen gedeihen noch auf trockenstem Boden, andere brauchen viel Wasser (Erbse und Wicke). Der Weiße Steinklee oder Bokharaklee (*Melilotus alba*) vermag als winterharte und anspruchslose Pionierpflanze dank seines Wurzelwerkes, die so oft vorhandenen Bodenverdichtungen aufzuschließen und ist zur Rekultivierung und zur Erschließung von Ödland und ähnlichem Bodenverbesserungsvorhaben bestens geeignet. Da die Wurzeln immer wieder ausschlagen, müssen die Pflanzen nach Beendigung der Maßnahme allerdings gut eingearbeitet werden. Lupinen sind mit ihren ausgeprägten Pfahlwurzeln ebenfalls hervorragende Stickstoff sammelnde Pionierpflanzen. Als Gründüngungspflanzen bewährt haben sich die Gelbe Lupine (*Lupinus luteus*), die Blaue Lupine (*Lupinus angustifolius*) und die Weiße Lupine (*Lupinus albus*). Für eine dauerhafte längerfristige Begrünung ist darüber hinaus noch die Dauerlupine (*Lupinus perenne*) von Bedeutung. Gern wird auch die nicht winterharte Ackerbohne (*Vicia faba*) verwendet. In günstigen Lagen kann sie schon im Februar 5–8 cm tief gesät werden. Mit ihrer tief gehenden Pfahlwurzel lockert und dräniert sie vor allem und sammelt besonders viel Stickstoff. Eingesetzt werden auch Gemenge aus den verschiedensten Gründüngungspflanzen. Bekannt ist u. a. das Landsberger Gemenge, das aus Inkarnatklee, Welschem Weidelgras und Winter- bzw. Zottelwicke besteht.

Wann soll eine Gründüngung eingearbeitet werden?

In der Regel sollten Gründüngungspflanzen unmittelbar vor der Blüte in den Boden eingearbeitet werden. Nicht nur, um unerwünschten Samenflug und -verbreitung zu vermeiden, sondern weil die Pflanzen in diesem Zustand noch nicht verholzt sind und rascher verrotten können. Entweder werden die Pflanzen leicht in die Oberfläche eingearbeitet oder man lässt sie als Mulchmaterial auf dem Boden liegen. Auf keinen Fall darf die Grünmasse tief untergegraben werden, weil sonst die zur Rotte benötigte Luft fehlt.

Bewässerung

Wasser: Was ist das?

Chemische Verbindung von Wasserstoff und Sauerstoff (H_2O). Es ist eine geruch-, geschmack- und farblose (in dicker Schicht jedoch bläulich schimmernde) Flüssigkeit, die unter Normaldruck (1010 hPa) bei 100 °C unter Bildung von Wasserdampf siedet und bei 0 °C zu Eis erstarrt. Wasser hat seine größte Dichte (1,0 g/cm³) bei 4 °C. Die von Eis beträgt 0,92 g/cm³, weshalb Eis auf dem Wasser schwimmt. Wasser bewegt sich in großen Kreisläufen. Über dem Meer und anderen Wasserflächen verdunstet das Wasser. Der Wasserdampf steigt auf, verdichtet sich zu Wolken, die irgendwann wieder zu Niederschlag in Form von Regen, Schnee oder Hagel wird. Ein Teil der Niederschläge geht direkt über den Meeren nieder, ein anderer fließt über Bäche und Flüsse ins Meer zurück – das sog. Oberflächenwasser. Ein weiterer Teil versickert im Boden, wird zu Grundwasser und kehrt über Quellen oder auf dem Umweg über Pflanzen, Mensch und Tier, die es wieder verdunsten, irgendwann wieder ins Meer zurück.

Was ist Wasser für Pflanzen?

Wasser hat als wichtiger Wachstumsfaktor verschiedene Funktionen. Wasser ist:

- Baustein der Pflanzensubstanz. Eine Pflanze besteht zu 75–90 % aus Wasser.
- Transportmittel. Wasser sorgt für die Beförderung der Assimilate, Mineralstoffe und Stoffwechselprodukte.
- Wasser hat eine gewebespannende Funktion und hält die Pflanze „in Form“.
- Durch das Wasser werden die Nährstoffe im Boden gelöst und so für die Pflanzen aufnehmbar.

In den einzelnen Organen der Pflanze muss je nach Pflanzenart und Pflanzengröße ein ständiges Gleichgewicht zwischen Wasserabgabe und Wasseraufnahme bestehen. Verschiebt sich die Wasserbilanz einseitig, verdunstet z. B. mehr Wasser als aufgenommen wird, welkt die Pflanze und geht zugrunde, falls dieser Zustand länger anhält. Zu viel Wasser bedeutet u. a. starkes Wachstum, lockeres Gewebe, wenig Wurzeln, späte Blüte, Platzen der Früchte und Krankheitsgefahr, zu wenig Wasser dagegen schwaches Wachstum, hoher Trockensubstanzanteil, strenger Geschmack, frühe Blüte, verholzen, Trockenschäden.

Wasseraufnahme: Wie erfolgt die Aufnahme von Wasser?

Es gibt zwar Pflanzen, die durch ihre gesamte Oberfläche Wasser aufnehmen können, bei der Mehrzahl der Pflanzen erfolgt die Wasseraufnahme über ihre Wurzeln. Die Wasseraufnahme beruht auf dem Wasserpotenzialgefälle zwischen Boden und Pflanze. Durch Diffusion gelangt das Wasser in die Zellwandkapillaren und durch Osmose durch die Zellen in die Rinde bis zur Endodermis. Von dort durch die Endodermiszellen hindurch zu den Leitungsbahnen des Zentralzylinders.

Bodenwasser: In welchen Formen tritt Wasser im Boden auf?

Wasser tritt im Boden in unterschiedlichen Formen auf. Der Teil des Niederschlagswassers, der oberflächlich abfließt und damit der Nutzung durch die Pflanzen verloren geht, wird als Oberflächenwasser, das Niederschlagswasser, das in den Bodenporen gegen die Einwirkung der Schwerkraft festgehalten wird, als Haftwasser und das Wasser, was nicht festgehalten wird und versickert, als Sickerwasser bezeichnet. Wenn die Versickerung gehemmt wird, z. B. durch Tonschichten, kann sich über diesen Schichten Wasser anreichern und entweder als Grundwasser dauernd oder als Stauwasser zeitweise vorhanden sein. Aus Oberflächen- und Grundwasser werden letztlich Bäche und Flüsse gespeist.

Haftwasser: Was ist das?

Der Anteil des Bodenwassers, der durch Adsorptions- und Kapillarkräfte im Boden, entgegen der Schwerkraft, festgehalten wird und damit den eigentlichen Wasserspeicher des Bodens (Bodenfeuchte) darstellt. Wie viel Wasser vom jeweiligen Boden als Haftwasser gehalten werden kann und wie viel davon von der Pflanze überhaupt nutzbar ist, hängt ab vom Humus-, Sand- und Feinerdeanteil des Bodens (d. h. von der Bodenart) und steht damit in engem Zusammenhang mit der Größe und Beschaffenheit der Poren und Hohlräume sowie dem Quellungsvermögen der Bodenteilchen.

Wasserkapazität: Was versteht man darunter?

Maß für die Wassermenge, die Kultursubstrate oder Böden nach Überstauung, d. h. durchdringender Bewässerung, bei freiem Wasserabzug gegen die Schwerkraft (nach Abtropfen des Wassers, das vom Substrat nicht gehalten werden kann) speichern können. Die Wasserkapazität wird angegeben in Volumen- oder Gewichtsprozent und unter definierten Bedingungen im Labor ermittelt. Die Bezeichnungen Feldkapazität und Wasserkapazität werden häufig synonym verwendet. In der Regel verwendet man bei Böden den Begriff Feldkapazität, bei gärtnerischen Erden und Substraten (Kultursubstraten) den Begriff Wasserkapazität. Im Zusammenhang mit der Topf- und Containerkultur,

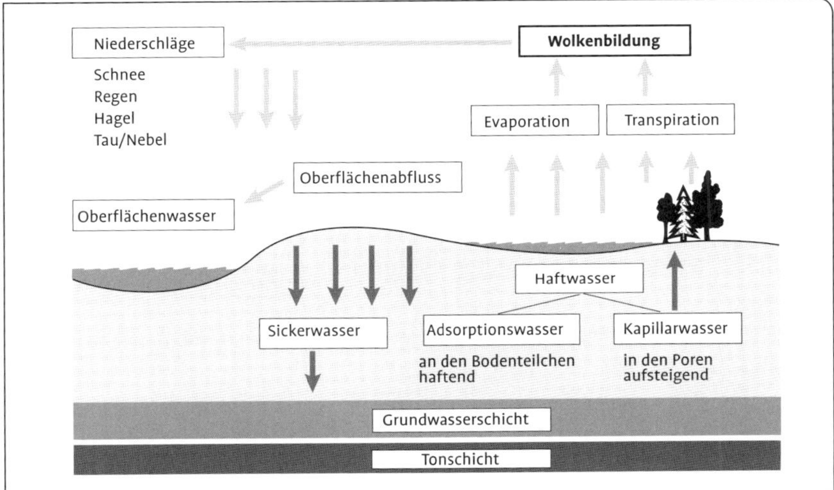

Abb. 6 Kreislauf des Wassers.

d. h. bei begrenztem Volumen, spricht man auch von Gefäß- oder Containerkapazität.

Die Wasserkapazität hängt vom Humus-, Sand- und Feinerdeanteil des Bodens (d. h. von der Bodenart) ab, und steht damit in engem Zusammenhang mit der Größe und Beschaffenheit der Poren und Hohlräume sowie dem Quellungsvermögen der Bodenteilchen.

Welkepunkt: Was versteht man darunter?

Der Punkt, bei dem das ganze für die Pflanzen nutzbare Wasser verbraucht ist, und diese unter Wassermangel zu leiden beginnen. Dabei kann der Boden durchaus noch Wasser enthalten und sich feucht anfühlen. Für den Ertrag und die Qualität der Erzeugnisse ist es im produzierenden Gartenbau von großer Bedeutung, den Eintritt des Welkepunkts rechtzeitig zu verhindern, d. h., immer eine ausreichende Wasserversorgung zu gewährleisten.

Permanenter Welkepunkt: Was versteht man darunter?

Trocknet der Boden so stark aus, dass das gesamte Wurzelsystem kein oder nicht mehr ausreichend Wasser aufnehmen kann oder sogar wegen Umkehr des Wasserpotenzialgefälles an den Boden Wasser verliert, so kommt es zu einem Welken der Pflanze. Dieses Welken ist von einem bestimmten Wasserpotenzial des Bodens an irreversibel. Dieser Punkt wird als permanenter Welkepunkt (PWP) bezeichnet. Die Pflanze welkt permanent, d. h., sie erholt sich auch nicht durch Gießen oder über Nacht, selbst wenn man sie – etwa durch Überstülpen eines Folienbeutels – vor Verdunstung schützt.

Gießwasserherkünfte: Welche kommen im Gartenbau infrage?

Im Gartenbau findet Gießwasser unterschiedlichster Herkunft Verwendung: So Gießwasser aus Oberflächenwasser von Seen, Bächen und Flüssen, Grundwasser aus eigens dafür gebohrten Brunnen, Regenwasser aus Rückhalte- und Sammelbecken oder Wasser aus den öffentlichen Wassernetzen.

Wasserqualität: Wodurch ist sie bezogen auf Pflanzen gekennzeichnet?

Selbst natürliches Wasser ist niemals chemisch rein, sondern enthält viele anorganische und organische Stoffe in Lösung oder Suspension. Die Art, Anzahl und Menge dieser Stoffe beeinflussen die Qualität und damit die Eignung des Wassers für einen bestimmten Verwendungszweck. So werden an das Waschwasser einer Autowaschanlage andere Anforderungen gesetzt als an Trinkwasser oder Gießwasser für Pflanzen. Die Qualität des Wassers für Pflanzenkulturen ist durch den Gesamtsalzgehalt, den Gehalt einzelner besonders kritischer (Na, Cl, SO_4, ggf. NO_3) oder erwünschter Ionen (Ca, Mg, NO_3 und anderer) sowie durch die Wasserhärte (Gesamthärte und Karbonathärte) gekennzeichnet. Darüber hinaus kann der pH-Wert, die freie Kohlensäure (Basenkapazität), der Gehalt an organischem Kohlenstoff, der Sauerstoffgehalt oder auch der Besatz mit Mikroorganismen von Bedeutung sein. Die Anforderungen an die Qualität des Wassers für Pflanzenkulturen können sehr verschieden sein. Diese hängen beispielsweise von der Pflanzenart, dem Kulturverfahren (handelt es sich z. B. um Topfkultur oder Bodenkultur) und der Kulturdauer ab. Daher lassen sich im Hinblick auf tolerierbare Gehalte an Inhaltsstoffen keine allgemeingültigen Angaben machen. Grundsätzlich steigen jedoch die Anforderungen an die Gießwasserqualität mit zunehmender Kulturdauer und bei geschlossener Bewässerung.

Wasserhärte: Wodurch ist sie gekennzeichnet?

Die Härte des Wassers ist gekennzeichnet durch seine Calcium- und Magnesiumsalze. Die Gesamthärte (Härtebildner bzw. härtebildende Salze) setzt sich zusammen aus der Karbonathärte (Säurekapazität; härtebildend sind die kohlensauren Salze Calciumhydrogencarbonat ($Ca(HCO_3)_2$) und Magnesiumhydrogencarbonat ($Mg(HCO_3)_2$) und der Nichtkarbonathärte (Gipshärte), die überwiegend von mineralsauren Salzen, d. h. vom Gehalt an Ca- und Mg-Sulfat bzw. Ca-und Mg-Chlorid ($CaCl_2$, $CaSO_4$, $MgCl_2$, $MgSO_4$) bestimmt wird.

Die Karbonathärte wird auch vorübergehende oder temporäre Härte genannt, weil Karbonatsalze mit den Erdalkalimetallen Ca und Mg beim Kochen zerfallen und schwer lösliche Salze als sog. Kesselstein ausfallen; bei der Nichtkarbonathärte spricht man dagegen auch von bleibender oder permanenter Härte.

Härtebildende und nicht härtebildende Salze ergeben zusammen den Gesamtsalzgehalt.

Als Maßeinheit für die Härte gilt °dH (deutscher Härtegrad), wobei 1 °dH 10 mg Calciumoxid (CaO) oder 7,2 mg Magnesiumoxid (MgO) in 1 l Wasser bedeutet (entsprechend ihrem Äquivalentgewicht). Diese Maßeinheit ist inzwischen abgelöst worden durch die Angabe mol/m³ Erdalkali-Ionen für Gesamthärte und mol/m³ Säurekapazität für die Karbonathärte. International wird die Wasserhärte einheitlich in mval (Millival oder Milliäquivalente gemessen; die Multiplikation mit 2,8 ergibt °dH).

Karbonathärte 1 °dH (oder °dKH) = 0,358 mol/m³ bzw. mmol/l Säurekapazität
Gesamthärte 1 °dH = 0,179 mol/m³ Summe Erdalkali-Ionen
= 0,358 val/m³ bzw. mval/l (Ca + Mg).

Unter pflanzenbaulichen Gesichtspunkten interessiert hauptsächlich die Karbonathärte. Der Bikarbonatgehalt ist nämlich für einen oft unerwünschten pH-Anstieg im Substrat verantwortlich. Beispiel: Wasser mit 20 °dKH (= 7,14 mol/m³ Säurekapazität) enthält umgerechnet 356 mg $CaCO_3$/l. Wenn bei einer drei bis vier Monate dauernden Topfpflanzenkultur 10 l Wasser/Topf verbraucht werden, so gelangen mit diesem Wasser 3,56 g $CaCO_3$ in den Topfballen. Dies entspricht bei einem 11 cm Topf etwa 6 g kohlensaurem Kalk pro Liter Substrat.

Welche Folgen kann die Verwendung „harten" Wassers haben?

Hartes Wasser kann erheblich den pH-Wert des Substrats und damit die Verfügbarkeit von Nährstoffen insbesondere von Spurenelementen beeinflussen. Weiterhin kann die Wasserhärte bei Bewässerung von oben zu qualitätsmindernden Blattflecken (Kalk- und Gipsausfällung) führen.

Wasseraufbereitung: Was versteht man darunter?

Unter Wasseraufbereitung versteht man die Verbesserung der zur Verfügung stehenden Wasserarten für die Bewässerung der Pflanzen. Es gibt verschiedene Verfahren der Wasseraufbereitung. Entscheidend bei der Wahl des richtigen Verfahrens ist die beabsichtigte Verbesserung. In der Regel geht es um eine Senkung des Salzgehalts oder der Karbonathärte bzw. der Säurekapazität (Wasserhärte). Hinzukommen können noch weitere Faktoren wie hohe Eisen-, Mangan-, Zink-, Fluorid- oder Borgehalte. Aus hygienischer Sicht geht es auch um die Eliminierung von Krankheitskeimen.

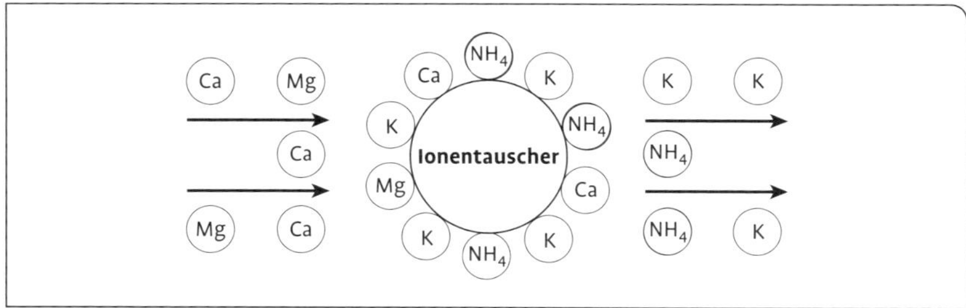

Abb. 7 Wirkungsweise eines Ionenaustauscher-Granulates. An diesem Kationenaustauscher werden Calcium- und Magnesium-Ionen, die die Wasserhärte verursachen, gegen „unschädliche" Kalium- und Ammonium-Ionen ausgetauscht. Diese müssen dann in der Düngebilanz mitgerechnet werden.

Welche Verfahren der Wasseraufbereitung gibt es?

Bei hohem Salzgehalt (besonders kritisch zu bewerten sind Natrium und Chlorid) bietet sich die Umkehrosmose oder die Vollentsalzung mittels Ionenaustausch an. Ansonsten kommt eine Teilentsalzung, meist mittels Kationenaustauscher, in Betracht. Zur Senkung der Karbonathärte (= Säurekapazität bzw. Gehalt an HCO_3-Ionen) bietet sich die Entkarbonisierung durch Ionenaustauscher oder durch Säurezugabe an. Bei der Entkarbonisierung durch Säurezugabe werden dem Rohwasser definierte Mengen an Mineralsäure (z. B. Schwefelsäure, Salpetersäure, Oxalsäure) zugesetzt. Bei der Entkarbonisierung durch Ionenaustauscher wird das Wasser mittels Ionenaustauscherharzen aufbereitet. Dabei werden aus dem Rohwasser alle Kationen wie Calcium, Magnesium, Kalium und Natrium entfernt und gegen H^+-Ionen ausgetauscht. Das Wasser wird dadurch sauer und darf deshalb nicht mit Metallen in Berührung kommen. Dieser als Entkarbonisierung oder auch als "Teilentsalzung" bezeichneter Vorgang ist grundsätzlich von der sog. "Enthärtung" zu unterscheiden. Bei der Enthärtung ist der Kationenaustauscher mit Natrium-Ionen beladen. In diesem Fall werden Natrium-Ionen gegen die im Rohwasser enthaltenen Kationen ausgetauscht. Derart aufbereitetes Wasser ist wegen der hohen Natriumgehalte als Gießwasser unbrauchbar.

Verschneiden: Was versteht man darunter?

Begriff, der im Zusammenhang mit der Wasseraufbereitung bzw. der Bewässerung verwendet wird. Damit ist gemeint, für Pflanzen gänzlich ungeeignetes Wasser mit geeignetem Gießwasser zu mischen. So wird in der Praxis z. B. hartes Leitungswasser mit weichem Regenwasser verschnitten.

Wasserbedarf: Wovon ist er abhängig?

Unter Wasserbedarf versteht man im Allgemeinen die Wassermenge, die eine Pflanze zu bestimmten Zeiten bzw. in einer bestimmten Zeiteinheit benötigt um existieren bzw. wachsen zu können. In Bezug auf Kulturpflanzen die Wassermenge, die eine Pflanze (eine Kultur) benötigt, um ein bestimmtes Kulturziel (z. B. ein bestimmtes Trockengewicht) zu erreichen.

Der Wasserbedarf der Pflanzen ist von einer Vielzahl von Faktoren abhängig: von der Pflanzenart selbst, dem Wasserhaushalt des Standorts, den klimatischen Standortbedingungen (Temperatur und Lichtverhältnisse), der Wachstumsleistung und der Kulturdauer. Insbesondere die enge Beziehung zwischen Sonneneinstrahlung und Verdunstung führt zu einer großen Schwankungsbreite im täglichen Wasserbedarf. Im Winterhalbjahr ist zusätzlich die Abstrahlung des Heizungssystems von Bedeutung.

Wie hoch ist der Wasserbedarf der Pflanzen (Faustzahl)?

Für die meisten mitteleuropäischen Kulturpflanzen liegen die benötigten Wassermengen zum Aufbau von 1 kg Trockensubstanz zwischen 300 und 600 l, im geschützten Anbau (Unterglasanbau, Folienhaus usw.) bei 300–400 l. Eine Poinsettie mit vier bis fünf Trieben und einem Trockengewicht von 20 g hat demnach einen Wasserbedarf von sechs bis acht Litern. Messungen an vergleichbaren Topfpflanzen ergaben einen Wasserverbrauch von 60–100 ml Wasser/Tag und Pflanze. Bei ausgepflanzten Kulturen geht man von einer mittleren täglichen Gesamtwasserabgabe von 2–3 l/m^2 aus. Dieser mittlere Wasserverbrauch stellt ein sehr grobes Maß für den aktuellen Bedarf dar. Die Feststellung und Deckung dieses wechselnden Bedarfs gehört traditionell zu den wichtigsten Fähigkeiten eines guten Gärtners.

Wasser sparende Systeme wie Rinnenbewässerung und Ebbe-Flut-Systeme kommen mit einer um 40 % reduzierten Wassermenge aus.

Nach Untersuchungen liegt der durchschnittliche Wasserverbrauch in Topfkulturen unter Glas in m^3/m^2/Jahr (ganzjährige Nutzung mit verschiedenen Topfkulturen) bei folgenden Bewässerungsverfahren bei:

Traditionelle offene Kultur mit Handgießverfahren	1,2 bis 2,4 m^3
Offene Kultur mit Tropfbewässerung	0,8 bis 1,6 m^3
Rezirkulierende Bewässerung: Anstauverfahren	
Ebben-Flut-System, Rinnenbewässerung	0,4 bis 0,8 m^3

Bewässerungsverfahren: Was versteht man unter Bewässerung?

Die Versorgung (Zufuhr) der Pflanzen mit Wasser für ein optimales Pflanzenwachstum. Im Freiland ist die Aufgabe der Bewässerung, die natürlichen Niederschläge durch geeignete Verfahren zu ergänzen. In den Kulturräumen unter

Glas und Folie muss der gesamte Wasserbedarf der Pflanzen durch ein Bewässerungsverfahren gedeckt werden.

Grundsätzlich wird zwischen offenen und geschlossenen Systemen der Bewässerung (Bewässerungsverfahren) unterschieden. Darüber hinaus kann zwischen der Wasserzufuhr über den Spross von oben (Überkopfbewässerung) oder direkt auf das Substrat sowie bei Topfpflanzen über eine Wasserzufuhr von unten über Löcher im Topfboden unterschieden werden.

Wichtige Kriterien für die Auswahl eines Bewässerungsverfahrens sind:
- Kosten,
- Arbeitsaufwand für die Durchführung des Bewässerungsvorganges,
- Gleichmäßige Ausbringung,
- Störungsanfälligkeit,
- Vermeidung von Wasser- und Nährstoffverlusten,
- keine Verbreitung von Schaderregern.

Offene Bewässerungssysteme: Was versteht man darunter?

Jede Bewässerungsform, die den Pflanzen mehr Wasser oder Nährstofflösung zuführt als diese aufnehmen können und bei der diese Überschüsse nicht aufgefangen und zurückgeführt werden, heißt Offenes Bewässerungssystem. Hierzu gehört beispielsweise die Beregnung oder das Gießen mit Schlauch. Aus Gründen des Umweltschutzes nehmen Offene Bewässerungssysteme im Gartenbau ab.

Geschlossene Bewässerungssysteme: Was versteht man darunter?

Bezeichnung für Bewässerungssysteme, bei denen das gesamte Überschusswasser (das von den Pflanzen nicht gebrauchte Wasser) aufgefangen, in Wasserbehälter zurückgeleitet, dort ggf. entkeimt und ggf. wieder mit Dünger und Frischwasser aufbereitet wird. Geschlossene Systeme gibt es sowohl für Topfpflanzen (z. B. die Fließbewässerung) als auch für die Bodenkultur im Schnittblumen- und Gemüseanbau (hierzu gehören die Dünnschichtkultur, die Steinwollkultur und die Aeroponik-Kultur).

Welche Vorteile haben geschlossener Bewässerungssysteme?

- Wassereinsparung. Sie ermöglichen durch bedarfsgerechte Bewässerungsgaben einen sparsamen Umgang mit Wasser.
- Einsparung von Düngern. Überschüssiger Dünger wird aufgefangen und wieder verwendet.
- Praktizierter Umweltschutz. Nährlösung und Pflanzenschutzmittel gelangen nicht in tiefere Bodenschichten und können so nicht ins Grundwasser sickern. Deshalb nennt man Geschlossene Bewässerungssysteme auch Systeme der grundwasserschonenden Bewirtschaftung.
- Geringes Risiko bezüglich bodenbürtiger Krankheiten und Schädlinge. Bei der Bodenkultur ist ein wesentlicher Punkt für die Umstellung auf ein ge-

schlossenes System das verminderte Auftreten von bodenbürtigen Krankheitserregern und Schädlingen.
- Kultursicherheit. Geschlossene Systeme erhöhen bei der Bodenkultur den Kulturerfolg. Zum Teil sind in den gärtnerisch genutzten Gewächshausböden hohe Salzgehalte zu finden. Mit geschlossenen Systemen kann dies verhindert werden.
- Energieeinsparung. Im Gewächshaus kann, da die Verdunstung vermindert wird, eine Heizenergieeinsparung erfolgen. Dadurch sinkt auch die Gefahr eines Pilzbefalls.

Anstaubewässerung: Was versteht man darunter?

Topfpflanzenbewässerungssysteme, bei denen die Pflanzen auf einer speziellen Tischfläche mit tiefgezogenen Ablaufrinnen stehen, in der das Wasser in Intervallen bis zu 3 cm hoch angestaut wird.

Ebbe-Flut-Systeme: Was versteht man darunter?

Bezeichnung für Topfbewässerungssysteme, die auch unter den Bezeichnungen Ebbe-Flut-Boden, Anstautisch, Ebbe-Flut-Tisch, Anstaurinne bekannt sind (siehe Abb. 8 Seite 84). Bei diesen Systemen bilden waagerechte Wannen mit einem Wasserabflussloch die Kulturflächen. Diese „Wannen" können den gesamten Boden eines Gewächshauses bedecken, aber auch nur jeden einzelnen Kulturtisch oder jede Kultur-Rollpalette. Das Wasser bzw. die Nährlösung wird in den Wannen kurzzeitig (fünf bis zehn Minuten) auf etwa 2 cm Höhe angestaut (geflutet). Danach lässt man es wieder ablaufen und sammelt es in einem Behälter bis zum nächsten Bewässerungsvorgang. Da wegen der ermöglichten Luftzirkulation zwischen den Topfpflanzen eine Rinnenkultur für die Pflanzenqualität im Allgemeinen vorteilhafter ist als eine Kultur auf einer geschlossenen Tischfläche, gibt es auch Ebbe-Flut-Systeme in Rinnen.

Fließbewässerung (Rinnenbewässerung): Was versteht man darunter?

Topfbewässerungssysteme, bei denen die Töpfe in leicht geneigten, 11–30 cm breiten Rinnen, mit einer bis drei Zentimeter hohen Kante, stehen (siehe Abb. 9 Seite 85). Am höchsten Punkt wird das Wasser bzw. die Nährlösung aus einem Tank eingeleitet, mit einem Gefälle von 0,5–1 % in einer fließenden Wasserhöhe von 2–5 mm bis zum Ende der Fließrinnen geführt, in einer Querrinne aufgefangen, in die Tanks zurückgeführt und als Überschusswasser für den nächsten Bewässerungsgang aufbereitet. Der Bewässerungsvorgang kann stetig oder periodisch erfolgen. Die Rinnen können aus Beton, verzinktem oder kunststoffummanteltem Stahl, Aluminium oder Kunststoff sein. Auch die Verlegetechnik ist unterschiedlich. Sie können auf dem Gewächshausboden, auf Tischen, Gestellen oder Hängen installiert sein, entweder über die ganze Gewächshauslänge, die Gewächshausbreite oder über die Tischbreite. Die Sys-

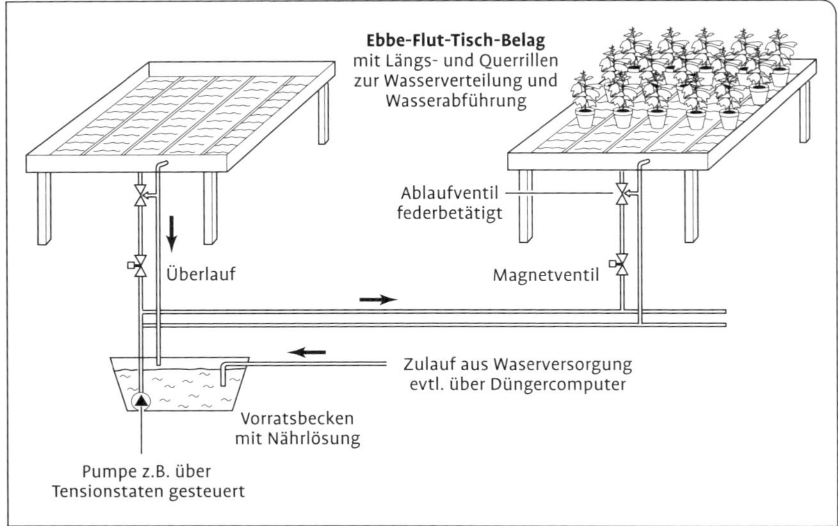

Abb. 8 Schema einer Ebbe-Flut-Bewässerung im geschlossenen System.

teme sind bekannt unter den Bezeichnungen: Fließrinne, Fließhänge, Nährfilmtechnik (NFT), Fließwanne.

Gießwagen: Was versteht man darunter?

Bewässerungssystem, bei dem das Bewässerungsgerät über die zu bewässernden Flächen bzw. Töpfe hin- und herfährt (wandert) (siehe Abb. 10 Seite 86). Man spricht auch von Wanderbewässerung. Gießwagen werden sowohl im Gewächshaus (hier insbesondere zur Flächenbewässerung ausgepflanzter Kulturen) als auch im Freiland (vor allem zur Bewässerung von Azaleen und Eriken) eingesetzt. Gießwagen ermöglichen eine sehr gleichmäßige Bewässerung auch großer Flächen. Angetrieben werden Gießwagen vorwiegend durch Elektromotoren. Im Freiland werden sie stehend in Schienen geführt, im Gewächshaus rollen sie oft hängend auf Rohren oder in Profilen. Der Schlauch wird für die Wasserzuführung nachgezogen. Bei der Bewässerung von Töpfen läuft das Gießwasser senkrecht durch Gießröhrchen streifenartig über die Töpfe oder es wird flächig über Düsen ausgebracht. Bei beiden Verfahren geht bis zu 40 % des Gießwassers bzw. der Düngelösung am Topf vorbei in den Boden. Diesen Nachteil hat der Impulsgießwagen nicht. Mit ihm lassen sich der Wasserverbrauch und die Umweltbelastung verringern. Gesteuert von Fühlern, stoppt der Gießwagen und mit ihm der Gießvorgang jeweils zwischen den Töpfen. Bei störungsfreiem und gut justiertem Betrieb kann bis zu 100 % des Gießwas-

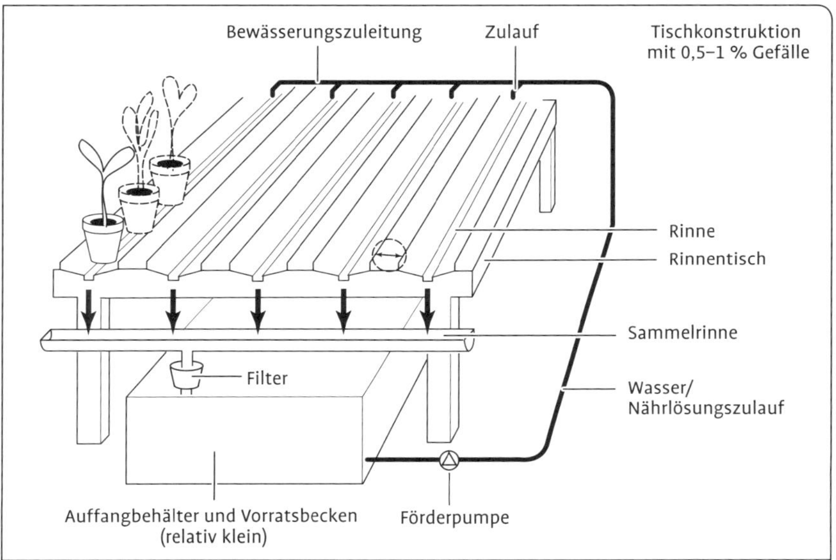

Abb. 9 Schema einer Fließrinnenbewässerung.

sers genutzt werden. Bei der Bewässerung ausgepflanzter Kulturen ist mit dem Gießwagen eine Bewässerung sowohl von oben als auch von unten oder von der Seite möglich. Mit verschiedenen Gießwagentypen können auch Pflanzenschutzmittel versprüht werden.

Gießschlitten: Was ist das?

Form des Gießwagens. Auf einen niedrigen Schlitten aufmontierter Düsensatz, der an einen Schlauch angeschlossen auf einem Weg durch den Bestand gezogen wird. In der Regel wird er von der Schlauchtrommel bewegt, die von einem Elektro- oder Wassermotor angetrieben wird. Die beiden Beete rechts und links des Gießschlittens werden je zur Hälfte dicht über der Erdoberfläche bewässert. Gießschlitten werden insbesondere bei Schnittblumenkulturen in Gewächshäusern eingesetzt.

Mattenbewässerung (Kapillarbewässerung): Was versteht man darunter?

Die Matten- oder Kapillarbewässerung ist ein Topfpflanzenbewässerungssystem, bei dem die Pflanzen von unten bewässert werden. Von einer feuchten Sandschicht (heute ohne Bedeutung) oder einer Bewässerungsmatte steigt das Wasser kapillar in den Topfballen. Das Funktionsprinzip von Mattenbewässerungssystemen ist, dass die Töpfe indirekt über eine nasse bzw. feuchte Bewäs-

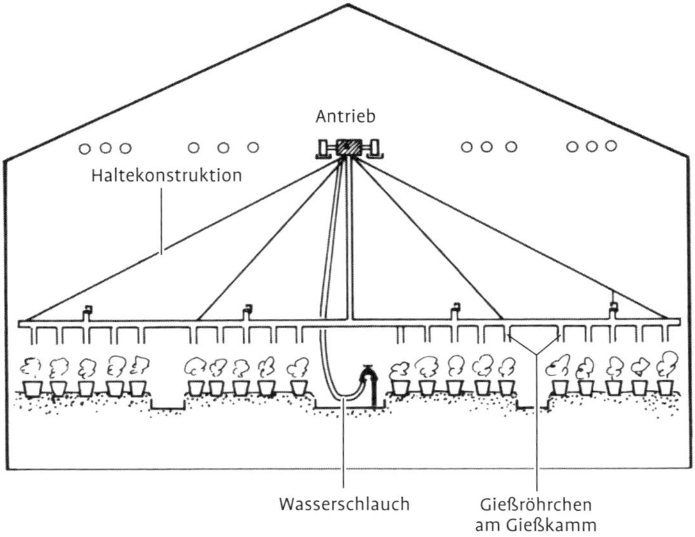

Antrieb
Haltekonstruktion
Wasserschlauch
Gießröhrchen am Gießkamm

Abb. 10 Gewächshaus mit Gießwagen.

serungsmatte, die mithilfe bestimmter Schlauchsysteme bis zur Sättigung befeuchtet wird, das Wasser erhalten. Aufgrund der höheren Saugspannung im Topfsubstrat steigt das Wasser durch die Kapillaren nach oben in die Töpfe. Die Bewässerungsmatte, bevorzugt aus Glasfaservlies hergestellt, wird in der Regel mit schwarzer Nadelfolie abgedeckt. Sie dient als Schutz gegen Verschmutzung und Veralgung. Damit das System funktioniert, muss ein optimaler Bodenschluss gewährleistet sein, deshalb müssen Töpfe ohne Noppen oder Abstandhalter verwendet werden.

Tropfbewässerung: Was versteht man darunter?

Unter Tropf- oder Tröpfchenbewässerung versteht man ein Bewässerungssystem, bei dem das Wasser den Pflanzen in Tropfen zugeführt wird (siehe Abb. 11 Seite 87). Damit wird eine Benetzung der Pflanzen vermieden und die Verdunstung an der Bodenoberfläche reduziert. Tropfbewässerungssysteme werden zur Bewässerung ausgepflanzter Kulturen (Flächenbewässerung) als auch zur Einzeltopf- bzw. Einzelpflanzenbewässerung eingesetzt.

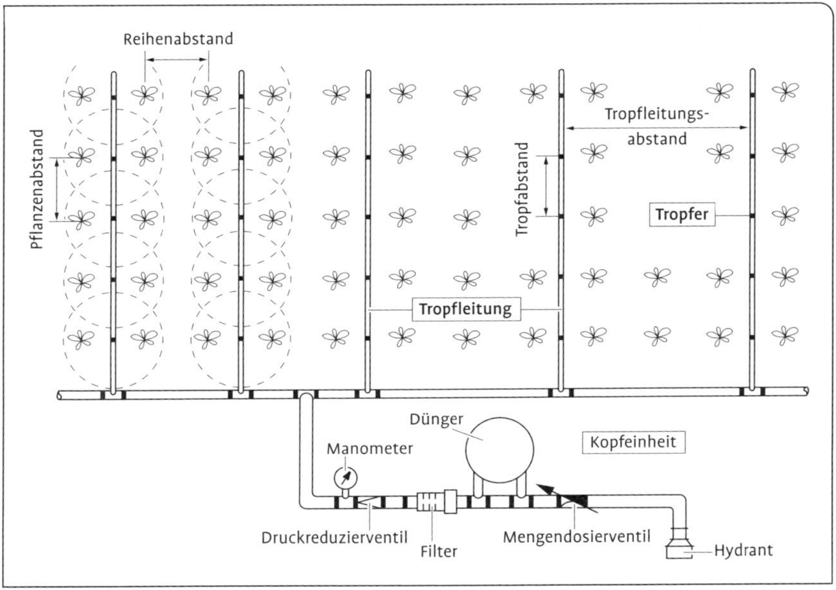

Abb. 11 Schema einer Tropfbewässerungsanlage.

Wie funktionieren Tropfsysteme für die Flächenbewässerung?

Den Tropfsystemen für die Flächenbewässerung (z. B. für Schnittblumenkulturen) ist ein weitlumiger Zentralschlauch mit hohen Austrittswiderständen in Form von sog. Kapillaren gemeinsam. Diese Kapillaren können spiralförmig im Rohrmantel eingearbeitet sein oder es sind Kapillaren in Form von porösen Schlauchwandungen, gelochten, doppelwandigen Folienschläuchen, doppelwandigen PE-Rohren, Lippenschläuchen oder Tropfdüsen. Sie reduzieren den Druck an der Austrittsöffnung bis gegen Null und erlauben so die Abgabe geringer Wassermengen. Der daraus resultierende geringe Druckverlust im Zentralschlauch ermöglicht gleiche Wassergaben über große Schlauchlängen, sodass auch größere Flächen gleichzeitig bewässert werden können. Ein weiterer Vorteil ist, dass die Bodenoberfläche nur an der Tropfstelle nass wird und so die Wasserverdunstung eingeschränkt ist. Im Wurzelraum kann man mit einer Ausbreitung des Wassers von der Tropfstelle aus in einem Radius von 60 cm rechnen. Tropfbewässerungssysteme sind sehr Wasser sparend, weil sie das Wasser direkt in die durchwurzelte Bodenschicht bringen und damit ohne bzw. mit wenig Überschusswasser arbeiten. Im Vergleich zum Einsatz von Regnern lässt sich der Wasserverbrauch auch bei Freilandkulturen im Boden um bis zu 30 % senken. In der Praxis werden diese Systeme in Gemüse- und Schnittblumenkulturen, bei Beerenobst und darüber hinaus zur Befeuchtung bei der Mattenbewässerung, die Topfkulturen über den Kapillaraufstieg mit Wasser versorgt, eingesetzt.

Wie funktionieren Tropfsysteme für die Einzeltopfbewässerung?

Zur Bewässerung von Töpfen und Containern sind Systeme im Handel, bei denen die einzelnen Töpfe über freie, an das Zuleitungsrohr angeschlossene Kapillarschläuche versorgt werden. Die Tropfschläuche werden oben am Topf so befestigt, dass die austretenden Wassertropfen dem Boden die gewünschte Feuchtigkeit zuführen. Damit das Wasser tropfenweise austreten kann, müssen die Tropfelemente den in der Tropfleitung anstehenden Druck an der Austrittsstelle auf nahezu 0 bar reduzieren. Die Druckreduzierung erfolgt entweder durch mikrokanalförmige, düsenartige oder poröse Ausbildung des Tropfelements. Einzeltopfbewässerungsverfahren erfordern hohe Investitionskosten, und der Arbeitsaufwand für das Installieren ist sehr hoch. Sie lohnen sich oft nur bei Kulturen mit langen Standzeiten. Eingesetzt werden sie in der Praxis z. B. bei größeren Topfpflanzen, Kübelpflanzen, Ampelpflanzen, Balkonkästen und in der Baumschule bei Containergehölzen. Für alle Tropfbewässerungssysteme gilt, dass das Wasser sehr sauber sein muss. Verschmutzungen, Kalkablagerungen und Düngersalze können die Kapillaren verstopfen. Deshalb ist das Wasser je nach Herkunft ggf. zu filtern oder aufzubereiten.

Sprühschlauch: Was versteht man darunter?

Gelochter, schwarzer Polyäthylen-Folienschlauch, der zur Flächenbewässerung vielfältig, insbesondere aber in Schnittblumen- und Gemüsekulturen eingesetzt wird. Er ist der Vorgänger der aus ihnen entwickelten Tropfbewässerungssysteme. Der Schlauch ist durchgehend an sich gegenüberliegenden Seiten durch Stanzen so gelocht, dass je zur Hälfte kurze, nach unten gerichtete und längere, horizontal gerichtete Wasserstrahlen austreten können. Die Schläuche werden zur Flächenbewässerung im Abstand von 50–100 cm verlegt und können bei einem entsprechenden Druck auf ebener Fläche bis 150 m lang sein. Beim Verlegen ist darauf zu achten, dass die Fläche weitestgehend eben ist und Schläuche so verlegt werden, dass der Wasseraustritt nicht nach oben erfolgt, weil sonst das Laub der Pflanzen nass wird. Gelegentlich werden Sprühschläuche auch noch zur Befeuchtung bei Mattenbewässerungssystemen eingesetzt.

Überpflanzenbewässerung (Beregnung): Welche Möglichkeiten gibt es?

Mit Überpflanzenbewässerung bezeichnet man Bewässerungssysteme, bei denen das Wasser von oben (über die Pflanzen) an die Pflanzenwurzeln geführt wird. In der gärtnerischen Umgangssprache spricht man von Beregnung. Sie kommt in der Regel nur im Freiland zum Einsatz. Bei der Beregnung (der Boden oder die Kulturen werden beregnet, das Wasser wird verregnet) wird Wasser mit maschineller Kraft (Pumpe) oder dem Leitungsdruck aus der öffentlichen Wasserversorgung in Druckrohrleitungen, die unterirdisch oder oberirdisch verlegt sind, zu den zu beregnenden Flächen gebracht. Dort wird es durch spezielle Beregnungsdüsen bzw. -geräte, den sogenannten Regnern, über den Pflanzen regenähnlich verteilt. Alle Formen der Überkopfbewässerung bergen aufgrund der Benetzung des Sprosses mit Wasser ein hohes Befallsrisiko mit pilzlichen und bakteriellen Erregern.

Drehstrahlregner: Wie sind sie definiert und zwischen welchen Arten wird unterschieden?

Drehstrahlregner sind Beregnungsgeräte, die sich innerhalb einer bestimmten Zeit einmal um die vertikale Achse drehen und dabei das Wasser aus einer Düse kontinuierlich auswerfen (siehe Abb. 12 Seite 90). Bis der Wasserschleier dieselbe Stellung wieder erreicht, ist der Niederschlag der vorangegangenen Runde an dieser Stelle bereits in den Boden eingedrungen. Den Antrieb für die Drehung gibt bei allen Drehstrahlregnern die Energie des strömenden Wassers, sei es durch Rückstoßkraft des Wasserstrahls oder über ein Getriebe. Die Rückstoßkraft kann erzeugt werden durch eine Abwinkelung der Düsenachse gegen die Strahlachse. Bei den Vakuumregnern wird die Drehung durch ein Vakuum mit Unterdruck bewirkt und das Vakuum selbst von der Saugkraft des strömenden Wassers nach dem Prinzip der Wasserstrahlpumpe erzeugt.

Stark- oder Großflächenregner werden in der Regel von einem Wassermotor (Turbine) angetrieben. Bei diesem Regnertyp taucht ein Turbinenrad um ein geringes Maß in den Wasserstrahl ein und überträgt den Antrieb auf ein Getriebe, das die Drehung des Regners bewirkt. Bei anderen Drehstrahlregnern mit Getriebe wird vom Hauptstrahl ein dünner Wasserstrahl abgezweigt, der über das Getriebe den Regner dreht.

Die Schwach- und Mittelstarkregner (Langsam- oder Schlagregner) sind meist als Schwinghebelregner konstruiert. Der Antrieb für die Drehung der Schwachregner wird durch den Schlag eines Schlag- oder Schwinghebels auf das Strahlrohr oder dessen rückwärtige Verlängerung bewirkt. Die Schlagwirkung oder Schlagkraft kommt dadurch zustande, dass der Schwinghebel durch die Energie des ausströmenden Wasserstrahls seitlich hinausgeworfen wird und durch eine Federkraft zurückschnellt, beim Zurückfedern um einen kleinen Winkel um seine Achse weiterdreht und dann sogleich wieder ausgelenkt

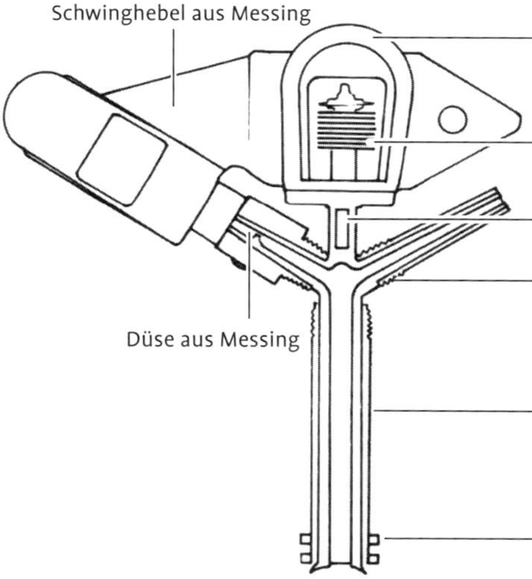

Abb. 12 Drehstrahlregner.

wird. Die Schlag- oder Schwinghebelregner bewegen sich ruckartig. Die Gleichmäßigkeit der Drehung hängt von der Schlaghäufigkeit ab, die je nach Fabrikat zwischen 80 und 280 Schlägen in der Minute liegt. Schlaghäufigkeit und Umdrehungszeit sind einstellbar.

Drehstrahlregner gibt es als Kreisregner und als Kreisausschnittregner (Sektorenregner). Der Kreisregner beregnet nur volle Kreise, mit dem Kreisausschnittregner lassen sich Kreisausschnitte beliebigen Winkels beregnen, z. B. als Drittelkreise oder Zweidrittelkreise.

Für kleinere Flächen gibt es Drehstrahlregner auf Stativ. In der Regel werden Drehstrahlregner aber auf die fest verlegten oder „fliegenden“ (nicht ortsfesten) Rohrleitungen mittels Schnellkupplung (Flachkupplung) direkt auf die Regnerleitung aufgesetzt oder aufgeschraubt (bei ortsfesten Anlagen). Besondere Schnellverschlussventile ermöglichen das Abnehmen oder Aufsetzen von Regnern bei einer unter Druck stehenden Leitung. Zu berücksichtigen ist bei den Drehstrahlregnern, dass Überschneidungen, also doppelt beregnete Flächen mit erhöhter Regendichte nicht zu vermeiden sind, wenn keine Fehlstellen bleiben sollen. Die von einem Drehstrahlregner stündlich verregnete Wassermenge ist abhängig vom Druck und von der lichten Weite des Düsenmundstücks.

Für den Gemüse- und Zierpflanzenbau sind zur Vermeidung einer Verschlämmung des offenen Bodens nur sogenannte Langsamregner zu empfehlen.

Düsenrohr-Schwenkregner: Was ist das?

Zu den Schwenkregnern gehörendes Beregnungsgerät mit drehbar gelagertem Düsenrohr. Die in der Regel fünf Meter langen Rohre mit Durchmessern von 26 und 42 mm sind im Abstand von 50 cm mit Düsen besetzt und auf etwa 0,75 m hohen Stützfüßen gelagert. Durch einen Schwenkmotor werden die Rohre langsam um die Achse gedreht. Der Schwenkmotor arbeitet mit Wasserdruck. Den erforderlichen Druck von wenigstens 2 bar erhält er entweder von einer Pumpe oder von der Wasserleitung. Der Schwenkbereich der Rohre lässt sich begrenzen, sodass auch nur einseitig beregnet werden kann. Bis zu einer Länge von 100 m lassen sich Düsenrohre an den Schwenkmotor anschließen. So können etwa 1 000 m² Freiland gleichzeitig beregnet werden, natürlich aber auch kleinere Flächen. Durch die Rechteckberegnung bleiben die überschnittenen Flächen gering.

Düsenrohrberegnung: Was versteht man darunter?

Die Düsenrohrberegnung ist eine Bewässerungsanlage zur Flächenbewässerung. In Rohre aus Stahl, Aluminium oder Kunststoff werden in bestimmten Abständen Düsen zum Versprühen des Wassers eingeschraubt. Je nach Ausführung und Verwendungszweck bestehen die Düsen selbst aus Messing oder Kunststoff. Die Düsenrohre können entweder über dem Pflanzenbestand (Über-Kopf-Bewässerung), im Pflanzenbestand oder neben den Beeten am Wegrand verlegt werden. Entscheidend für die Verlegungsart sind die Kulturen, die beregnet werden sollen (nicht alle Pflanzenarten bzw. Entwicklungsstadien vertragen eine Über-Kopf-Bewässerung), die Dichte des Bestands und arbeitswirtschaftliche Gesichtspunkte (Rohre können hinderlich sein bei der Bodenbearbeitung usw.). Die Verlegung der Düsenrohre und die Anordnung der Düsen auf den Rohren müssen so erfolgen, dass an allen Stellen der zu beregnenden Fläche eine möglichst gleichmäßige Wasserverteilung erreicht wird. Eine Über-Kopf-Bewässerung ist möglich bei Jungpflanzenkulturen, diversen Gemüsekulturen, Baumschulkulturen, Staudenkulturen und Grünpflanzen. Sie ist dagegen ungeeignet für blühende Topfpflanzen, blühende Schnittblumenkulturen und Pflanzen mit empfindlichen Blättern.

Bei der Über-Kopf-Bewässerung werden die Düsenrohre parallel zueinander ohne Rücksicht auf Beet- und Tischanordnung so verlegt, dass mit möglichst wenig Aufwand überall eine gleiche Niederschlagsdichte erreicht wird. Der Abstand der Düsenrohre hängt vom wirksamen Sprühradius der Düsen ab. Die mittleren Düsenrohrstränge werden mit Kreisdüsen, die Düsenrohrstränge an den Rändern mit Halbkreisdüsen ausgestattet. Die Düsen sollten eine möglichst große Fläche beregnen und sich möglichst wenig überschneiden. Dies ist der Fall, wenn sie im Dreiecksverband angeordnet sind. Die Düsenrohre müssen genau horizontal (waagerecht) verlegt werden und dürfen nicht durchhängen, da sonst die tiefer liegenden Düsen länger nachtropfen. Zu beachten ist, dass durch die notwendige Überlappung der einzelnen Kreis- bzw. Halbkreisflächen die Düsenrohr-Bewässerung bei der Düngung nur eine ungleichmäßige Verteilung der Düngerlösung, d. h. eine ungenaue Dosierung möglich ist.

Im Freiland kann es bei der Düsenrohr-Beregnung zusätzlich infolge Abdrift durch Wind zu Ungenauigkeiten in der Verteilung kommen. Grundsätzlich negativ zu bewerten ist bei der Beregnung von in Töpfen bzw. Container stehenden Pflanzen, der je nach Topf-/Pflanzenabstand bzw. Pflanzengröße recht geringe Nutzungsgrad des Gießwassers. Unter Umständen beträgt der Nutzungsgrad des Gießwassers nur 10–20 %. Im Gewächshaus wirkt sich besonders in den Wintermonaten sowie in der Übergangszeit diese überflüssige Wassermenge ungünstig auf die Luftfeuchtigkeit und den Heizenergieverbrauch aus.

Sprühnebelanlage: Wo wird sie bevorzugt eingesetzt?

Die Sprühnebelanlage ist ein Sonderfall der Düsenrohrberegnung. Sie wird bevorzugt in der Pflanzenvermehrung eingesetzt (Sprühnebelvermehrung), eignet sich aber auch zur klimatisierenden Beregnung in gelüfteten Gewächshäusern, um die Pflanzentemperatur auf die Lufttemperatur abzusenken, ohne Schattieren zu müssen. Beim Sprühnebelverfahren geht es vor allem um die Pflanzenbefeuchtung, weniger um die Bodenbewässerung. Von der Sprühnebelanlage wird ein sehr feiner Wassernebel erzeugt, der sich langsam absenkt und die Blätter der Pflanzen befeuchtet, ohne das Substrat zu vernässen. Der Wassernebel wird mit Düsen mit kleiner Bohrung, einem Druck von mindestens 2–3 bar und durch eine Steuerung der Anlage, die nur sehr kurze, genau dosierte Sprühstöße zulässt, erreicht.

Tauwaage: Wozu dient sie

Bei der Tauwaage handelt es sich um ein Steuergerät für Sprühnebelanlagen. Die Tauwaage hat die Aufgabe, die Abtrocknungsgeschwindigkeit des Wassers auf den Blättern zu erfassen und einen neuen Sprühimpuls zu veranlassen. Bei der Helfert´schen Tauwaage werden die unterschiedlichen Gewichte einer benetzten oder einer trockenen Folien-Oberfläche ausgenutzt, um das Magnetventil ein- und auszuschalten. Die auf einer Waage befestigte Folienfläche (als Testfläche, Blattsimulator) wird dem Sprühnebel genauso ausgesetzt wie die Pflanzenblätter. Nach dem Besprühen erhöht sich das Gewicht der Testfläche, sie senkt sich, schaltet das Magnetventil aus und setzt dadurch die Sprühnebelanlage außer Betrieb. Wenn die Testfläche wieder abtrocknet – entsprechend den Blättern der Pflanzen – dann hebt sie sich, öffnet dadurch das Magnetventil und setzt die Sprühnebelanlage wieder in Betrieb.

Bewässerungsautomatisierung: Welche Möglichkeiten gibt es?

Eine Bewässerungsanlage bringt erst den gewünschten Erfolg, wenn sie automatisch arbeitet. Dabei gibt es verschiedene Automatisierungsstufen. Von mechanischen Anlagen wird gesprochen, wenn die Wasserzufuhr von Hand durch Öffnen oder Schließen von Hähnen oder Ventilen geregelt wird. Auch das Gießen mit Schlauch und Gießgerät gehört hierzu. Von halb automatischen Anlagen spricht man, wenn über Magnetventile oder Pumpen die Bewässerung zentral durch Knopfdruck ein- und ausgeschaltet wird. Eine vollautomatische Anlage dagegen schaltet sich von selbst ein, entweder aufgrund gewisser Vorgaben durch die der Wasserverbrauch einer Pflanze beeinflusst wird (Steuerung) oder aufgrund der Messung der Substrat- bzw. Bodenfeuchte (Regelung).

Welche Ersatzgrößen werden bei der Bewässerungssteuerung bzw. Bewässerungsregelung als Maß eingesetzt?

Steuerung heißt, die Wassergabe erfolgt in Abhängigkeit von einer Ersatzgröße, die ein Maß für den Wasserverbrauch darstellt. Das kann sein die Zeit, die Summe der Sonneneinstrahlung, die Transpiration einer Vergleichsfläche oder die Verdunstung auf der Oberfläche eines Sandtopfs.

Bei der Regelung wird die Substrat- bzw. Bodenfeuchte gemessen. Im Pflanzenbestand an einer geeigneten Stelle im Beet, oder wenn es sich um Topfpflanzen handelt, an einer repräsentativen sog. Leitpflanze. Dies kann geschehen durch Messung der Saugspannung, durch Wägung oder Leitfähigkeitsmessung.

Tensiometer: Was ist das?

Messgerät zur Messung der Boden- bzw. Substratfeuchte für die Automatisierung der Bewässerung. Ein Tensiometer besteht aus einem Anzeigemanometer, einem durchsichtigen Röhrchen und einer Keramik- oder Tonzelle. Die Keramikzelle und das Plexiglasröhrchen sind mit Wasser gefüllt. Die Keramikzelle wird dort, wo die Feuchtigkeit gemessen werden soll, in den Topf oder Boden gesteckt. Der Boden bzw. das Substrat kann nun, je nach Trockenheit, Wasser über die Keramikzelle aus dem Plexiglasröhrchen absaugen. Dadurch entsteht ein Unterdruck im Tensiometer, der von einem Unterdruckmanometer angezeigt wird. Das Ergebnis der Messung wird in der Regel in der Druckeinheit hPa (Hektopascal) angegeben. Es gibt Flächen-Tensiometer für die Mattenbewässerung und die Dünnschichtkultur, Steck-Tensiometer für die Topfpflanzenbewässerung und Stab-Tensiometer für die Tiefenmessung in Bodenkulturen.

Als Tensiostat bezeichnet man ein Tensiometer mit angeschlossenem Schalter zum elektrischen Steuern von Magnetventilen.

Regendichte: Was versteht man darunter?

Die Regendichte ist eine Rechengröße bei der künstlichen Bewässerung der Pflanzen durch Beregnung. Man bezeichnet damit die Regenhöhe in der Zeiteinheit (mm/h).

Regengabe: Was versteht man darunter?

Mit Regengabe wird eine örtlich oder zeitlich begrenzte Beregnungsmenge, gemessen in mm Regenhöhe, bezeichnet. Die Höhe der Regengabe, die den Pflanzen bei der Bewässerung gegeben werden, richtet sich nach den zu bewässernden Kulturen sowie dem Wassergehalt und dem Wasserspeichervermögen des Bodens. Für eine Befeuchtung der oberen Bodenschicht genügt eine Gabe von etwa 5 mm, für die Befeuchtung vor der Saat oder die Beregnung nach dem Pflanzen gibt man bis zu 15 mm, geschlossene Bestände erhalten 20–25 mm, bei hoher Wasserspeicherfähigkeit des Bodens bis zu 30 mm.

Regenhöhe: Was wird damit bezeichnet?

Aus beregnungstechnischer Sicht, die Höhe der Wassermenge in Millimeter (mm), die bei einer Regengabe auf eine bestimmte Fläche gegeben wird.

Pflanzenschutz

Pflanzenschutz: Was versteht man darunter?

Unter Pflanzenschutz versteht man alle Maßnahmen zum Schutze der Kulturpflanzen vor Krankheiten, Schädlingen und Beschädigungen sowie vor konkurrierenden Kräutern und Gräsern. Das Gesetz zum Schutz der Kulturpflanzen (Pflanzenschutzgesetz (PflSchG) in der Fassung vom 14. Mai 1998) definiert den Begriff „Pflanzenschutz" folgendermaßen (§ 2 Begriffsbestimmungen, 1.):

- der Schutz von Pflanzen vor Schadorganismen und nichtparasitären Beeinträchtigungen,
- der Schutz der Pflanzenerzeugnisse vor Schadorganismen (Vorratsschutz) einschließlich der Verwendung und des Schutzes von Tieren, Pflanzen und Mikroorganismen, durch die Schadorganismen bekämpft werden können.

Was sind die Ursachen von Krankheiten und Beschädigungen an Pflanzen?

Grundsätzlich ist zwischen unbelebten und belebten Ursachenkomplexen zu unterscheiden. Neben dem Begriff unbelebt werden synonym die Begriffe nichtparasitär und abiotisch, für den Begriff belebt auch die Begriffe parasitär und biotisch verwendet.

Unbelebte Ursachenkomplexe von Pflanzenschäden: Was gehört dazu?

Negative Einwirkungen zu hoher oder zu niedriger Temperaturen, zu hoher oder zu niedriger Luftfeuchte, zu viel oder zu wenig Licht, Wassermangel, Wasserüberschuss (stauende Nässe), Ernährungsstörungen durch Mangel oder Überschuss an Nährstoffen oder einer sauren oder alkalischen Bodenlösung (pH-Wert), die unsachgemäße Anwendung von Pflanzenschutzmitteln und nicht zuletzt Schädigungen durch Luftschadstoffe oder durch extreme Witterungsbedingungen.

Frosttrocknis: Was versteht man darunter?

Durch Bodenfrost verursachte Austrocknungsschäden. Die Winterkälte gefährdet die Pflanze nicht nur durch unmittelbare Beeinträchtigung von Lebensfunktionen und durch Eisbildung in den Geweben, sondern zusätzlich durch Ausfrieren des Wassers im Boden. Gefrorener Boden bedeutet für die Pflanzen Bodentrockenheit. Die Pflanzen sind nicht in der Lage, ihren Wasserbedarf aus anhaltend gefrorenem Boden zu decken, selbst wenn die Transpiration eingeschränkt ist. Besonders große Bedeutung kann Wassermangel durch Frosteinwirkung für immergrüne Laubgehölze und flach wurzelnde Nadelgehölze haben. Bei Wind wird die Gefahr der Frosttrocknis noch erhöht.

Lichtmangel: Welche Schäden können auftreten?

Lichtmangel führt zum Vergeilen, zu Aufhellungen (Chlorosen), Blattfall und zu einer allgemeinen Schwächung der Pflanzen. Schäden durch Lichtmangel treten insbesondere im Rahmen von Innenraumbegrünungsmaßnahmen auf.

Lichtüberschuss: Welche Schäden können auftreten?

Bei intensiver Sonneneinstrahlung zeigen Pflanzen eine mehr oder minder starke gelbliche Verfärbung, da das Blattgrün (Chlorophyll) ausbleicht, oder sie reagieren mit direkten Verbrennungen auf dem Laub. Die Blätter verbräunen sich von den Rändern her oder es bilden sich kreisförmige, braune Flecken auf der Blattspreite. Dabei entsteht ein Teil- oder Totalverlust als irreparabler Schaden. Es ist verkehrt zu meinen, nur Schattenpflanzen seien von solchen Schäden betroffen, auch Sonnenpflanzen können bei hohen Lichtintensitäten Schäden erleiden.

Wassermangel: Welche Schäden können entstehen?

Bei Wassermangel können die normalen Lebensfunktionen der Pflanze nicht aufrecht erhalten werden. Die Blätter welken, das Triebwachstum stagniert. Die betroffenen Pflanzen reagieren mit Spitzendürre, Laub- oder Nadelabwurf, Blüten öffnen sich nicht oder fallen vorzeitig ab. Anhaltender Wassermangel ist zumeist irreparabel, die Pflanze vertrocknet und stirbt ab. Dabei bleiben die Blätter in der Regel an der Pflanze haften (typisches Zeichen für Trockenschäden).

Wasserüberschuss (Nässe): Welche Schäden können auftreten?

Welkeerscheinungen, Blattabwurf und Blattverfärbungen sind bei anhaltendem Wasserüberschuss (stauender Nässe) und/oder verdichtetem Boden zu beobachten. Die Durchlüftung der Erde und damit die Atemtätigkeit der Wurzeln werden beeinträchtigt, die feinen Haarwurzeln sterben ab. In der Folge ist das Wachstum gehemmt, die Pflanzen welken und sterben im Extremfall ab.

Nährstoffmangel: Welche Schäden können auftreten?

Nährstoffmangel lässt die Pflanzen kümmern. Er äußert sich oft in recht typischen Erscheinungsbildern. Kleine gelbliche Blätter weisen auf Stickstoffmangel hin. Bei Aufhellungen der Blattränder oder Bildung gelber Flecken zwischen den Adern muss vor allem geprüft werden, ob nicht Kalimangel vorliegt. Man beachte dabei, dass Kalküberschuss die Kaliaufnahme hemmen kann, dass also trotz an sich genügender Kaliversorgung Mangelschäden auftreten können. Mangel an Phosphorsäure führt oft zu rötlichen oder violetten Verfärbungen der Blätter, doch können sehr ähnliche Erscheinungen auch durch zu tiefe Temperaturen herbeigeführt werden.

Nährstoffüberschuss: Welche Schäden können auftreten?

Nährstoffüberschuss oder ein zu hoher Salzgehalt im Boden oder Substrat kann sich ebenso schädlich auswirken wie Nährstoffmangel. Eine allgemeine Übersalzung führt zunächst zu Wurzelschädigungen, die an den oberirdischen Organen Welke- und Absterbeerscheinungen, Blattrandschäden usw. zur Folge haben. Ursachen sind übermäßig hohe Düngergaben oder ein zu hoher Salzgehalt des Gießwassers sowie hohe Salzkonzentrationen durch Auftausalze. Hohe Stickstoffgaben führen zu einem weichen und schwammigen Gewebe und die Pflanzen zeigen wenig Widerstandsfähigkeit gegenüber Krankheiten und Schädlingen.

Welche Schäden können bei ungünstiger Bodenreaktion (pH-Wert) auftreten?

Ungünstige Bodenreaktionen haben Einfluss auf die Nährstoffverfügbarkeit. Die hierdurch verursachten Schäden äußern sich vor allem in Störungen des Wurzel- und Triebwachstums und Vergilbung des Blattwerks.

Welche Schäden können durch Luftschadstoffe auftreten?

Von den Luftschadstoffen sind es im Wesentlichen das Schwefeloxid sowie die Stickoxide, die zusammen mit den Kohlenwasserstoffen als sogenannte Fotooxidantien in Gasform auf die oberirdischen Pflanzenteile einwirken. Gleichzeitig verbinden sie sich mit der in Luft, auf Pflanzen und Boden vorhandenen Feuchtigkeit zu Schwefel- und Salpetersäure, die sowohl die Nadeln und Blätter schädigen als auch mit den Niederschlägen in den Boden eingewaschen werden, dort pH-senkend wirken, was Störungen in der Nährstoffversorgung hervorruft und gleichzeitig wurzelschädigende Metallionen (Al, Schwermetalle) freisetzt. Die Schäden zeigen sich sowohl bei Nadel- als auch Laubbäumen zunächst in Vergilbungen und Nekrosen an Nadeln und Blättern. Bei Fichten kommt es danach zum Verlust der älteren Nadeljahrgänge und damit zu einer fortschreitenden Verlichtung der Kronen. Bei der Fichte ist zusätzlich das „Lametta-Syndrom“ zu beobachten, das Herabhängen verkahlter Seitentriebe an den Ästen.

Belebte Ursachen von Pflanzenschäden: Was gehört dazu?

Zum einen pflanzliche Organismen wie Bakterien und Pilze, zum anderen tierische Organismen wie Nematoden, Schnecken, Milben, Insekten, Nagetiere, Vögel sowie Mykoplasmen und Viren. Zu den pflanzlichen Organismen, die Pflanzen „schädigen“, werden meist noch die Unkräuter (Schadpflanzen) hinzugerechnet.

Symptome: Welche können auf einen Schädlings- bzw. Krankheitsbefall hinweisen?

Wird eine Pflanze von Krankheitserregern oder Schädlingen befallen, so zeigen sich die Abweichungen gegenüber der gesunden Pflanze als äußerlich sichtbare Krankheitserscheinungen und Beschädigungen, den Symptomen (Krankheitsbild, Schadbild). Die Symptome sind eine wichtige Diagnosehilfe bei der Suche nach den Ursachen der Krankheiten und Beschädigungen. Die wichtigsten Symptome sind:

Verfärbungen, Welken, Formveränderungen, Absterbeerscheinungen, Ausscheidungen und Beschädigungen.

Virosen: Welche Symptome deuten auf einen Befall durch Viren hin?

Viren sind für eine Vielzahl von Krankheiten verantwortlich. In erster Linie führen sie zu einer allgemeinen Wachstumsschwäche (Kümmerpflanze). Darüber hinaus treten die verschiedenartigsten Störungen der Chlorophyllausbildung (mosaikartige Scheckung, flächige Vergilbung usw.) sowie sonstige Missbildungen von Blättern, Trieben, Früchten und Wurzeln auf. Bei Knollen und Früchten kann es auch zu inneren Veränderungen, z. B. Rissbildungen in den Geweben bzw. Organen kommen. Das Krankheitsbild wechselt sehr stark von Art zu Art, von Sorte zu Sorte und ist vom Infektionszeitpunkt und zahlreichen äußeren Faktoren abhängig. Es gibt Viren, die nur auf eine Wirtspflanzenart spezialisiert sind und solche, die auf vielen Wirtspflanzen vorkommen. Verschiedene Viren verursachen Ertragsminderungen, ohne zu typischen Schadbildern zu führen (latente Viren). Sie spielen vor allem im Obstbau eine wichtige Rolle.

Symptome für einen Virusbefall sind u. a.:

- Veränderungen im Blattgrün (Chlorophyll). Hierzu gehören die Mosaikkrankheit (Blätter mosaikartig hell- und dunkelgrün gefleckt, teilweise Adernaufhellung, Rotfärbung, Gelbsucht), z. B. Grünscheckungsmosaik, Rüben- und Tabakmosaik. Häufig ist auch eine Vergrünung von Blüten zu beobachten. Es werden dabei Blüten mit laubblattartigen und verkleinerten Kronen-, Staub- und Fruchtblättern ausgebildet.
- Allgemeine Wachstumshemmungen. Stauchewuchs, Rosetten- und Zwergwuchs. Verkürzung der Stängelglieder, gestauchte schmalblättrige Sekundärtriebe.
- Formveränderungen. Rollen und Kräuseln der Blätter (Kräusel- und Blattrollkrankheit), Reduzierung der Blattfläche, Gewebewucherungen, Sprossdeformationen und Flachästigkeit.

Bakterienkrankheiten: Welches sind charakteristische Symptome?

Die durch Bakterien verursachten Krankheiten können in ihren Erscheinungsbildern recht verschieden sein, doch lassen sich einige charakteristische Symptome herausstellen:

- Fleckenkrankheiten: Bakteriell bedingte Blattflecken sind oft von einem hellen Hof umgeben, sind durchscheinend oder haben eine wässrig durchscheinende Randzone. Beispiele: Bakterienbrand bei Kirschen, Fettfleckenkrankheit bei Bohnen, Ölfleckenkrankheit bei Begonien.
- Brandkrankheiten: Sie äußern sich in absterbenden Blüten, Blättern, Rinden oder Zweigen. Die Krankheit kann sich sehr rasch in der Pflanze und über einen ganzen Pflanzenbestand ausbreiten, sodass der Eindruck entsteht, als hätte ein Brand den Schaden angerichtet. Beispiele: Feuerbrand bei Kernobst bzw. Rosaceen, Bakterienbrand bei Stein- und Kernobst.
- Weich- bzw. Nassfäulen: Sehr viele weiche und stinkige Fäulen, die häufig erst am Erntegut auftreten, werden durch Bakterien verursacht. Beispiele: Nassfäule der Kartoffel, Schleimfäule bei Karotten und Kohlarten, *Sclerotinia*-Zwiebelfäule an Tulpen.
- Gefäß- und Welkekrankheiten: Durch bakterielle Ausscheidungen wird die Funktion der Leitbündel beeinträchtigt. Zum Teil kommt es zu heftigen Zerstörungen in den Gefäßteilen, die auch auf die umliegenden Gewebe übergreifen können. Die Wasser- und Nährstoffversorgung der Pflanze ist nicht mehr gewährleistet, sie stirbt schließlich ab. Gefäßparasitäre Welkekrankheiten kennt man bei verschiedenen Pflanzen, wie Chrysanthemen, Nelken, Pelargonien, Tomaten.
- Tumorbildung (krebsartige Wucherungen): Ausscheidungen der Bakterien regen die Pflanzen zur Bildung von Wucherungen, sogenannten Tumoren, an. Beispiele: Wurzel- und Wurzelhalstumor (Wurzelkropf) bei Gemüsepflanzen, Beerensträuchern und Obstbäumen.

Mykoplasmen (Phytoplasmen): Was sind das?

Erst 1967 entdeckte Erreger von Pflanzenkrankheiten, die sowohl Eigenschaften von Viren als auch von Bakterien besitzen und die heute in der Systematik als zellwandlose Bakterien bezeichnet werden. Besondere Merkmale:

- Sie sind sehr klein (125–200 nm), können aber zu größeren Einheiten zusammenwachsen.
- Eine feste Zellwand ist nicht vorhanden.
- Das Zytoplasma wird lediglich von einer dreischichtigen Zellmembran umgeben.
- Eine Inaktivierung der Erreger erfolgt bereits bei 40 °C.

Typische Symptome infizierter Pflanzen sind Verzwergungen, Verkürzungen der Internodien, intensive Entwicklung von Achseltrieben und Reduzierung der Blattfläche. Neuere Untersuchungen zeigten, dass zahlreiche Krankheiten, die man bisher zu den Virosen rechnete, insbesondere die Asternvergilbungen, von Mykoplasmen hervorgerufen werden. Auch die in Europa verbreitete Apfeltriebsucht (Besenwuchs) ist auf Mykoplasmen zurückzuführen. Der Besenwuchs entsteht durch verstärktes Wachstum der Seitentriebe. Als weitere Symptome können kleine Früchte, chlorotische Blätter und eine frühe Herbstfärbung auftreten. Bei der ebenfalls durch Mykoplasmen ausgelösten Gummiholzkrankheit des Apfels kommt es zu einer unvollständigen Verholzung und dadurch bedingt zu einer starken Biegsamkeit der einjährigen Triebe (Gummiholz, Ausbildung von Trauerformen). Sie wird, wie auch der Besenwuchs, durch Veredlung übertragen. Bei Gemüse sind Mykoplasmen von Bedeutung als Erreger der Stolburkrankheit (Tomate, Paprika, Aubergine), der Asterngelbsucht (Möhren, Sellerie) und als Auslöser von Blütenvergrünungen (Kohl, Rettich und Salat). Bei Zierpflanzen ist die Erkrankung „Aster Yellow" bei *Callistephus chinensis* und Petunien sowie die Vergrünung von *Erysimum* × *allionii* auf Mykoplasmen zurückzuführen.

Tierische Schädlinge: Welche Schäden sind für tierische Schädlinge typisch?

Tiere, die Pflanzen verzehren oder verändern, an den Pflanzen oder Ernteprodukten quantitative und/oder qualitative Schäden verursachen, bezeichnet man als Schädlinge. Der durch Schädlinge verursachte Schaden zeigt sich auf vielfältige Weise, ist aber fast immer mit der Nahrungssuche oder -aufnahme verknüpft. Die Schädigung kann direkt sein, indem Pflanzenteile als Nahrung dienen, sie kann auch eine direkte Folge sein, wenn Pflanzen oder Pflanzenteile sekundär auf die Einwirkung des Schädlings reagieren. Hierzu einige Beispiele:

- Fraßschäden – sie werden von den sog. beißenden oder fressenden Schädlingen verursacht – sind direkte Schäden. Hierzu gehören an- oder abgefressene Wurzeln, Stängel, Blätter, Früchte, Körner, Knospen sowie Bohr- und Fraßgänge (Minen) in Wurzeln, Stängeln, Stämmen, Blättern und Früchten.
- Saugschäden – sie werden von den sog. saugenden Schädlingen verursacht – können sowohl direkte als auch indirekte Schäden sein. Hierzu gehören Wachstumshemmungen, verkrüppelte Stängel, Blätter oder Früchte, Verfärbungen des Gewebes, Gallenbildung und Stoffwechselstörungen.

Reine indirekte Schäden sind Virus-, Pilz- oder Bakterienkrankheiten, welche durch tierische Schädlinge übertragen werden. So treten z. B. Blattläuse als Überträger (Vektoren) auf.

Welchen zoologischen Tierstämmen gehören die verschiedenen Schädlinge an?

Tierstämme sind eine hierarchische Stufe der biologischen Systematik; entsprechend werden die genannten Schädlinge zugeordnet:

- Wirbeltiere: Sie besitzen ein festes inneres Skelett mit Wirbelsäule und ein geschlossenes Blutgefäßsystem. Als Pflanzenschädlinge treten vor allem Arten der Klassen Vögel und Säugetiere auf. Bei den Vögeln sind im Gartenbau insbesondere Krähen, Stare, Sperlinge und Tauben von Bedeutung. Bei den Säugetieren Wühl- und Feldmäuse, Hasen, Kaninchen und Rotwild, auf dem Lager Hausmaus und Ratten.
- Rundwürmer: Als Pflanzenschädlinge ist nur die Tierklasse der Nematoden (Fadenwürmer, Älchen) von Bedeutung.
- Weichtiere (Mollusken): Bei den pflanzenschädlichen Weichtieren handelt es sich ausnahmslos um Schnecken.
- Gliederfüßer: Sie unterteilen sich in Spinnentiere (z. B. Spinnmilben, Wurzelmilben, Gallmilben), Krustentiere (z. B. Asseln), Tausendfüßler und Insekten. Bei den Insekten sind die folgenden Ordnungen als Pflanzenschädlinge von Bedeutung: Urinsekten (z. B. Springschwänze), Geradflügler (z. B. Maulwurfsgrille, Schaben), Fransenflügler (z. B. Blasenfüße, Thripse), Schnabelkerfe (z. B. Blattläuse, Schildläuse, Blattwanzen, Zikaden, Weiße Fliege), Käfer (z. B. Dickmaulrüssler, Maikäfer), Hautflügler (z. B. Blattwespen, Ameisen), Schmetterlinge (hier treten als eigentliche Schädlinge die Larvenstadien und die Raupen auf) und Zweiflügler (Fliegen und Mücken).

Saugende Insekten: Was versteht man darunter?

Übergeordnete Bezeichnung für Insekten, die Pflanzen mit speziellen Stechorganen anstechen oder anbohren und Pflanzensäfte aussaugen. Teilweise werden mit dem Saugvorgang toxische Speichelsekrete in das Pflanzengewebe eingebracht. Während sich die Saugtätigkeit der Läuse auf die Gefäße beschränkt, verteilt sich die Saugtätigkeit anderer Insekten auf die gesamte Oberfläche der Pflanzen. Neben der Schadwirkung durch Saftentzug führt die Saugtätigkeit zu Missbildungen (Verkrüppelungen) oder Wachstumsstockungen. Zu den saugenden Insekten gehören u. a.: Blasenfüße (Thrips), Wanzen, Blattläuse, Zikaden, Mottenschildläuse (Weiße Fliege), Schildläuse, Blattflöhe. Milben und Spinnmilben, die auch saugende Schädlinge sind, gehören nicht zu den Insekten, sondern zu den Spinnentieren.

Beißende Insekten: Was versteht man darunter?

Übergeordnete Bezeichnung für Insekten mit beißenden (kauenden) Mundwerkzeugen. Man kann dabei zwischen Blatt, Stängel, Blüten, Frucht und Wurzel fressenden Insekten unterscheiden. Dabei gibt es solche, die die Pflanzenteile äußerlich an- oder auffressen, während andere im Innern der Pflanzen leben, sogenannte Blatt- oder Stängelminierer. Zu den beißenden Insekten gehören Käfer (das Vollinsekt), aber auch deren Larven (Engerlinge, Drahtwürmer), Raupen (die Jugendstadien der Schmetterlinge und Wespen) sowie Fliegen- und Mückenlarven (Maden).

Pilzkrankheiten: Welche Symptome sind typisch?

Pilze sind eine artenreiche Gruppe von Organismen (schätzungsweise gibt es 250 000 bis 300 000 Arten), von denen ein beträchtlicher Teil saprophytisch oder parasitisch auf Pflanzen oder deren Rückständen lebt. Die durch Pilze verursachten Schäden sind von Pflanze zu Pflanze unterschiedlich, sie werden maßgeblich durch den Witterungsablauf bestimmt. In feuchten Klimaten sind durch Pilze verursachte Pflanzenkrankheiten von größerer Bedeutung als Schädigungen durch Insekten und andere Tiere. Entsprechend der Vielfalt der Pilze sind die Symptome der Pilzkrankheiten auch sehr unterschiedlich. Es kann zu den unterschiedlichsten Krankheitserscheinungen an Wurzeln, Stängeln, Blättern und Früchten kommen. Grundsätzlich können alle Pflanzenteile von Pilzen befallen werden. Pilzbefall auf Pflanzen ist in wenigen Fällen direkt sichtbar, wie z. B. beim Echten Mehltau. Meistens zeigt sich der Befall an den Folgen, dem Schadbild. Folgende äußerlich sichtbare Symptome sind bei Pilzkrankheiten häufig anzutreffen:

- Welkeerscheinungen, insbesondere bei Befall der Wurzeln und des Wurzelhalses sowie des Gefäßsystems (z. B. *Fusarium*).
- Blattverfärbungen und Fleckenbildung (z. B. Blattfleckenkrankheit).
- Absterbeerscheinungen und Fäulen (z. B. Kraut- und Knollenfäule).
- Auf der Oberfläche der Pflanzen sichtbare Stadien der Pilze wie Myzel und Sporenträger (z. B. bei den Echten Mehltaupilzen, den Rostpilzen, dem Sporenlager der Monilia-Fäule am Apfel).

Schadpilze: Welches sind die wichtigsten Gruppen?

Wichtige Gruppen von Schadpilzen sind:

- Echte und Falsche Mehltaupilze,
- Rostpilze,
- Blattfleckenpilze,
- Welkeerreger,
- bodenbürtige Pilze, die Wurzel- und Wurzelhalserkrankungen hervorrufen.

Wirtswechsel: Was versteht man darunter?

Wechsel des Wirts bei Parasiten. Viele Pilze benötigen zu ihrer vollständigen Entwicklung zwei verschiedene Wirtspflanzen. Je nach den auf ihnen entstehenden Sporenformen werden die beiden Wirtspflanzen als Haupt- und Zwischenwirt bezeichnet. So entwickeln viele Pilze die ungeschlechtliche Nebenfruchtform auf dem Zwischenwirt, zur Bildung der Dauersporen (geschlechtli-

che Hauptfruchtform) wechseln die Pilze zum Hauptwirt. Der von Pilzen verursachte Schaden kann an Haupt- und Zwischenwirt entstehen.
Beispiele für wirtswechselnde Pilze:
- Birnengitterrost: Wacholder – Birne.
- Weymouthskiefernblasenrost: Weymouthskiefer – Johannisbeere.
- Weißdornrost: Wacholder – Weißdorn.
- Erbsenrost: *Pisum – Euphorbia cyparissias.*
- Alpenrosenrost: *Picea*-Arten – *Rhododendron*-Arten.

Eine Bekämpfung wirtswechselnder Pilze kann insbesondere dadurch erfolgen, dass man den Entwicklungskreislauf des Pilzes unterbricht. Dazu schaltet man den Wirt, der den geringeren Nutzen hat, durch Vernichtung der Pflanzen aus.

Honigtau: Was versteht man darunter?

Zuckerhaltiger Siebröhrensaft bestimmter Pflanzen. Er wird von verschiedenen Insekten (z. B. Blattsaugern und Blattläusen) angezapft, verbraucht, teilweise als Exkrement ausgeschieden und mit Honigtau bezeichnet. Er bleibt auf den Blättern haften und bildet eine zum Teil wichtige Ernährungsgrundlage für Bienen. Durch Ansiedlung von Rußtaupilzen auf dem Honigtau kann das Wachstum der Pflanzen erheblich beeinträchtigt werden.

Pflanzenschutzmaßnahmen: Zwischen welchen Maßnahmegruppen wird unterschieden?

Die in der Praxis angewandten Pflanzenschutzmaßnahmen lassen sich in fünf Maßnahmegruppen zusammenfassen:
- Vorbeugende Maßnahmen.
- Physikalische Maßnahmen.
- Biotechnische Maßnahmen.
- Biologische Maßnahmen.
- Chemische Maßnahmen.

Vorbeugende Maßnahmen werden auch als indirekte, physikalische, chemische, biotechnische und biologische Maßnahmen zusammenfassend auch als direkte Bekämpfungsmaßnahmen bezeichnet.

Vorbeugende Pflanzenschutzmaßnahmen: Was gehört dazu?

Optimale Wachstumsbedingungen für die Pflanzen zu schaffen, sind eine der wichtigsten Voraussetzungen für die Gesunderhaltung der Pflanzen, d. h. Pflanzenschutz beginnt nicht erst mit dem Auftreten der Schadorganismen. So sollte der Standort einer Pflanze so sein, dass er den Ansprüchen der Pflanzen an Bodengüte und Klima genügt. Verdichtete Böden können tief gelockert werden, schlechte Böden durch entsprechende Bodenverbesserungsmaßnahmen bzw. Bodenverbesserungsstoffe verbessert werden. Eine zu hohe Bodenfeuchtigkeit kann gegebenenfalls durch Entwässerung (Drainage) verringert werden.

Mit der Bereitstellung von Arten bzw. Sorten, die wichtige Resistenz- oder Toleranzeigenschaften besitzen, leistet die Pflanzenzüchtung einen wichtigen Beitrag zur Entwicklung eines umweltschonenden Pflanzenschutzes. So stehen bei verschiedenen Pflanzenarten Sorten zur Verfügung, die beispielsweise gegen Mehltau- und Rosterkrankungen eine nur noch geringe bis mittlere Anfälligkeit aufweisen.

Durch die Auslese von gesundem Pflanz- und Saatgut besteht die Möglichkeit, Krankheitserreger und Schädlinge, die sich mit dem Samen oder dem Pflanzgut verbreiten, auszuschalten. Die Verwendung gesunden Saat- und Pflanzgutes ist mit die wichtigste vorbeugende Pflanzenschutzmaßnahme. Ein regelmäßiger Bezug zertifizierten Saat- und Pflanzguts aus gesunden und leistungsfähigen Beständen ist dafür die Grundlage. Zugekauftes Pflanzenmaterial muss gründlich auf Krankheits- oder Schädlingsbefall kontrolliert werden, bevor es weiterverwendet wird.

Auch die Unkrautbekämpfung ist eine wichtige vorbeugende Maßnahme. Unkräuter konkurrieren mit den Kulturpflanzen um Wasser, Licht, Nährstoffe und Standraum und erhöhen damit deren Krankheitsdisposition. Viele Unkräuter sind darüber hinaus populationsvermehrende Wirts- und Fraßpflanzen von Schädlingen und einige fungieren als Zwischenwirte für Rostpilze.

Darüber hinaus gehören zum vorbeugenden Pflanzenschutz auch eine ausreichende harmonische Ernährung der Pflanzen sowie eine kontinuierliche und sorgfältige Kontrolle auf Schädlingsbefall und Mangelerscheinungen.

Pflanzliche Abfälle sind so zu behandeln und wiederzuverwerten bzw. erforderlichenfalls zu beseitigen, dass eine Übertragung von Schadorganismen verhindert wird.

Physikalische Pflanzenschutzmaßnahmen: Was versteht man darunter?

Die wichtigsten Verfahren des physikalischen Pflanzenschutzes sind die mechanische Vernichtung von Schädlingen, z. B. durch Absammeln, Abschneiden befallener Pflanzenteile, Fernhaltung von Schädlingen (z. B. durch Netze und Vliese), Fang- und Selektionsmaßnahmen (z. B. Wühlmausfallen, Leimringe) und auch thermische Verfahren (z. B. Bodendämpfung). Physikalische Maßnahmen sind zwar umweltfreundlich aber auch arbeitsaufwendig und daher mit hohen Arbeitskosten verbunden.

Bodendämpfung: Was versteht man darunter und wozu dient sie?

Methode der Bodenentseuchung, bei der durch Erhitzen der Erde Krankheitserreger und Schädlinge sowie Unkrautsamen abgetötet werden. Das Erwärmen der Erde bzw. des Bodens geschieht in der Regel durch Zufuhr von Wasserdampf. Darüber hinaus besteht die Möglichkeit durch elektrische Heizeinrichtungen (Elektrodämpfer) die Erde zu erhitzen. Hierbei wird unter Verwendung elektrischer Energie über Wärmeleitplatten der Boden bzw. das Bodenwasser mit „trockener Hitze" erwärmt. Dieses Verfahren findet insbesondere bei Dämpfung kleinerer Mengen Kulturerde Verwendung.

Biotechnische Pflanzenschutzmaßnahmen: Was versteht man darunter?

Als biotechnisch werden Maßnahmen bezeichnet, bei denen natürliche Reaktionen der Schädlinge auf physikalische oder chemische Reize ausgenützt werden mit dem Ziel, ihre Populationen bis zur Bedeutungslosigkeit zu reduzieren. Von Bedeutung sind der Einsatz farbiger Leimtafeln (z. B. in der Innenraumbegrünung), der Einsatz von Abwehrstoffen (Repellents), Lockstoffen (Attractants) und Häutungshormonen.

Pheromone: Was sind das?

Man bezeichnet damit „Signalstoffe" oder „Botenstoffe", die Insekten zur Kommunikation dienen und Artgenossen zu bestimmten Reaktionen veranlassen. Synthetisch hergestellt können sie zur Insektenbekämpfung eingesetzt werden. Dabei setzt man insbesondere Sexuallockstoffe zur Anlockung und zum Auffinden des Geschlechtspartners ein. Auf diese Weise werden die Tiere in spezielle Fallen gelockt und anschließend vernichtet. In anderen Fällen, so bei Schmetterlingen, werden durch die künstlichen Pheromone die Männchen so verwirrt, dass sie nicht mehr in der Lage sind, die synthetischen Lockstoffe von den natürlichen Lockstoffen der Weibchen zu unterscheiden. Dadurch verlieren sie die Ortungsfähigkeit, sodass es nicht mehr zu einer Paarung kommen kann.

Biologische Pflanzenschutzmaßnahmen: Was versteht man darunter?

Durch gezielte Maßnahmen die noch vorhandene natürliche Regulation zwischen Schadtieren und Nützlingen zu erhalten und zu fördern, andererseits durch gezielten Einsatz von Nutzorganismen (in der Regel aus Massenanzuchten) die Schädlingspopulation auf einen möglichst niedrigen Stand zu halten. Die biologische Bekämpfung stützt sich auf natürliche Feinde oder Widersacher der Schädlinge und Krankheitserreger. Dabei steht die Bekämpfung tierischer Organismen im Vordergrund. Die biologische Bekämpfung von Pilzen, Viren und Bakterien spielt heute noch eine untergeordnete Rolle. Von Bedeutung ist der Einsatz von Nützlingen in den Gewächshäusern und in der Innenraumbegrünung, die Einsatzmöglichkeiten im Freiland sind dagegen noch sehr begrenzt.

Nützlingsgruppen: Zwischen welchen wird unterschieden?

Bei den Nützlingen wird zwischen der Gruppe der Räuber und der Parasiten unterschieden. Zu den nützlichen Räubern zählen solche Insekten, die zu ihrer Entwicklung mehr als ein Beutetier benötigen, sie sind meist gut beweglich und größer als die Beutetiere. Dabei leben Vollinsekt und Larven in der Regel vom gleichen Beutetier. Die wichtigsten Räuber finden wir bei den Käfern, Gallmücken und Schwebfliegen, Wanzen und Milben. Parasiten machen ihre Entwicklung in oder an einem einzigen Wirtsindividuum durch, sie sind nur wenig beweglich und kleiner als der parasitierte Wirt, der meist nach Abschluss der Parasitenentwicklung abstirbt. Die nützlichen Parasiten gehören überwiegend zu den Schlupf-, Gall- und Erzwespen und Raupenfliegen.

Was sind die Vorteile biologischer Pflanzenschutzmaßnahmen?

Die Vorteile biologischer Bekämpfungsverfahren liegen auf der Hand: Schonung der Umwelt und Fortfall von Rückstandsproblemen in und auf dem Erntegut. Gleichzeitig entfallen zum Teil auch die nach Anwendung von Pflanzenbehandlungsmitteln notwendigen Wartezeiten, sodass die Erntetermine ohne große Einschränkung festgelegt werden können. Darüber hinaus der Fortfall von Giftresistenzerscheinungen und, falls es gelingt den Nützling dauernd anzusiedeln, den totalen Verzicht auf chemische Pflanzenschutzmittel.

Warum sind die Möglichkeiten biologischer Pflanzenschutzmaßnahmen begrenzt?

Weil für viele Schaderreger keine natürlichen Feinde vorhanden sind oder aber die nützlichen Formen nicht in ausreichender Zahl angesiedelt werden können. Insbesondere gilt für das Freiland, dass die Wirkungssicherheit nicht immer ausreichend ist. Dies hängt mit dem starken Einfluss der Umweltfaktoren auf die Nützlinge zusammen, die den Erfolg einer biologischen Bekämpfung stärker von äußeren Bedingungen abhängig machen, als das bei chemischen Maßnahmen der Fall ist.

Welche biologischen Pflanzenschutzmaßnahmen sind im Freiland interessant?

Im Freiland sind biologische Verfahren interessant, die der Erhaltung der im Pflanzenbestand schon vorhandenen Nutzorganismen dienen. Dazu gehören u. a. die Erhaltung von Naturschutzflächen, Hecken und Ackerrandstreifen, die die Lebensbedingungen vieler Nützlinge verbessern, das Anlegen von Überwinterungsverstecken, Nist- oder Brutkästen und Steinhaufen für räuberische Kleinsäuger oder Sitzstangen für Raubvögel.

Chemischer Pflanzenschutz: Was versteht man unter Pflanzenschutzmitteln?

Nach dem Gesetz zum Schutz der Kulturpflanzen (Pflanzenschutzgesetz) sind Pflanzenschutzmittel Stoffe, die dazu bestimmt sind:

- Pflanzen oder Pflanzenerzeugnisse vor Schadorganismen zu schützen,
- Pflanzen oder Pflanzenerzeugnisse vor Tieren, Pflanzen oder Mikroorganismen zu schützen, die nicht Schadorganismen sind,
- die Lebensvorgänge von Pflanzen zu beeinflussen, ohne ihrer Ernährung zu dienen (Wachstumsregler),
- das Keimen von Pflanzenerzeugnissen zu hemmen.

Als Pflanzenschutzmittel gelten auch Stoffe, die dazu bestimmt sind, Pflanzen abzutöten oder das Wachstum von Pflanzen zu hemmen oder zu verhindern, ohne dass diese Stoffe unter die genannten Gruppen fallen.

Welche Nachteile kann der Einsatz von Pflanzenschutzmitteln haben?

Pflanzenschutzmittel können in nicht unerheblichem Ausmaß Boden, Luft und Wasser belasten. Neben Schadorganismen werden zwangsläufig auch nichtschädliche Organismen, darunter auch viele Nützlinge vernichtet. Diejenigen Schädlinge aber, die eine Bekämpfungsmaßnahme überleben oder neu zuwandern, können sich nun in dem Maße, in dem ihre Gegenspieler (Nützlinge) fehlen, mehr oder weniger ungehemmt ausbreiten. Mitunter werden hierdurch weitere zusätzliche Bekämpfungsmaßnahmen notwendig. Darüber hinaus kann es zu Schäden an der Umwelt oder zu einer Gefährdung der Gesundheit von Anwender und Verbraucher aufgrund von möglichen Rückständen von Pflanzenschutzmitteln in und auf den Pflanzen kommen. Diese Rückstände haben insbesondere Bedeutung bei den dem Verzehr dienenden Erzeugnissen wie Obst und Gemüse. Aber auch Rückstände von Pflanzenschutzmitteln auf der Pflanzenoberfläche von Zierpflanzen können die Gesundheit des Menschen gefährden. Aufgrund dieser möglichen Gefahren übernimmt der Anwender von Pflanzenschutzmitteln eine hohe Verantwortung.

Pflanzenschutzmittel: Nach welchen Gesichtspunkten werden sie eingeteilt?

Pflanzenschutzmittel lassen sich nach verschiedenen Gesichtspunkten einteilen, so nach Einsatzgebieten bzw. Wirkungsbereichen, nach der Wirkungsweise, nach der Zubereitungsform (der Formulierung), nach der Anwendungsform und nach der Gefahrenkennzeichnung.

Einsatzgebiete (Wirkungsbereiche): Zwischen welchen wird bei Pflanzenschutzmitteln allgemein unterschieden?

Insektiziden (Mittel gegen Insekten), Akariziden (Mittel gegen Milben), Nematiziden (Mittel gegen Nematoden), Molluskiziden (Mittel gegen Schnecken), Rodentiziden (Mittel gegen Nagetiere), Fungiziden (Mittel gegen Pilze), Saatgutbehandlungsmittel und Herbiziden (Mittel gegen Unkräuter bzw. Schadpflanzen).

Akarizide: Was versteht man darunter?

Akarizide sind spezielle Mittel zur Bekämpfung von Milben. Spinnmilben, Gallmilben und Weichhautmilben gehören seit vielen Jahren zu den gefährlichsten Schädlingen im Gartenbau. Die Resistenzzunahme und die immer häufiger zu beobachtende starke Übervermehrung, vor allem der Spinnmilben, haben zur Entwicklung einer Reihe spezifisch wirkender Akarizide geführt. Nicht immer werden mit den Mitteln alle Milbenstadien erfasst, in der Regel nur die beweglichen Stadien.

Nematizide: Was versteht man darunter?

Mittel zur Bekämpfung von Nematoden (Fadenwürmer). Durch Monokultur und Vereinfachungen in der Fruchtfolge haben in den letzten Jahrzehnten zu einer Verseuchung unserer Böden mit Nematoden geführt. Ein Einsatz von Nematiziden zur Bekämpfung der Nematoden ist aber nicht ohne Probleme. Da Nematizide in der Regel in den Boden eingearbeitet werden, ist eine Gefahr einer Grundwasserverseuchung nicht auszuschließen. Das hat auch dazu geführt, dass die Anwendung von Nematiziden stark eingeschränkt worden ist.

Molluskizide: Was versteht man darunter?

Molluskizide sind Mittel zur Bekämpfung von Nacktschnecken. Nacktschnecken verursachen im Freiland vor allem in nassen Jahren große Schäden. Da für die Schnecken eine feuchte Umgebung lebensnotwendig ist, bekämpfte man sie früher mit Wasser entziehenden Mitteln, z. B. ätzenden Düngemitteln (z. B. Kalkstickstoff) oder Branntkalk. Die Erfolgssicherheit war aber stark abhängig von der Witterung und dem Alter der Tiere. Eingesetzt werden heute Nerven-, Kontakt- oder Fraßgifte. Am bekanntesten sind Mittel, die zu einer erhöhten Schleimbildung führen. Die damit einhergehende Austrocknung ist für die Schnecken tödlich. Die meisten Molluskizide sind nicht bienengefährlich, sie sind jedoch in der Regel für Fische giftig.

Rodentizide: Was versteht man darunter?

Chemische Mittel zur Bekämpfung von Nagetieren. Sie spielen im Vorratsschutz zur Ausschaltung von Ratte und Hausmaus und im Pflanzenschutz zur Bekämpfung der Feldmaus und Schermaus (Große Wühlmaus) eine wichtige Rolle. Als Wirkstoffe für Rodentizide werden überwiegend blutgerinnungshemmende Stoffe eingesetzt.

Fungizide: Was versteht man darunter?

Chemische Mittel um Pilze abzutöten. Sie lassen sich aufgrund ihres unterschiedlichen Verhaltens in die Gruppe der protektiven (schützenden) und systemischen Wirkstoffe einteilen. Die schützenden Fungizide werden möglichst gleichmäßig auf die oberirdischen Pflanzenteile ausgebracht und geben, da sie in der Regel nicht in die Pflanzen eindringen, einen äußerlichen Schutz vor dem Angriff der Pilze. Die systemischen Fungizide zeichnen sich dadurch aus, dass sie über die Blätter und Wurzeln aufgenommen, dort transportiert und verteilt werden.

Wachstumsregulatoren: Was versteht man darunter?

Wachstumsregulatoren sind organische Stoffe, die in biochemische Stoffwechselvorgänge der Pflanzen eingreifen und damit chemische und morphologische Veränderungen bewirken. Die Unterteilung der Wachstumsregulatoren wird nach verschiedenen Kriterien vorgenommen.

- So unterscheidet man nach ihrer Wirkung Wuchs- und Hemmstoffe. Damit soll ausgedrückt werden, dass die einen Wachstums- und Entwicklungsvorgänge fördern, die anderen verzögern. Da die Wirkung des gleichen Stoffs bei verschiedenen Prozessen oder Organen unterschiedlich sein kann, des Weiteren die Wirkungsrichtung in vielen Fällen von der Konzentration abhängt, wird als Bezugssystem für diese Definition die Zellstreckung oder -teilung im Sprossgewebe benutzt. Danach sind Wuchsstoffe solche Substanzen, die – zumindest in einem bestimmten Konzentrationsbereich – das Streckungswachstum oder die Zellteilung bzw. beides fördern. Als Hemmstoffe bezeichnet man alle Stoffe, die zu einer Verlangsamung derselben führen und damit das Längenwachstum vermindern.
- Eine zweite Einteilung unterscheidet zwischen Stoffen, die von der Pflanze selbst nicht synthetisiert werden, den pflanzenfremden Wachstumsregulatoren, und solchen, die in der Pflanze natürlicherweise vorkommen, den Phytohormonen. Ein solcher Wachstumsregulator ist das Auxin. Ein pflanzeneigenes Auxin ist die ß-Indolylessigsäure (IES), ein pflanzenfremdes, die ß-Indolylbuttersäure (IBS).
- Eine dritte Einteilung wird nach der chemischen Struktur vorgenommen. Diese geht von den Phytohormonen aus und unterscheidet: Auxine, Gibberelline, Cytokinine und Abscisine. Die ersten drei Gruppen stellen im Sinne der oben gegebenen Definition Wuchsstoffe dar, während die Abscisine pflanzeneigene Hemmstoffe sind.

Wachstumsregulatoren werden im Gartenbau u. a. eingesetzt zur Förderung oder Hemmung der Keimung, Förderung der Stecklingsbewurzelung, Steuerung des Blühbeginns oder des Blatt- und Fruchtfalls, Hemmung des Längenwachstums, Verhinderung vorzeitiger Alterung von Pflanzenteilen, Brechung der Apikaldominanz, Förderung der Seitentriebbildung, Beeinflussung der Transpiration und zur Unkrautbekämpfung.

Wirkungsweise von Pflanzenschutzmitteln: Wie können Pflanzenschutzmittel auf den Schaderreger wirken?

Die Wirkungsweise der Pflanzenschutzmittel auf die Schaderreger kann sehr unterschiedlich sein. Man unterscheidet zwischen Kontakt- oder Berührungsmitteln, Fraß- oder Magengiften und Atemgiften. Kontaktgifte wirken bei direkter Berührung zwischen chemischer Substanz und äußeren Teilen des Schädlings. Fraß- oder Magengifte müssen vom Schädling durch die Nahrungswege, also durch den Mund (oral), durch Fressen oder Saugen aufgenommen werden. Atemgifte dringen in Gasform durch die Atmungsorgane ein. Pflanzenschutzmittel, die auf der Oberfläche der Pflanzen haften und nur auf äußere Schädlinge oder Schadorganismen wirken, werden als nichtsystemisch bezeichnet. Pflanzenschutzmittel, die in die Pflanze eindringen, wo sie mit dem Saftstrom in Pflanzenteile gelangen können, welche nicht direkt von außen mit dem Mittel behandelt wurden, werden als systemisch wirkende Präparate bezeichnet.

Anwendungsformen von Pflanzenschutzmitteln : Zwischen welchen wird unterschieden?

Nach der Anwendung bzw. dem Verwendungszweck unterscheidet man zwischen Spritzmittel, Streumittel, Gießmittel, Stäubemittel, Begasungsmittel, Räuchermittel, Verdampfungsmittel und Ködermittel.

Pflanzenschutzmittelanwendungsverfahren: Zwischen welchen wird unterschieden?

Pflanzenschutzmittel können in Abhängigkeit von Anwendungsgebiet und -zweck in verschiedenen Formen bzw. Verfahren ausgebracht werden. Nach dem Verfahren der Ausbringung unterscheidet man:
Spritzen = Tropfen von 0,15 mm und mehr.
Sprühen = Tropfen von 0,05–0,15 mm.
Nebeln = Tropfen oder feste Teilchen bis 0,05 mm.
Stäuben = feste Teilchen bis etwa 0,05 mm.
Streuen = Granulate.
Begasen (Verdampfen, Verbrennen) = Partikel in molekularer Größe.
Schätzungsweise 95 % der Pflanzenschutzmittel, die im Pflanzenbau (Gartenbau, Landwirtschaft, Forstwirtschaft) eingesetzt werden, werden im Spritzverfahren mithilfe des Trägerstoffs Wasser ausgebracht.

Pflanzenschutzmittelaufwand: Wovon ist er abhängig?

Die Aufwandmengen für Pflanzenschutzmittel und der Wasseraufwand (Spritzflüssigkeitsaufwand) bei den flüssig auszubringenden Mitteln ist von dem verwendeten Pflanzenschutzgerät, der Kultur, die behandelt werden soll, von der Bestandeshöhe und anderen Faktoren abhängig.

Auf welcher Basis der Mittelaufwand erfolgt, wird den Herstellern der Pflanzenschutzmittel im Anerkennungsverfahren vorgegeben. Für Insektizide und Fungizide sind Anwendungskonzentrationen üblich. Die bei den Mitteln angegebenen Anwendungskonzentrationen bedeuten bei Spritzpulver kg/100 l Wasser (= Gewichts-%), bei flüssigen Präparaten l/100 l Wasser (= Volumen-%). Während zum Beispiel bei den im Gemüsebau benutzten Mitteln auch der Aufwand an Spritzflüssigkeit vorgegeben wird, lässt sich für den Zierpflanzenbau kein allgemeingültiger Aufwand der Spritzflüssigkeit festsetzen. Üblicherweise wird tropfnass gespritzt. Es wird daher die Anwendungskonzentration eines Mittels oder, entsprechend einer neueren Forderung, die maximale Mittelmenge je Flächeneinheit genannt. Diese Angaben beziehen sich auf das Spritzverfahren, sofern kein Hinweis auf eine andersartige Ausbringung gegeben ist. Die Pflanzen sind unter Beachtung der Vorgaben bis zur sichtbaren Benetzung zu spritzen. Bei Angabe der Mittelmenge je Flächeneinheit ist der Bezug zur Pflanzenhöhe (0–50 cm, 50–125 cm, über 125 cm) zu beachten.

Der Aufwand für Stäubemittel ist in kg/ha angegeben.

Bei allen Herbiziden – ausgenommen solchen zur Einzelpflanzen- oder Horstbehandlung – sind die Aufwandmengen entweder in kg/ha bzw. l/ha oder g/m^2 bzw. ml/m^2 aufgeführt. Soweit nicht anders angegeben, erfolgt die Ausbringung im Spritzverfahren. Die Herbizide werden während der Vegetationsdauer einer Kultur in der Regel einmal angewendet. Die Anwendung verschiedener Herbizide gleichzeitig oder hintereinander sowie die mehrmalige Anwendung desselben Herbizids in einer Kulturfolge – insbesondere innerhalb eines Jahres – kann aus mehreren Gründen problematisch werden. Sie soll daher nur nach Beratung durch den Pflanzenschutzdienst der Länder erfolgen.

Bei den Wachstumsreglern ist der Aufwand in kg/ha bzw. l/ha, g/m^2 bzw. ml/m^2 oder in % aufgeführt. Die Aufwandmenge ist abhängig vom Anwendungsverfahren (z. B. Spritzen, Gießen) und muss deshalb nach den Angaben des Zulassungsinhabers ermittelt werden.

Pflanzenschutzmittelzulassung: Woran erkennt man, dass ein Pflanzenschutzmittel zugelassen ist?

Pflanzenschutzmittel dürfen erst in die Praxis eingeführt werden, wenn sie ein langwieriges Zulassungsverfahren durchlaufen haben. Federführend in dem Verfahren der Pflanzenschutzmittelzulassung ist das Bundesamt für Verbraucherschutz und Lebensmittelsicherheit (BVL). Da die Wirkstoffzulassung im

EU-Gemeinschaftsverfahren durchgeführt wird, dürfen grundsätzlich nur Pflanzenschutzmittel zugelassen werden, deren Wirkstoffe in der Anlage der EU-Richtlinie 91/414/EWG aufgeführt sind. Zugelassene Pflanzenschutzmittel erhalten eine Zulassungsnummer, die zusammen mit dem Zulassungszeichen, einem Dreieck mit dem Schriftzug „Bundesamt für Verbraucherschutz und Lebensmittelsicherheit“ und der Zulassungsnummer darunter auf der Verpackung stehen muss. Die Ährenschlange im Dreieck ist nicht mehr aktuell.

Anwendungsgebiet (Indikation): Was versteht man darunter?

Im Rahmen der Zulassung eines Pflanzenschutzmittels werden die Anwendungsgebiete für das jeweilige Pflanzenschutzmittel genannt, einhergehend damit gegebenenfalls Anwendungsbeschränkungen (z. B. in der Nähe von Gewässern, bei Bienenflug usw.) oder gar Anwendungsverbote erlassen. Das Anwendungsgebiet ist der Bereich, für den das Pflanzenschutzmittel seine Wirkung entfalten soll bzw. (bestimmungsgemäß) angewandt werden darf, d. h. zugelassen ist (z. B. gegen Falschen Mehltau an Rosen). So darf ein nur gegen Falschen Mehltau an Rosen zugelassenes Pflanzenschutzmittel nicht in anderen Kulturen eingesetzt werden. Die tierischen Schädlinge können nach entsprechenden Prüfungen bei der Zulassung der Pflanzenschutzmittel zu Gruppen, wie z. B. „beißende Insekten“ oder „saugende Insekten“, zusammengefasst werden. Soweit diese Zusammenfassung nicht möglich ist, werden die speziellen Schädlinge (sogenannte Einzelschädlinge) aus den Gruppen auf dem Pflanzenschutzmittel genannt. Das Anwendungsgebiet wird auch als Indikation bezeichnet.

Höchstmenge: Was versteht man darunter?

Im Pflanzenschutz gesetzlich geduldete Menge (in mg/kg = ppm) von eventuell gesundheitsschädlichen Stoffen, die in oder auf pflanzlichen Nahrungsmitteln zum Zeitpunkt des Inverkehrbringens höchstens vorkommen dürfen. Die festgelegten Höchstmengen sind in der Regel keine Grenzwerte, deren geringfügige Überschreitung bereits zu gesundheitlichen Schäden führt. Sie liegen in der Regel weit unterhalb der toxikologisch duldbaren Konzentrationen, da in die Höchstmengenverordnung nur die Rückstandswerte übernommen werden, die bei vorschriftsmäßiger Anwendung und guter fachlicher Praxis nicht zu vermeiden sind.

Die Pflanzenarten, für die Höchstmengen festgelegt werden, sind zu Kulturgruppen zusammengefasst. Geregelt in der „Verordnung über Höchstmengen an Rückständen von Pflanzenschutz- und Schädlingsbekämpfungsmitteln, Düngemitteln und sonstigen Mitteln in oder auf Lebensmitteln und Tabakerzeugnissen“.

Karenzzeit (Wartezeit): Was versteht man darunter?

Der für ein Pflanzenschutzmittel vorgeschriebene Zeitraum zwischen der (letzten) Anwendung eines Pflanzenschutzmittels und der Ernte oder der frühestmöglichen Nutzung des der Ernährung dienenden Ernteguts. Karenzzeiten werden zum Schutz der Gesundheit von Mensch und Tier festgelegt. Die Länge einer Wartezeit gestattet aber keinen unmittelbaren Rückschluss auf die Bedenklichkeit des angeführten Stoffs. Die Wartezeiten gelten nur für die bei der Zulassung vorgesehenen Pflanzenarten und Anwendungsgebiete.

Bienengefährliche Pflanzenschutzmittel: Was versteht man darunter?

Im Rahmen der Zulassung von Pflanzenschutzmittel muss auch deren Bienengefährlichkeit überprüft werden, denn nach der Bienenschutzverordnung müssen alle Pflanzenschutzmittelpackungen mit Hinweisen zur Bienengefährlichkeit versehen sein. Dabei wird zwischen vier Kategorien unterschieden:
B 1 = Bienengefährlich. Diese Mittel dürfen nicht auf blühende Pflanzen ausgebracht werden. Zu den „blühenden Pflanzen“ gehören auch blühende Unkräuter.
B 2 = Bienengefährlich, ausgenommen bei Anwendung nach dem täglichen Bienenflug bis 23.00 Uhr.
B 3 = Bienen werden aufgrund der durch die Zulassung festgelegten Anwendungen des Mittels nicht gefährdet.
B 4 = Nicht bienengefährlich aufgrund einer amtlichen Prüfung bzw. aufgrund der derzeitigen Beurteilung der chemischen Zusammensetzung hinsichtlich der Wirkung auf Bienen.

Zu beachten ist, das Pflanzenschutzmittel der Stufe B 3 und B 4 bei der Ausbringung in einer höheren als der höchsten in der Gebrauchsanleitung vorgesehenen Konzentration ebenfalls bienengefährlich sein können.

Pflanzenschutzmittelkennzeichnung: Zwischen welchen Gruppen wird unterschieden?

Für die Kennzeichnung und damit Einstufung ist die Gefahrstoffverordnung maßgebend. Mit dieser Verordnung wurden verschiedene Richtlinien der Europäischen Gemeinschaft über die Einstufung und Kennzeichnung gefährlicher Stoffe und Zubereitungen in deutsches Recht umgesetzt. Festgelegte Einstufungskriterien gewährleisten ein möglichst hohes Maß an Übereinstimmung bei der Abschätzung der Gefährlichkeit. Ausmaß und Art der Gefährlichkeit werden in standardisierter Form auf einem Kennzeichnungsfeld auf den Behältnissen und abgabefertigen Packungen angegeben. Neben weiteren Angaben sind dies:

- Gefahrensymbol und Gefahrenbezeichnung,
- Hinweise auf besondere Gefahren (R-Sätze, R = Risiko),
- Sicherheitsratschläge (S-Sätze, S = Sicherheit).

Folgende Gefahrenbezeichnungen und Gefahrensymbole sind im Zusammenhang mit Pflanzenschutzmitteln relevant:

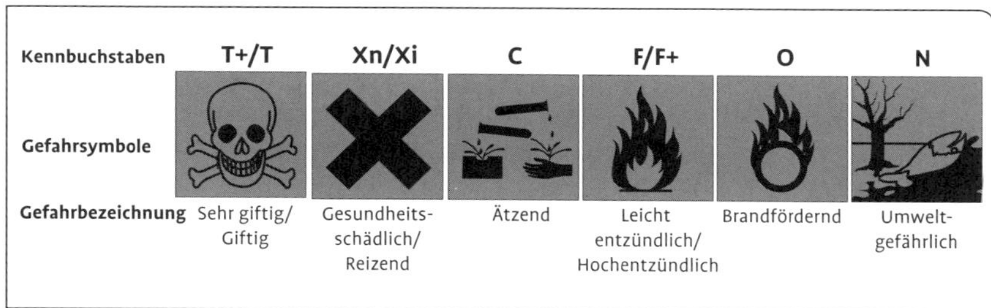

Abb. 13 Gefahrensymbole für die Kennzeichnung von Pflanzenschutzmitteln.

Eine nähere Erklärung der jeweiligen Gefährdung erfolgt mit der Angabe der R-Sätze, z. B. durch Bezeichnung der Aufnahmewege oder der Wirkungen.

Wie der Anwender seine Gesundheit beim Umgang mit einem Mittel wirkungsvoll schützen kann, erfährt er durch die entsprechenden Hinweise aus der Gebrauchsanleitung – zugeschnitten auf den jeweiligen Anwendungsfall.

Zu berücksichtigen ist, dass auch jedes Mittel, das nicht als gefährlich für die Gesundheit eingestuft und gekennzeichnet ist, bei missbräuchlicher Verwendung zu Gesundheitsschäden führen kann. Auf jeden Fall sind auch hier die Grundregeln der Arbeitshygiene zu beachten, und jeder unnötige Kontakt mit dem Mittel ist zu vermeiden.

Integrierter Pflanzenschutz: Was versteht man darunter?

Beim Integrierten Pflanzenschutz (man spricht auch vom ganzheitlichen Pflanzenschutz) steht die bewusste Ausnutzung aller natürlichen Regulationsmechanismen im Vordergrund. Ziel ist es, vorbeugende, physikalische, biotechnische, biologische und chemische Maßnahmen in der bestmöglichen Weise miteinander zu verbinden. Das Gesetz zum Schutz der Kulturpflanzen (PflSchG) definiert den Begriff „Integrierter Pflanzenschutz" folgendermaßen (§ 2 Begriffsbestimmungen, 2.):

„Integrierter Pflanzenschutz: eine Kombination von Verfahren, bei denen unter vorrangiger Berücksichtigung biologischer, biotechnischer, pflanzenzüchterischer sowie anbau- und kulturtechnischer Maßnahmen die Anwendung chemischer Pflanzenschutzmittel auf das notwendige Maß beschränkt wird."

Was bedeutet integrierter Pflanzenschutz in der Praxis?

Resistenz und Toleranz bei der Sortenwahl nutzen, die Pflanzengesundheit durch pflanzenbauliche Maßnahmen zu fördern und Wachstum der Kulturpflanzen und Ausbreitung der Schadorganismen sorgfältig zu beobachten. Pflanzungen so zusammenzustellen, dass möglichst wenige Schadorganismen auftreten. Sofern praktikabel und wirtschaftlich, zunächst kulturtechnische und andere nicht chemische Maßnahmen zur Schadensminderung nutzen. Pflanzenschutzmittel nur anwenden, wenn andere Maßnahmen nicht zum Erfolg führen und dabei möglichst selektive, nützlingsschonende Mittel einsetzen. Die vielfältigen Angebote der amtlichen und sonstigen Beratung in Anspruch nehmen und sich ständig weiterbilden.

Wirtschaftliche Schadensschwelle: Was versteht man darunter?

Zum integrierten Pflanzenschutz gehört, dass Schadorganismen grundsätzlich nur dann abgewehrt oder bekämpft werden, wenn ein wirtschaftlicher Schaden droht. Das heißt, ein Befall, der keinen wirtschaftlichen Schaden verursacht, ist zu tolerieren. Es gibt aber auch Ausnahmen. So ist bei der Saat- und Pflanzgutproduktion, bei der Pflanzenquarantäne, bei besonderen Qualitätsanforderungen und zur Vermeidung von Virusübertragungen ein sofortiger Einsatz schon beim Auftreten einzelner Schadorganismen angezeigt. Mit besonderen Qualitätsanforderungen ist gemeint, dass beispielsweise die meisten Topfpflanzen und Schnittblumen schon mit einem Besatz weniger Schädlinge unverkäuflich werden. Hier gibt es praktisch keine Schadensschwelle, die einen auch nur geringen Besatz an Schädlingen zulässt, d. h. der duldbare Restbefall liegt bei diesen Pflanzen praktisch bei null Prozent. Dies gilt übrigens auch für eine Vielzahl von Gemüsearten, nämlich dann, wenn der Schaden am eigentlichen Erntegut eintritt.

Pflanzenschutzgeräte: Welche Anforderungen werden an sie gestellt?

Das Inverkehrbringen und die Einfuhr von Pflanzenschutzgeräten sind im § 24 des Pflanzenschutzgesetzes geregelt:

„Pflanzenschutzgeräte dürfen nur in den Verkehr gebracht oder eingeführt werden, wenn sie so beschaffen sind, daß ihre bestimmungsgemäße und sachgerechte Verwendung beim Ausbringen von Pflanzenschutzmitteln keine schädlichen Auswirkungen auf die Gesundheit von Mensch und Tier und auf Grundwasser sowie keine sonstigen schädlichen Auswirkungen, insbesondere auf den Naturhaushalt, hat, die nach dem Stande der Technik vermeidbar sind.“

Rückenspritzgeräte mit Kolbenpumpe: Wie funktionieren sie?

Rückenspritzgeräte mit Kolbenpumpe werden mit 10–18 l Behälterinhalt hergestellt. Der Behälter kann aus rostfreiem Stahl, kunststoffbeschichtetem Stahl oder aus Kunststoff bestehen. Der erforderliche Spritzdruck wird mit einer einfach wirkenden Kolbenpumpe erzeugt, die von Hand durch einen Hebel betätigt wird. Die Kolbenpumpen haben einen „Windkessel". Dieser mindert die Druckunterschiede zwischen Saug- und Drucktakt. Der Spritzdruck kann mithilfe eines Druckminderventils zwischen 1,5 und 6 bar stufenlos eingestellt werden und auf dem Manometer am Handgriff jederzeit kontrolliert werden. Der Pumpenhebel zur Betätigung der Kolbenpumpe kann bei den meisten Geräten wahlweise rechts oder links montiert werden. Die Betätigung des Pumphebels erfordert wegen des hohen Überdrucks eine vergleichsweise hohe Kraftanstrengung.

Rückenspritzgeräte mit Membranpumpe: Wie funktionieren sie?

Rückenspritzgeräte mit Membranpumpe sind bei gleichem Behälterinhalt der Kolbenrückenspritze vergleichbar. Den erforderlichen Spritzdruck erzeugt eine Membrane, die durch einen Pumphebel von Hand betätigt wird. Die Membranpumpe arbeitet einfach wirkend, d. h., auf jeden Druckhub folgt ein Saughub, sodass die Flüssigkeit stoßweise gefördert und der Druck pulsierend aufgebaut wird. Druckschwankungen der einzelnen Pumphübe werden durch einen Windkessel ausgeglichen. Der Nachteil von Membranpumpen ist, dass die Membrane sehr empfindlich ist und öfter gewechselt werden muss und die Arbeitsdrücke 4 bar nicht übersteigen.

Rückenspritzgeräte mit Druckspeicher: Wie funktionieren sie?

Druckspeicherspritzgeräte sind im Gartenbau weit verbreitet. Sie unterscheiden sich in ihrer Funktion von Rückenspritzgeräten mit Membran- oder Kolbenpumpe dadurch, dass der zum Spritzen erforderliche Überdruck durch eine Luftpumpe anstelle einer Flüssigkeitspumpe aufgebaut wird. Der Behälter der Druckspeicher- oder Hochdruck-Spritze mit einem Inhalt von 5–10 l besteht aus Stahl oder Kunststoff (früher wurde auch Messing verwendet). Dieser Behälter kann bis zu zwei Drittel des Volumens mit Spritzflüssigkeit gefüllt werden. Der restliche Behälterinhalt wird als Druckspeicher benötigt. Der Druck wird durch das Hineinpumpen von Luft mit einer Luftpumpe erzeugt. Mithilfe der Pumpe wird der Druck bei Geräten mit Metallbehälter auf bis zu 6 bar, bei Kunststoffbehältern auf etwa 3–4 bar gebracht und ist an einem Manometer ablesbar. Dieses komprimierte Luftpolster treibt dann die Spritzflüssigkeit aus dem Behälter. Da beim Spritzvorgang der Flüssigkeitsstand im Behälter sinkt, dehnt sich das vorher aufgepumpte Luftpolster ständig weiter aus, dadurch nimmt gleichzeitig der Überdruck ab. Dies bewirkt andererseits, dass auch der Düsenausstoß immer geringer wird und die Tropfengröße zunimmt. Deshalb muss das Luftpolster wiederholt auf den gewünschten Überdruck nachgepumpt werden. Dies ist im Vergleich zu den Rückenspritzgeräten mit Kolben- oder Membranpumpe ein Nachteil. Ein Vorteil ist allerdings, dass man sich bei diesen Geräten voll auf die Spritzarbeit konzentrieren kann, was bei Geräten mit drucklosem Vorratsbehälter, wo die Pumpe dauernd betätigt werden muss, in dem Maße nicht möglich ist. Das selbsttätig schließende Schnellschlussventil im Handgriff verhindert das unbeabsichtigte Austreten der Spritzbrühe. Nach den Unfallverhütungsvorschriften müssen bei Druckspeichergeräten ein Sicherheitsventil und ein Manometer mit auffallender Kennzeichnung des Höchstdruckes eingebaut sein. Das Sicherheitsventil öffnet selbsttätig, sobald der höchstzulässige Druck überschritten wird. Eine Funktionsprüfung durch Herausziehen ist bei jeder Inbetriebnahme angezeigt, da sich das Ventil durch Rückstände zusetzen kann. Im Gewinde für die Pumpe sowie bei allen anderen Behälteröffnungen muss eine Druckentlastungseinrichtung vorhanden sein, die den Druck bereits vor dem vollständigen Öffnen entweichen lässt. Bei einigen Gerätetypen funktioniert das Sicherheitsventil gleichzeitig als Kolbenmanometer, an dem der jeweilige Überdruck abgelesen werden kann. Die Luftpumpe wird in die Einfüllöffnung des Behälters eingeschraubt, sie ist trichterförmig ausgelegt, um das Befüllen zu erleichtern.

Feldspritzgeräte (Anbauspritzen): Was versteht man darunter?

Feldspritzgeräte sind Pflanzenschutzgeräte für den großflächigen Einsatz. Zielflächen sind sowohl der Erdboden (hier insbesondere zur Unkrautbekämpfung) als auch Pflanzenbestände unterschiedlicher Höhe. Bei den Bauformen unterscheidet man Anbaugeräte (Anbauspritzen), Aufbaugeräte, Anhängegeräte und Selbstfahrer.

Sprühgeräte: Was versteht man darunter?

Unter Sprühgeräten fasst man Pflanzenschutzgeräte zusammen, bei denen die einer Sprühdüse zugeteilte Flüssigkeit durch einen Luftstrom, der von einem Gebläse erzeugt wird, in feine Tröpfchen im Bereich von 0,05–0,15 mm (50–150 µm) zerteilt und auf die Pflanzen geblasen wird. Sprühgeräte arbeiten mit wesentlich weniger Brüheaufwand als Spritzgeräte und entsprechend höherer Wirkstoffkonzentration.

Eingesetzt werden im Gartenbau neben motorbetriebenen, auf dem Rücken tragbaren Geräten (sogenannte Motor-Sprühgeräte), schleppergetriebene Großsprühgeräte.

Nebelgeräte: Was versteht man darunter?

Pflanzenschutzgeräte zur Ausbringung von Pflanzenschutzmitteln, die eine hochkonzentrierte Spritzbrühe in Form feinster Tröpfchen (< 50 µm), sozusagen Nebel, auf die Pflanzen verteilen. Das Nebeln kommt praktisch nur für Gewächshäuser infrage, denn im Freiland ist die Abdriftgefahr sehr hoch. Durch das Nebeln lassen sich in verhältnismäßig kurzer Zeit große Flächen behandeln. Allerdings sind nicht alle Pflanzenschutzmittel für diese Technik geeignet. Bei den auf dem Markt befindlichen Geräten ist zwischen Heißnebel- und Kaltnebelgeräten zu unterscheiden. Heißnebelgeräte sind preisgünstig, besitzen aber einen hohen Lärmpegel, sie sind stromunabhängig und in der Regel tragbar. Der Heißnebel wird entweder durch elektrisch beheizte Verdampfer erzeugt oder die Geräte arbeiten mit einer schwingenden Gassäule in einem Reaktionsrohr. Nach der Zündung steuert ein Flattervergaser die Explosionswellen eines Benzin-Luft-Gemisches. Kaltnebelgeräte sind vergleichsweise teuer aber leise, sie sind stromabhängig und werden meist stationär eingesetzt. Die Mehrheit der auf dem Markt befindlichen Kaltnebelgeräte arbeitet pneumatisch. Ein Elektromotor treibt einen Kompressor an, wobei das Präparat im Sprühkopf mittels Unterdruck angesaugt und durch die über einen Luftschlauch herangeführte Luft zerstäubt wird. Neben tragbaren Geräten gibt es solche, die im Gewächshaus aufgestellt werden und automatisch, d. h. ohne Bedienungspersonal, arbeiten.

Heißnebelgeräte dürfen im Gemüsebau nicht eingesetzt werden, da sie mit öligen Trägerstoffen arbeiten. Deshalb spielen im Gemüsebau nur Kaltnebelgeräte eine Rolle, die auf der Basis wässriger Nebelstoffe arbeiten.

Pflanzenschutzmittelanwendung: Was ist grundsätzlich zu beachten?

Jeder Anwender von Pflanzenschutzmitteln trägt eine hohe Verantwortung. Er darf mit seinen Maßnahmen die Gesundheit von Mensch und Tier nicht gefährden und auch die Umwelt nicht mehr als unvermeidbar beeinträchtigen. Im Einzelnen heißt das, Pflanzenschutzmittel, nur wenn unbedingt notwendig, anwenden. Die Pflanzenschutzmittel vorschriftsmäßig lagern; nur in unbewohnten Räumen unter Verschluss halten, nicht mit Lebens- und Futtermitteln zusammen aufbewahren. Pflanzenschutzmittel nicht aus der Originalpackung in andere Behälter umfüllen und leere Behälter nicht anderweitig verwenden. Vor Anwendung der Präparate stets die Anwendungsvorschriften lesen, diese dann genau befolgen. Angegebene Konzentrationen oder Aufwandmengen nicht überschreiten. Spritzbrühen nach Möglichkeit im Freien ansetzen, sonst für gute Lüftung sorgen. Diese Arbeit keinesfalls in bewohnten Räumen, Küchen, Ställen oder Lagerräumen für Lebens- und Futtermittel durchführen. Zum Abmessen der Pflanzenschutzmittel sind Messgeräte zu verwenden, die nur für diesen Zweck bestimmt sind. Verwendete Gegenstände sind sofort nach Gebrauch gründlich zu reinigen. Nur geeignete, geprüfte und einwandfrei arbeitende Pflanzenschutzgeräte verwenden. Geräte periodisch überprüfen lassen. Verstopfte Spritzdüsen niemals mit dem Mund ausblasen. Die vorgeschriebenen Wartezeiten unbedingt einhalten und die Bestimmungen der Bienenschutzverordnung sowie die einschlägigen Wasserschutzbestimmungen beachten. Nicht bei stärkerem Wind spritzen, Abdrift vermeiden. Schon bei

Windgeschwindigkeiten von fünf Metern pro Sekunde (Blätter an Bäumen bewegen sich!) kommt es zu starker Abdrift. Bei Abdrift auf Nachbargrundstücke sind umgehend die Nutzungsberechtigten zu verständigen. Ausreichende Abstände zu Gewässern einhalten. Angesetzte Spritzflüssigkeit, unverbrauchte Handelspräparate, benutzte Gerätschaften und Geräte nicht unbeaufsichtigt stehen lassen. Reste von Pflanzenschutzmitteln weder vergraben, noch auf den Kompost ausbringen noch wegschütten, da sie zu einer Gefährdung des Grund- und Trinkwassers führen können. Reste der Spritzflüssigkeit und Spülwasser niemals in Gewässer oder die Kanalisation einleiten. Restmengen und Verpackungsmaterial ordnungsgemäß entsorgen. Nicht brauchbare, teilweise gefüllte oder auch leere Behälter bzw. Verpackungen vorschriftsmäßig beseitigen. Umweltvorschriften bei der Reinigung von Pflanzenschutzmittelbehältnissen und Spritzgeräten befolgen.

Anwendersachkunde: Was beinhaltet sie?

Wer Pflanzenschutzmittel in einem Betrieb der Landwirtschaft, des Gartenbaus oder der Forstwirtschaft, zum Zwecke des Vorratsschutzes oder für andere (z. B. in Gärten von Kunden) anwendet oder Personen bei der Anwendung im Rahmen eines Ausbildungsverhältnisses anleitet oder beaufsichtigt, muss die dafür erforderlichen fachlichen Kenntnisse und Fertigkeiten haben (den sogenannten Sachkundenachweis für die Anwendung von Pflanzenschutzmitteln) und dadurch die Gewähr dafür bieten, dass durch die Anwendung von Pflanzenschutzmitteln keine vermeidbaren schädlichen Auswirkungen auf die Gesundheit von Mensch oder Tier oder keine sonstigen vermeidbaren schädlichen Auswirkungen, insbesondere auf den Naturhaushalt, auftreten (§ 10 Pflanzenschutzgesetz). Geregelt ist der Sachkundenachweis in der Pflanzenschutz-Sachkundeverordnung vom 28.07.1987.

Anwenderschutz: Was beinhaltet er?

Mit Anwenderschutz werden Vorsichtsmaßnahmen bezeichnet, die beim Umgang und der Anwendung von Pflanzenschutzmitteln zum Schutz des Anwenders einzuhalten sind. Zu den grundsätzlichen Regeln gehören, dass Arbeiten mit Pflanzenschutzmitteln nur zuverlässigen, körperlich und geistig geeigneten Personen unter Berücksichtigung der Pflanzenschutzmittel-Sachkundeverordnung übertragen werden. Die Personen sind über die Gefahren beim Umgang mit den Mitteln und die notwendigen Vorsichtsmaßnahmen zu unterrichten.

Niemals schwangere Frauen, stillende Mütter, Kranke sowie Minderjährige mit der Zubereitung von Spritzflüssigkeiten und der Durchführung von Pflanzenschutzmaßnahmen beauftragen. Personen, die Arzneimittel einnehmen, können besonders gefährdet sein (Arzt befragen!). Körper- und Atemschutzanweisungen während der Vorbereitung und Durchführung der Arbeiten beachten. Vor, während und unmittelbar nach der Arbeit keinen Alkohol trinken.

Während des Umgangs mit Pflanzenschutzmitteln nicht rauchen, essen oder trinken. Bei der Durchführung von Pflanzenschutzarbeiten ist der Gefahrenbereich von unbefugten Personen frei zu halten und zu kennzeichnen. Behandelte Räume sind zu verschließen. Da bei Hitze und Schwüle erhöhte Vergiftungsgefahr besteht, soll die Durchführung der Arbeiten möglichst in den frühen Morgen- oder Abendstunden erfolgen. Mit Pflanzenbehandlungsmitteln oder Spritzflüssigkeiten durchnässte Arbeitskleidung sofort wechseln. Schon bei ersten Anzeichen von Unwohlsein die Arbeit abbrechen, sofort aus dem Arbeitsbereich gehen und einen Arzt aufsuchen. Dem Arzt sollten Informationen über das angewandte Mittel mitgebracht werden, z. B. die Gebrauchsanleitung mit Wirkstoffnamen. Personen, die längere Zeit oder regelmäßig mit Pflanzenschutzmitteln umgehen, sind regelmäßig einer ärztlichen Kontrolle zu unterziehen. Wie der Anwender seine Gesundheit beim Umgang mit einem Mittel wirkungsvoll schützen kann, erfährt er, auf den besonderen Anwendungsfall zugeschnitten, in den entsprechenden Hinweisen aus der Gebrauchsanleitung der Pflanzenschutzmittel.

Schutzausrüstung: Was gehört alles dazu?

Die bei Arbeiten mit Pflanzenschutzmitteln erforderlichen persönlichen Schutzvorkehrungen, vom Öffnen der Packung bis zum Ausbringen des anwendungsfertigen Mittels, sind in den Gebrauchsanleitungen der jeweiligen Mittel genannt bzw. beschrieben, d. h. der Anwender eines Pflanzenschutzmittels kann aus der Gebrauchsanleitung erkennen, wie er seine Gesundheit mit Körperschutzmitteln wirkungsvoll schützen kann.
Folgende Schutzmaßnahmen können vorgeschrieben sein:
- Schutz der Augen (Schutzbrille).
- Schutz der Hände (Schutzhandschuhe).
- Schutz des Körpers (Körperschutz).
- Schutz des Kopfes (Kopfschutz).
- Schutz der Füße (Fußschutz).
- Schutz der Atemwege (Atemschutz).

Atemschutzfilter: Zwischen welchen Typen wird unterschieden?

Der wichtigste Bestandteil einer Atemschutzmaske ist der Atemschutzfilter. Je nach Art und Eigenschaft des auszubringenden Giftstoffes müssen verschiedene Atemschutzfilter verwendet werden. Unterschieden wird zwischen Partikelfilter, Gasfilter und Kombinationsfilter. Partikelfilter sollen Schwebstoffe in der Luft (Stäube, Nebel, Rauche) und Gasfilter Gase und Dämpfe ausfiltern. Kombinationsfilter werden beim gleichzeitigen Auftreten von Gasen und Stäuben, Nebel oder Rauch eingesetzt. Partikelfilter müssen immer vor den Gasfilter geschaltet werden, d. h. der Gasfilter muss dem Gesicht zugewandt sein. Grundvoraussetzung für die Benutzung von Filtern ist ein Mindestsauerstoffgehalt von 17 % in der Atemluft, sonst besteht Lebensgefahr!

Wie ist mit der Gebrauchsdauer der Atemschutzfilter umzugehen?

Die Gebrauchsdauer der Filter ist eingeschränkt. Folgende Lagerzeiten sind zu beachten. Voraussetzung ist sachgemäße Lagerung nach Herstellerangaben:
- Partikelfilter: Kennfarbe weiß, Lagerzeit unbegrenzt.
- Gasfilter: Lagerzeit, wenn originalverpackt fünf Jahre.
- Kombinationsfilter: Lagerzeit, wenn originalverpackt fünf Jahre.

Die maximale Verwendungsdauer der Filter hängt von den Einsatzzeiten ab, dem Luftdurchgang, der Belastung der Atemluft, der Luftfeuchtigkeit usw. Auf jeden Fall ist ein Filter bei zunehmendem Atemwiderstand oder einem Fremdgeruch sofort auszuwechseln. Das Datum der erstmaligen Inbetriebnahme ist auf allen Filtern zu vermerken. Zusätzlich sollte zur eigenen Kontrolle für jede Einsatzstunde eine Markierung erfolgen. AX-Filter sind nur für einmaligen Gebrauch bestimmt und müssen „fabrikfrisch" sein.

Pflanzenschutzmittelaufbewahrung: Was ist zu beachten?

Pflanzenschutzmittel sind stets in unbeschädigten Originalbehältern aufzubewahren und niemals in andere Behältnisse (z. B. Getränkeflaschen) umzufüllen. Die Beipackzettel der Pflanzenschutzmittel und auch die sogenannten Umverpackungen sind aufzubewahren. Pflanzenschutzmittel müssen gesondert, unter sicherem Verschluss, kühl und trocken aufbewahrt werden. Pflanzenschutzmittel dürfen nicht in Räumen gelagert werden, die dem ständigen Aufenthalt von Personen dienen wie z. B. Arbeitsräume, Sozialräume, Küchen oder Wohnräume, aber auch nicht in Räumen zur Lagerung von Lebens- bzw. Futtermitteln oder auch Heizräumen. Zur Aufbewahrung dienen besondere Giftschränke oder Gifträume. Unzulässig ist, Pflanzenschutzmittel in einfachen Holzverschlägen zu lagern, die etwa als Aufbewahrungsort für Gartengeräte dienen. Giftschränke müssen leicht zu reinigen sein und dürfen keine porösen Wandungen haben. Giftlagerräume müssen gut be- und entlüftet werden können. Giftschrank und Giftraum sind als solche zu kennzeichnen. An der Tür sollte deutlich lesbar stehen „Vorsicht Pflanzenschutzmittel" bzw. „Vorsicht! Giftige Stoffe". Außerdem sollten Totenkopfsymbol und Warndreieck angebracht sein. Jeder Zugriff durch Unbefugte und insbesondere Kinder muss verhindert werden, deshalb sind Giftschränke und Gifträume verschlossen zu halten. Der Schlüssel gehört nur in die Hand des Verantwortlichen.

Pflanzenschutzmittelbeseitigung: Was ist zu beachten?

Pflanzenschutzmittelreste, Altbestände von Pflanzenschutzmitteln sowie angesetzte Spritzflüssigkeiten gehören nach dem Abfallgesetz zu den besonders überwachungsbedürftigen Abfällen, den sogenannten Sonderabfällen. Dies gilt unabhängig davon, ob Pflanzenschutzmittel als Gefahrstoffe gemäß Gefahrstoffverordnung eingestuft sind oder nicht. Nach den Bestimmungen des Abfallgesetzes müssen Reste von Pflanzenschutzmitteln und unbrauchbar gewordene Präparate so entsorgt werden, dass das Wohl der Allgemeinheit nicht beeinträchtigt wird. Insbesondere gilt es, eine Gefährdung von Mensch, Tier und Umwelt zu vermeiden. Grundsätzlich ist der Besitzer (hier der Gärtner bzw. Betriebsinhaber) zur Entsorgung der Abfälle verpflichtet. Abfälle dürfen nur in den dafür zugelassenen Anlagen oder Einrichtungen behandelt, gelagert und abgelagert werden. Abzuliefern sind die Abfälle bei den entsorgungspflichtigen Körperschaften (in der Regel die Kommunen/Gemeinden oder Landkreise).

PAMIRA-System: Was ist das?

Als sich bei der Entstehung der Verpackungsverordnung abzeichnete, dass Verkaufsverpackungen schadstoffhaltiger Füllgüter künftig getrennt zu entsorgen sind, wurde im Laufe der Zeit ein eigenes Sammelsystem für Verpackungen von Pflanzenschutzmitteln entwickelt. Dieses Rücknahmesystem mit dem Namen „PAMIRA“ (PAckMIttel-Rücknahme Agrar) wurde 1996 in den Markt eingeführt und beruht auf der Zusammenarbeit zwischen Pflanzenschutzmittelindustrie und Handel.

Im Rahmen dieses Systems wurden überall in Deutschland Annahmestellen eingerichtet. Zu bestimmten Zeiten im Jahr nehmen diese Stellen Verpackungen von Pflanzenschutzmitteln zurück, die das „PAMIRA-Logo“ tragen und gemäß guter landwirtschaftlicher Praxis ordnungsgemäß restentleert und gespült sind.

Unkrautregulierung: Welche Schadwirkungen gehen von Unkräutern aus?

Unkräuter konkurrieren mit den Kulturpflanzen um Nährstoffe, Wasser, Licht und Standraum, sie sind Wirtspflanzen für Pilze, Viren und tierische Schädlinge. Sie erschweren die Ernte, sind häufig anspruchslos, schnell wachsend, lange keimfähig, meist stark in der Samenbildung und vermehren sich häufig auch vegetativ. Im öffentlichen Grün bzw. im Garten- und Landschaftsbau erfolgt die Unkrautbekämpfung auch aus optisch-ästhetischen Gründen und wegen Fragen, die im Zusammenhang mit der Verkehrssicherungspflicht stehen.

Wofür steht der Begriff Unkraut?

Mit dem Begriff „Unkraut“ bezeichnet man ungewollte, meist krautige Pflanzen in einem Kulturpflanzenbestand oder am Standort von Kulturpflanzen, in welchem sie den Ertrag und/oder Qualität der Kulturpflanzen negativ beeinflussen (Konkurrenten um Platz, Licht, Wasser und Nährstoffe) oder auch die vom Menschen gewünschte Zusammensetzung der Pflanzengesellschaften stören (z. B. in Gärten, Parks, Zierrasen und Staudenbeeten). Sicher kann man statt des Begriffes Unkraut auch die Begriffe Wildkraut oder Beikraut verwenden, trotzdem ist der Begriff Unkraut der treffendere. Denn in dem Begriff „Unkraut" kommt zum Ausdruck, dass es sich um Begleitpflanzen gärtnerischer oder landwirtschaftlicher Kulturen handelt, die unerwünscht sind, da sie bei stärkerem Auftreten mehr schaden als nützen und den Produktionswert der im Moment angebauten Kulturbestände mindern. In diesem Zusammenhang ist es wichtig darauf hinzuweisen, dass auch die schönsten und besten Kulturpflanzen zu Unkräutern werden können. Treten z. B. in einem Weizenfeld Roggenpflanzen auf, die zuvor angebaut wurden, so sind Letztere für den Landwirt Unkräuter, da sie den wirtschaftlichen Wert des geernteten Weizens herabsetzen. Diese Pflanzen als Wildkräuter zu bezeichnen, wäre fachlich auch nicht richtig.

Unkrautarten: Zwischen welchen wird unterschieden?

Im engeren Sinne versteht man unter Unkräutern Nicht-Kulturpflanzen, die nicht regelmäßig bearbeitete Lebensräume – Schuttplätze, Brachflächen, Wegränder, Eisenbahndämme usw. – besiedeln und von dort aus in gartenbauliche Kulturen bzw. Kulturpflanzen-Standorte eingedrungen sind und immer wieder neu eindringen. Es sind Pflanzen, die sich im Allgemeinen durch eine äußerst starke Samenverbreitung und/oder durch eine starke Vermehrung auf vegetativem Wege sowie extrem hoher Regenerationsfähigkeit auszeichnen. Aus botanischer Sicht sind Unkräuter eine nicht eindeutig abgrenzbare „biologische Gruppe". Zu den Unkrautpflanzen zählen nicht nur Kräuter im botanischen Sinne, sondern auch Gräser oder unerwünschte Pflanzen aus anderen Klassen des Pflanzenreiches wie z. B. Moose (z. B. das Lebermoos) und auch Gehölze.

In der gärtnerischen Umgangssprache wird im Allgemeinen zwischen Samen- und Dauer- bzw. Wurzelunkräutern unterschieden. Mit Samenunkräutern meint man Unkräuter, die sich ausschließlich generativ über Samen vermehren und mit Dauerunkräutern Arten, die sich, wenn auch nicht ausschließlich, vegetativ über unterirdische Pflanzenorgane regenerieren. Wenn sie sich vegetativ über oberirdische Ausläufer weitervermehren, spricht man auch von Ausläufer treibenden Unkräutern, die mit unterirdischen Sprossausläufern werden auch als Rhizomunkräuter und solche mit Wurzelausläufern als Wurzelunkräuter bezeichnet.

Richtiger und botanisch korrekter ist die Einteilung in Einjährige (annuelle = Pflanzen, die sich praktisch ausschließlich durch Samen vermehren) und Mehrjährige (perennierende) „Unkräuter".

Maßnahmen der Unkrautregulierung: Zwischen welchen wird unterschieden?

Bei den Unkrautbekämpfungsmaßnahmen wird allgemein unterschieden zwischen:
- vorbeugenden Maßnahmen,
- mechanischen Maßnahmen,
- thermischen Maßnahmen,
- chemischen Maßnahmen und der
- Unkrautregulierung durch Mulchen.

Eine Unterscheidung kann darüber hinaus nach Art bzw. Nutzung der Flächen vorgenommen werden. Dabei können vier Bereiche unterschieden werden:
- Maßnahmen auf Brachflächen,
- Maßnahmen auf Kulturflächen noch ohne Kulturpflanzen,
- Maßnahmen in stehenden Kulturen,
- Maßnahmen auf befestigten Flächen, z. B. Wegen und Plätzen.

Vorbeugende Unkrautbekämpfung: Welche Maßnahmen gehören dazu?

Vorbeugendes und vorausschauendes Handeln sind auch bei der Unkrautbekämpfung von großem Nutzen. Einer Verunkrautung sollte in erster Linie durch die Einschränkung der Samenverbreitung entgegengewirkt werden. Hierzu gehören insbesondere ein Verzicht auf Bodenverbesserungsstoffe mit lebensfähigem Samen (z. B. Kompost) sowie die Verwendung gut gereinigten Saatgutes. Anerkanntes Saatgut muss strengen Anforderungen an Unkrautfreiheit entsprechen und gründlich gereinigt sein. Unkräuter sollten nie Samen ausbilden können, deshalb sind Brachflächen unkrautfrei zu halten, Wegränder und Böschungen sind regelmäßig zu mähen, um eine Samenbildung zu vermeiden. Unkrauthemmend wirken auch alle Maßnahmen, die die Wuchskraft der meist konkurrenzschwächeren Kulturpflanzen fördern, wie eine sorgfältige Bodenbearbeitung und Bodenpflege, eine standortgerechte Arten- und Sortenwahl, eine gute Wasser- und Nährstoffversorgung. Auch eine Gründüngung kann helfen, eine Selbstbegrünung der Kulturflächen aus Unkräutern zu vermeiden. Wenn vor der Aussaat oder der Pflanzung ausreichend Zeit zur Verfügung steht, kann das nach der Grundbodenbearbeitung auflaufende Unkraut durch (wiederholtes) Fräsen, Grubbern oder Eggen zum Absterben gebracht werden. Trockene Bodenoberfläche und kein Niederschlag im Zeitraum von etwa zwei Tagen nach der Bearbeitung sind Voraussetzung für die Wirksamkeit des Verfahrens. Eine ein- bis zweimalige Wiederholung jeweils nach dem Keimen und Auflaufen weiterer Unkräuter wäre ideal, wenn sie zeitlich möglich ist. Diese „vorbeugende“ Maßnahme ist im Garten- und Landschaftsbau bei der Anlage von Rasenflächen von großer Bedeutung.

Mechanische Unkrautbekämpfung: Welche Maßnahmen gehören dazu?

Bei der mechanischen Unkrautbekämpfung mit Maschinen und Geräten werden Unkräuter durch Abschneiden oder Abreißen beschädigt oder, wie im Falle des Verschüttens, Vergrabens oder Entwurzelns, lebenswichtiger Wachstumsfaktoren beraubt. Entsprechend wird der Bekämpfungserfolg von verschüttend oder vergrabend wirkenden Verfahren vom Ausmaß des Lichtentzugs, also von der Arbeitstiefe, der Schüttfähigkeit des Bodens und der Unkrautgröße bestimmt. Die Wirkung des Entwurzelns hängt hingegen wesentlich davon ab, ob die Austrocknung schneller verläuft als das Wiederanwachsen. Bodenfeuchtigkeit, Sättigungsdefizit der Luft und Niederschlagstätigkeit nach der Bekämpfungsmaßnahme spielen damit eine entscheidende Rolle und es besteht eine Beziehung zwischen dem Bekämpfungserfolg und der klimatischen Wasserbilanz.

Thermische Unkrautbekämpfung: Was versteht man darunter?

Die Bekämpfung von Unkräutern mittels Hitze (Wärme). Die Wirkung der thermischen Unkrautregulierung beruht auf eine Denaturierung der Pflanzenzellen, die schon bei 50–60 °C einsetzt und letztlich das Absterben durch Beschädigung der Zellmembranen mit Entwässerung der Zellen zur Folge hat. Wie lange die Temperatur auf die Zellen einwirken muss, damit sie tatsächlich irreversibel absterben, ist abhängig von der zu bekämpfenden Pflanzenart, ihrem Alter, Stärke der Kutikula, dem Habitus und noch einigen anderen Faktoren. Mehrjährige Unkräuter, die sich aus unterirdischen Speicherorganen regenerieren können, müssen bis zum Absterben mehrmals behandelt werden. Gräser benötigen eine längere Einwirkungszeit als die anderen Unkräuter, weil ihre Vegetationspunkte besser geschützt sind. Die Pflanzen sollten bei der Behandlung immer trocken sein, da Feuchtigkeit auf den Blättern durch den Effekt der Verdunstungskühlung ein längeres Abflammen oder Abstrahlen erfordern. Generell nimmt mit zunehmender Unkrautgröße der Bekämpfungserfolg ab. Im Allgemeinen sind drei bis acht Behandlungen pro Vegetationsperiode notwendig.

Welche Geräte werden zur thermischen Unkrautbekämpfung eingesetzt?

Eingesetzt werden Abflammgeräte mit Propangasbrennern und Infrarotgeräte. Nachdem in der Vergangenheit vor allem Geräte mit offenen Propangasbrennern angeboten wurden, sind neuere Geräte mit (Streifen)Abdeckhauben versehen, wodurch die heißen Verbrennungsgase länger im bodennahen Bereich verbleiben und die Windanfälligkeit vermindert ist. Bei offenen Brennern kommt es durch Wind leicht zu einer Verschiebung der Flammen und einhergehend damit zu einer Wirkungsminderung, die aber auch Kulturpflanzenschädigung zur Folge haben kann. Neben Stabbrennern (mehrere Einzeldüsen innerhalb einer kastenförmigen Einfassung) werden sogenannte Dreiecksbrenner angeboten, deren zentrale, dem Brennerraum vorgelagerten Düsen weniger verstopfungsgefährdet sind. Abflammgeräte gibt es als Handgeräte (auf dem Rücken tragbar oder zum Schieben) und als Anbaugeräte für Einachs- und Zweiachsschlepper sowie für selbst fahrende Großrasenmäher und spezielle Kommunalfahrzeuge.

Infrarotgeräte setzen die eingesetzte Energie besonders effektiv um. Die Strahlung wird erzeugt, indem durch Verbrennen von Gas ein Metallgitter bis zur Rotglut erhitzt wird. Die resultierende Wärmestrahlung wird aus dem Strahlungskasten in Richtung der Pflanzen abgestrahlt.

Ein weiteres Verfahren ist die Bekämpfung der Unkräuter mit heißem Wasser unter Beimischung von Tensiden, durch die ein Schaum erzeugt wird, der dafür sorgt, dass das heiße Wasser länger auf die Kräuter einwirken kann, d. h. die Denaturierung des Eiweißes erfolgt über das heiße Wasser, der Schaumteppich dient nur als isolierende Schicht. Die Schaumerzeugung erfolgt unter Zugabe von Wasser und Druckluft, sodass ein trockener und isolierender Schaum entsteht.

Wie lässt sich der Erfolg bei der thermischen Unkrautbekämpfung ermitteln?

Der Erfolg einer thermischen Behandlung lässt sich mit der Fingerdruckprobe ermitteln. Die Unkräuter müssen keinesfalls verkohlt werden. Dazu drückt man ein Blatt leicht zwischen Daumen und Zeigefinger. Entsteht ein dunkler Fleck, ist das Gewebe ausreichend geschädigt. Unkräuter mit relativ langem Keimstängel knicken nach ausreichender Wärmezufuhr in diesem Bereich um.

Unkrautbekämpfung durch Mulchen: Was ist zu beachten?

Mulchen mit verrottendem organischem Material zur Bodenpflege ist ein bekanntes Verfahren, aber in dieser Form nur unzureichend zur dauerhaften Unterdrückung von Unkraut geeignet. Gut zu gebrauchen ist dagegen Rindenmulch. Rindenmulch hat eine vergleichsweise gute Beständigkeit auf der Bodenoberfläche. Nicht zu verwechseln ist Rindenmulch mit Rindenhumus, einem fermentierten Rindenkompost. Dieser besitzt gegen annuelle Unkräuter zunächst auch eine unterdrückende Wirkung, die aber rasch nachlässt, weil das Substrat schnell vererdet und jeder zufliegende Unkrautsamen sich zu einer Pflanze entwickelt. Die Dicke der Mulchschicht soll in der Regel mindestens drei Zentimeter betragen und sieben Zentimeter nicht überschreiten. Sie richtet sich nach der Art der Bepflanzung, d. h., je robuster die Pflanzung, desto dicker darf auch die Mulchschicht sein. Neben organischen Materialien werden auch anorganische Stoffe wie Kies, Splitt und Schotter als Mulchmaterialien eingesetzt, darüber hinaus auch Vliese und Folien.

Unkrautbekämpfung auf Wegen und Plätzen: Welche Möglichkeiten gibt es?

Der teils durch gesetzliche Bestimmungen verfügte, teils durch freiwilligen Verzicht der Gemeinden erfolgter Wegfall des Herbizideinsatzes auf befestigten Wegen und Plätzen (Pflaster, Platten, Verbundsteine) hat dazu geführt, dass neben den thermischen Geräten (siehe oben) zunehmend auch mechanische Geräte eingesetzt werden. Es handelt sich dabei um Anbau- oder Selbstfahrgeräte mit angetriebenen, teilweise steuerbaren Teller- oder Walzenbürsten, wie sie von Reinigungsgeräten her bekannt sind. Das Unkraut wird „weggebürstet". Wildkrautbürsten als rotierende Tellerbürsten bestehen aus gedrehten Stahlzöpfen mit je nach Fabrikat und Einsatzgebiet unterschiedlichen Zopfabständen. Ebenso gibt es Nylon-Stahl Bürsten, solche aus Wellflachdraht oder auch mit reinen Kunststoffborsten. Für regelmäßige Unterhaltspflege eignen sich auf gepflasterten Flächen eher die weicheren Runddraht- oder auch Wellflachdrahtbürsten. Stahlbürsten mit weiter auseinander stehenden Zöpfen wirken sehr aggressiv und sind eher für die anfängliche Beseitigung von mehrjährig eingewachsenen Unkräutern geeignet. Für besonders empfindliche Bodenbeläge eignen sich am besten Kunststoffborsten. Walzenbürsten sind ebenfalls mit unterschiedlichen Bürstenmaterialien lieferbar und eignen sich für ebene Flächen mit relativ gleichmäßigem Unkrautbesatz. Entscheidend für den Bekämpfungserfolg der Bürstensysteme ist ein Behandlungsbeginn im zeitigen Frühjahr, solange die Unkräuter klein und entsprechend empfindlicher sind. Erstmalige Behandlungen von Flächen mit eingewachsener Altverunkrautung sollten bereits im Herbst stattfinden, damit im Folgejahr die Anzahl der notwendigen Behandlungen und damit die Kosten nicht unvertretbar hoch werden.

Chemische Unkrautbekämpfung: Was versteht man unter Herbiziden?

Chemische Mittel zur Unkrautbekämpfung. Nach dem Ort der Wirkung (die Wirkstoffe eines Herbizides können von unterschiedlichen Teilen der Pflanze aufgenommen werden bzw. an unterschiedlichen Stellen die Pflanze angreifen) unterscheidet man zwischen Kontakt-, Wuchsstoff- und Bodenherbiziden. Darüber hinaus werden Herbizide auch nach der Zeit der Ausbringung und der Selektivität der Wirkung unterschieden (total oder nur auf bestimmte Unkräuter). Herbizide werden entweder vorbeugend (d. h. präventiv, der Einsatz erfolgt vor dem Auflaufen des Unkrautes) oder bekämpfend (d. h., wenn das Unkraut bereits aufgelaufen ist) eingesetzt.

Kontaktherbizide: Was versteht man darunter?

Kontaktherbizide lösen durch lokalen Kontakt in und auf den grünen Pflanzen chemische Reaktionen aus (Verätzung oder Störung des Stoffwechsels), die zum Absterben führen. Da die Pflanzenwurzeln bei den meisten Kontaktherbiziden nicht erreicht werden, treiben so behandelte Unkräuter mit starkem Wurzelwerk wieder aus. Anders ist es z. B. bei dem Kontaktherbizid „Roundup". Hier wird der Wirkstoff von der Pflanze aufgenommen und in alle Pflanzenteile transportiert. Die Pflanzen gehen durch Störung des Eiweiß-Stoffwechsels nach einiger Zeit einschließlich der Wurzeln ein. Kontaktherbizide werden auch als Abbrennmittel oder Ätzmittel bezeichnet, da die empfindlichen Pflanzen nach einer Behandlung wie abgebrannt bzw. von Säuren verätzt erscheinen. Bodenart und Humusgehalt haben keinen Einfluss auf die Wirksamkeit der Kontaktherbizide. Gräser, d. h. einkeimblättrige Pflanzenarten, werden durch verschiedene Kontaktherbizide nicht geschädigt, weil die Spritzbrühe an der Wachsschicht der aufrecht stehenden Blätter abperlt. Dieses Phänomen der sogenannten Selektivität kann zum Beispiel im Rasen so ausgenützt werden, dass breitblättrige Unkräuter (Zweikeimblättrige oder Dikotyledonen) sozusagen aus dem Rasen „herausgespritzt" werden können.

Wuchsstoffherbizide: Was versteht man darunter?

Wuchsstoffherbizide werden durch Blätter und Stängel aufgenommen und mit dem Saftstrom in der ganzen Pflanze verteilt. Die Wuchsstoffherbizide bewirken bei den behandelten Pflanzen entweder ein verstärktes aber ungeordnetes (man spricht auch vom „Totwachsen") oder ein vermindertes Sprosswachstum; dadurch verkrümmte, verkrüppelte und verkümmerte Pflanzen gehen ein. Wuchsstoffe werden in einkeimblättrigen Kulturpflanzen (z. B. im Rasen) zur Bekämpfung von mehrjährigen, zweikeimblättrigen Unkräutern eingesetzt. Voraussetzung für die Wirkung von Wuchsstoffmitteln ist in der Regel warmes, wüchsiges Wetter mit Tagesmitteltemperaturen um 15 °C und nicht zu kühlen Nächten. Nach Anwendung der Mittel soll es mindestens drei bis sechs Stunden nicht regnen. Abdrift ist bei der Anwendung der Mittel unbedingt zu vermeiden, da an Nachbarkulturen schwere Schäden entstehen können.

Bodenherbizide: Was versteht man darunter?

Bodenherbizide werden in der Regel zur vorbeugenden Unkrautbekämpfung eingesetzt und, wie der Name aussagt, auf den Boden ausgebracht. Sie entfalten ihre Wirkung hauptsächlich auf keimende Unkrautsamen, in dem Keimlinge den Wirkstofffilm über die Keimblätter an der Bodenoberfläche und/oder über die Wurzel aufnehmen. Bei vielen Wirkstoffen existiert allerdings auch eine gewisse, unterschiedlich stark ausgeprägte direkte Wirkung über das Blatt. Während die meisten Bodenherbizide nur keimende bzw. gerade gekeimte Jungpflanzen erfassen, ist dies bei verschiedenen Bodenherbiziden, die in Gehölzkulturen und gärtnerischen Anlagen eingesetzt werden, anders. Hier werden sowohl Samen als auch stehende Kräuter erfasst. Die Wirksamkeit der Bodenherbizide hängt von verschiedenen äußeren Faktoren ab. Vor allem haben die jeweiligen Bodenverhältnisse eine große Bedeutung. Für eine gute

Wirkung von Vorsaat- und Vorauflaufmitteln ist eine gute Bodenbearbeitung sehr wichtig. Die Bodenoberfläche muss möglichst eben und feinkrümelig sein. Auf extrem leichten, humusarmen Böden ist der Herbizideinsatz meist mit erhöhtem Risiko, was die Pflanzenverträglichkeit anbetrifft, verbunden. Auf sorptionsstarken Böden können diese Herbizide teilweise festgelegt werden und an Wirksamkeit einbüßen. Einige Wirkstoffe zeigen bereits auf Böden mit einem Humusgehalt von 2–5 % (je nach Bodenart) in der Normaldosierung nur eine verminderte Wirkung. Für solche Wirkstoffe werden daher der Bodenart angepasste, gestaffelte Aufwandmengen empfohlen. Einige Bodenherbizide verlieren bei unzureichender Bodenfeuchtigkeit an Wirksamkeit, notfalls muss beregnet werden. Die Wirkungsdauer der Mittel ist grundsätzlich unterschiedlich lang und hängt auch von der Aufwandmenge ab.

Totalherbizide: Was versteht man darunter?

Totalherbizide sind Unkrautbekämpfungsmittel mit einem breiten Wirkungsspektrum. Man spricht auch von nicht selektiven Herbiziden.

Selektive Herbizide: Was versteht man darunter?

Selektive Herbizide werden von bestimmten Pflanzen besser toleriert als von anderen Pflanzen. Über Dosierung und Anwendungszeitpunkt wird erreicht, dass die Kulturpflanzen möglichst wenig, die Unkräuter möglichst stark geschädigt werden. Selektive Herbizide wirken nur auf bestimmte Pflanzen bzw. Pflanzengruppen. So nur gegen zweikeimblättrige Pflanzen aber nicht gegen Einkeimblättrige. Die Selektivität erlaubt z. B., dass im Rasen oder in Gehölzen gespritzt werden kann, ohne die Kulturpflanze zu schädigen.

In welcher Form werden Herbizide ausgebracht?

Herbizide werden überwiegend flüssig im Spritzverfahren ausgebracht. Das Streuen von Granulaten kommt nur in Einzelfällen zum Einsatz. Sollen Schäden an den Kulturpflanzen vermieden werden, muss bei der Spritzung besonders sorgfältig auf genaue Dosierung und einwandfrei arbeitende Spritzgeräte geachtet werden. Überlappungen beim Spritzen, dies gilt insbesondere für den Einsatz von Bodenherbiziden, müssen vermieden werden. Die Aufwandmengen für Herbizide sind auf den Verpackungen entweder in kg/ha bzw. l/ha oder g/m² bzw. ml/m² aufgeführt.

Worin können Fehlschläge bei der Bekämpfung mit Herbiziden begründet sein?

Bei der Anwendung von Herbiziden können Fehlschläge in zwei Richtungen auftreten. Einmal kann die Wirkung ausbleiben, bedingt durch Unterdosierung, die Wahl eines falschen Zeitpunktes oder ungünstige Witterung, zum anderen können aber Schäden an den Kulturen verursacht werden, etwa durch Überdosierung der Mittel oder die Wahl eines falschen Mittels. Der Gärtner/

die Gärtnerin muss folglich über ein umfangreiches Wissen verfügen, um die Risiken durch chemische Unkrautbekämpfung auszuschalten oder so gering wie möglich zu halten. Außerdem ist eine fortlaufende Neuorientierung notwendig, da die Angebotspalette sich laufend ändert.

Warum ist die chemische Unkrautbekämpfung rückläufig?

Die chemische Unkrautbekämpfung ist in allen Bereichen des Gartenbaus rückläufig. Dieser Rückgang hat mehrere Gründe, nämlich gesetzliche Verbote und Beschränkungen, Wasserschutzgebietsauflagen, Auslaufen von Zulassungen und nicht zuletzt das gesteigerte Umweltbewusstsein bei den Gärtnern.

Gewächshäuser und Gewächshaustechnik

Gewächshäuser: Wie werden sie definiert?

Gewächshäuser sind die Betriebseinrichtungen, die in der Öffentlichkeit für den gärtnerischen Betrieb charakteristisch sind. Sie machen die intensivste Betriebsform des Gartenbaus möglich, weil während des ganzen Jahres Pflanzen verschiedener Art erzeugt werden können. Von ihrer Eigenschaft her sind Gewächshäuser begehbare Kulturräume mit transparenten Hüllflächen aus Glas, Kunststoffplatten oder Folie, die die erforderlichen Wachstumsbedingungen für eine ganzjährige Pflanzenproduktion schaffen sollen. Dies geschieht durch geeignete Klimatisierungsmaßnahmen. Wachstumsfaktoren, die durch Klimatisierungsmaßnahmen beeinflusst werden, sind:

- die Einstrahlung, die sich zusammensetzt aus der Strahlung im ultravioletten und sichtbaren Bereich sowie aus der langwelligen Wärmestrahlung,
- die Luft- und Pflanzentemperatur,
- die Luftfeuchte und
- die Luftzusammensetzung (CO_2-Konzentration).

Von der Europäischen Gewächshausnorm wird das Produktionsgewächshaus definiert als Gewächshaus zur kommerziellen Produktion von Pflanzen, in dem sich nur autorisierte Personen bei Bedarf aufhalten dürfen.

Gewächshauseffekt: Was versteht man darunter?

Die durch Sonneneinstrahlung erfolgte Erwärmung von Räumen, die ganz oder teilweise von lichtdurchlässigen Baustoffen umschlossen sind. Glas ist für den sichtbaren Bereich der Strahlung und für kurzwellige Strahlung durchlässig, für langwellige Ultrarotstrahlung dagegen nicht. Die durch die Dachhaut durchgehende Strahlung dringt in das Gewächshaus ein und erwärmt Pflanzen, Boden und Konstruktionsteile, die diese Strahlung absorbieren. Die so erwärmten Körper strahlen nun entsprechend ihrer Eigentemperatur langwellig ab. Diese Strahlung kann nicht nach außen dringen, sie wird von den Wandungen zurückgestrahlt. Dadurch entsteht eine Übertemperatur im Gewächshaus gegenüber dem Freiland (siehe Abb. 14 Seite 132). Dies ist im Prinzip dasselbe wie beim sog. Treibhauseffekt der Atmosphäre, wo durch den Wasserdampfgehalt der Luft, insbesondere der Wolken, die Wärmeausstrahlung der Erde in den Weltraum vermindert wird.

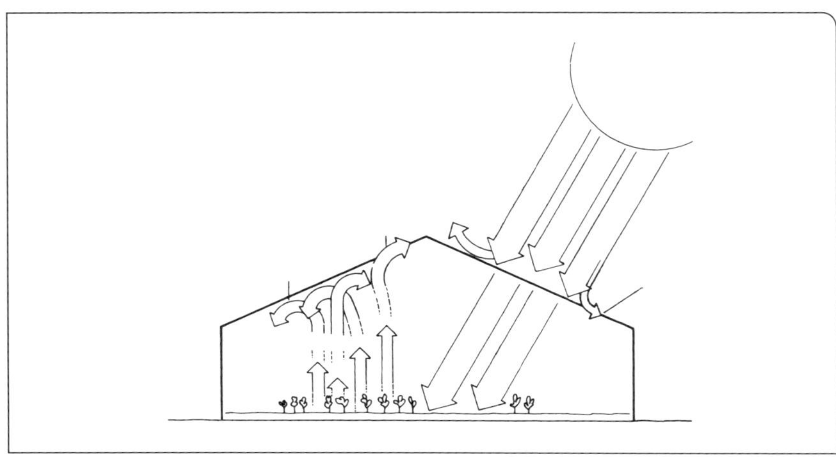

Abb. 14 Das Gewächshaus als „Strahlenfalle".

Nach welchen Gesichtspunkten können Gewächshäuser unterschieden werden?

Gewächshäuser können nach unterschiedlichen Gesichtspunkten unterschieden werden:

- Nach der Bauausführung unterscheidet man zwischen schwerer und leichter Bauweise. Zur schweren Bauart zählt beispielsweise das Deutsche Normgewächshaus, zur leichten Bauart das niederländische Venlo-Haus.
- Nach dem Werkstoff (Bauart): in Gewächshäuser aus Stahl und Aluminium oder Kombinationen.
- Nach der Bedachung: in Glashäuser, Folienhäusern und Häusern aus Kunststoffplatten.
- Nach der Bauweise: in einschiffig (Einzelbauweise) oder mehrschiffig (Blockbauweise), d. h., mehrere Einzelhäuser aneinander gebaut ergeben den Gewächshausblock.
- Darüber ist auch eine Enteilung nach Scheibenmaß und Schiffbreite möglich (Rastersystem). Beim Scheibenmaß von 1,74 × 0,60 m ergeben sich Schiffbreiten von 3, 6, 9, 12, 15 und 18 m; beim Scheibenmaß 2,00 × 0,60 m Schiffbreiten von 4, 7, 11, 14 und 17 m.

Bis zur Mitte des 20. Jahrhunderts hat man Gewächshäuser häufig nach den darin anzubauenden Kulturen unterschieden, z. B. Tomatenhaus, Gurkenhaus, Nelkenhaus, Rosenhaus, Topfpflanzenhaus, Cyclamenhaus oder Vermehrungshaus.

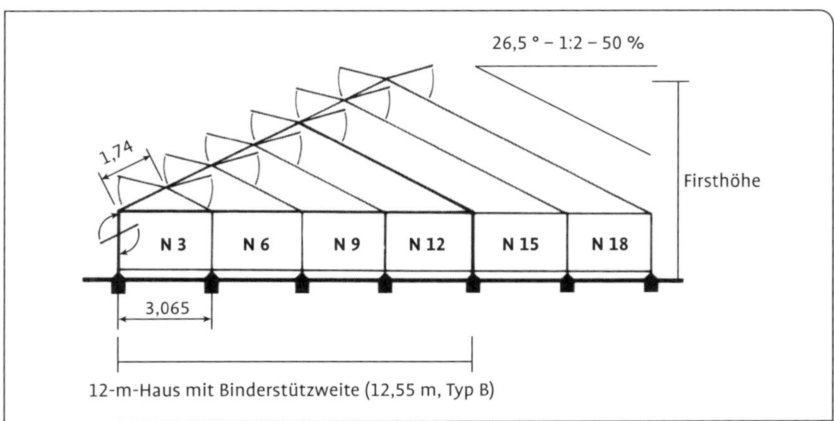

Abb. 15 Das Rastersystem (N = Nennbreite).

Niederglas und Hochglas: Was versteht man darunter?

Unter Niederglas versteht man Frühbeetkästen unter Hochglas begehbare Gewächshäuser. Niederglas hat heute, ausgenommen in der Staudengärtnerei und Friedhofsgärtnerei, nur noch wenig Bedeutung.

Warmhaus und Kalthaus: Was versteht man darunter?

Früher wurden Gewächshäuser häufig nach dem Temperaturbedarf der Pflanzen unterschieden. Dabei wurde zwischen Warmhaus (Heiztemperatur 18–30 °C), temperiertem oder Lauwarmhaus (Heiztemperatur 12–18 °C), dem Kalthaus (Heiztemperatur 5–10 °C) und dem Überwinterungshaus (frostfrei 1–3 °C) unterschieden. Das Überwinterungshaus diente dabei der Überwinterung relativ winterharter Dekorations- und Kübelpflanzen, oft auch von Azaleen und Kamelien. Die Einteilung nach dem Temperaturbedarf ist heute nicht mehr gebräuchlich, da die Heizungen der Gewächshäuser in der Regel so ausgelegt sind, dass sie alle die vorgenannten Temperaturbereiche abdecken.

Welche Anforderungen sind an Lage und Standort von Gewächshäusern zu stellen?

Für die Lage und den Standort der einzelnen Gewächshäuser im Betrieb ist in erster Linie der Zuschnitt des Betriebsgrundstücks maßgebend. Folgende Gesichtspunkte sollten aber auf jeden Fall innerhalb der gegebenen Möglichkeiten berücksichtigt werden:

- Die Lage der Gewächshäuser sollte möglichst zentral im Betrieb sein, eventuelle Erweiterungsbauten sind einzuplanen.

- Das Baugelände sollte möglichst eben sein, weil sich in Hanglagen der Gewächshausbau erheblich verteuert.
- Windige, ungeschützte Lagen auf Anhöhen sollten vermieden werden, da der Energieverbrauch beim Heizen mit der Windgeschwindigkeit stark zunimmt.
- Schatten gebende Gebäude oder Bäume sollten, ausgenommen an der Nordseite, nicht in der Nähe von Gewächshäusern stehen, wenn man auf ausreichenden Lichteinfall vor allem im Winter nicht verzichten will.
- Die Aufstellungsrichtung ist bei freier Wahl abhängig von der für die Pflanzen notwendigen Lichtintensität im Winter. Bei Ost-West-Aufstellung gelangt im Winter sehr viel mehr Licht in das Gewächshaus als bei der Nord-Süd-Aufstellung.
- Auf günstige Transportmöglichkeiten durch entsprechende Wegeführung zum, aber auch im Gewächshaus ist besonderer Wert zu legen.

Gewächshausbauteile: Aus welchen Bauteilen setzen sich Gewächshäuser zusammen?

Die Konstruktion eines Gewächshauses setzt sich aus folgenden Bauteilen zusammen:

- Fundament. Der Unterbau des Gewächshauses. Es hat die Aufgabe, die gesamten auftretenden Lasten (Eigengewicht des Gewächshauses; Winddruck und Schneelast) gleichmäßig auf den Baugrund zu übertragen.
- Binder. Sie bilden die eigentliche Tragkonstruktion des Gewächshauses. Sie übertragen alle Kräfte und Lasten auf das Fundament und damit in den Boden.
- Pfetten. Sie übertragen die Kräfte, die vom Gewicht des Dachs und der Sprossen sowie von Wind- und Schneelast herrühren, auf die Binder. Sie gehören mit den Bindern zur Tragkonstruktion des Gewächshauses.
- Sprossen. Die Auflagekonstruktion für die Glasscheiben oder Kunststoffplatten.
- Traufe. Der Übergang von der Stehwand in die Dachneigung. An der Traufe sammelt sich das Niederschlagswasser vom Dach und tropft hier ab oder wird in einer Rinne gesammelt und abgeleitet. Desgleichen wird hier das Schwitzwasser aus dem Hausinneren abgeleitet.
- Rinne. Sie ist ein kennzeichnendes Bauteil der Blockbauweise. Sie verbindet zwei Traufen miteinander, nimmt Regen- und Schwitzwasser auf und leitet es geschlossen ab.
- Stehwand. Sie ist der seitliche Abschluss des Gewächshauses und besteht aus dem aus der Erde herausragenden Fundamentsockel sowie dem lichtdurchlässigen Teil bis zur Traufe.

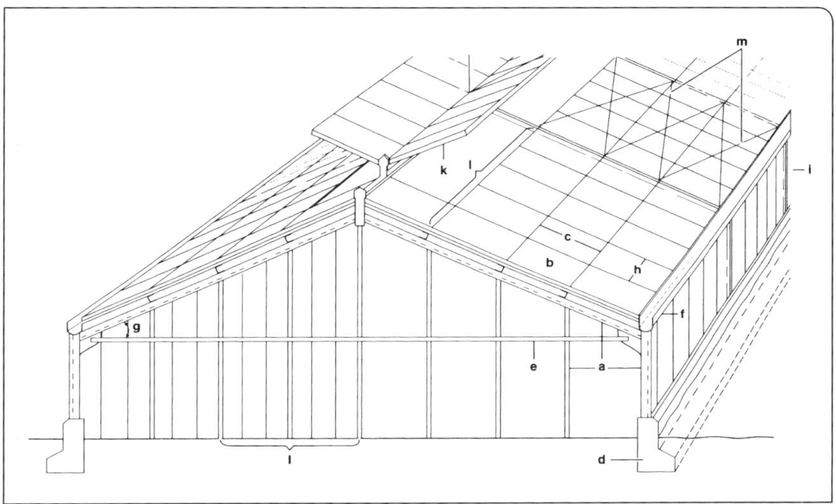

Abb. 16 Das Normgewächshaus und seine Bauteile. a Binder, b Scheiben, c Pfetten, d Fundament, e Zugband, f Rinne, g Dachneigung, h Sprossen, i Stehwand, k Lüftung, l Rastermaß, m Windverbände

- Windverbände. Zur Aufnahme von Windkräften in Längsrichtung des Gewächshauses auf die Giebelwand muss die Konstruktion durch sog. Windverbände stabilisiert werden.

Was versteht man unter dem Normgewächshaus?

Die von der Industrie angeboten Gewächshäuser weisen eine große Vielfalt auf. Das Bestreben nach einer Vereinheitlichung der unterschiedlichen Typen und Bauweisen im Gewächshausbau wurde durch die Ausarbeitung und Verabschiedung der DIN 11536 im Jahr 1971 gefördert, die im Laufe der Jahre ergänzt und verändert wurde. Das deutsche Normgewächshaus hat eine Nennbreite von 12 m und eine maximale Breite zwischen den Bindermitten von 12,55 m. Diese Breite kann je nach konstruktiver Ausführung von Rinne und First bei den einzelnen Herstellern etwas schwanken. Der Abstand der Binder in Längsrichtung des Gewächshauses ist das genormte Rastermaß von 3,065 m. Dieses Rastermaß, bedingt durch fünf Scheibenbreiten von 60 cm auf den Sprossen, hat sich heute weitgehend im Gewächshausbau durchgesetzt. Der Dachneigungswinkel beträgt 26,5 °, das Scheibenmaß auf dem Dach 60 × 174 cm. Bei 12 m Nennbreite ergeben sich vier Scheibenlängen auf einer Dachseite. Durch Vergrößerung bzw. Verringerung der Scheibenzahl auf einem entsprechenden Dachschenkel lässt sich die Nennbreite bei gleichem Dachneigungswinkel variieren. Die Lüftung am Dachfirst hat die Breite einer Scheibenlänge von 174 cm und muss mindestens 15 ° über die Horizontale zu öffnen sein. Die konstruktive Ausführung der Lüftung bleibt dem Hersteller überlassen. Die Stehwandhöhe beträgt wahlweise 2,50 oder 2,80 m bei 0,30 m Sockelhöhe über dem Erdboden.

Werkstoffe: Welche werden im Gewächshausbau eingesetzt?

Für die Unterkonstruktion (Binder, Pfetten und Sprosse) werden heute ausschließlich verzinkter Stahl und Aluminium eingesetzt, als Bedachungsmaterial Glas oder Kunststoffe.

Fundament: Welche Aufgabe hat es?

Das Fundament ist der Unterbau des Gewächshauses. Es hat die Aufgabe, die gesamten auftretenden Lasten (Eigengewicht des Bauwerks, ggf. Winddruck und Schneelast) gleichmäßig auf den Baugrund zu übertragen. Die Abmessungen des Fundaments hängen von der Tragfähigkeit des Bodens und der darauf einwirkenden Bauteile ab. Außer der Bodenart ist die Gründungstiefe für die Belastung des Baugrunds von Einfluss, dessen zulässige Belastung mit der Gründungstiefe steigt. Diese ist mit der Forderung nach frostfreier Gründungstiefe bestimmt, damit Bewegungen des Baugrunds infolge Einfrierens und Auftauens ausgeschlossen sind. Dies hat damit zu tun, dass Wasser im gefrorenen Zustand ein um 9–10 % größeres Volumen hat. Wenn Wasser im Boden gefriert, wird sich eine entsprechende Volumenzunahme im betroffenen Bereich einstellen, der vernässte Bodenteil hebt sich dann insgesamt. Unter unseren klimatischen Verhältnissen müssen Fundamente auf mindestens 80 cm unter Gelände geführt werden.

Das Fundament kann als Streifen- oder Punktfundament ausgebildet sein. Das Streifenfundament schützt die Pflanzen im Gewächshaus vor Umwelteinflüssen, die durch den Boden hindurch einwirken. Die Höhe des Fundaments über der Bodenoberfläche beträgt im Allgemeinen 30 cm. Bei Topfpflanzenbetrieben mit Kultur auf Tischen kann das Fundament auch höher gezogen werden.

Binder: Wie sind sie ausgebildet?

Im Gewächshaus bilden Binder die eigentliche Tragkonstruktion. Sie übertragen alle Kräfte und Lasten auf das Fundament und damit den Boden (Eigengewicht, Schnee- und Windlast, Lasten aus angehängten Innenteilen). Meist sind sie als Doppel-T-Profile (sog. Vollbinder), seltener als Gitterträger ausgebildet. Als Material wird bei den Vollbindern feuerverzinkter Stahl verwendet. Die Stärke der Binderausführung richtet sich nach der statischen Belastung und dem Binderabstand.

Pfetten: Wie sind sie ausgebildet?

Pfetten sind die Längsunterzüge im Gewächshaus. Sie gehören mit den Bindern zur Tragkonstruktion des Gewächshauses. Sie übertragen die Kräfte, die vom Gewicht des Dachs, der Sprossen und des Bedachungsmaterials (in der Regel Glas) sowie von Wind- und Schneelast herrühren, auf die Binder. Als Werkstoff für die Pfetten wird wie bei den Sprossen sowohl Stahl als auch Aluminium eingesetzt. Für Stahlpfetten werden hauptsächlich dünnwandige Winkel-, U- und Z-Walzprofile verwendet. Für First-, Lüftungs- und Traufenpfetten ergeben sich bei vielen Konstruktionen oft Spezialprofile. Bei Verwendung von Aluminium lassen sich durch die vielfältigen Formgebungsmöglichkeiten für jeden Anwendungsfall spezielle Profile herstellen. Die Pfette wird mit dem Binder verschraubt und am oberen Steg wird die Sprosse angeschraubt.

Sprossen: Wie sind sie ausgebildet?

Bei Gewächshäusern sind die Sprossen die Auflagekonstruktionen für die Glasscheiben oder Kunststoffplatten. Als Werkstoff für Sprossen wird heute in der Regel Aluminium verwendet, weniger feuerverzinkter Stahl. Die Sprossentypen, die in Gewächshauskonstruktionen eingebaut werden, lassen sich unterscheiden nach Sprossen für Einfachbedachung und Doppelbedachung sowie in Sprossen für Verkittung (nur noch selten) und kittlose Verglasung. Die klassische Stahlsprosse hat ein T-Profil. Für die kittlose Verglasung gibt es eine Reihe von Sonderprofilen, die ausnahmslos aus Aluminium hergestellt werden. Aluminiumsprossen haben den Vorteil, dass sie durch Strangpressen in fast beliebigen Querschnitten hergestellt werden können und dass sie keinen Korrosionsschutz benötigen. Die Scheiben werden auf Stege gelegt, mit Klammern oder Stiften befestigt und durch Kunststoffstreifen abgedichtet. Der Kunststoffabdeckwulst verringert gleichzeitig den Wärmeverlust durch die Kältebrücken der Sprossen.

Windverband: Welche Aufgabe hat er?

Zur Aufnahme von Windkräften in Längsrichtung des Gewächshauses auf die Giebelwand muss die Konstruktion durch sog. Windverbände stabilisiert werden. Sie sind in der Stehwand als Vertikalverband und im Dach als Dachverband anzubringen. Sie bestehen aus Diagonalverstrebungen in den Binderfeldern zwischen den Kreuzungspunkten von Binder-Rinnen-Verbindung und den Binderauflagern am Fundament.

Stehwand: Was versteht man darunter?

Die Stehwand ist der seitliche Abschluss eines Gewächshauses. Sie besteht aus dem aus der Erde herausragenden Fundamentsockel sowie dem lichtdurchlässigen Teil bis zur Traufe. Der Fundamentsockel hat in der Regel eine Höhe von 30 cm. Die restliche Höhe der Stehwand beträgt meist 2 m oder für bestimmte Kulturen bzw. Inneneinrichtungen bis 2,80 m. Die Stehwand kann geschlossen oder mit einer Lüftungsklappe versehen sein. Es wird entweder die genormte 2-m-Scheibe oder bei Lüftungsklappen meist eine 1-m-Scheibe fest und eine 1-m-Scheibe in der Lüftungsklappe eingeglast.

Traufe: Was versteht man darunter?

Bezeichnung für eine spezielle Pfette im Gewächshausbau. Sie ist der Übergang von der Stehwand in die Dachneigung. Hier sammelt sich das Wasser vom Dach und tropft ab. Zum Sammeln und Ableiten des Wassers wird heute in den meisten Fällen an der Traufe eine Rinne angebracht. In der Regel ist die Rinne Bestandteil der Traufe. Bei Blockbauweise ist immer eine Rinne vorgesehen, die gleichzeitig das Verbindungselement zwischen den Schiffen darstellt. Die Form der Rinne ist zur Mitte hin nach unten abgeschrägt. Dadurch läuft das Kondenswasser an der Außenseite der Rinne zur Mittelkante hin und kann hier in darunter angebrachte Kondenswasserrinnen abtropfen. Die gängigen Rinnenbreiten liegen zwischen 200 und 230 mm. Bei dieser Breite ist sie begehbar, sodass von hier aus leicht Arbeiten an der Bedachung auszuführen sind.

Feuerverzinkung: Was versteht man darunter?

Verfahren, bei dem Stahlteile (z. B. die Binder der Gewächshäuser) dauerhaft und wirtschaftlich vor Korrosion geschützt werden. Dazu wird das durch flüssige Kohlenwasserstoffe entfettete und mit verdünnter Salzsäure gebeizte Stahlteil in ein 450 °C heißes, flüssiges Zinkbad getaucht und anschließend bei guter Belüftung gelagert. Dabei kommt es zu einer Legierung zwischen Stahl und Zinkschicht. Die Schichtdicke beträgt 50–70 µm (= 0,05–0,07 mm). Früher wurde das Zinkbad durch ein offenes Feuer erwärmt, was zur Bezeichnung Feuerverzinkung führte.

Gewächshausbedachung: Welche Bedachungsmaterialien werden bei Gewächshäusern eingesetzt?

Neben Glas (als Einfach- oder Doppelglas) werden feste Kunststoffe (PC, PVC, PMMA u. a.) meist als Hohlkammerplatten und für einfache Bedachungen (Foliengewächshäuser) Folien (meist aus Polyethylen PE) eingesetzt.

Glas: Woraus besteht es?

Eine aus anorganischen Stoffen (Quarzsand, Soda oder Pottasche und Kalk) hergestellte, farblose, harte, durchsichtige, nicht kristallisierte Masse. Glas ist ein vielfältig verwendeter Werkstoff. Es hat im Bereich des Gartenbaus eine besondere Bedeutung. Mit Glas eingedeckte beheizbare Gewächshäuser ermöglichen einen ganzjährigen Pflanzenanbau.

Gartenblankglas: Was versteht man darunter?

Durchsichtiges, fast farbloses Flachglas, das im maschinellen Ziehverfahren oder Floatverfahren hergestellt wird. Die beiderseits feuerblanken Oberflächen sind praktisch eben; das Glas ist gleichmäßig dick. Es wird hauptsächlich für die Verglasung von Gewächshäusern hergestellt und weist geringere Qualität als Fensterglas auf.

Gartenklarglas: Was versteht man darunter?

Gartenklarglas oder einfach Klarglas ist ein farbloses, im endlosen Bandverfahren speziell für den Gewächshausbau entwickeltes Gussglas. Die Oberseite ist glatt gewalzt, die Unterseite besitzt eine Oberflächenstruktur (Nörpelung), wodurch eine Streuwirkung der durchgehenden Licht- und Wärmestrahlung erreicht wird. Sie verhindert bei starker Sonneneinstrahlung Schäden an Pflanzenbeständen.

Isolierglas: Was versteht man darunter?

Isolierglas besteht aus mindestens zwei Flachglasscheiben (auch unterschiedlicher Art), die durch einen oder mehrere Abstandhalter im Randbereich voneinander getrennt sind und unter Verwendung verschiedener Versiegelungssysteme in der Fabrikationsstätte zusammengefügt wurden. In den letzten Jahrzehnten verdrängte diese Technik die historische Einscheiben-Verglasung der Gewächshäuser. Der Vorteil liegt insbesondere im größeren Wärmeschutz.

Lüftung: Welche Aufgabe hat sie?

Unter Lüftung versteht man den Austausch der Innenluft des Gewächshauses mit der Luft aus der Umgebung. Sie dient dem Austausch von Sauerstoff (O_2) und Kohlenstoffdioxid (CO_2), der Regulierung der Temperatur, d. h. der Abführung überschüssiger Wärme bei zu hoher Einstrahlung und der Feuchteregelung im Gewächshaus.

Hinsichtlich der Art des Luftaustauschs wird zwischen der freien Lüftung und der Zwangslüftung unterschieden. Freie Lüftung ist ein Luftaustausch, der auf physikalischen Unterschieden zwischen den Austauschräumen beruht.

Freie Lüftung: Wie funktioniert sie?

Die freie Lüftung beruht auf einem Druckgefälle durch Temperaturunterschiede und/oder durch Feuchteunterschiede und/oder durch Druckunterschiede bei Windeinfall. Die freie Lüftung ist bei Gewächshäusern die Regel, wobei der Luftaustausch durch Temperaturunterschiede die größte Rolle spielt.

Die Wirkungsweise der freien Gewächshauslüftung ist mit dem Lüftungseffekt eines Schornsteins vergleichbar. Je höher ein Schornstein und je größer der Temperaturunterschied zwischen den Rauchgasen und der Außenluft ist, umso größer ist der Druckunterschied bzw. der thermische Auftrieb, der den Schornsteinzug bewirkt. Die Wirkung der Gewächshauslüftung ist darum umso besser, je höher die Häuser sind und je größer der Unterschied zwischen der Außentemperatur und der Temperatur im Gewächshaus ist. Ein steileres Dach ist dem flachen Dach in der Lüftungswirkung überlegen, dasselbe gilt für einen Luftzutritt im unteren Teil der Stehwand gegenüber einem Einlass im oberen Teil. Bei der Gestaltung der Lüftungsflügel ist auf eine gute strömungstechnische Führung des Luftstroms zu achten. Widerstände im Luftstrom durch verkehrte Konstruktion der Lüftungselemente vermindern die Lüftungswirkung. Schließlich ist für die Wirksamkeit einer Lüftung Voraussetzung, dass die Öffnungen für die Zu- und Abluft groß genug sind. Die Lüftungsflügel im Dach, drehbar im First gelagert, sollen mindestens 15 Grad über die Waagerechte ausstellbar sein.

Zwangslüftung: Wie funktioniert sie?

Während bei der freien Lüftung für den Luftaustausch ein Druckgefälle erforderlich ist, wird der Luftaustausch bei der Zwangsbelüftung mithilfe von Ventilatoren (zwangsweise) durchgeführt. Die Ventilatoren werden entweder in die Stehwand oder die Giebelwand eingebaut und saugen bzw. drücken die Außenluft durch das Gewächshaus.

Lüftungsarten: Zwischen welchen wird unterschieden?

Unterschieden wird zwischen Firstlüftung (die Lüftungsklappen sind an der Firstpfette angebracht), der Dachlüftung (bei großräumigen Gewächshäusern), der Stehwandlüftung (Lüftungsklappen in der Stehwand) und der Giebellüftung (Lüftungsklappen in der Giebelwand). Die Schornsteinlüftung (hier werden schornsteinartige Schächte am First eingebaut) und die Mauerlüftung (Lüftungsklappen sind in höhere Fundamentsockel eingebaut) haben heute keine Bedeutung mehr. Nach der Ausführungsform unterscheidet man zwischen der Klappflügellüftung (die Lüftungsklappen sind oben an einem horizontalen Drehgelenk gelagert; die Öffnung erfolgt nach außen), der Schiebeflügellüftung (die Lüftungsklappe wird parallel zur Dach- bzw. Stehwandfläche verschoben) und der Drehflügellüftung (die Drehflügel haben senkrechte Drehgelenke, die Öffnung erfolgt nach innen oder außen).

Seilzuglüftung: Wie funktioniert sie?

An einem Seilzug oder einer Zugstange ist ein Zugseil zu den einzelnen Lüftungsklappen befestigt, welches bei Zug über eine Umlenkrolle einen Bügel und damit den Klappflügel zur Lüftung anhebt. Beim Zurückgehen (Lösen) des Zugseils schließt sich der Klappflügel durch das Eigengewicht. Zur Sturmsicherung ist ein Sicherungsseil an einer Schlaufe an dem Bügel der Umlenkrolle am Klappflügel und an dem Seilzug oder der Zugstange befestigt.

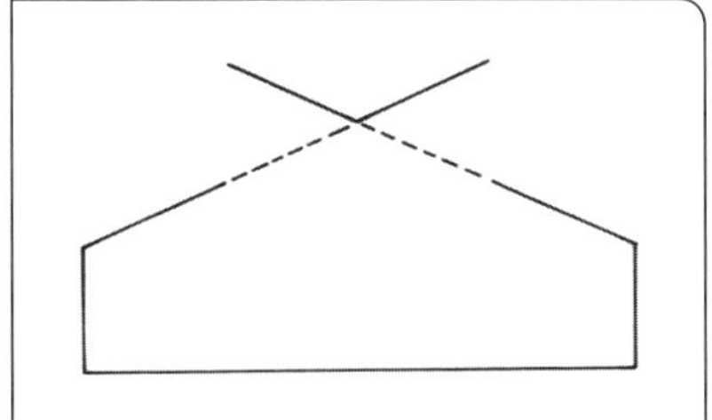

Abb. 17 Firstlüftung mit Klappflügel.

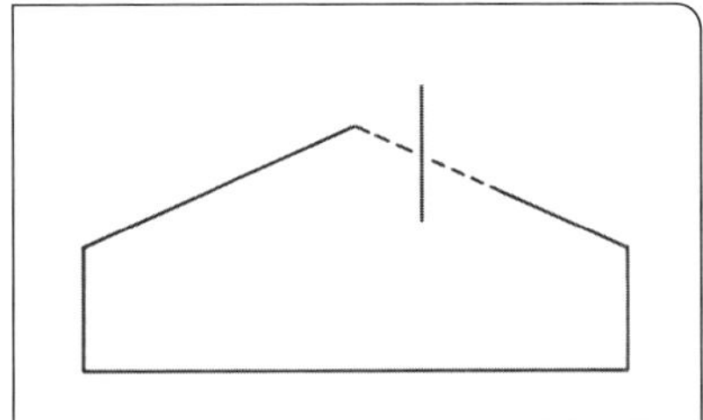

Abb. 18 Firstlüftung mit Drehflügeln

Zahnstangenlüftung: Wie funktioniert sie?

Gewächshauslüftungstechnik, bei der die Drehbewegung einer Welle über Zahnrad und Zahnstange in eine hin- und hergehende Bewegung der Lüftungsklappe übertragen wird. Bei durchgehenden Lüftungen werden die Wellen über die Länge des Gewächshauses an der Stehwand oder im Dach montiert. In bestimmten Abständen sitzen Zahnräder auf der Welle, die in Zahnstangen eingreifen, welche wiederum an einer Pfette der Lüftungsklappe drehbar gelagert sind.

Luftwechselzahl: Was versteht man darunter?

Im Zusammenhang mit der Lüftung von Gewächshäusern gibt die Luftwechselzahl das in einer Stunde ausgetauschte Luftvolumen als Vielfaches des Gewächshausvolumens an. Für Gewächshäuser gelten folgende Erfahrungswerte:

Luftwechselzahl
20–40 = schlechte Lüftung,
40–50 = normale Lüftung,
größer als 50 = gute Lüftung.

Beim Luftaustausch durch Undichtigkeiten bei geschlossener Lüftung beträgt die Luftwechselzahl etwa 0,6–2.

Schattierung: Wozu dient sie?

Mit Schattierung werden technische Einrichtungen in Gewächshäusern bezeichnet, die dazu dienen, die Strahlungsintensität in Gewächshäusern zu reduzieren. Im Einzelnen werden folgende Ziele verfolgt:

Minderung der Strahlungsintensität. Die in den Gewächshäusern kultivierten Pflanzenarten können sehr unterschiedliche Lichtansprüche haben. Für Pflanzen, die nur geringe Strahlungsintensitäten vertragen, sog. Schattenpflanzen (z. B. *Saintpaulia ionantha*), muss durch Schattierung die Stärke der Einstrahlung gemindert werden, um Verbrennungen zu vermeiden.

Senkung der (Pflanzen-)Temperatur. Eine wesentliche Aufgabe der Schattierung. In unbeschatteten Gewächshäusern kann die Pflanzentemperatur bis zu 15 °C über der Lufttemperatur liegen. In schattierten Gewächshäusern beträgt sie gegenüber der Lufttemperatur nur noch wenige Grad, weil die Strahlen der Sonnen nicht mehr direkt auf die Pflanzen treffen.

Wärmedämmung. In Form sogenannter Energieschirme dienen heute Schattierungen in der Nacht oder an besonders kalten Tagen darüber hinaus zur Wärmedämmung.

Schattierungsarten: Zwischen welchen wird grundsätzlich unterschieden?

Nach Art der Anbringung der Schattierung wird zwischen Innenschattierung und Außenschattierung unterschieden – in Bezug auf die Beweglichkeit zwischen Dauerschattierung (Anstrich der Gewächshäuser mit Schattierfarbe) und beweglicher Schattierung. Dafür gibt es jeweils verschiedene Prinziplösungen.

Dauerschattierung: Welche Vor- und Nachteile hat eine Dauerschattierung mittels Farbe?

Spezielle Farben (früher wurde auch Schlämmkreide, Mehl- und Kalkbrühe verwendet) werden zu Beginn des Sommers bei zunehmender Einstrahlung auf die Scheiben aufgebracht und im Herbst bei abnehmender Einstrahlung wieder entfernt. Sie bewirken unabhängig von der Einstrahlung eine dauernde Schattierwirkung, was bei trüben Witterungsbedingungen ein großer Nachteil ist. Ein weiterer Nachteil ist, dass die rückstandsfreie Beseitigung im Herbst sehr aufwendig ist. Von Vorteil gegenüber beweglichen Schattierungen ist, dass der Lüftungseffekt nicht beeinträchtigt wird.

Innenschattierung: Welche Konstruktionen werden für bewegliche Innenschattierungen angeboten?

Früher wurden Schattiermatten von Hand auf die Heizrohre aufgelegt, heute stehen Gewebe im Vordergrund, die mithilfe von Seilzügen hin- und herbewegt werden. Sie können dabei entweder gerollt oder gerafft werden. Das Raffen der Gewebe hat sich heute weitgehend durchgesetzt, da die Schattiergewebe beim Rollen eher beschädigt werden. Die Schattierung kann in Längsrichtung des Gewächshauses oder in Querrichtung auf- und zu bewegt werden. Bei Bewegung in Längsrichtung werden die Gewebebahnen entweder in Traufenhöhe oder parallel zum Dach angebracht und befinden sich in offenem Zustand an oder unter den Bindern, um den Lichteinfall möglichst wenig zu beeinflussen. Quer zur Längsachse des Gewächshauses bewegte Schattierungen werden ebenfalls entweder in Traufenhöhe oder dachparallel angebracht und im offenen Zustand meist unter dem First gerafft.

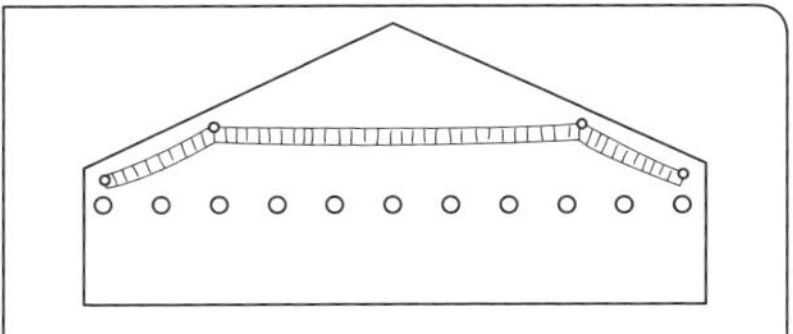

Abb. 19 In Traufenhöhe installierte Schattierung. Die Gewebebahnen werden in Längsrichtung bewegt.

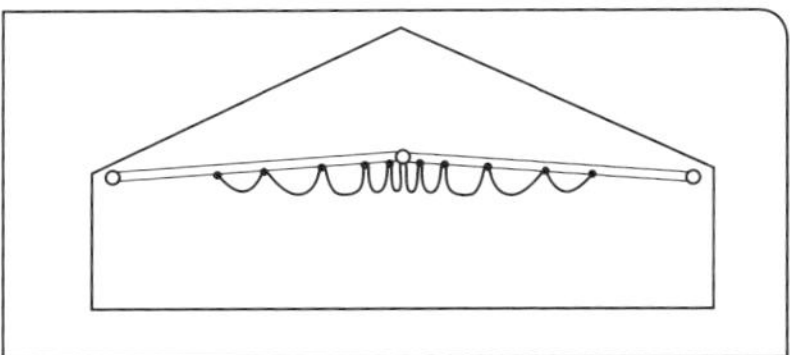

Abb. 20 In Traufenhöhe installierte Schattierung. Die Gewebebahnen werden quer zur Längsachse des Gewächshauses bewegt.

Welche Vor- und Nachteile haben bewegliche Innenschattierungen?

Die Vorteile der beweglichen Innenschattierungen sind, dass sie haltbarer als Außenschattierungen (da nicht der Witterung ausgesetzt) sind, und dass sie bei entsprechend konstruktiver Ausgestaltung gleichzeitig als Energieschirm zur Energieeinsparung eingesetzt werden können. Nachteilig ist, dass die Strahlungsenergie der Sonne in das Gewächshaus gelangt (dadurch starker Gewächshauseffekt) und je nach Ausführung die Lüftung stark, bis sehr stark beeinträchtigt.

Außenschattierung: Welche Vor- und Nachteile haben bewegliche Außenschattierungen?

Die bewegliche Außenschattierung ist im Vergleich zur beweglichen Innenschattierung wärmetechnisch dahin gehend von Vorteil, dass die Strahlungswärme erst gar nicht ins Gewächshaus gelangt (schwacher Gewächshauseffekt). Bei entsprechender Konstruktion werden die Lüftungseigenschaften nicht behindert. Nachteilig ist die große Anfälligkeit gegen Schäden durch die Einwirkung der Außenwitterungsbedingungen. So kann die Funktion der Anlage beispielsweise durch nasses Gewebe erschwert bzw. ganz infrage gestellt werden.

Außenschattierungen werden meist auf Tragschienen so geführt, dass sie über die geöffneten Lüftungsklappen am First gehen (siehe Abb. 21 und 22 Seite 144). Was sehr wichtig ist, weil sonst die Belüftung der Gewächshäuser negativ beeinflusst würde. Bewegt werden die Außenschattiersysteme durch Wickelwellen am First oder durch Wickelwellen an Klettermotoren. Klettermotoren drehen eine Welle, auf die sich das Schattiergewebe aufwickelt, und bewegen sich dadurch selbst – entlang dem Dach – auf und ab. Auch Lamellensysteme kommen zur Anwendung.

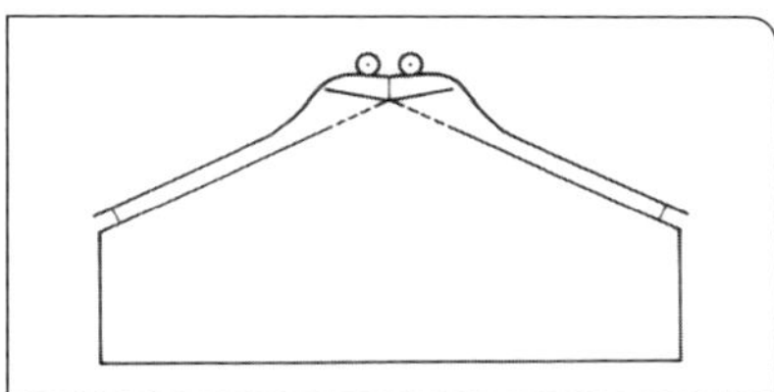

Abb. 21 Bewegliche Außenschattierung mit Tragschiene.

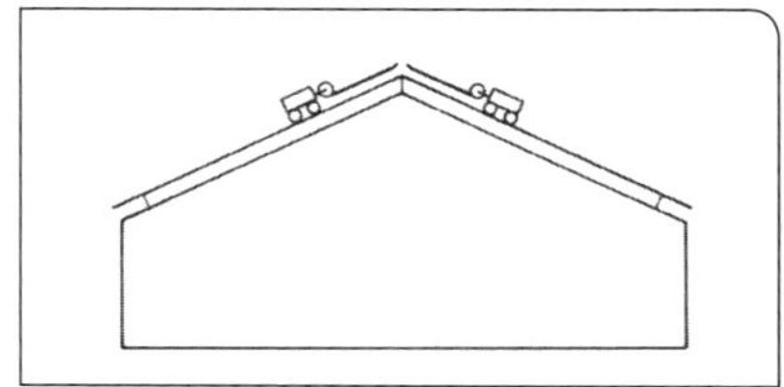

Abb. 22 Bewegliche Außenschattierung. Die Wickelwellen sind an Klettermotoren angebracht.

Schattierungssteuerung: Wie werden mobile Schattierungen gesteuert?

Mobile Schattierungen erfüllen nur dann ihre Aufgabe, wenn sie im richtigen Zeitpunkt betätigt werden. Das geschieht erfahrungsgemäß bei der Bedienung von Hand in unzureichendem Maße. Alle Anlagen mit Motorbetrieb lassen sich durch die Messung der Strahlungsintensität mittels einer Fotozelle steuern. Die Fotozelle vergleicht den gemessenen Wert mit den am Steuergerät eingestellten Sollwerten für Öffnen und Schließen der Schattierung. Wird der Sollwert überschritten, fließt Strom und der Elektromotor wird in Gang gesetzt, der die Schattierung schließt.

Um ein ständiges Auf- und Zugehen der Schattierung bei Bewölkung zu verhindern, kann man bei den meisten Systemen Schaltdifferenzen einstellen. Dies kann sich auf die Luxwerte aber auch auf die Zeit beziehen. Ist z. B. der Sollwert auf 35 000 Lux und die Schaltdifferenz auf 6 000 Lux eingestellt, dann kommt der Schaltbefehl zum Schließen bei 38 000 und zum Öffnen bei 32 000 Lux. Außerdem sollte das Schattiersystem bei abfallender Einstrahlung mit einer Verzögerung von fünf bis zehn Minuten öffnen.

Bei welchen Lichtintensitäten sollte schattiert werden?

Einheitliche Grenzwerte für die Lichtintensität, ab welcher schattiert werden sollte, existieren nicht. Besonders empfindlich sind Pflanzen im zeitigen Frühjahr, weil sie zuvor im Winter keiner hohen Einstrahlung ausgesetzt waren. Hier können bereits Lichtstärken unter 50 klx zu Schäden durch Überhitzung führen, während anderenfalls zumeist beim Überschreiten von 70 bis 90 klx schattiert wird. Der Schattierwert der angebotenen Schattiergewebe liegt bei etwa 50 bis 60 %, d. h., vom einfallenden Licht gelangen noch 40 bis 50 % auf die Pflanzen.

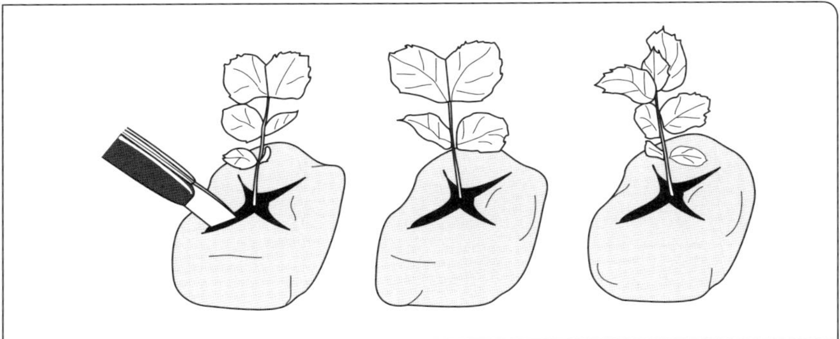

Abb. 23 Torfsack/Sack-Kultur für Grundbeete.

Kulturflächen unter Glas – Bodenbeet: Was versteht man darunter?

Im gewachsenen, ständig verbesserten Boden ebenerdig angelegte Beete. Die Pflanzen wachsen im bearbeiteten und gedüngten Boden. Sie sind heute noch in Baumschulen, im Gemüse- und Schnittblumenanbau sowie zur Aufstellung von Beet- und Balkonpflanzen weit verbreitet. Durch Lattenroste wird im Gemüsebau die Begehbarkeit des Bodens verbessert. In Schnittblumenkulturen sind Umrandungen aus Kantensteinen oder Betonplatten anzutreffen. Letztere schaffen einen befestigten Weg. Besser noch sind U-förmige Betonprofile, die außer als Weg auch noch als Beetrand dienen.

Grundbeete: Was versteht man darunter?

Als Grundbeete werden Kulturflächen bezeichnet, bei denen der gewachsene Boden mit Beton, Folie oder Hartschaumplatten abgedeckt ist, sodass die Pflanzen nicht mehr mit dem gewachsenen Boden in Kontakt kommen. Diese Kulturflächen dienen Topf- und Containerpflanzen sowie Hydrokulturen und Schnittblumenkulturen in Containern und Erdsäcken als Stellfläche.

Bankbeete: Was versteht man darunter?

Bankbeete sind hochgezogene Bodenbeete, die nach unten Verbindung zum gewachsenen Boden haben. In der Regel werden sie mit Substrat aufgefüllt. Bankbeete sind in der Regel Kulturflächen für Schnittblumenkulturen, dienen aber auch als Stellfläche für Topfpflanzen.

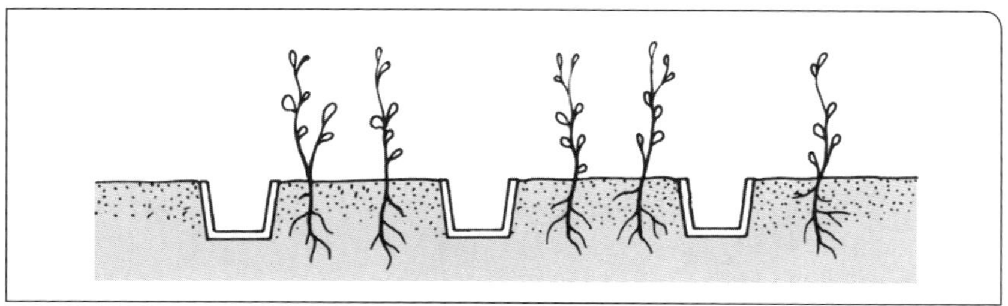

Abb. 24 Bankbeete.

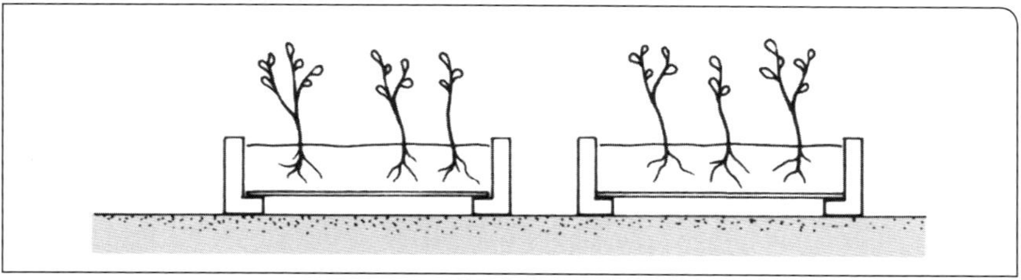

Abb. 25 Trogbeete.

Trogbeete: Was versteht man darunter?

Trogbeete sind wannenförmige Beete, die auf Pfosten stehen und keine Verbindung mehr zum gewachsenen Boden haben. In der Regel werden sie aus Stahlbetonfertigteilen hergestellt. Trogbeete sind für Schnittblumenkulturen entwickelt worden, aber man findet sie auch im Gemüsebau. Die Wanne wird mit Substrat gefüllt, in dem die Pflanzen wurzeln können. Hierbei kann die Übertragung von bodenbürtigen Krankheiten vermieden werden; die Erde lässt sich gut Entseuchen und ggf. auch einfach auswechseln.

Tischbeete: Was versteht man darunter?

Tischbeete sind auf Stützen aus Metall (Stahl, Aluminium) oder Beton (meist Betonfertigteile) stehende, meist etwa 60–80 cm hohe Kulturflächen mit mehr oder weniger hohem Rand zum Aufstellen von Topfpflanzen oder auch zur direkten Nutzung als Pflanzfläche (heute nur noch selten). Je nach Stellung im Gewächshaus werden Mittel- oder Seitentische unterschieden. Mitteltische haben in der Regel eine Breite von 200–220 cm, Seitentische von 100–110 cm. Tischbeete gibt es mit oder ohne Unterheizung.

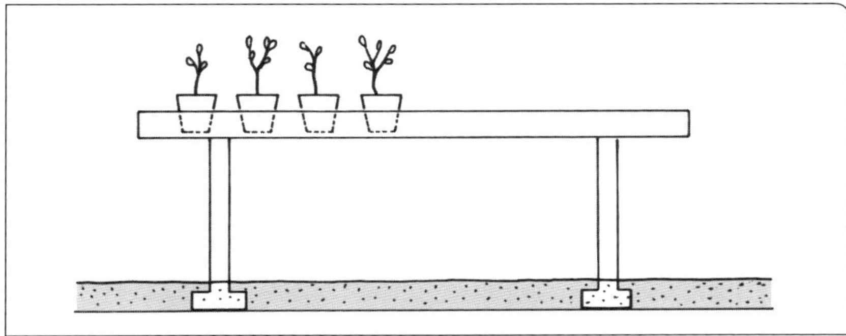

Abb. 26 Tischbeet.

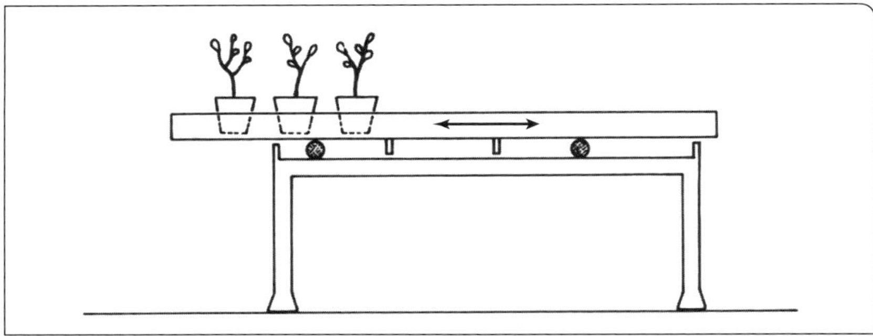

Abb. 27 Rolltisch.

Rolltische: Was versteht man darunter?

Rolltische sind bewegliche Kulturflächen und dienen der besseren Ausnutzung der Gewächshausgrundfläche als Kulturfläche. Auf einem fest stehenden Fundament (Stahl oder Beton) ist das Tischoberteil (in der Regel aus Aluminium) eine bestimmte Strecke, z. B. eine Wegbreite, verrollbar. In einem Gewächshaus ist damit, statt mehrerer Wege, maximal nur ein Weg nötig. Um an einem Tisch arbeiten zu können, wird durch Verschieben der Tischoberteile ein Weg „frei gerollt“. Während sich bei festen Tischsystemen eine Platzausnutzung von 60–65 % der Bruttogewächshausfläche erreichen lässt, kann sie mit Rolltischen auf 85–90 % gesteigert werden. Damit können bei gleich bleibendem Heizenergieverbrauch mehr Pflanzen pro Grundfläche produziert werden, was eine Energieeinsparung in Höhe der prozentualen Erhöhung der Nettokulturfläche bedeutet.

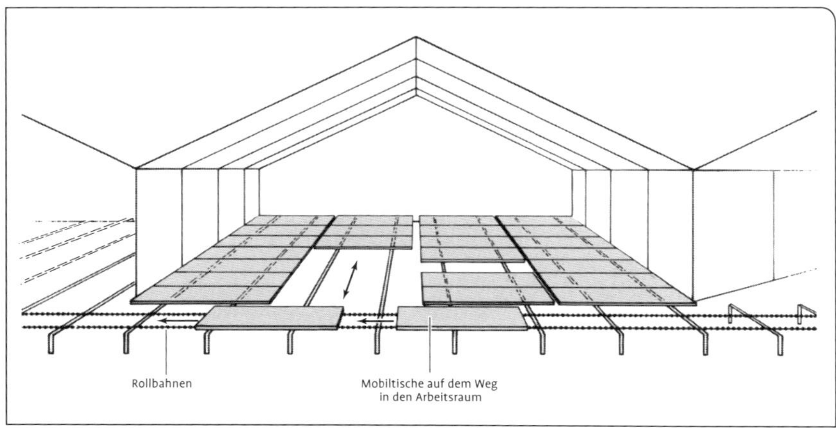

Abb. 28 Gewächshaus mit Mobiltischen.

Mobiltische (Rollpaletten): Was versteht man darunter?

Mobiltische oder Rollpaletten sind Weiterentwicklungen von Rolltischen. Sie sind nicht nur Stellflächen für Pflanzen, sondern gleichzeitig auch Transporteinheiten, die bei entsprechender Auslegung einen Transport ganzer Einheiten im gesamten Betrieb, von Gewächshaus zu Gewächshaus oder auch zu den Arbeits- und Lagerräumen ermöglichen. Die Rollpaletten haben Rollen und werden auf Rohren in die Beete gerollt. Für den Transport in den Arbeitsraum dienen fest installierte Rollbahnen, Transportwagen, die durch Leitsysteme in den betonierten Wegen geführt werden, und sonstige verrollbare Transportsysteme. Mobiltischsysteme dienen neben einer besseren Platzausnutzung der Verminderung des Transportaufwands. Vollkommen durchmechanisierte Systeme führen zu einer drastischen Reduzierung des Arbeitskräfte-Besatzes der Betriebe und ermöglichen, Arbeiten wie Pflanzenschutzspritzungen oder Rückarbeiten auch außerhalb der Arbeitszeit rechnergesteuert durchführen zu lassen. Für die optimale Nutzung derartiger Anlagen ist eine sehr gezielte Auswahl der Kulturen und der Kulturverfahren erforderlich.

Hängen: Was versteht man darunter?

Das sind zur intensiven Ausnutzung der Gewächshäuser entlang den Wegen oder in Arbeitsräumen und Verbindern, über die Fläche verteilte, an den Bindern der Dachkonstruktion aufgehängte, schmale Kulturflächen. In früheren Zeiten wurden Bretter zum Bau von Hängen verwendet, deshalb auch die Bezeichnung Hängebretter. Heute sind sie meist aus Alu-Profilen oder auch aus Stahl gefertigt. Als Belag werden Plantafeln, Styroporplatten, Alu-Steckgitter, verzinktes Wellgitter oder Glas verwendet.

Rollhängen: Was versteht man darunter?

Rollhängen sind Hängen, die mithilfe einer einfachen Mechanik über die Querwege gerollt werden. Benötigt man den Weg, wird die Hänge über den Kulturtisch gerollt.

Rollenbahnen: Wozu dienen sie?

Einrichtung zum Transportieren von in Kisten eingestellten Topf- oder Containerpflanzen und Jungpflanzenkisten zum Aufstellungsort (in das Gewächshaus oder das Quartier) oder, im Rahmen der Vermarktung, vom Kulturraum zum Arbeitsraum, zur Verpackungsanlage bis zum Transportfahrzeug oder zur Topfwaschmaschine. Es ist zwischen Rollen- und Röllchenbahnen zu unterscheiden. Während bei Rollenbahnen (heute üblicher) walzenförmige Rollen über die gesamte Bahnbreite reichen, bilden bei Röllchenbahnen mehrere kleine Rollen, die meist gegeneinander versetzt sind, eine Bahnbreite. Röllchen- oder Rollenbahnen liegen auf Standfüßen, die meist auf Höhen zwischen 80 und 120 cm verstellbar sind. Für den selbsttätigen Transport brauchen die Bahnen ein Gefälle von etwa 3–5 %. Das zu fördernde Gut (die Kisten) muss einen vollkommen ebenen Boden besitzen. Der Auf- und Abbau der Anlage ist zeitaufwendig, sodass sich ein Aufbau bzw. eine Anschaffung nur bei größeren Entfernungen bzw. Mengen lohnt.

Künstliche Belichtung – Licht: Was ist das?

Strahlung, die im Auge eine Helligkeitswahrnehmung auslöst. Strahlung bedeutet die Aussendung und Übertragung von Energie in Form elektromagnetischer Wellen mit bestimmter Frequenz und Wellenlänge. Licht ist neben Wasser und Kohlendioxid eine Grundvoraussetzung für die pflanzliche Stoffproduktion (Fotosynthese) und damit des Wachstums. Darüber hinaus wirkt das Licht formend auf die Pflanze und beeinflusst mit seiner Periodizität Entwicklungsverlauf und Blütenbildung.

Beleuchten und Belichten: Was sind die Unterschiede?

Beleuchten ist das Bestrahlen nicht leuchtender Objekte mit Licht, um sie für unser Auge sichtbar zu machen (die Straßenbeleuchtung, das Beleuchten von Pflanzen auf Ausstellungen oder in Blumengeschäften usw.). Belichten ist das Bestrahlen lichtempfindlicher Objekte mit Licht eines bestimmten Spektralbereichs und einer bestimmten Beleuchtungsstärke für eine bestimmte Dauer, wobei die Energie der sichtbaren Strahlung in Energie chemischer Verbindungen umgesetzt wird. In der gärtnerischen Umgangssprache steht der Begriff Belichtung für das Beleuchten von Pflanzen mit künstlichen Lichtquellen. Sie dient der fotoperiodischen Beeinflussung der Pflanzen (Langtagbehandlung, Fotoperiodismus) und der Förderung des Pflanzenwachstums in der lichtarmen Jahreszeit (Assimilationsbelichtung).

Assimilationsbelichtung: Was versteht man darunter?

Bezeichnet den Einsatz von künstlichen Lichtquellen zur Steigerung der Fotosynthese. Assimilationslicht wird besonders im Winter verwendet, damit die Pflanzen schneller wachsen, bessere Qualitäten erzielt und die Kulturzeiten verkürzt werden können.

Lichtkompensationspunkt: Was versteht man darunter?

Damit bezeichnet man diejenige Lichtintensität, bei der keine Nettofotosynthese erfolgt, d. h., bei der so viel CO_2 verbraucht wird, wie bei der Atmung entsteht. Bei Lichtintensitäten unter dem Kompensationspunkt überwiegt die Atmung. Hält dieser Zustand länger an, ist die Pflanze nicht mehr lebensfähig. Sonnenpflanzen haben einen hohen, Schattenpflanzen einen niedrigen Lichtkompensationspunkt.

Beleuchtungsstärke: Wie wird sie gemessen?

Eine Lichtquelle kann nach ihrer Lichtleistung, dem Lichtstrom (gemessen in Lumen = lm) bzw. der Beleuchtungsstärke (gemessen in Lux) beurteilt werden. Mit Lux wird die Beleuchtungsstärke (= Leistung pro Fläche) einer Lichtquelle angegeben. Wird 1 m^2 gleichmäßig von 1 Lumen erleuchtet, dann beträgt die Beleuchtungsstärke 1 Lux (Lux = lm/m^2).

Candela: Was ist das?

Einheit für die Lichtstärke (cd). Die Candela (lat.: Kerze) ist eine fotometrische Einheit, das heißt, sie ist über die genormte Kurve der spektralen Wahrnehmungsfähigkeit des menschlichen Auges an die Strahlungsstärke und damit an die SI-Einheit Watt angebunden. Eine gewöhnliche Haushaltskerze hat eine Lichtstärke von etwa 1 cd.

Luxmeter: Was ist das?

Gerät zum Messen der Beleuchtungsstärke. Das Luxmeter arbeitet mit Selen-Fotoelementen, die bei Lichteinstrahlung elektrischen Strom abgeben, der mit der Lichtintensität zunimmt. Auf einer Skala wird die Beleuchtungsstärke abgelesen.

Lampe und Leuchte: Was versteht man in der Lichttechnik darunter?

In der Lichttechnik versteht man unter Lampe das Licht erzeugende Gerät, z. B. die Glühlampe oder die Leuchtstofflampe, dagegen unter Leuchte, die Zubehörteile, im Wesentlichen also die Lampenfassung, das Vorschaltgerät und die Reflektoren zur Lichtverteilung.

Fotoperiodismus: Was versteht man darunter?

Die Abhängigkeit von Wachstums- und Entwicklungsvorgängen von der täglichen Licht- und Dunkelperiode (weder Licht noch Dunkelheit allein sind also die wirksamen Faktoren) wird als Fotoperiodismus bezeichnet. Für den Gärtner wohl der wichtigste und der am meisten untersuchte Vorgang ist der bei zahlreichen Pflanzen fotoperiodisch bedingte oder beeinflusste Wechsel vom vegetativen Wachstum zur Blütenbildung. Aber auch die Knollenbildung bei Dahlien und Knollenbegonien, die Einleitung des herbstlichen Blattfalls unserer heimischen Gehölze, die Brutpflanzenentwicklung bei *Kalanchoe*-Arten und andere Entwicklungsvorgänge sind auf eine fotoperiodische Reaktion zurückzuführen. Das Wissen um den Fotoperiodismus kann vom Gärtner in vielfältiger Weise für seine Zwecke genutzt werden. So kann er z. B. durch künstliche Verlängerung der Tageslänge oder durch künstliche Verkürzung der Tageslänge, das Blühen zu einer für den Absatz günstigen Jahreszeit hervorrufen oder aber auch beliebig unterdrücken und damit das vegetative Wachstum ermöglichen. Um diese Reaktion aber richtig nutzen zu können, muss man sich mit den Eigenarten der dem Fotoperiodismus unterliegenden Pflanzenarten vertraut machen.

Tageslänge: Was versteht man darunter?

Im Allgemeinen die Länge des Tages in Stunden, die 24 Stunden beträgt. Im Gartenbau wird als Tageslänge aber im Allgemeinen die Zeit zwischen Sonnenaufgang und Sonnenuntergang bezeichnet, die abhängig ist von der geografischen Breite und der Jahreszeit und bei uns im Jahresverlauf zwischen 8 und 16 Stunden liegt (siehe Abb. 29 Seite 152).

Kritische Tageslänge: Was versteht man darunter?

Sie ist die Tageslänge, die für fotoperiodisch reagierende Pflanzen zwischen Langtag (LT) und Kurztag (KT) liegt, also wenn es um die Blütenbildung geht, zwischen Blüteninduktion und Blütenverhinderung (vegetativem Wachstum). Dabei kann eine Tageslänge von z. B. 15 Stunden für eine Pflanzenart Langtag, für eine andere Kurztag bedeuten. Die Grenze zwischen Langtag und Kurztag verläuft also nicht unbedingt genau bei 12 Stunden, wie häufig fälschlicherweise angenommen wird, sondern kann je nach Art oder Sorte darüber- oder darunterliegen.

Die Anzahl der Tage mit günstiger Länge, die gerade noch eine Blühreaktion hervorruft, ist bei fotoperiodisch reagierenden Pflanzen von Pflanzenart zu Pflanzenart verschieden. Bei manchen Kurztagpflanzen genügt für einen Blühimpuls schon eine einzige, lange Dunkelperiode, auch wenn die Pflanzen sonst ununterbrochen Licht erhalten. Für die meisten fotoperiodisch reagierenden Pflanzenarten ist aber eine längere Periode mit günstiger Tageslänge erforderlich, meist mehrere Tage oder Wochen.

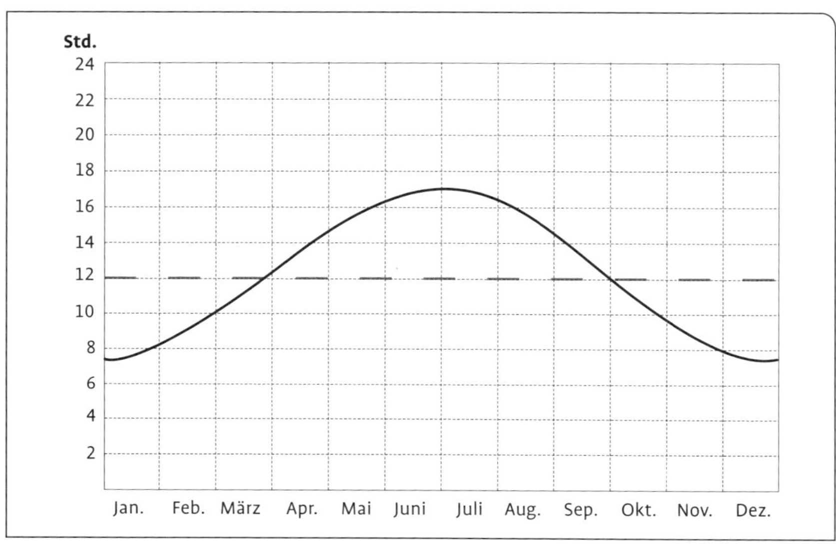

Abb. 29 Tageslängen im Laufe eines Jahres in Hamburg.

Langtagbehandlung: Was versteht man darunter?

Die gezielte und geregelte Verlängerung der täglichen Belichtungszeit mit dem Ziel, die Blütezeit bei Langtagpflanzen vorzuverlegen und Kurztagpflanzen am Blühen zu hindern, d. h., sie im vegetativen Wachstum zu halten. Bei der Langtagbehandlung erweitert man den Lichtzutritt durch Belichtung der Pflanzen auf die tägliche pflanzenspezifische Stundenzahl (kritische Tageslänge). Da die Beeinflussung der Blütezeit durch Lichtgaben erreicht wird, bezeichnet man die Langtagbehandlung auch als fotoperiodische Belichtung. Die Langtagbehandlung ist im Zierpflanzenbau praktisch nur in Verbindung mit der Blütenverhinderung (über einen gewissen Zeitraum) bei Kurztagpflanzen von Bedeutung. So kann mithilfe einer satzweisen Lang- bzw. Kurztagbehandlung der Zeitraum, in welchem blühende Pflanzen einer Art bzw. Sorte angeboten werden können, wesentlich ausgedehnt werden. In der Regel ergibt sich damit eine Ganzjahreserzeugung wie beispielweise bei Chrysanthemen. Sie ermöglicht hier unter Berücksichtigung geeigneter Sorten und straffer Organisation, strikter Einhaltung aller Kulturdaten (Belichtungs- und Verdunkelungszeiten, Temperaturen, Wasser- und Nährstoffversorgung, Pflanzenschutz) im gleichen Jahr von der gleichen Fläche mindesten die dreimalige „Ernte“.

Intervallbelichtung: Was versteht man darunter?

Die Intervall- oder zyklische Belichtung ist eine Belichtungsform im Rahmen der Langtagbehandlung, bei der im täglich vorgesehenen Belichtungszeitraum Lichtphasen mit Dunkelphasen wechseln. Man hat festgestellt, dass eine Langtagwirkung nicht nur durch eine Verlängerung der Lichtperiode über die kritische Tageslänge hinaus, sondern auch durch eine Unterbrechung der Dunkelperiode hervorgerufen wird (wobei die gesamte Belichtungszeit sehr viel kürzer als die kritische Tageslänge sein kann). Das heißt, mit einer Belichtung, die zwischen Licht- und Dunkelphasen wechselt, wird die gleiche Wirkung wie mit einer einzigen langen Nachtunterbrechung erreicht. Dabei wechseln kurze Lichtzeiten mit längeren Dunkelzeiten ab, z. B. 10 Sekunden Licht, 50 Sekunden Dunkelheit; zwei Minuten Licht, acht Minuten Dunkelheit. Ein Zyklus sollte nicht länger als eine Stunde dauern. Die notwendige Dauer der Belichtungszeiten im Zyklus hängt auch von der Lichtintensität ab. Bei höherer Intensität kann sie kürzer sein als bei niedriger. Von Bedeutung ist auch der Zeitpunkt der Belichtung. Am wirksamsten ist sie bei den meisten fotoperiodisch reagierenden Pflanzenarten in der Mitte der Nacht. Das heißt, es braucht in dieser Zeit weniger Licht gegeben zu werden als am Anfang oder am Ende.

Kurztagbehandlung: Was versteht man darunter?

Unter Kurztagbehandlung versteht man die geregelte Verkürzung der täglichen Belichtungszeit mit dem Ziel, die Blütezeit bei Kurztagpflanzen vorzuverlegen oder ggf. bei Langtagpflanzen die Blütenbildung zu verhindern und damit die Pflanze im vegetativen Wachstum zu halten. Bei der Kurztagbehandlung beschränkt man den Lichtzutritt durch Verdunkelung des Pflanzenbestandes auf die pflanzenspezifische tägliche Stundenzahl (kritische Tageslänge). Da die Beeinflussung der Blütezeit durch Lichtentzug erreicht wird, bezeichnet man die Kurztagbehandlung auch als Verdunkelung. Sie ist bei Kurztagpflanzen im Zierpflanzenbau von großer wirtschaftlicher Bedeutung, weil hiermit die Blütezeit dem Bedarf angepasst werden kann. So kann mithilfe einer satzweisen Kurztagbehandlung der Zeitraum, in welchem blühende Pflanzen einer Art bzw. Sorte angeboten werden können, wesentlich ausgedehnt werden. In der Regel ergibt sich damit eine Ganzjahreserzeugung, wie man sie beispielsweise von Chrysanthemen kennt. Sie ermöglicht unter Berücksichtigung geeigneter Sorten, straffer Organisation und strikter Einhaltung bestimmter Kulturdaten (Belichtungs- und Verdunkelungszeiten, Temperaturen, Wasser- und Nährstoffversorgung, Pflanzenschutz) eine dreimalige „Ernte“ pro Jahr und Fläche.

Heizungstechnik

Heizung: Was ist ihre Aufgabe?

Die Aufgabe der Heizung bzw. von Heizungssystemen ist, die für die jeweilige Pflanzenproduktion erforderliche Temperatur zu halten. Dazu müssen die an der Außenhülle des Gewächshauses auftretenden Wärmeverluste durch das Heizungssystem im Gewächshaus gedeckt werden.

Wärmeträger: Was versteht man im Zusammenhang mit Heizungen darunter?

Denjenigen Stoff, der in einer Heizung die Wärme vom Kessel zu den einzelnen Verbrauchern (Gewächshaus, Wirtschaftsgebäude, Wohnhaus usw.) überträgt. Im Gartenbau treten als Wärmeträger in der Regel Wasser und Luft auf.

Wärmeübertragung: Zwischen welchen Formen wird unterschieden?

Es werden drei Formen der Wärmeübertragung unterschieden: Wärmeleitung, Konvektion und Wärmestrahlung. Die Wärmeübertragung erfolgt immer vom wärmeren auf den kälteren Körper, also in Richtung des Temperaturgefälles. Je größer das Temperaturgefälle, desto größer ist die übertragene Wärmemenge. Die drei Formen der Wärmeübertragung kommen in Gasen (z. B. der Luft) und Flüssigkeiten (z. B. Wasser) häufig gleichzeitig vor. Nur in festen Körpern findet die Wärmeübertragung ausschließlich durch Leitung statt. Beim Wärmedurchgang durch einen Bauteil wirken Leitung, Konvektion und Strahlung einzeln oder gemeinsam.

Wärmeleitung: Wie funktioniert sie?

Bei einer Wärmeübertragung durch Leitung breitet sich die Wärme innerhalb eines Stoffs durch Übertragung von einem Stoffteilchen zum anderen aus, ohne dass die Stoffteilchen sich gegeneinander bewegen. Diese Form der Wärmeübertragung erfolgt in festen Körpern sowie in ruhenden Flüssigkeiten und Gasschichten. Die Wärmeleitfähigkeit ist eine stoffspezifische Größe, die bei Materialien für Heizungssysteme, Kessel und Wärmetauscher möglichst groß (gute Wärmeleitung) und bei Isoliermaterialien möglichst klein sein sollte (schlechte Wärmeleitung). Gute Wärmeleiter sind z. B. Kupfer, Aluminium, Gusseisen, Stahl, Bronze, V2A-Stahl. Schlechte Wärmeleiter sind z. B. Wolle, Polystyrol-Schaumstoff, Glaswolle, Holzfaserplatten, Leichtbauplatten, Holz, Lehm mit Stroh, Hohlziegel.

Konvektive Wärmeübertragung: Wie funktioniert sie?

Hierbei wird Wärme durch sich gegeneinander bewegende Stoffteilchen vom warmen zum kälteren Stoff übertragen, z. B. bei Strömung von flüssigen oder gasförmigen Stoffen an festen Wänden. Wird die Strömungsbewegung durch äußere Kräfte hervorgerufen, wie beispielsweise der Wasserdurchfluss in den Heizungsrohren, so handelt es sich um Wärmeübertragung durch erzwungene Konvektion. Wenn die Strömung nur durch Auftrieb infolge von Temperaturunterschieden verursacht wird, handelt es sich um freie Konvektion. Dies ist der Fall beim Aufsteigen warmer Luft aus Konvektoren oder an den Heizungsrohren.

Wärmestrahlung: Wie funktioniert sie?

Wärmeenergie wird auch ohne Vorhandensein eines Stoffs zwischen zwei Körpern durch elektromagnetische Wellen übertragen. Sie werden vom wärmeren Körper ausgestrahlt und vom kälteren Körper teilweise absorbiert. Wärmestrahlung liegt also dann vor, wenn keine direkte Verbindung zwischen dem warmen und dem kalten Körper besteht, z. B. zwischen der Brennerflamme und den Kesselwänden, zwischen dem Heizrohr und der Glashaut, dem Gewächshausboden oder den Blättern der Pflanzen. In diesen Fällen befindet sich lediglich Luft oder Rauchgas als strahlendurchlässiges Medium zwischen dem wärmeren und dem kälteren Körper.

Heizungssysteme: Zwischen welchen unterscheidet man nach Art der Wärmeübertragung?

Nach Art der Wärmeübertragung lassen sich die Heizungssysteme in drei Hauptgruppen unterteilen:

- Wärmeabgabe vorwiegend durch Strahlung und Konvektion. Hierzu gehören die Rohrheizungen im Luftraum des Gewächshauses.
- Wärmeabgabe vorwiegend durch Konvektion. Hierzu zählen alle Arten der Luftheizer sowie Konvektoren.
- Wärmeabgabe vorwiegend durch Leitung. Dazu ist die Bodenheizung zu zählen.

Warmwasserheizung: Was versteht man darunter?

Warmwasserheizungen sind Heizungsanlagen, bei denen das Wasser als Wärmeträger bis 100 °C aufgeheizt wird. Anlagen mit Wassertemperaturen über 100 °C werden als Heißwasserheizungen bezeichnet. Heißwasserheizungen unterliegen besonderen Sicherheitsvorschriften. Sie müssen durch den zuständigen TÜV abgenommen, geprüft und überwacht werden.

Rohrheizung: Was versteht man darunter?

Ein Heizungssystem, bei dem erwärmtes Wasser durch Stahlrohre fließt, die sich erhitzen, und die Wärme dann durch Strahlung und Konvektion (zu je 50 %) an die Umgebungsluft abgeben. Für Rohrheizungen werden in der Regel dünnwandige Stahlrohre mit Außendurchmessern zwischen 40 und 70 mm in verzinkter Ausführung oder mit gestrichener Oberfläche verwendet. Nach Anordnung und Verlegung der Rohre im Gewächshaus unterscheidet man verschiedene Systeme von Warmwasserrohrheizungen.

Hohe Rohrheizung: Was versteht man darunter?

Rohrheizungssystem bei dem die Rohre über den Pflanzen (meist in Traufenhöhe) angebracht sind. Die Aufhängung der Rohre erfolgt entweder gleichmäßig über die Gewächshausbreite verteilt oder als Rohrbündel, bei dem mehrere Rohre nebeneinander in engem Abstand aufgehängt werden. Die Wärme wird durch Strahlung und Konvektion abgegeben. Die Strahlungswärme wird nach unten an die Pflanzen und nach oben an das Dach abgegeben. Die Wärmeabgabe durch Konvektion erfolgt durch die an den Rohren vorbeistreichende Luft nach oben in den Dachraum des Gewächshauses.

Die hohe Rohrheizung hat den großen Nachteil, dass aufgrund der Tatsache, dass Wärme nach oben steigt, die Temperatur im Dachraum höher ist als im Pflanzenbereich. Sie schafft eine ungünstige vertikale Temperaturverteilung. Dadurch verursacht dieses Heizungssystem einen höheren Energieverbrauch als z. B. eine niedrige Rohrheizung. Es schafft außerdem keine Luftbewegung im Pflanzenbestand. Das kann den CO_2-Mangel im Pflanzenbestand, der auch durch die luftdichte Bauweise isolierverglaster Gewächshäuser begünstigt wird, verstärken. Hinzu kommt die beträchtliche Verminderung des Lichteinfalls durch die in Traufenhöhe verlegten Rohre. Allerdings verhindert eine hohe Rohrheizung eine zu starke Wärmeabstrahlung von den Pflanzen an das Dach und damit ein Absinken der Pflanzentemperatur unter die Lufttemperatur.

Durch das Anbringen von Reflektoren auf der Rohroberseite oder durch einen Anstrich aus Aluminium-Bronze oder das Bekleben mit Aluminiumfolie lässt sich die Wärmeabstrahlung an das Dach mindern und damit Energie sparen.

Niedrige Rohrheizung: Was versteht man darunter?

Hier werden die Heizungsrohre auf dem Boden neben dem Pflanzenbestand an den Beet-, Weg- oder Trogrändern verlegt. Die niedrige Rohrheizung kann nur mit verringerter Vorlauftemperatur betrieben werden. In den meisten Fällen wird diese auf 60 °C begrenzt. Zu den niedrigen Rohrheizungen sind auch die bei Venlobauweisen unten an den Binderstielen verlegten Rohre zu rechnen. Wärmetechnisch ist eine niedrig verlegte Rohrheizung sehr günstig. Dazu kommt die Durchlüftung des Pflanzenbestands, wodurch ein guter Luft-

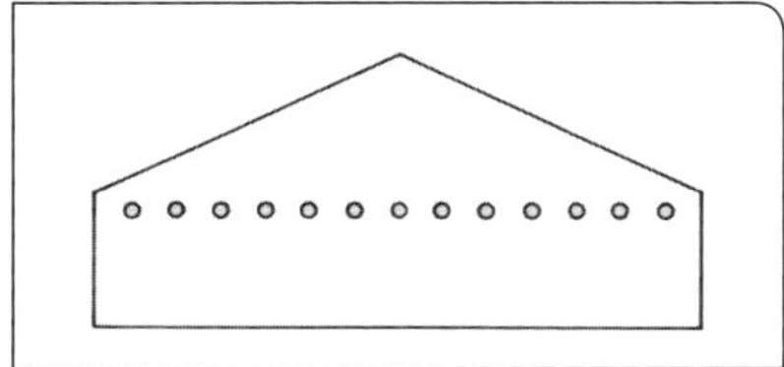

Abb. 30 Hohe Rohrheizung.

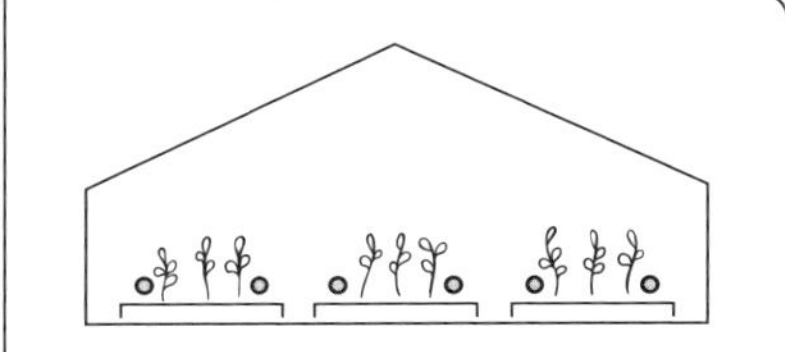

Abb. 31 Niedrige Rohrheizung.

austausch und eine Feuchteabfuhr gewährleistet sind. Ein Nachteil ist, dass die Arbeiten auf den Beeten stark behindert werden. Man kann sich die Arbeit erleichtern, indem man Schnellkuppelrohre verwendet oder den Anschluss über Schläuche und Aufhängen der Rohre an Ketten bewerkstelligt. Möglich ist auch die Verwendung von Kunststoffrohren, die aufgerollt oder oben aufgehängt werden können.

Untertischheizung: Was versteht man darunter?

Bei der Untertischheizung werden die Rohre unter den Tischen angeordnet (siehe Abb. 32 Seite 158). Je nach Breite der Tische werden vier bis sechs Rohre unter den Tischen verlegt. Der Abstand von der Tischunterseite sollte mindestens 20–30 cm betragen, wenn die Vorlauftemperatur nicht begrenzt wird. Durch die Rohre unter den Tischen wird einmal das Substrat auf den Tischen und in den Töpfen – und damit der Wurzelraum der Pflanzen – erwärmt, zum anderen kommt die konvektiv abgegebene Wärme durch die aufströmende Luft in den Pflanzenbereich. Die Temperaturverteilung in vertikaler Richtung ist günstiger als bei hoher Rohrheizung.

Stehwandheizung: Was versteht man darunter?

Bei diesem Heizungssystem sind die Heizrohre entlang der Steh- und Giebelwände angebracht (siehe Abb. 33 Seite 158). Die Stehwandheizung hat vor allem die Aufgabe, das Abfallen von Kaltluft entlang des Dachs und der Stehwand in den Pflanzenbestand zu verhindern. Die Rohre sollten möglichst in der unteren Hälfte der Stehwand angebracht sein und gegen die Stehwand durch etwa zwei Zentimeter starkes Styropor mit Folienabdeckung isoliert werden.

Vegetationsheizung: Was versteht man darunter?

Heizungssysteme, die direkt im Pflanzenbestand zwischen den Pflanzen oder zwischen den Töpfen auf den Tischen verlegt sind (siehe Abb. 34 Seite 158). Hauptsächlich kommen hierfür Kunststoffrohre mit geringem Durchmesser zum Einsatz. Die Wärme wird also dort abgegeben, wo sie benötigt wird. Das Heizungssystem sorgt für eine gute Durchlüftung und gutes Abtrocknen des

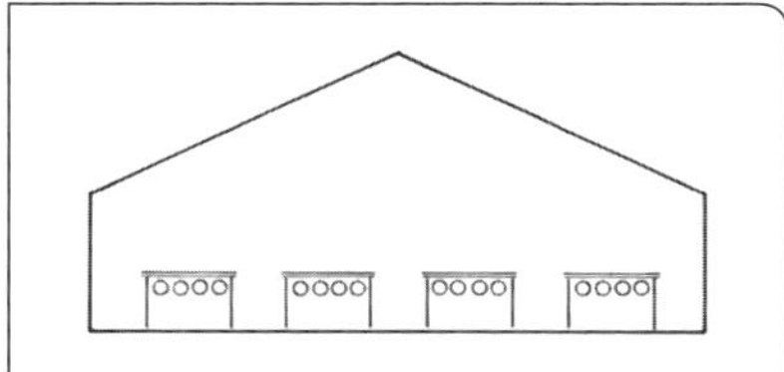
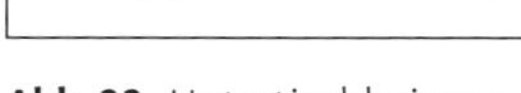

Abb. 32 Untertischheizung.

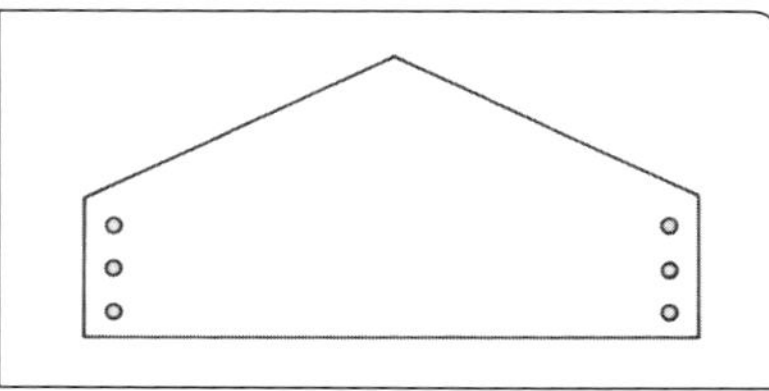

Abb. 33 Stehwandheizung.

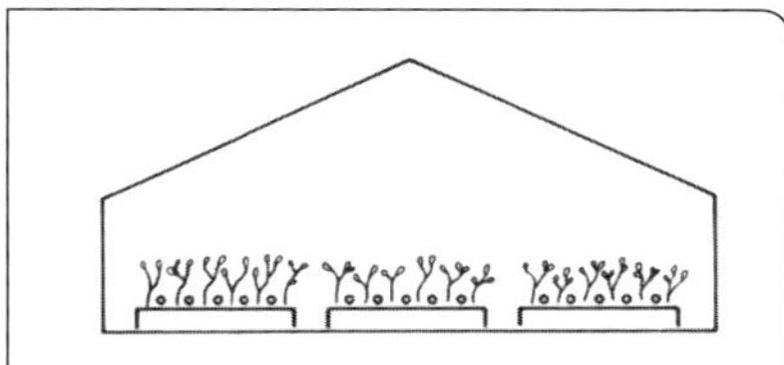

Abb. 34 Vegetationsheizung.

Pflanzenbestands. Es schafft im Pflanzenbestand ein ideales Kleinklima. Die Vorlauftemperatur darf höchstens 60 °C betragen. Die Vegetationsheizung eignet sich jedoch wegen der relativ geringen Leistungsfähigkeit nur als Zusatzheizung.

Ein Nachteil der Vegetationsheizung ist, dass das Arbeiten auf Beeten stark behindert wird. Aus diesem Grund sollten die Rohre so angeschlossen werden, dass sie leicht entfernt werden können.

Bodenheizung: Was versteht man darunter?

Bei dieser Beheizungsart wird das Kultursubstrat durch im Boden verlegte Heizrohre, heute in der Regel Kunststoffrohre, erwärmt. Damit keine Schäden an den Pflanzen entstehen, sind die Vorlauftemperaturen in der Regel auf 40 °C begrenzt.

Luftheizung: Was versteht man darunter?

Ein Heizungssystem bei denen im Gegensatz zu den Rohrheizungen, nicht das Wasser, sondern die Luft den Wärmeträger darstellt. Luftheizungssysteme geben ihre Wärme vorwiegend durch Konvektion ab. Nur ein geringer Teil wird durch Strahlung an die Umgebung abgegeben. Sie verursachen im Vergleich zu Rohrheizungssystemen eine gute Luftumwälzung im Gewächshaus. Außerdem ermöglichen sie eine schnelle Erwärmung des Kulturraums und eine gute Regelbarkeit der Temperatur. Dies ist bedingt zum einen durch die Art der Wärmeabgabe, zum anderen dadurch, dass diese Heizungssysteme mit verhältnismäßig geringen Wassermengen (wenn überhaupt) arbeiten. Allerdings kühlt das Gewächshaus auch sehr schnell aus. Darüber hinaus sind das leichte Regulieren der Temperaturen, die ständige Luftumwälzung in den Räumen und die Verhinderung des Tropfenfalls von Vorteil. Nachteilig ist, dass Boden und Pflanze stärker, vielfach auch ungleichmäßiger abtrocknen. Man unterscheidet zwischen Luftheizer, Strahlluftheizung und Konvektorenheizung.

Luftheizer: Zwischen welchen Bauarten wird unterschieden?

Luftheizer (Lufterhitzer) bestehen aus einem Wärmetauscher und einem Ventilator, die beide in einem Gehäuse eingebaut sind. Die Wärmeabgabe am Wärmetauscher erfolgt durch erzwungene Konvektion, indem die Luft durch den Ventilator mit hoher Geschwindigkeit an den Heizelementen des Wärmetauschers entlang geblasen wird. Hinsichtlich der Bauart wird zwischen dem Feuer-Lufterhitzer und dem Warmwasser-Lufterhitzer unterschieden.

Beim direkt befeuerten Lufterhitzer (Feuer-Lufterhitzer) wird der Wärmetauscher auf der Heizseite direkt mit den Verbrennungsgasen eines Öl- oder Gasbrenners beschickt. Der indirekte Lufterhitzer (Warmwasser-Lufterhitzer), der mit Warmwasser arbeitet, wird an die zentrale Warmwasserheizungsanlage angeschlossen. Der Wärmetauscher besteht ähnlich wie bei einem Konvektor aus einem wasserdurchflossenen Rohrsystem, welches zur besseren Wärmeabgabe mit Lamellen versehen ist. Der Ventilator saugt Kaltluft an, drückt sie durch den Wärmetauscher und bläst die erwärmte Luft als Freistrahl mit Ausblastemperaturen von 35–45 °C in das Gewächshaus.

Lufterhitzer werden oft kombiniert mit einer Rohrheizung eingesetzt, wobei die Rohrheizung die Grundlast und die Luftheizer die Spitzenlast (bei sehr niedrigen Temperaturen) abdecken. Je nach Anordnung und Luftverteilung unterscheidet man:

Deckenluftheizer. Sie sind so aufgehängt, dass die Luft in vertikaler Richtung durch den Heizer gefördert wird (siehe Abb. 35 Seite 160). Die Kaltluft wird oben angesaugt, die Warmluft durch einen Ausblastopf an der Unterseite seitlich nach allen Seiten ausgeblasen, wobei die Ausblasrichtung durch Klappen verändert werden kann.

Wandluftheizer. Luftheizer mit einseitigem, horizontalem Luftausblas. Sie haben einen Ausblaskopf mit Luftleitblechen, durch die die Warmluft horizontal bzw. schräg nach oben oder unten in Längsrichtung des Gewächshauses geleitet werden kann.

Wandluftheizer mit Folienschlauch. Sie verteilen die warme Luft über einen Folienschlauch (siehe Abb. 36 Seite 160). Die verwendeten Folienschläuche haben einen Durchmesser von 60 cm bis etwa 1,20 m. An beiden Seiten des Folienschlauchs befinden sich in einem Winkel von etwa 30 Grad von der Horizontalen nach unten Ausblaslöcher. Die Löcher haben Durchmesser von etwa 60–100 mm. Der Abstand der Löcher richtet sich nach der Schlauchlänge.

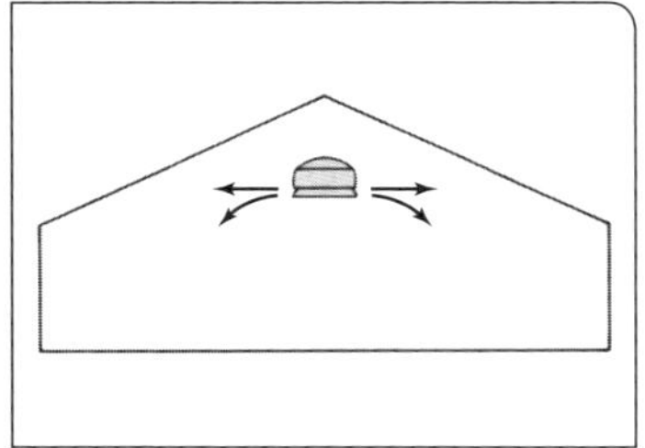

Abb. 35 Deckenluftheizer.

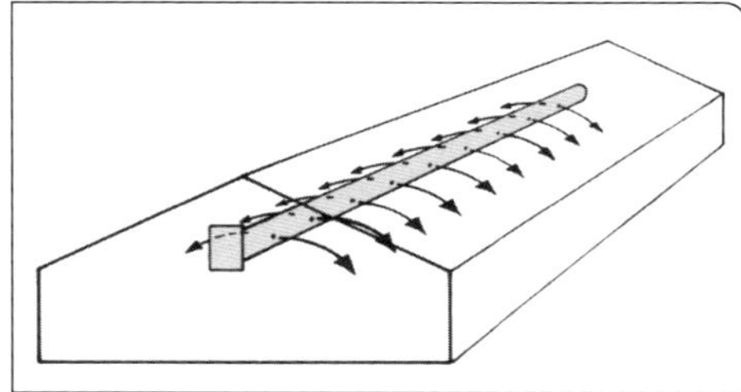

Abb. 36 Wandluftheizer mit Folienschlauch.

Konvektorenheizung: Was versteht man darunter?

Konvektoren bestehen aus dünnen Stahl- oder Kupferrohren, auf die zur besseren konvektiven Wärmeabgabe in geringem Abstand voneinander Metalllamellen aufgelötet sind. Mithilfe von zwei seitlich angebrachten Blechen oder Glasscheiben wird ein Schacht gebildet, durch den die freie Konvektion und damit die Wärmeabgabe stark erhöht wird. Die Luft strömt von unten nach oben durch den Konvektor und erwärmt sich dabei. Die Konvektoren werden an den Steh- und Giebelwänden möglichst weit unten angebracht. Es muss aber in jedem Fall unterhalb des Konvektors genügend Raum für das freie Einströmen der Kaltluft vorhanden sein. Der oben aus dem Konvektor ausströmende Warmluftstrom legt sich dicht an die Stehwand an und strömt an dieser entlang nach oben in den Dachraum und von dort nach unten in den Pflanzenbestand. Die kältere Luft strömt unten, sozusagen als Gegenströmung, zum Konvektor. Es bilden sich in der Längsrichtung des Gewächshauses zwei gegenläufige Luftwalzen aus. Durch die gleichmäßige Luftbewegung wird auch die Temperaturverteilung sehr ausgewogen. Dank der Anbringung der Konvektoren unten an der Stehwand ist die Lichtminderung im Gewächshaus durch das Heizungssystem sehr gering.

Heizungskessel: Was ist die Aufgabe des Heizungskessels und nach welchen Gesichtspunkten lassen sich Heizungskessel unterscheiden?

Der Heizungskessel hat als Wärmeerzeuger die Aufgabe, die im Brennstoff enthaltene Energie mittels Verbrennung über die Heizflächen auf den Wärmeträger (in der Regel Wasser oder Luft, ggf. auch Dampf) zu übertragen. Die Heizfläche des Kessels stellt die Verbindung von Wärmequelle und Wärmeträger dar. Der Kessel ist also ein Wärmetauscher, bei dem die Wärmeenergie der Verbrennungsgase an den Wärmeträger übertragen wird.

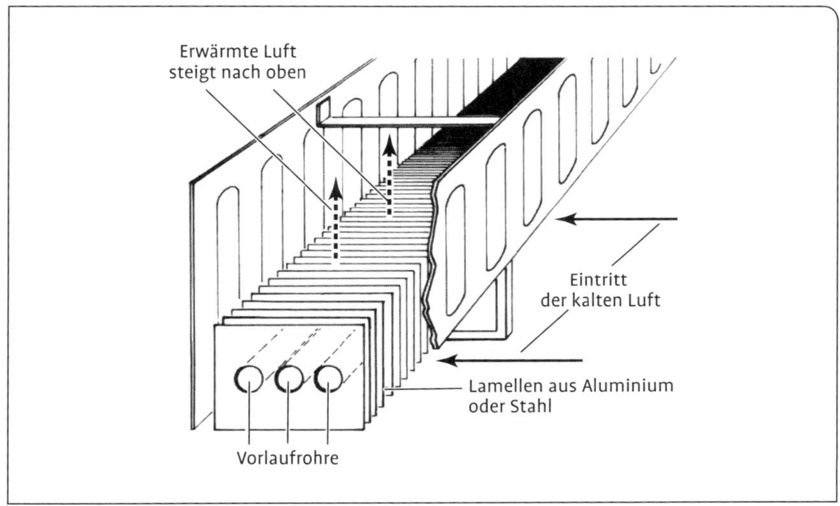

Abb. 37 Schnitt durch einen Konvektor.

Heizungskessel lassen sich nach unterschiedlichen Gesichtspunkten einteilen und benennen:

- Nach dem Werkstoff in Stahl-, Guss- und Edelstahlkessel.
- Nach Art des Brennstoffes in Kessel für Festbrennstoffe (Kohle, Holz), für Öl oder Gas, Umstell- und Wechselbrandkessel.
- Nach dem Wärmeträger in Warmwasser-, Heißwasser-, Dampf- und Thermalölkessel.
- Nach der Rauchgasführung in Zwei- und Dreizugkessel und Heizungskessel mit Umkehrflamme.
- Nach der Nutzung der in den Abgasen vorhandenen Wärme in Standard- und Brennwertkessel.

Brennwertkessel: Was versteht man darunter?

Wärmeerzeuger, bei denen die Verdampfungswärme des im Abgas enthaltenen Wasserdampfs konstruktionsbedingt durch Kondensation nutzbar gemacht wird. Hierbei werden die Abgase des Kessels zusätzlich durch einen Kondensations-Wärmetauscher geleitet, wo sie auf den Kondensationsbereich abgekühlt werden. Die hierbei gewonnene Wärme gelangt in den Heizungsvorlauf, das Kondensat wird abgeleitet. Der Schornstein muss gegen Kondensat geschützt sein.

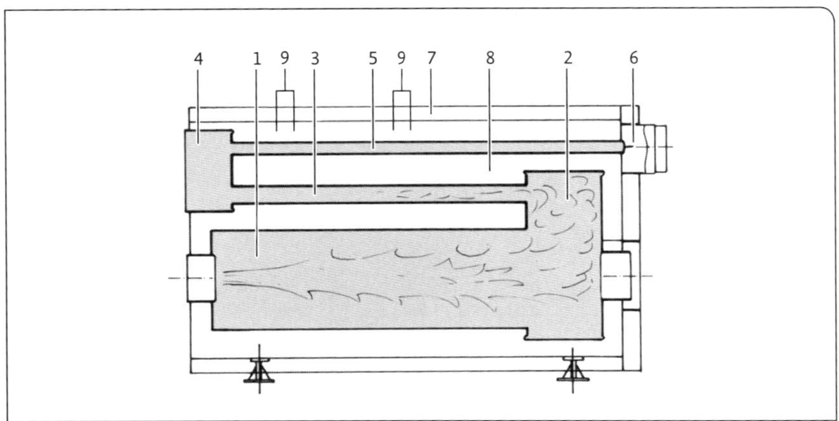

Abb. 38 Schematische Darstellung eines Dreizugkessels:
1 Flammrohr
2 Hintere Rauchgas-Wendekammer
3 Rauchrohre, Zweiter Rauchgaszug
4 Vordere Rauchgas-Wendekammer
5 Rauchrohre, Dritter Rauchgaszug
6 Rauchgas-Sammelkammer (Fuchs)
7 Isolation und Verkleidung
8 Kesselwasser
9 Vorlauf-/Rücklaufstutzen

Dreizugkessel: Was versteht man darunter?

Kesselbauart, die im Gartenbau häufig eingesetzt wird. Der Name beschreibt die charakteristische Rauchgasführung dieses Typs. Der erste Zug ist das Flammrohr, das in seinen Abmessungen (Durchmesser und Länge) den Öl- und Gasbrennerflammen angepasst wurde. Das Flammrohr durchzieht den Kessel in seiner vollen Länge. Vorne wird der Brenner angeflanscht. Hinten werden die Rauchgase umgelenkt und strömen im zweiten Zug wieder nach vorne. Dort erfolgt eine nochmalige Umlenkung, sodass die Rauchgase dann im dritten Zug wieder nach hinten strömen, wo sie den Kessel verlassen und über ein Abgasrohr in den Schornstein geleitet werden. Der zweite und der dritte Zug bestehen aus einzelnen Siederohren, durch die die Rauchgase geleitet werden. In die Rauchgasrohre können zur Verbesserung des konvektiven Wärmeübergangs Wirbulatoren eingeschoben werden. Die einzelnen Fabrikate der Dreizugkessel unterscheiden sich durch die Anordnung der einzelnen Züge. Man kann unterscheiden zwischen einseitig (rechts oder links) und mittig angeordneten Flammrohren.

Dreizugkessel sind universell einsetzbar. Sie können für Warmwasser-, Heißwasser- und Dampfheizungen verwendet werden. Sie sind für Gas- und Ölfeuerungen geeignet und können bei ausreichendem Flammrohrdurchmesser auch für feste Brennstoffe (z. B. mit Unterschubfeuerung) verwendet werden.

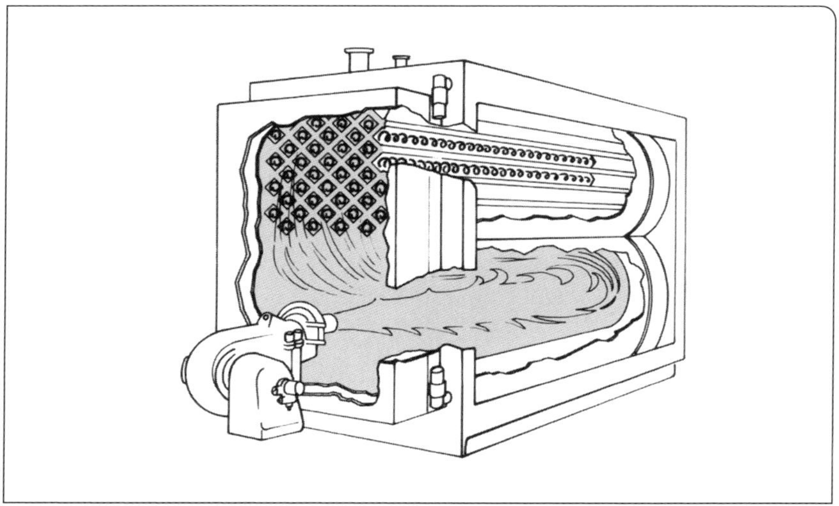

Abb. 39 Zweizugkessel.

Zweizugkessel: Was versteht man darunter?

Heizungskesselbauart, die ähnlich dem Dreizugkessel aufgebaut ist. Die Verbrennung erfolgt im Flammrohr (1. Zug). Die Verbrennungsgase werden am Ende des Kessels umgelenkt und strömen in den Rauchgasrohren (2. Zug) zur Vorderseite (Brennerseite) des Kessels zurück. Da ein dritter Zug nicht vorhanden ist, werden die Rauchgase entweder von der Vorderseite des Kessels direkt in den Schornstein oder im Kessel durch ein Rauchgasrohr zum rückseitigen Rauchgasstutzen und von dort in den Schornstein geleitet. Da bei einem Zweizugkessel die nachgeschalteten Heizflächen (2. Zug) auf einen Zug begrenzt sind, werden die Rauchrohre zur Verbesserung des konvektiven Wärmeübergangs häufig mit Wirbulatoren versehen.

Heizungskessel mit Umkehrflamme: Was versteht man darunter?

Heizungskesselbauart, ähnlich dem Dreizugkessel. Bei dieser Kesselbauart strömen die gesamten Verbrennungsgase (2. Zug) konzentrisch um die Flamme (1. Zug) herum und werden an der Vorderseite des Kessels in die nachgeschalteten Heizflächen, die außen um das Flammrohr herum angeordnet sind, umgelenkt. Das Flammrohr ist bei dieser Konstruktion am hinteren Ende geschlossen.

Feuerungstechnischer Wirkungsgrad: Was versteht man darunter?

Bei jeder mechanischen oder chemischen Energieumwandlung entstehen Verluste. Sie entsprechen der Differenz zwischen der aufgewandten und der nutzbaren Energie. Dies ist auch bei Verbrennungsvorgängen so. Der feuerungstechnische Wirkungsgrad, der in Prozent oder in einer Verhältniszahl ausgedrückt wird, ergibt sich vereinfacht ausgedrückt aus der im Brennstoff enthaltenen Energie abzüglich der beim Verbrennungsvorgang auftretenden Verluste. Bei Heizungskesseln entstehen die Energieverluste hauptsächlich durch die heißen Abgase, die den Kessel verlassen, sowie durch unvollkommene Verbrennung. Dazu gehören Ruß, Kohlenmonoxid (CO) und unverbrannter Brennstoff. Bei festen Brennstoffen kommt noch der Verlust der Brennstoffteile hinzu, die als Asche und Schlacke verbleiben.

Kesselwirkungsgrad: Was versteht man darunter?

Bei jeder mechanischen oder chemischen Energieumwandlung entstehen Verluste zwischen der aufgewandten und der nutzbaren Energie. Dies ist auch bei Verbrennungsvorgängen so. Die im Brennstoff enthaltene Energie, abzüglich der beim Verbrennungsvorgang entstehenden Energieverluste, ergibt den feuerungstechnischen Wirkungsgrad. Zu diesen Verlusten durch Abgaswärme und durch unvollkommene Verbrennung kommen beim Kesselwirkungsgrad noch die Wärmeverluste des Kessels durch Konvektion und Strahlung hinzu. Dieser Wärmeverlust ist abhängig von der Kesselbauart und vor allem von der Isolierung des Kessels. Ist ein Kessel gut isoliert, liegen die Wärmeverluste des Kessels bei etwa 1 %, bei schlechter Isolierung bis zu 5 %. Der Kesselwirkungsgrad ist deshalb immer etwas geringer als der feuerungstechnische Wirkungsgrad.

Heizungspumpe: Welche Aufgabe hat sie?

Die Heizungs- bzw. Umwälzpumpe hat die Aufgabe das Transportmedium für die Wärme (in der Regel Wasser) vom Wärmeerzeuger (Kessel) zum Verbraucher (z. B. dem Gewächshaus) und wieder zurückzutransportieren (umzuwälzen). Dazu muss die Pumpe einen Druck erzeugen, der dem Druckverlust des jeweiligen Rohrnetzes entspricht. Als Heizungspumpen werden Kreiselpumpen eingesetzt. Dabei unterscheidet man Bauarten mit und ohne Stopfbuchse. Heute werden fast ausschließlich stopfbuchsenlose Kreiselpumpen als Rohreinbaupumpen verwendet. Die Förderung erfolgt durch das Pumpenlaufrad, welches auf einer Welle mit den drehenden Teilen des Elektromotors sitzt. Alle drehenden Teile des Elektromotors, einschließlich Lager, liegen im Förderwasser der Pumpe, das auch die Schmierfunktion übernimmt. Die festen Teile des Motors (z. B. die Wicklungen) sind durch ein dünnes Rohr, das Spaltrohr, von den drehenden Teilen getrennt. Vorteile dieser Bauweise sind Wartungsfreiheit, Geräuscharmut und lange Betriebsdauer.

Kesselbeimischpumpe: Welche Aufgabe hat sie?

Die sogenannte Kesselbeimischpumpe ist eine am Heizkessel zwischen Vor- und Rücklauf angeordnete Pumpe, die dem kalten Rücklaufwasser, heißes Vorlaufwasser beimischt, damit im Kessel die Taupunkttemperatur nicht unterschritten wird.

Die Taupunkttemperatur, bei der Wasser kondensiert, ist bei den einzelnen Brennstoffen verschieden. Sie liegt bei Heizöl EL bei etwa 50 °C. Das heißt, treten im Kessel Temperaturen unter 50 °C auf, kommt es zur Taupunktunterschreitung und damit zur Wasserdampfbildung, womit die Korrosionsgefahr gegeben ist. Die Korrosionsgefahr steigt, wenn schwefelhaltige Brennstoffe wie Öl verwendet werden, was zur Bildung von schwefliger Säure führt, die sehr aggressiv ist. Verhindert wird die Kondensation von Wasserdampf, wenn die Taupunkttemperatur an keiner Stelle des Kessels unterschritten wird. So sollten z. B. bei Heizöl EL als Kesselmindesttemperatur 55–60 °C eingehalten werden. Deshalb werden Kesselanlagen zweckmäßigerweise mit einer Betriebstemperatur von 70–90 °C gefahren werden, um die Taupunkttemperatur nicht zu unterschreiten.

Unabhängig davon, wie hoch die Kesseltemperatur gefahren wird, ist die Gefahr der Taupunktunterschreitung immer durch den Rückfluss abgekühlten Heizungswassers gegeben. Um zu verhindern, dass durch kaltes Rücklaufwasser der Taupunkt unterschritten wird, muss dem aus den Gewächshäusern zurückfließenden kalten Wasser heißes Vorlaufwasser zugemischt werden. Dies geschieht durch die Kesselbeimischpumpe in der Weise, dass ein im Rücklauf befindlicher Thermostat die Pumpe, die zwischen Vor- und Rücklauf angeordnet ist, einschaltet, sobald die Rücklauftemperatur 55 °C unterschreitet. Diese Pumpe läuft so lange, bis die Rücklauftemperatur von 55 °C erreicht ist.

Vorlauf und Rücklauf: Was versteht man darunter?

Mit Vorlauf werden in einer Heizanlage die Rohre bezeichnet, die das Warmwasser vom Kessel zum Ort der Wärmeabgabe (z. B. dem Gewächshaus) führen; der Rücklauf leitet abgekühltes Wasser zum Kessel zurück.

Notstromaggregat: Wozu dient es?

Das Notstromaggregat ist ein Gerät, das der Eigenerzeugung von elektrischem Strom bei Ausfall des öffentlichen Netzes dient. Es besteht aus dem Verbrennungsmotor (in der Regel Dieselmotor), einem Generator, Schalter und Regler. Die erforderliche Leistung wird durch die Leistungsaufnahme der zur Aufrechterhaltung des Betriebes erforderlichen Motoren wie Pumpen, Gebläsen an Kessel, Ölbrennern, Luftheizern, Beleuchtung usw. bestimmt.

Brennstoffe: Welche werden im Gartenbau zur Erzeugung von Wärme im Allgemeinen eingesetzt?

Unter Brennstoffen versteht man Stoffe, die der Wärmeerzeugung durch Verbrennung dienen. Im Gartenbau werden sowohl feste als auch flüssige und gasförmige Brennstoffe eingesetzt. Bei den festen Brennstoffen unterscheidet man nach Art der Gewinnung zwischen natürlichen (Steinkohle, Braunkohle, Holz und Stroh) und veredelten festen Brennstoffen (Steinkohlenbriketts, Braunkohlenbriketts, Koks und Holzkohle). Flüssige Brennstoffe sind die Heizöle. Bei den gasförmigen Brennstoffen hat Erdgas die größte Bedeutung.

Heizöle: Wie werden sie unterteilt?

Hergestellt werden Heizöle zu 99 % aus Erdöl, außerdem aus Schieferöl, Steinkohlen- und Braunkohlenteeren. Die Herstellung aus Erdöl ist der des Diesels identisch. Extra leichtflüssiges Heizöl und Diesel stammen aus den Mitteldestillaten der Destillationstürme. Das Bodenprodukt des Turms enthält die am schwersten siedenden Anteile. Daraus wird Bitumen und durch Mischung mit Mitteldestillaten schwerflüssiges Heizöl S hergestellt.

Unterteilt werden die Heizöle in:
- Heizöl EL (extra leichtflüssig),
- Heizöl L (leichtflüssig),
- Heizöl M (mittelflüssig),
- Heizöl S (schwerflüssig).

Im Gartenbau sind Feuerungen mit EL-Öl am verbreitetsten, in größeren Betrieben wird auch mit S-Öl geheizt.

Heizöle der Sorten EL und S unterscheiden sich insbesondere in der Viskosität. Die Viskosität in Grad Engler (E) besagt, wievielmal mehr Wasser als Öl aus einer genormten Öffnung je Zeiteinheit fließt. Heizöl S ist so zähflüssig, dass es auf 30–40 °C aufgeheizt werden muss, damit es pumpfähig ist. Darüber hinaus hat es einen höheren Schwefelgehalt, ein wichtiges Kriterium für die Schadstoffemission. Heizöl S wird in kg gehandelt – Heizöl EL in Liter.

Pourpoint: Was versteht man darunter?

Die Temperatur, bei der Heizöl eben noch wahrnehmbar fließt. Von großer Bedeutung ist der Pourpoint für extra leichtflüssiges Heizöl EL, das normalerweise ohne Vorwärmung verbrannt wird. Kühlt sich das Heizöl EL unter die Temperatur des Pourpoints ab, dann ist eine einwandfreie Ölzufuhr zum Ölbrenner nicht mehr möglich. Es kommt zum Ausfall der Heizungsanlage. Der Pourpoint liegt für Heizöl EL bei -6 °C. Allerdings sind Störungen bereits bei höheren Temperaturen zu erwarten, weil in diesem Temperaturbereich (0–6 °C) Paraffinbestandteile ausflocken und die Filter verstopfen können. Um Störungen im Winter zu vermeiden, muss Heizöl EL so gelagert werden, dass es nicht unter 0 °C abkühlen kann.

Holzpellets: Was versteht man darunter?

Brennstoff aus aufbereitetem Holz. Holzpellets sind bei der Bearbeitung von trockenem Holz anfallende Hobel- und Sägespäne, die in einer Presse zu zylindrischen Röllchen von 6 mm Durchmesser und 10 bis 30 mm Länge verdichtet werden. Die Qualität der Holzpellets richtet sich nach DIN 51731. Die Pellets müssen aus unbehandeltem Holz hergestellt sein. Sie dürfen keinerlei Farb- und Lackreste oder sonstige chemische Mittel enthalten. Pellets sind somit, wenn sie vorschriftsmäßig hergestellt wurden, völlig ungiftig und setzen auch keine giftigen Rauchgase frei. Um optimal zu verbrennen, darf der Wassergehalt maximal 10 % betragen. Der Brennwert wird mit 4,9 bis 5 kWh/kg Pellet angegeben. In der Praxis wird grob gerechnet, dass 2 kg Pellets etwa 1 l Heizöl ersetzen.

Heizungsregelung: Welche Aufgabe hat sie?

Aufgabe der Heizungsregelung ist es, die Wärmezufuhr durch das Heizungssystem dem sich ändernden Wärmebedarf des Gewächshauses anzupassen. Angesichts dessen, dass eine Temperaturerhöhung um 1 °C den Wärmeverbrauch eines Gewächshauses um über 10 % erhöht, ist die genaue Einhaltung der erforderlichen Temperatur von großer Bedeutung. Dabei werden an die Heizungsregelung besondere Anforderungen gestellt, da die verwendeten Heizungssysteme in den Gewächshäusern in der Regel sehr träge reagieren, die Temperatur im Gewächshaus sich aber z. B. durch Sonneneinstrahlung schnell ändern kann.

Zieht man neben der Heizung noch Lüftung und Kühlung und auch Schattierung mit ein, besteht die Aufgabe der Regelung darin, in den Gewächshäusern, die vom Gärtner bestimmte Temperatur und Lichtintensität zu halten.

Zwischen welchen Verfahren der Heizungsregelung wird unterschieden?

Vom Grundsatz her zwischen der Mengen- und der Mischregelung. Bei der Mengenregelung wird die Wassermenge, die durch das Heizungssystem fließt, verändert. Die Vorlauftemperatur bleibt dabei konstant, d. h., sie wird durch die Regelung nicht verändert. Im Gegensatz dazu wird bei der Mischregelung die Vorlauftemperatur verändert, um die Wärmeabgabe des Heizungssystems dem Wärmebedarf anzupassen. Die im Verbraucherkreis umgepumpte Wassermenge bleibt dabei konstant, d. h., sie wird durch die Regelung nicht verändert. Eine Mischregelung erfordert im Verbraucherkreis immer eine Umwälzpumpe.

Wärmebedarf: Wovon ist er abhängig?

Von einer Heizungsanlage wird verlangt, dass sie bei niedrigen Außentemperaturen eine bestimmte Innentemperatur im Gewächshaus aufrechterhalten kann. Der Wärmebedarf ist von der Temperaturdifferenz zwischen innen und außen, den Temperaturansprüchen der Kultur und nicht zuletzt vom verwendeten Bedachungsmaterial abhängig. Einfachglas lässt mehr Wärme hindurch als eine Isolierverglasung. Eine Folienunterspannung oder ein Energieschirm vermindert die Wärmeabgabe und damit den Wärmebedarf. Zusätzlich wird der Wärmebedarf von Art und Zustand des Gewächshauses, der Heizungsanlage, dem Ort der Heizflächen im Gewächshaus sowie den Witterungseinflüssen wie Niederschlag, Sonneneinstrahlung und Windgeschwindigkeit beeinflusst. Auch kulturtechnische Maßnahmen wie Bewässerung, Schattierung, Steuerung der Luftfeuchte können den Wärmebedarf verändern.

Wärmedurchgangszahl: Was versteht man darunter?

Die Wärmedurchgangszahl, man spricht auch vom Wärmekoeffizient oder k-Wert, gibt an, wie groß die Wärmeleistung (der Wärmefluss) in Watt ist, die durch 1 m² (z. B. Gewächshausfläche) bei einer Temperaturdifferenz (von Luft oder Wasser) zwischen Innen- und Außenflächen von 1 K (Grad Kelvin) bzw. 1 °C hindurchgeht. Je niedriger der k-Wert ist, desto größer ist die Dämmeigenschaft. Ein k-Wert von 0 würde bedeuten, dass trotz eines Temperaturunterschieds zwischen außen und innen keine Wärme fließt. Die Wärmedurchgangszahl dient auch zur Beurteilung der Wärmedämmeigenschaften von Bauteilen.

Heiztemperatur: Was versteht man darunter?

Darunter versteht man die Temperatur, die im Gewächshaus durch Heizen gehalten werden soll (z. B. 20 °C). Dagegen ist die Haus- oder Raumtemperatur die Temperatur, die durch Heizung, Sonneneinstrahlung oder Lüftung, bzw. deren Zusammenwirken, entsteht. Sie kann über oder auch unter der Heiztemperatur liegen.

Lichtabhängige Heizungsregelung: Was versteht man darunter?

Bei der lichtabhängigen Temperaturregelung wird die Heiztemperatur in Abhängigkeit von der Lichtintensität geregelt. An trüben Tagen mit geringen Lichtintensitäten oder in der Nacht wird im Gewächshaus eine geringere Temperatur gehalten als an sonnigen Tagen oder am Tag. Der Sollwert der Heiztemperatur wird dabei durch strahlungsempfindliche Fühler selbsttätig in Abhängigkeit von der Einstrahlung verstellt.

Nachtabsenkung: Was versteht man darunter?

Das nächtliche Absenken der Heiztemperatur. Da etwa 70 % des Heizbedarfs auf die Nachtstunden entfallen, ist die Absenkung der Nachttemperatur eine wirksame Maßnahme zur Energieeinsparung und damit zur Senkung der Heizkosten. Voraussetzung ist aber, dass sich eine Nachtabsenkung nicht negativ auf das Pflanzenwachstum auswirkt und z. B. zu einer Verlängerung der Kulturzeit oder minderen Qualitäten führt. Um wie viel die Temperatur abgesenkt werden kann, ist demnach von der jeweiligen Pflanzenart abhängig. Die Umschaltung von Tag auf Nacht kann über eine Zeitschaltuhr oder mittels Dämmerungsschalter erfolgen. Letzterer hat den Vorteil, dass die Schaltzeiten selbsttätig an die wechselnden Tageslängen angepasst werden.

Diff: Was versteht man darunter?

Mit Diff (der Differenz-Methode) wird ein Konzept der Temperaturführung bezeichnet. Dabei wird die Tagesmitteltemperatur im für die Pflanzen geeigneten Bereich gehalten. Zwischen Tag- und Nachttemperatur wird jedoch eine Differenz eingestellt. Man unterscheidet zwischen negativem und positivem Diff. Beim positiven Diff liegt die Tagestemperatur über der Nachttemperatur, beim negativen Diff liegt die Nachttemperatur über der Tagestemperatur. Durch positive Diff wird das Streckungswachstum der Pflanzen gefördert, durch negative dagegen gehemmt. Je größer der Unterschied zwischen Tag- und Nachttemperatur, umso größer ist der zu erwartende Effekt. Neben dem Vorteil des verminderten Streckungswachstums wird bei negativ Diff durch die erhöhte Nachttemperatur die Unterschreitung des Taupunktes verhindert und das Botrytis-Risiko reduziert.

Einsatz findet die Diff-Methode anstelle von chemischen Hemmstoffen bei einigen Kulturen im Zierpflanzenbau, z. B. bei Poinsettien oder Chrysanthemen. Wichtig ist es, die Temperatur nicht unter ein pflanzenspezifisches Minimum zu senken, da sonst Schäden auftreten können. Wegen des hohen Energieverbrauches bei der Anwendung der Diff-Methode zur Reduktion der Pflanzenhöhe wird in der Praxis häufig Cool Morning oder/und Trockenstress verwendet (z. B. bei *Primula*-Hybriden).

Cool Morning: Was versteht man darunter?

Der Begriff Drop oder Cool Morning (engl. cool = kühl, frisch; morning = Morgen) beschreibt ein Konzept der Temperaturführung. Dabei wird morgens die Temperatur im Gewächshaus stark erniedrigt. Da in der Dämmerung der Rotanteil im auftreffenden Licht besonders hoch ist, werden die Pflanzen in diesen Zeiten zu einem stärkeren Streckungswachstum angeregt. Wird während dieser Periode die Temperatur erniedrigt, kann dem entgegengewirkt werden. Wichtig ist es, die Temperatur nicht unter ein pflanzenspezifisches Minimum zu senken, da sonst Schäden auftreten können. Um die Kulturzeit nicht zu verlängern, ist es wichtig, die Tagesmitteltemperatur in dem für die Pflanzen optimalen Bereich zu halten; dazu kann am Tag die Lüftung später geöffnet oder während der Nacht die Temperatur höher gehalten werden.

Maschinen und Geräte

Verbrennungsmotor: Was versteht man darunter?

Verbrennungsmotoren sind einfach wirkende Wärmekraftmaschinen mit innerer Verbrennung, bei denen Wärme in mechanische (drehende) Kraft umgewandelt wird. Die mechanische Energie entsteht aus der Verbrennung verdichteter zündfähiger Kraftstoff-Luft-Gemische. Die üblichen Kolbenmotoren arbeiten nach dem Zweitakt- oder dem Viertakt-Prinzip und werden mit Dieselkraftstoff oder Benzin betrieben.

Bauteile: Welche festen Bauteile hat ein Verbrennungsmotor?

- Zylinderblock. Er nimmt den Kolben auf.
- Zylinderkopf. Er schließt den Zylinderraum ab. In ihm sind Ventile, Zündkerzen, Glühkerzen oder Einspritzdüsen untergebracht, und er enthält Öffnungen für den Gasaustausch.
- Kurbelgehäuse. Es nimmt den Kurbelbetrieb und den Steuerungstrieb (Kurbelwelle und evtl. die Nockenwelle) auf.
- Ölwanne (nur bei Viertakt-Motoren). Sie befindet sich im unteren Teil des Kurbelgehäuses und nimmt den Schmierölvorrat auf.

Welche beweglichen Bauteile hat ein Verbrennungsmotor?

- Kolben. Er dichtet mit den Kolbenringen den Verbrennungsraum in der Laufbuchse gegen das Kurbelgehäuse ab und verdichtet das Gasgemisch beim Hub. Die Kolbenringe liegen in Ringnuten. Die oberen Ringe sind Kompressionsringe, die unteren Ölabstreifringe. Letztere streifen das überschüssige Öl ab und sorgen für eine gute Schmierung von Kolben und Zylinderwand.
- Pleuelstange. Sie überträgt die Kraft des Verbrennungsdruckes vom Kolben auf die Kurbelwelle.
- Kurbelwelle. Sie wandelt die gradlinige Bewegung des Kolbens in eine drehende Bewegung um und gibt sie über die Kupplung an das Getriebe weiter.
- Schwungmasse. Sie dient zur Überwindung der Leertakte bis zum Arbeitstakt. Durch die Schwungkraft wird der tote Punkt des Kolbens überwunden.
- Nockenwelle. Sie ist der Antrieb für die Ventilbewegung.
- Stößelstangen. Sie übertragen die Bewegung der Nocken auf die Kipphebel.
- Kipphebel. Sie drücken die Ventile gegen den Federdruck zum Öffnen bzw. Schließen.
- Ein- und Auslassventil. Es ermöglicht den Gaswechsel.

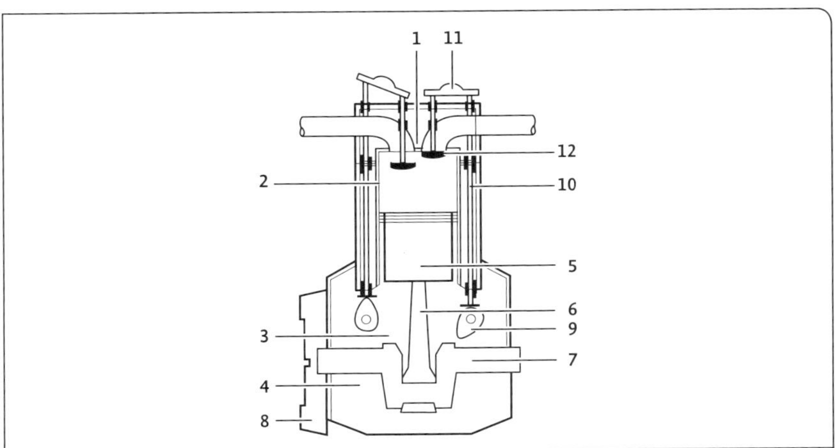

Abb. 40 Bauteile eines Viertaktmotors.
1 Zylinderkopf, 2 Zylinderblock, 3 Kurbelgehäuse, 4 Ölwanne, 5 Kolben, 6 Pleuelstange
7 Kurbelwelle, 8 Schwungmasse, 9 Nockenwelle, 10 Stößelstange, 11 Kipphebel,
12 Ventile und Federn

Motorkühlung: Wie werden Verbrennungsmotore gekühlt?

Die Verbrennungsmotoren werden mit Wasser oder Luft (siehe Abb. 41 Seite 172) gekühlt, wobei auch das Wasser die Wärme letztlich an die Luft abgibt. Bei der Wasserkühlung werden Verbrennungsraum und Zylinder von Wasser umspült, das die Wärme aufnimmt. In einem Wasserkreislauf fließt das erwärmte Wasser in ein Kühlerelement, wo die Wärme an die vorbeistreichende Luft abgegeben wird. Von dort wird das abgekühlte Wasser wieder dem Motor zugeführt.

Bei der Luftkühlung wird die übermäßige Wärme an Zylinder und Zylinderkopf von vorbeistreichender Luft aufgenommen und abgeführt. Da Luft ein schlechter Wärmeleiter ist, sind die zu kühlenden Flächen durch angegossene Kühlrippen stark vergrößert.

Hub, Totpunkt und Hubraum: Was versteht man darunter?

Mit Hub bezeichnet man den Weg des Kolbens von Verbrennungsmotoren, Pumpen und anderen Kolbenmaschinen, den der Kolben zwischen seinem unteren und oberen Totpunkt zurücklegt. Oberer Totpunkt (OT) ist die Höhe Oberkante Kolben im Zylinder bei höchster Stellung. Unterer Totpunkt (UT) ist die Höhe Oberkante Kolben im Zylinder bei tiefster Stellung. Der Abstand zwischen OT und UT in mm ist der Kolbenhub.

Mit Hubraum bezeichnet man bei Otto- und Dieselmotoren den Inhalt des Zylinders zwischen oberem und unterem Totpunkt. Er wird in cm^3 angegeben, als Gesamthubraum aller Zylinder eines Motors auch in Liter (l).

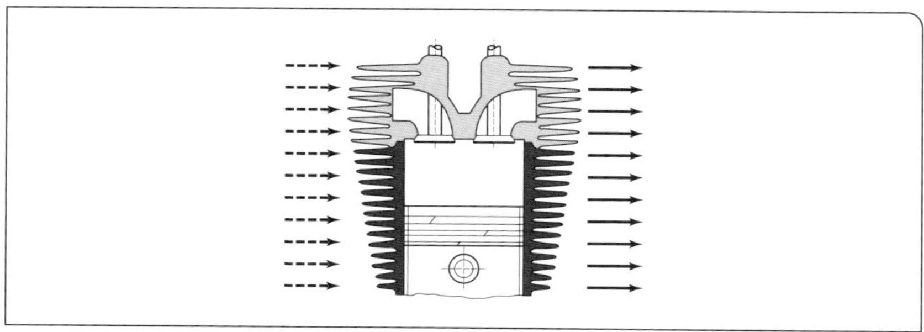

Abb. 41 Luftgekühlter Zylinder.

Drehzahl: Was versteht man darunter?

Sie gibt bei Motoren die Anzahl der Kurbelwellenumdrehungen in einer Minute an. Für die Drehzahl von Zapfwellen, Hydropumpenantrieb o. Ä. findet man gesonderte Angaben in der Bedienungsanleitung.

Drehmoment: Was versteht man darunter?

Produkt aus Kraft und der Länge eines Hebelarms (z. B. die Drehkraft an der Kurbelwelle eines Ottomotors) und wird in Newtonmeter (Nm) ausgedrückt. Angegeben wird meistens das maximale Drehmoment, das an eine bestimmte Drehzahl gebunden ist: z. B. 152 Nm bei n = 1 600/min.

Motorleistung: Mit welcher physikalischen Einheit wird sie angegeben?

Die Motorleistung wird in Kilowatt (kW), früher in Pferdestärken (PS) angegeben.
1 PS = 0,736 kW
1 kW = 1,36 PS.

Ottomotor: Was versteht man darunter?

Ein nach seinem Erfinder Nicolaus Otto (1832–1891) benannte, mit Benzin betriebene Verbrennungskraftmaschine (Verbrennungsmotor). Dabei wird ein Benzin-Luft-Gemisch durch den Kolben verdichtet und durch zeitlich gesteuerte Fremdzündung zur Verbrennung gebracht. Das zündfähige Gemisch wird beim Vergaser-Ottomotor außerhalb des Arbeitszylinders im Vergaser durch Beimischen von Kraftstoff zur angesaugten Luft erzeugt. Beim Einspritz-Ottomotor wird flüssiger Kraftstoff direkt in den Arbeitszylinder oder den Ansaugstutzen eingespritzt. Die Zündung erfolgt kurz vor dem oberen Totpunkt des Kolbens durch einen Funken, der an einer Zündkerze überspringt. Die hierzu notwendige Hochspannung kann mithilfe einer Batterie- oder einer Magnetzündanlage erzeugt werden.

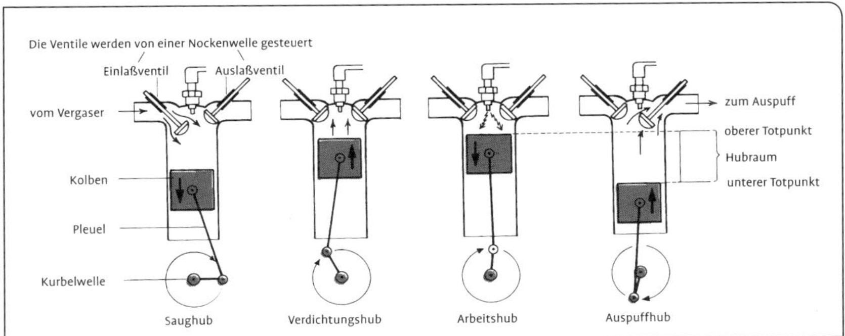

Abb. 42 Das Viertaktverfahren.

Viertakt- und Zweitakt-Ottomotor: Wodurch unterscheiden sie sich?

Der Zweitakt-Ottomotor leistet in zwei Takten ein Arbeitsspiel (siehe Abb. 43 Seite 174). Auf zwei Takte (unter „Takt" versteht man eine Kolbenbewegung von einem Totpunkt zum anderen) kommen eine Kurbelwellendrehung und ein Arbeitstakt, d. h., der Zweitakter erledigt Ansaugen, Verdichten, Arbeiten und Ausstoßen der verbrannten Gase bei einer Kurbelumdrehung. Der Viertakt-Ottomotor leistet in vier Takten ein Arbeitsspiel. Er erledigt Ansaugen, Verdichten, Arbeiten und Ausstoßen der verbrannten Gase bei zwei Kurbelumdrehungen.

Warum wird dem Kraftstoff (Benzin) beim Zweitaktmotor Öl zugegeben?

Während die Schmierung des Motors bei Vier-Takt-Motoren als Druckumlaufschmierung erfolgt (das Schmieröl befindet sich im unteren Teil des Kurbelgehäuses, das als Ölwanne ausgebildet ist) erfolgt bei Zweitakt-Motoren die Motorschmierung dadurch, dass das Schmieröl dem Kraftstoff zugegeben wird. Das Schmieröl gelangt dann bei der Vorverdichtung im Kurbelgehäuse an die Schmierstellen, d. h. die Schmierwirkung erfolgt durch den Niederschlag des Öles nach dem Vergasen des Benzinkraftstoffes im Motor. Überschüssiges Öl wird im Verbrennungsraum verbrannt bzw. am Kurbelgehäuse abgelassen. Das Mischungsverhältnis Benzin : Öl ist in der Betriebsanweisung der Motoren angegeben, üblich sind Mischungen von 1:25 und 1:50.

Vergaser: Welche Aufgabe hat er?

Der Vergaser ist ein Bauteil des (Vergaser-)Ottomotors. Er hat die Aufgabe, das zur Verbrennung benötigte Gemisch aus Benzin und Luft zu bilden. Dieses Kraftstoff-Luft-Gemisch wird außerhalb des Zylinders im Vergaser hergestellt, dann in den Zylinder angesaugt und durch den elektrischen Hochspannungsfunken der Zündkerze gezündet.

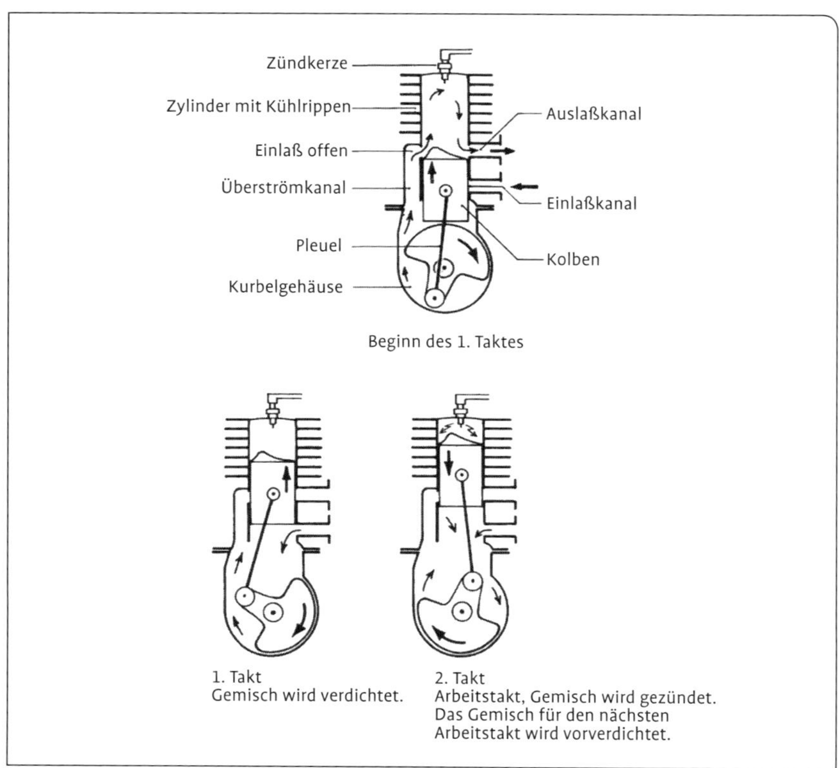

Abb. 43 Das Zweitaktverfahren.

Zündkerze: Was ist ihre Aufgabe?

Bei Ottomotoren wird die Verbrennung des Kraftstoff-Luft-Gemischs im Motorzylinder durch einen elektrischen Funken eingeleitet, der zwischen den Elektroden der Zündkerze entsteht. Aufgabe der Zündkerze ist, das zur Verbrennung notwendige Kraftstoff-Luft-Gemisch durch den elektrischen Hochspannungsfunken der Zündkerze zu zünden. Man nennt dies Fremdzündung. Die Zündkerze besteht aus dem Gehäuse mit Masseelektrode und der Mittelelektrode, die mit dem Isolator und den Dichtringen in das Gehäuse eingesetzt ist. Der Strom der Sekundärspule fließt in der Zündkerze über den Zündbolzen zur Mittelelektrode. Durch die hohe Spannung (5–15 kV) schlägt der sog. Zündfunke auf die Massenelektrode über und entzündet dabei das Kraftstoff-Luft-Gemisch. Die für den Überschlag des Funkens erforderliche Spannung wird bei Motoren mit Batteriezündung in der Zündspule erzeugt. Motoren mit

Magnetzündern (z. B. Einachsschlepper, Motorhacke, Freischneider, Rasenmäher) sind von einer Batterie unabhängig, da der Magnetzünder selbstständig hochgespannten Zündstrom liefert.

Von großer Bedeutung ist das Wärmeverhalten der Zündkerze, das durch den sog. Wärmewert ausgedrückt wird. Der Zündkerzen-Typ ist vom Motorenhersteller vorgeschrieben und der Betriebsanleitung zu entnehmen.

Dieselmotor: Wie funktioniert er?

Der Dieselmotor ist ein nach dem Erfinder Rudolf Diesel (1858–1913) benannter Verbrennungsmotor, bei dem flüssiger Brennstoff (Diesel) unter hohem Druck, durch Düsen fein verstäubt, in den Zylinder eines Kolbenmotors direkt oder über eine Vorkammer eingespritzt wird und in der hoch komprimierten, heißen Luft (900 °C) selbst zündet und verbrennt. Weil der Kraftstoff sich selbst entzündet, nennt man Dieselmotoren auch Selbstzünder. Die für den Dieselmotor typische Glühkerze dient nur als Starthilfe bei kalten Motoren und erfüllt damit eine völlig andere Funktion als die Zündkerze des Ottomotors. Durch die höheren Verdichtungs- und Verbrennungsdrücke beim Dieselverfahren müssen Bauteile wie die Kurbelwelle, Pleuel, Zylinder, Kolben usw. stärker ausgelegt sein. Daher weist der Dieselmotor ein höheres Motorgewicht auf.

Cetanzahl: Was ist das?

Maß für die Zündwilligkeit von Dieselkraftstoffen. Einen entscheidenden Einfluss auf den Lauf und den Wirkungsgrad eines Dieselmotors haben die Zündwilligkeit und der Zündverzug, ausgedrückt in der Cetanzahl (CZ). Hohe Zündwilligkeit und geringer Zündverzug = hohe CZ, niedrige Zündwilligkeit und großer Zündverzug = niedrige CZ. Für die im Gartenbau verwendeten Dieselmotoren werden Dieselkraftstoffe mit einer CZ von 45–55 gefordert. Je näher die CZ bei 55 liegt, desto zündwilliger ist der Kraftstoff, umso leichter lässt sich ein Motor im kalten Zustand starten.

Klopfen: Was versteht man darunter?

Darunter versteht man einen unerwünschten Verbrennungsverlauf mit schlagartigem Verbrennen des Kraftstoffs bei Verbrennungsmotoren. Je nach Stärke hört sich das sog. Klopfen wie Klingeln oder wie Hammerschläge an. Kolben und Triebwerk werden überlastet und Lager ausgeschlagen. Die Leistung vermindert sich, der Motor wird überhitzt. Ursachen sind entweder ein für den gegebenen Motor nicht genügend klopffester bzw. zündwilliger Kraftstoff oder die Bauart des Motors oder auch ungünstige Betriebsbedingungen. Bei Benzinmotoren tritt das Klopfen durch Selbstzündung am Ende der Verbrennung auf. Bei Dieselmotoren bei Beginn der Verbrennung, wenn sich der eingespritzte Kraftstoff nicht schnell genug entzündet.

Ölwechsel: Warum ist er erforderlich?

Motorenöl wird während des Betriebs nicht nur durch hohe Temperaturen, Drücke und Luftaufnahme verschlechtert, sondern auch durch Verbrennungsrückstände wie Ruß, Ölkohle, Kondens- und Verbrennungswasser, Metallabrieb und Staub. Hierdurch lässt die Schmierfähigkeit des Öls nach längerem Betrieb erheblich nach. Ungünstige Betriebsumstände (feuchte und kalte Außenluft) und die Betriebsverhältnisse (häufiges Starten, nur kurzer Motorlauf oder unterkühlter Betrieb des Motors) beeinflussen ganz entscheidend die Verschlechterung des Öls. Deshalb muss das Motoröl einer Umlaufschmierung nach einer bestimmten, vom Motorhersteller festgelegten Zeit ausgewechselt werden. Der Motorenhersteller bestimmt auch, welche Öle in dem Motor gefahren werden können. Diese zugelassenen Öle werden in der Betriebsanleitung bzw. in den Schmierstoff-Tabellen angegeben. Nach diesen Angaben muss unter den angebotenen Ölen ausgewählt werden.

Motoröle: Welche Aufgaben haben sie?

Motoröle dienen der Schmierung der Motorbauteile. Wenn bewegliche Teile sich gegeneinander bewegen, tritt Reibung auf. Reibung hemmt zum einen die Bewegung, zum anderen führt sie zu Verschleiß. Um die Reibung zu vermindern und die für die Bewegung erforderlichen Kräfte zu verringern, wird ein Schmierfilm aus Motoröl zwischen den Flächen aufgebracht.
Die Aufgaben der Motoröle sind im Einzelnen:
- Verminderung des Verschleißes,
- Verringerung des Energieaufwandes durch Verminderung der Reibung,
- kühlen, d. h. Wärme ableiten,
- den Raum zwischen Kolben und Zylinderwand abdichten,
- reinigen, indem Schmutzstoffe (Verbrennungsrückstände) im Schmieröl gebunden werden,
- Korrosionsschutz, indem das an den Metallflächen haftende Öl ein Kondensieren von Feuchtigkeit an Metallflächen verhindert,
- Geräuschdämpfung.

Viskosität: Was versteht man im Zusammenhang mit Motorölen darunter?

Mit Viskosität (Zähigkeit) wird die „Flüssigkeit" der Öle beschrieben und durch die sogenannten SAE-Zahlen (Viskositätsklassen) gekennzeichnet (z. B. SAE 10, SAE 20, SAE 30, SAE 40 usw.). SAE steht für Society of Automotive Engineers. Je höher die Zahl, umso zähflüssiger ist das Öl. Bei niedrigen Temperaturen benötigen Motoren Öle mit geringer, bei hohen Temperaturen solche mit hoher Zähigkeit. Allerdings darf bei Erhöhung der Öltemperatur durch den laufenden Betrieb das Öl auch nicht so dünnflüssig werden, dass der Ölfilm abreißt und es zu Trockenreibung kommt. Um den unterschiedlichen Betriebsbedingungen gerecht zu werden, wurden von der Ölindustrie sogenannte

Mehrbereichsöle entwickelt, die mehrere Viskositätsklassen abdecken (z. B. 15 W-40). Die Verwendung von solchen Mehrbereichsölen vereinfacht die Ölauswahl, da sie einen größeren Temperaturbereich abdecken und sowohl für den Winterbetrieb als auch den Sommerbetrieb geeignet sind.

Abschmieren: Was wird damit bezeichnet?

Bezeichnet die Tätigkeit, bei der Radlager, Achsschenkel, Spurstangen, Gelenkwellen, Pedallager usw. mit zähflüssigen bis wachsartigen Fetten geschmiert werden.

Schaltgetriebe: Wozu dienen sie?

Schaltgetriebe verändern eine Drehzahl oder setzen einen Antrieb ganz aus. Sie dienen dazu, die für ein bestimmtes Drehmoment gleich bleibende Drehzahl des Motors, z. B. die Nenndrehzahl bei voller Motorleistung, in verschiedene Drehzahlen der Triebachse umzuwandeln. Schaltgetriebe lassen sich in zwei Grundtypen einteilen, in Stufengetriebe (Zahnradgetriebe als Schubradgetriebe, Leichtschaltgetriebe, Synchrongetriebe, Lastschaltgetriebe) und stufenlose Getriebe (mechanische und hydrostatische).

Differenzialgetriebe: Welche Aufgaben hat es?

Das Differenzialgetriebe ist ein in der angetriebenen Achse von Kraftfahrzeugen eingebautes Zahnradgetriebe, das den unterschiedlichen Wegen des inneren und äußeren Rades beim Fahren von Kurven Rechnung trägt und dadurch ein Lenken des Fahrzeuges mit treibender Achse ermöglicht. Bei der Geradeausfahrt wird die Motorkraft über das Schaltgetriebe auf beide Hinterräder gleichmäßig übertragen. Bei der Kurvenfahrt muss aber die Motorkraft so geleitet werden, dass das kurvenäußere Rad sich schneller dreht als das kurveninnere, denn es hat ja einen längeren Weg zurückzulegen. Diesen Unterschied in der Umdrehungszahl der Räder gleicht das Differenzialgetriebe aus. Kommt es allerdings dazu, dass auf nassem oder nachgiebigem Boden ein Rad durchrutscht, so bleibt das andere stehen. Es ist dann nicht mehr möglich, das Fahrzeug (z. B. den Schlepper) weiter oder wieder anzufahren. Man muss dazu die Wirkung des Ausgleichgetriebes durch Einschalten der Differenzialsperre aufheben, die beide Räder starr kuppelt. Wenn die schwierige Stelle überwunden ist, muss die Differenzialsperre wieder herausgenommen werden, um das Getriebe nicht zu schädigen.

Zapfwelle: Welche Aufgabe hat sie?

Die Zapfwelle ist ein Nebenantrieb. Sie stellt bei Schleppern eine zuschaltbare mechanische Antriebsquelle an einem Nebenausgang des Getriebes bereit. Über eine Gelenkwelle gibt die Zapfwelle die Kraft (das Drehmoment) des Motors an drehende Arbeitsgeräte wie Bodenfräse, Spatenmaschine, Mähwerke, Häcksler usw. weiter. In der Regel befindet sich die Zapfwelle mittig zwischen dem Dreipunktgestänge am Heck, bei Schleppern mit Frontanbauoption auch ergänzend an der Vorderseite.

Hydraulik: Was versteht man darunter?

Einrichtung zur Kraftübertragung durch Flüssigkeiten (in der Regel Öl). Ein Kolben oder der Druck einer Pumpe drückt auf eine Flüssigkeit, die diesen Druck auf einen Arbeitszylinder überträgt, in dem ein Kolben läuft. Die Bewegung des Kolbens wird direkt oder als Hebelkraft genutzt. Hydraulisch arbeiten u. a. Öldruckbremsen und Kraftheber der Schlepper.

Schlepper (Traktor): Wie wird er definiert und wozu dient er?

Mit Schlepper oder Traktor (auch Trecker) bezeichnet man zweiachsige Arbeitsmaschinen, die für eine Vielzahl von Arbeiten im Gartenbau dienen. Als sogenannte Schlüsselmaschine hat der Schlepper vielfältige Arbeitsaufgaben zu erfüllen. Früher nur zum Zug von angehängten Geräten und Fahrzeugen gedacht (Traktor, von lateinisch trahere = ziehen), hat sich der Schlepper allmählich zur selbstfahrenden Arbeitsmaschine entwickelt, die ihre Motorkraft nicht nur auf die Triebräder überträgt (und damit nicht nur als Zugmaschine dient), sondern auch über die Zapfwelle an fahrende oder stationär angehängte oder angebaute Maschinen und Geräte, wie Fräse, Spritze, Drillmaschine, Düngerstreuer, Mähwerk usw., weitergibt. Durch den Anbau von Heck- oder Frontladern kann der Schlepper auch zum Laden, Schaufeln, Planieren und Heben eingesetzt werden.

Der Schlepper von heute ist eine Arbeitsmaschine mit den Funktionen Ziehen, Antreiben, Tragen, Heben und Laden. Sie haben Anbauräume im Heckbereich, Zwischenachsbereich und im Frontbereich. Bedingt durch die jeweiligen Betriebsgrößen, die verschiedenen Produktionstechniken und den jeweils unterschiedlichen Besatz an Geräten und Maschinen, haben sich nach den Anbau- und Aufbauräumen und der Kraftübertragung verschiedene Schlepperbauformen entwickelt.

Allradschlepper: Was versteht man darunter?

Schleppertyp, der über alle vier Räder angetrieben wird. Es sind Schlepper, die vorwiegend zum Ziehen von schweren Lasten und Arbeitsgeräten Verwendung finden. Üblich ist ein Allradantrieb bei Leistungen über 50 kW; in der Regel bei über 100 kW. Aufgrund der hohen Zugleistung wird dieser Schleppertyp besonders auf großen Flächen zur zeitgerechten Arbeitserledigung mit schweren Aufsattelpflügen und Gerätekombinationen eingesetzt.

Schlupf: Was versteht man darunter?

Unter Schlupf versteht man das Rutschen der Treibräder einer Antriebsmaschine (z. B. eines Schleppers) unter Last. Die Triebräder machen dabei mehr Umdrehungen, als für die Fortbewegungsstrecke oder Fahrgeschwindigkeit nötig wären. Der Schlupf ist also ein Weg- und Leistungsverlust. Bei 0 % Schlupf fährt der Schlepper den Weg, den die Triebräder aufgrund ihrer Reifendurchmesser und Drehzahl als Umfangsstrecke zurücklegen. Bei 100 % Schlupf bewegt sich der Schlepper nicht von der Stelle, die Triebräder rutschen durch. Schlupf tritt immer auf. Auf ebener Straße liegt er bei 1–2 %, auf trockenen und günstigen Böden bei 10–20 %, auf schwierigen und nassen Böden bei 50 % und mehr. Der Schlupf führt auf bindigen Böden (Ton, Lehm) zum Verschmieren der Radspur, was Bodenschäden (Zerstörung der Bodenstruktur, Verdichtung) zur Folge hat. Deshalb sollte nasser Boden weder befahren noch bearbeitet werden. Beim Pflügen entsteht Schlupf besonders unter dem Furchenrad in der Pflugfurche.

Einachsschlepper: Was versteht man darunter?

Eine Arbeitsmaschine, die anders als der eigentliche Schlepper, dem Zweiachsschlepper, wie der Name sagt, nur eine Antriebsachse hat. Der Einachsschlepper ist gekennzeichnet durch eine Triebachse mit zwei Rädern, die Motor und Getriebe trägt. Die Bedienungsperson führt und steuert die Maschine an Lenkholmen, die in der Höhe und Richtung (in der Regel bis 180 Grad, für Rückwärtsbetrieb) verstellbar sind. Arbeitswerkzeuge sind als Gerätereihe durch Schnellverschlüsse anbaubar. Das wichtigste Anbaugerät für Einachsschlepper ist die Fräse. Darüber hinaus gibt es aber auch Anbaumöglichkeiten zum Mähen, Pflügen, Häufeln, Grubbern, Transportieren, Schneeschieben und Kehren. Die Arbeitsgeräte können in der Regel durch verschleißarme Schnellkupplungen angeflanscht werden. Der Antrieb erfolgt mechanisch über eine Zapfwelle. Ein stufenlos regelbarer Vortrieb, Einzelradlenkung, verstellbare Spurweiten sowie die Möglichkeit, die Achse nach vorn und hinten zu verschieben, ermöglichen eine optimale Anpassung an die jeweiligen Einsatzbedingungen. Einachsschlepper haben zwei bis acht Vorwärtsgänge, ein bis drei Rückwärtsgänge, ein bis zwei Zapfwellendrehzahlen und Spurweiten von 60–125 cm, die meist mehrfach verstellbar sind.

Nach der Motorleistung können folgende Gruppen unterschieden werden:

- Große Einachsschlepper mit 8–12 kW Motorleistung und Dieselmotor. Sie sind heute ausgerüstet mit elektrischem Anlasser (in der Regel), Differenzi-

alsperre, Lenkkupplungen oder Lenkbremsen. Einsatzmöglichkeiten: Fräsen bis 100 cm, Pflügen, Grubbern bis 150 cm, Eggen bis 200 cm, Planieren, Transportieren usw.
- Mittlere Einachsschlepper mit 5–7 kW Motorleistung, in der Regel mit Benzinmotoren, heute meist als 4-Takt-Motor. Diese Maschinen sind leichter und aufgrund der guten technischen Ausrüstung, genauso wie schwere Geräte, einfach zu bedienen. Rad- und Frontzusatzgewichte erhöhen hier die Zugkraft. Einsatzmöglichkeiten: Hacken bis 100 cm, Fräsen bis 80 cm, Mähen bis 140 cm, Grubbern oder Eggen bis 100 cm, Pflügen, Kehren bis 120 cm und Transportieren.
- Kleine Einachsschlepper mit bis zu 5 kW Motorleistung mit 2- oder 4-Takt-Benzinmotor, als Kombigerät zum Fräsen, Mähen oder Kehren.

Von der Motorhacke unterscheidet sich der Einachsschlepper insbesondere dadurch, dass er eine Mehrzweckmaschine ist.

Pflüge: Wozu dienen sie?

Der Pflug ist ein wichtiges Gerät für die Grundbodenbearbeitung. Seine Arbeitsweise kann als wendende Lockerung beschrieben werden (Wenden, Lockern und Krümeln). Ernterückstände werden gut eingearbeitet, und die verbleibende von Pflanzenresten und Unkraut befreite Oberfläche ermöglicht störungsfreies Arbeiten mit nachfolgenden Geräten.

Welchen Arten von Pflügen gibt es?

Die Pflugarten können unterschieden werden nach:
- dem Pflugverfahren (Arbeitsweise): Drehpflug (Kehrpflug), Beetpflug;
- dem Verwendungszweck: Saatpflug, Schälpflug, Sonderpflug (z. B. Tiefpflug);
- der Scharform: Streichblechpflug (Scharpflug), Scheibenpflug, Zapfwellenpflug;
- der Art der Anbringung (Anlenkung) am Schlepper: Anbaupflüge, die in der Dreipunkt-Hydraulik des Schleppers angebaut und beim Transport ganz von diesem getragen werden; Aufsattelpflüge, die am Schlepper angebaut werden und ein hinteres Stützrad haben; Anhängepflüge, die auf eigenen Rädern rollend an den Schlepper angehängt werden. Im Gartenbau kommen vorwiegend Anbaupflüge zum Einsatz.

Die wichtigste Pflugform ist der Schar- oder Streichblechpflug, dessen Einsatz als Drehpflug (Kehrpflug) oder Beetpflug erfolgt.

Pflugsohle: Was versteht man darunter?

Beim Pflügen in einer gleich bleibenden Tiefe kann es besonders in tonigen (kolloidhaltigen), nicht krümeligen Böden zur Ausbildung einer Pflugsohle kommen, d. h., zu einer Verdichtung des Bodens an der Stelle, an der die

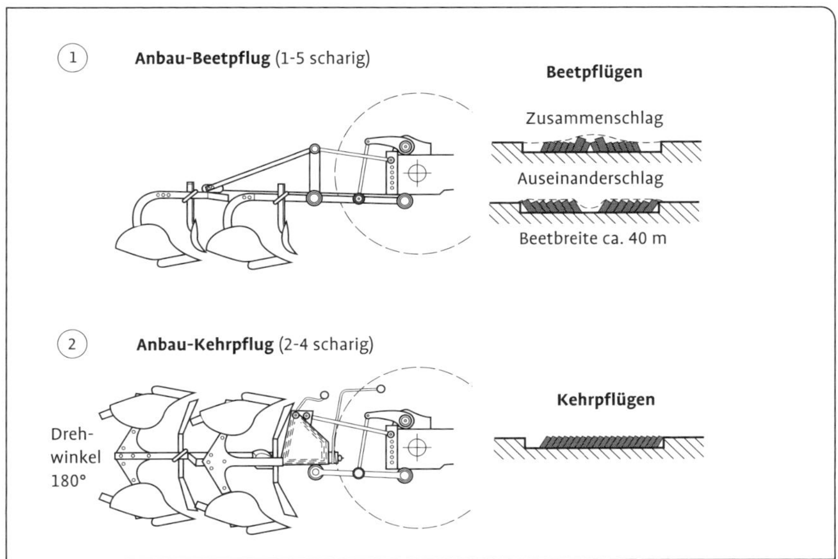

Abb. 44 Beetpflug und Drehpflug.

Spitze der Pflugschar den Boden zusammendrückt. Die Pflugsohle kann nur wenige mm dick sein, aber auch mehrere cm mächtig werden. Sie bewirkt in dem Boden Wasserstauung und muss, um Pflanzenschäden auszuschließen, beseitigt werden. Dies geschieht durch an der Pflugschar befestigte Zusatzgeräte, die die Pflugsohle aufreißen und zerstören.

Bodenbearbeitungsgeräte – Spatenmaschine: Was versteht man darunter?

Die Spatenmaschine (auch Spatenpflug genannt) ist ein über die Zapfwelle angetriebenes Bodenbearbeitungsgerät zur Grundbodenbearbeitung mit spatenähnlichen Werkzeugen, das die Arbeit des Handspatens nachahmt (siehe Abb. 45 Seite 182). Von großem Vorteil ist, dass die Maschine bzw. der Schlepper stets nur auf dem unbearbeiteten Land fährt und den zu lockernden Boden nicht vom Unterboden abschneidet, sondern wie ein Spaten herausbricht.

Grundsätzlich wird zwischen dem Rotations- und dem Stich-Wurf-Prinzip unterschieden. Bei Spatenmaschinen, die nach dem Rotationsprinzip arbeiten, sind auf einer horizontalen, quer zur Arbeitsrichtung liegenden Welle versetzt zueinander spatenförmige Messer angeordnet. Beim Stich-Wurf-Prinzip stechen die Spaten etwa senkrecht in den Boden ein und werfen ihn gegen ein

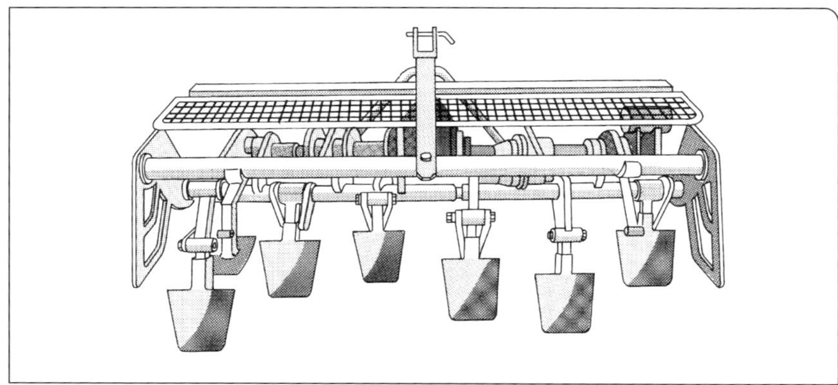

Abb. 45 Spatenmaschine.

dahinterliegendes Prallblech oder einen Federzinkenrechen. Die Arbeitsbreiten liegen zwischen 0,6 und bis über 3 m.

Bodenfräse (Ackerfräse): Was versteht man darunter?

Ein Bodenbearbeitungsgerät für Einachs- und Zweiachsschlepper, bei der umlaufende Werkzeuge (die über die Zapfwelle angetrieben werden) fortschreitend vom zusammenhängenden Boden Teile (Bissen) abtrennen und zerkleinern. Die Zerkleinerung wird durch das Schleudern der Bodenteile gegen den die Werkzeuge umgebenden „Fräskasten" mit Prallblech verstärkt. Die starr oder federnd an der Fräswelle befestigten Hackmesser oder Fräshaken sind in der Regel einzeln auswechselbar. Das Fräsaggregat wird als geschlossenes Ganzes über den „Frässchwanz" an den Schlepper angesetzt. Eine Sohlenbildung, wie beim Pflügen die Pflugsohlenbildung, ist nicht möglich, da die Ablösung der Bodenteile kein Schneid-, sondern ein Abspalt- oder Abreiß-Vorgang ist. Das Fräsen bringt eine gute Durchmischung des Bodens mit sich, die Verteilung der verschieden großen Krümel ist hinsichtlich des Porenvolumens innerhalb der bearbeiteten Bodenschicht günstig. Es ist aber zu beachten, dass zu feine Zerkleinerung eine Verschlämmung des Bodens fördert. Wurzelunkräuter (z. B. Quecke) werden durch das Fräsen zerteilt und damit regelrecht vermehrt.

Wo werden Bodenfräsen eingesetzt?

Die Fräsen werden zur Grundbodenbearbeitung oder auch zur Herstellung eines Saat- und Pflanzbettes in nur einem einzigen Arbeitsgang eingesetzt. Gleichzeitig kann das Einarbeiten von organischem oder mineralischem Dün-

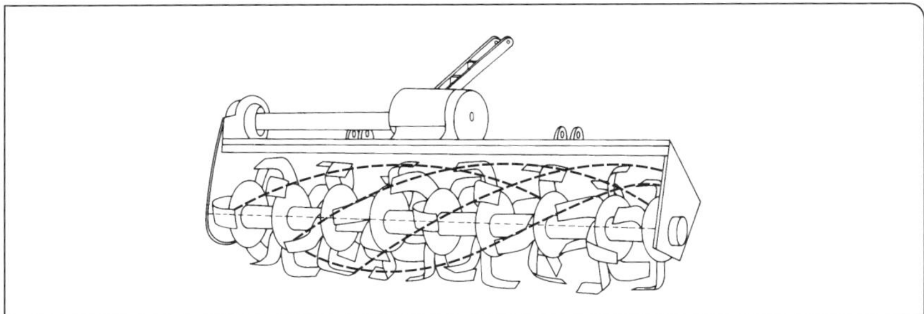

Abb. 46 Bodenfräse.

ger erfolgen. Man unterscheidet Flachfräsen mit etwa 12–15 cm Arbeitstiefe und Tieffräsen mit Arbeitstiefen bis zu 25 cm.

„Totfräsen": Was versteht man darunter?

Die gute Arbeit der Fräsen verleitet dazu, sie zu häufig einzusetzen. Im Übermaß und mit zu hoher Umdrehungszahl benutzt, zerschlagen sie aber die Bodenstruktur, und es kommt zu einer dichten Lagerung der feinen Bodenteilchen und damit zu Bodenverdichtungen im Oberboden. Dies bezeichnet man als „Totfräsen".

Motorhacken: Was versteht man darunter?

Motorbetriebene Bodenbearbeitungsgeräte, die von Otto-Zwei- und Viertaktmotoren zwischen 2 und 5 kW angetrieben und mit den Händen geführt werden. Motorhacken dienen der Lockerung der Bodenoberschicht und der Vernichtung von Unkraut. Auf kleineren Flächen werden sie zur ganzflächigen Bodenbearbeitung, um Saat- oder auch Pflanzbeete herzustellen, eingesetzt. Die Werkzeuge der Motorhacken sind mit den Messern der Bodenfräsen vergleichbar, nur sind sie kleiner. Die Messer, die zu Messersternen zusammengefasst werden, sind gebogen oder abgewinkelt (bis 90 °) und arbeiten mit ziehendem Schnitt. Die Hacksätze werden in der Regel im Baukastensystem zusammengestellt. Dabei werden die Messersterne zu beiden Seiten der Antriebswelle zu der gewünschten Arbeitsbreite (10–100 cm) aneinandergereiht. Die Verbindung erfolgt in der Regel mittels eines durchgehenden Bolzens.

Bauarten: Zwischen welchen wird bei Motorhacken unterschieden?

Es sind drei Bauarten von Motorhacken zu unterscheiden: Die triebradlose Motorhacke (Drehhacke), die sich mit der rotierenden Hackwelle selbst durch den Boden arbeitet; die radangetriebene Motorhacke (Triebradhacke), bei der ein Bodenrad den Vorschub übernimmt, und Motorhacken mit passivem Laufrad. Beim Einsatz von Motorhacken ist die Benutzung einer Schutzhaube zwingend vorgeschrieben. Für die verschiedenen Arbeitsbreiten werden komplette Hauben aufgesteckt oder die Haube bildet schon mit dem Hacksatz eine Einheit.

Bei Motorhacken mit passivem Laufrad besorgen die Arbeitswerkzeuge den Vortrieb. Das Laufrad erleichtert das Steuern in den Kulturen, die richtige Arbeitstiefe kann besser eingehalten werden und das Wenden der Maschine wird erleichtert. Ein leichtes Schutzdach verhindert das Wegschleudern des Bodens und mindert auch die Unfallgefahr.

Bei der radangetriebenen Motorhacke übernimmt ein Triebrad den Vortrieb. Das Hauptgewicht der Maschine lastet dabei auf dem Triebrad, das beim Arbeiten die Fahrgeschwindigkeit bestimmt. Die Hackwerkzeuge werden für den Vorschub nicht gebraucht. Sie arbeiten unter einem Fräsdach (meist sind mehrere Arbeitsbreiten zum Auswechseln vorhanden), das in Verbindung mit einem verstellbaren Lockerungs- und Führungsschar auch die Hacktiefe steuert. Der Vortrieb lässt sich bei den meisten Maschinen durch ein Schaltgetriebe in zwei oder drei Stufen einstellen. Einige Maschinen haben auch einen Rückwärtsgang, der das Wenden erleichtert. Die Qualität der Hackarbeit ist im Vergleich zur triebradlosen Hacke sehr gut. Neben dem Hacken wird dieser Motorhackentyp auch zum Häufeln eingesetzt.

Bei der triebradlosen Motorhacke mit Bremssporn besorgen die Arbeitswerkzeuge auf der motorbetriebenen Welle gleichzeitig den Vortrieb. Seitenscheiben an den Enden der Fräswelle schützen die Pflanzen vor Beschädigung und Verschüttung. Die Bedienungsperson regelt die Umlaufgeschwindigkeit der Werkzeuge mit dem Gashebel des Motors. Die Qualität der Hackarbeit hängt neben den verwendeten Werkzeugen von der Bremswirkung des hoch oder tief eingestellten Bremssporns ab. Je größer der Widerstand, desto geringer die Vorwärtsbewegung, desto kleiner die abgehackten Bodenbrocken (Bissen) und desto tiefer – je nach Gewichtsbelastung und Einstellung des Bremssporns – arbeiten sich die Messer in den Boden. Dabei entscheiden aber auch Bodenart und mögliche Bodenverdichtungen darüber, wie tief die Messer in den Boden dringen. In der Regel muss man durch Anheben oder Belasten der Maschine öfter korrigieren, was etwas Übung erfordert. Es ist nicht immer leicht, die Maschine so zu steuern, dass sie nicht über den Boden springt oder die Messersterne sich tief in den Boden wühlen. Die Qualität der Hackarbeit ist deshalb nicht immer befriedigend. Bei leichtem, sandigem Boden verhindert ein nach hinten flach abgewinkeltes Spornende (der Schleiffuß) ein zu tiefes Eindrücken des Sporns und damit ein zu tiefes Einarbeiten und Festsitzen der Hacke. Die maximale Arbeitstiefe beträgt je nach Bodeneigenschaften und Gewicht etwa $2/3$ bis $3/4$ des Messerstern-Durchmessers. Die Schutzscheiben für die Hackwelle – sie sollen Schäden an Pflanzen oder das gefährliche Verhaken der Messer (z. B. in einem Drahtzaun) verhindern – ergeben zusätzliche Lenkstabilität, behindern bei hartem Boden aber etwas den Tiefgang.

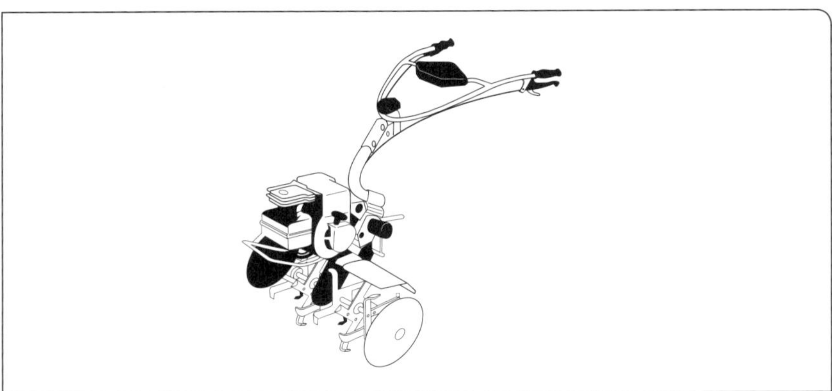

Abb. 47 Triebradlose Motorhacke.

Reihenhackfräse: Was versteht man darunter?

Ein spezieller Motorhackentyp, der zur flachen Bodenbearbeitung und zur Unkrautbekämpfung in Reihenkulturen eingesetzt wird. Man unterscheidet zwischen zwei Gerätetypen: Solche, bei denen die Frässätze unter einer durchgehenden Haube angeordnet sind (für kleine Pflanzen), und solche, bei denen je Frässatz eine Schutzhaube vorgesehen ist. Letztere verhindert auch das „Anhäufeln" kleiner Pflanzen und ist noch in höheren Kulturen brauchbar.

Topfmaschinen: Nach welchem Prinzip arbeiten sie?

Innerhalb des Kulturablaufs ist Topfen bzw. Umtopfen ein sehr aufwendiger Arbeitsschritt, weshalb der Gärtner bestrebt ist, ihn so rationell wie möglich zu gestalten, so durch den Einsatz von Topfmaschinen. Abhängig von der Topfgröße rechnet man beim Handtopfen mit einer Stundenleistung von 150 bis 300 Töpfen, für Topfmaschinen werden Stundenleistungen zwischen 450 und 4 500 Töpfen angegeben. Sofern die Maschine mit Doppelbohrern ausgerüstet ist, steigt die Leistung bei Topfgrößen von 8–12 cm auf 6 000 bis 11 000 Töpfe pro Stunde.

Die angebotenen Topfmaschinen unterscheiden sich in Ausstattung und Automatisierungsgrad. Von relativ einfachen Topf- oder Folienbeutelbefülleinrichtungen bis hin zu Hochleistungsmaschinen mit Aussetzvorrichtungen ist ein sehr breites Sortiment an Geräten erhältlich.

Topfmaschinen arbeiten nach folgendem Prinzip: Es läuft ein Transportband (eine Transportkette) mit Topfhaltern endlos um, in der Regel ringförmig als Kreis oder als Oval. Es werden Töpfe eingegeben, mit Substrat gefüllt, das Substrat angedrückt (verdichtet), es wird ein Pflanzloch gebohrt oder gedrückt, es wird gepflanzt, der fertige Topf wird abgenommen. Der Antrieb erfolgt durch Elektromotoren. Die Arbeitsgeschwindigkeiten aller automatischen Einrichtungen sind aufeinander abgestimmt. Die Substratzufuhr ist regelbar. Die Umlaufgeschwindigkeit der Töpfe ist veränderlich, um sie auf Arbeitsorganisation und Arbeitsteam einstellen zu können.

Verpflanzautomaten: Was versteht man darunter?

Verpflanzautomaten bezeichnen Topfmaschinen, die neben dem eigentlichen Topfen auch die Entnahme der Jungpflanzen aus dem Anzuchtgefäß vornehmen. Im Einzelnen erfüllen Verpflanzautomaten folgende Aufgaben:

1. Einzelentnahme der Jungpflanzen aus dem Anzuchtgefäß.
2. Transport bis zum Weiterkulturgefäß.
3. Verpflanzen (Topfen).
4. Weitertransport des neuen Gefäßes.

Hinsichtlich der Entnahme der Jungpflanzen aus den Anzuchtplatten werden drei Methoden unterschieden. Bei der Korkenzieher-Methode wird eine Art Korkenzieher von oben in die Anzuchtplatte abgesenkt, dreht sich in den Wurzelballen und nimmt die Pflanze nach oben mit. Ein zusätzlicher Erdspieß verhindert, dass der Topf die Drehung mitmacht. Bei der Nadel-Methode werden von einem Greifer drei oder vier Nadeln von oben schräg in den Wurzelballen gestoßen, sodass die Nadeln konzentrisch nach unten in der Erde stecken. So klemmen sie den Ballen ein und halten ihn fest, während ein pneumatischer Stempel ihn von unten aus der Anzuchtkiste hochdrückt. Bei der Ausstoßer-/Greifer-Methode stößt von unten ein Dorn in den Anzuchttopf und hebt ihn an. Oberhalb der Kunststoffplatte wartet ein Greifer und klemmt den Ballen mit zwei seitlichen Backen ein.

Bandschleudern: Wozu werden sie eingesetzt und wie arbeiten sie?

Sogenannte Bandschleudern sind durch Elektromotoren angetriebene Maschinen für das Mischen und Umsetzen von Erden (z. B. Kompost). Sie können das zu verarbeitende Material nur unzureichend zerkleinern und in eine gleichmäßige Struktur bringen. Sie können aber grobes, nicht verrottetes organisches Material, Steine und Unrat mithilfe eines Stahlkamms zurückhalten und gesondert ausscheiden. Wesentlicher Bauteil einer Bandschleuder ist ein endloses Band (Gummiband, Gurtband), das über zwei Walzen läuft. Eine dieser Walzen wird durch einen Elektromotor angetrieben. Das Transportband ist mit Mitnehmerleisten oder Stiften besetzt. Diese nehmen das eingefüllte Substrat mit und fördern es gegen einen Kamm aus gefederten Stahlstäben. Der Abstand zwischen den Stahlstäben und dem Transportband kann je nach dem gewünschten Feinheitsgrad der Erde eingestellt werden. Mit der Verringerung des Abstands nimmt die Feinheit zu. Steine und andere grobe Bestandteile werden vom Kamm zurückgehalten und über einen Steinfang seitwärts ausgeschieden. Eine verstellbare Auswurfklappe regelt die Wurfweite der Maschine.

Erdaufbereiter: Wozu werden sie eingesetzt und wie arbeiten sie?

Erdaufbereiter sind Maschinen, die zur Zerkleinerung angerotteter Rohstoffe für die Kompostbereitung, zum Umsetzen von Komposthaufen und zur Aufbereitung und zum Mischen gärtnerischer Erden und Substrate eingesetzt werden. Erdaufbereiter werden von verschiedenen Firmen angeboten. Im Wesentlichen bestehen sie aus dem Gehäuse mit Einwurftrichter, einem Zubringer, dem eigentlichen Schlagwerk und dem Auswurf. Als Antrieb dient in der Regel ein Elektromotor, aber es gibt auch Maschinen mit Benzin- und Dieselmotor. Auch der Anschluss an die Schlepperzapfwelle ist bei einigen Fabrikaten möglich. Das in den Einwurftrichter geworfene Material wird von der Misch- und Zubringerschnecke vermischt und dem Schlagwerkzeug zugeführt. Von dort wird das zerkleinerte Material über eine verstellbare Auswurfklappe, mit der die Wurfweite reguliert werden kann, ausgeworfen. Das wichtigste Bauteil, die Schlagwerktrommel, ist je nach Fabrikat unterschiedlich ausgebildet. Bei manchen Fabrikaten befindet sich im unteren Teil des Einwurftrichters eine Rüttelplatte, die durch eine Nockenwelle in schwingende Bewegung versetzt wird, damit sich das Material nicht festsetzen kann. Darüber hinaus ist zwischen unter- und oberschlächtig arbeitenden Maschinen zu unterscheiden. Im ersten Fall wird das Material zwischen der waagerecht liegenden Welle und dem unteren Gehäuseteil hindurchgeführt, im anderen Fall dreht sich die Welle entgegengesetzt und das Material geht über die Welle hinweg. Zum Abfangen der von der Schlagtrommel zurückgeschleuderten Steine dient ein Schutzblech bzw. eine Gummileiste (zusätzlich mit frei herabhängenden Ketten versehen), das bei oberschlächtigen Maschinen am oberen Rand, bei unterschlächtigen Maschinen am unteren Rand des Einwurftrichters angebracht ist. Die meisten Erdaufbereitungsmaschinen werden in verschiedenen Größenklassen angeboten. Während sich der Einsatz der kleineren Maschinen im Allgemeinen auf das Verarbeiten und Mischen verschiedener Bodenarten, Torf und Kompost beschränkt, eignen sich robustere Bauweisen auch für die Zerkleinerung von Schnittholz, Rebholz, Bindereiabfällen, teilweise sogar von ganzen Kränzen und nicht zu harten Steinbrocken. Erdaufbereitungsmaschinen sind nicht mit Häckslern zu verwechseln, die der Zerkleinerung bzw. Aufbereitung von Holzabfällen dienen.

Erdmischmaschinen: Welche Bauarten werden unterschieden und wie arbeiten sie?

Mit Erdmischmaschinen werden Maschinen bezeichnet, die schon auf die gewünschte Größe zerkleinerte Substratkomponenten vermischen. Unterschieden wird zwischen Trommelmischmaschinen, offenen Erdmischern und Stallmiststreuern. Trommelmischmaschinen werden von einem Elektromotor angetrieben und arbeiten als sogenannte Durchlaufmischer nach dem Prinzip der Betonmischmaschinen. Das Substrat wird auf der einen Seite eingefüllt, durchmischt sich auf dem Weg zur gegenüberliegenden Seite, gelenkt durch entsprechend eingeschweißte Leitbleche, und kann hier bei Bedarf über eine bewegliche Klappe abgenommen werden.

Offene Erdmischer arbeiten von der Schlepperzapfwelle angetrieben, mit einer Querförderung am Boden des Mischbehälters und einem Elevator (Förderwerk). Die Querförderung transportiert das Mischgut an den Elevator; dieser schaufelt die Erde im Gerät immer wieder um bzw. entleert den Mischbehälter. Vorteil dieses offenen Erdmischers ist, dass er sich leicht maschinell füllen lässt.

In manchen Betrieben dient ein Stallmiststreuer zum Mischen der Erden. Zu diesem Zweck werden die zu mischenden Bestandteile schichtweise übereinander auf die Ladefläche gegeben und der Streuer dann mit Wurfrichtung gegen eine Wand aufgestellt. Verschiedene Hersteller bieten speziell auf die erdige Beschaffenheit des Streuguts abgestimmte Reiß- und Verteilerwellen an.

Häcksler (Schredder): Was versteht man darunter und wie arbeiten sie?

Unter dem Oberbegriff Häcksler (man nennt sie auch Schredder, Schnitzler, Hacker, Komposter, Zerkleinerungsmaschine oder Holzzerkleinerer) werden Maschinen zusammengefasst, die der Zerkleinerung von Schnittholz, Laub, Grünschnitt und Pflanzenrückständen (ohne Beimengungen wie Steine, Sand oder Erde an Wurzeln) dienen. Das Herzstück eines Häckslers ist immer das rotierende Zerkleinerungsorgan; dabei wird zwischen den Prinzipien Hacken, Schneiden, Schlagen und Reißen unterschieden. Das Angebot an Häckslern ist sowohl von der Zahl der Hersteller als auch von der Ausführung her sehr vielseitig. Von einfachen Geräten für Kleingärtner bis zu Hochleistungs-Häckslern ist eine Vielzahl von Geräten auf dem Markt. Als Antriebsquelle kommen Elektromotoren, Verbrennungsmotoren oder die Zapfwelle eines Schleppers in Betracht.

Freischneider (Motorsense): Was versteht man darunter?

Als Freischneider oder Motorsense bezeichnet man Geräte zum Mähen von Gras oder „dünnerem“ Gehölzaufwuchs. Der Antrieb der Geräte mit einem Gewicht von vier bis über zehn Kilogramm erfolgt durch Zweitakt-Otto-Motoren. Mittels einer Welle wird die Rotation vom Motor bis an das Schneidewerkzeug übertragen, und lässt beispielsweise eine Messerscheibe oder einen Faden aus Kunststoff rotieren, der das zu mähende Gras bzw. den Aufwuchs abschlägt. Mit den Motorleistungen 0,7–3 kW ergeben sich Umfangsgeschwindigkeiten der Schneidwerkzeuge von 70–150 m/s. Leichte Freischneider, die sog. Rasentrimmer, werden auch mit Elektromotoren angeboten. Für den erwerbsmäßig betriebenen Gartenbau kommen sie kaum in Einsatz, sie sind eher etwas für den Hobbybereich.

Einsatzgebiete: Wo kommen Freischneider zum Einsatz?

Mähwerke (z. B. Sichelmäher oder Balkenmäher) bearbeiten Flächen. Dabei bleiben oft ungemähte Bereiche stehen, so an der Hauswand, rings um Bäume und Büsche, an Kanten und Rändern, Grabeinfassungen, um Begrenzungspfähle und unter Leitplanken der Straßen, an Böschungen und weiteren Problemstellen. In allen diesen und vergleichbaren Fällen werden zum Mähen Freischneider eingesetzt. Darüber hinaus werden Freischneider zum Zurückschneiden von wildem Aufwuchs, z. B. in Baumschulanlagen und im Forst in Jungholzbeständen – dort auch zum Auslichten – eingesetzt. Sie kommen auch dort zum Einsatz, wo normale Mähwerke durch steinigen, unebenen Boden schnell verschleißen würden oder das Arbeiten aufgrund der Hanglage nicht möglich ist. Für die verschiedenen Verwendungszwecke können die Getriebeköpfe der Freischneider mit verschiedenen Schneidwerkzeug-Arten ausgestattet werden.

Schneidwerkzeuge: Zwischen welchen wird unterschieden?

Der sogenannte Schneidkopf (Mähkopf, Fadenkopf) mit Kunststoffschnur wird verwendet zum Ausputzen, auf Randstreifen, zum Kantenschneiden, für Gras an Mauern und Zäunen, um Bäume und Pfosten. In der Regel arbeiten die Schneidköpfe, die es in unterschiedlichen Ausführungen gibt, mit zwei entgegengesetzt angeordneten Kunststofffäden, die das leichte Mähgut abschlagen. Abgenutzte Schnüre werden ersetzt. Ein Schnurmagazin umfasst sieben bis zehn Meter Schnur. Der Schneidfaden wird entweder von Hand nachgestellt oder vollautomatisch auf optimaler Schneidlänge gehalten. Als Alternative zum Schneidkopf mit Kunststofffäden gibt es einen Schneidkopf auf dem Markt, der mit drei beweglichen Kunststoffmessern arbeitet.

Grasschneideblätter aus Stahl, die es in verschiedenen Ausführungen gibt (mit zwei, vier oder acht Schneiden, bzw. Schneidkanten), werden für Mäharbeiten in starkem, trockenem, zähem Gras oder zum Abmähen von Brennnesseln und Schilf verwendet.

Häcksel-/Dickichtmesser aus Stahl dienen zum Auslichten und Beseitigen von zähem, verfilztem Gras und Gestrüpp.

Kreissägeblätter mit Spitz- oder Meißelzahn werden zum Schneiden von holzigem Buschwerk, dünnen Baumstämmen und für andere Säge- und Rodungsarbeiten eingesetzt.

Handgeräte zur Bodenbearbeitung – Spaten: Wozu dienen sie?

Mit dem Spaten kann der Boden gelockert, gekrümelt und gewendet und aufliegende organische Masse eingearbeitet werden. Man verwendet ihn aber nicht nur zum Umgraben, sondern auch zum Ausheben von Pflanzgruben für Bäume und Sträucher sowie zum Graben von Löchern für Zaunsäulen und für vieles andere mehr.

Die unterschiedliche mögliche Beanspruchung erfordert ein stabiles Gerät, das kein zu hohes Eigengewicht haben darf. Etwa zwei Kilogramm gelten als obere Grenze. Das leicht gewölbte Spatenblatt soll in Stielfedern (Doppelfedertülle) oder in einen Tüllenhals (bei leichteren Modellen) auslaufen. Gerade der kritischen Übergangsstelle vom Stiel (Eschen- oder Buchenholz) zum Blatt gebührt große Beachtung, denn hier entsteht leicht die erste Bruchstelle. Nach unten sollte das Spatenblatt leicht konisch ausgeformt sein, damit das Eindringen in das Erdreich erleichtert wird.

Spaten werden in unterschiedlichen Blattgrößen angeboten und lassen sich dadurch den Körperkräften anpassen. Für normale Bodenverhältnisse sind der sog. Bremer Spaten (mit etwa 16 cm Blattbreite, 24 cm Blattlänge, 1,8 kg) und der Vierländer Spaten (mit etwa 17 cm Blattbreite, 25 cm Blattlänge, 1,9 kg) zu empfehlen. Darüber hinaus gibt es eine Vielzahl von Spezialformen, so z. B. für das Roden von Gehölzen der sog. Rodespaten. Je nach Ausführung liegt ihr Gewicht zwischen 2,2 und 6 kg.

Ausreichend haltbar sind in der Regel einfache Spaten aus verschleißfestem, ölgehärtetem Stahl. Optimal ist ein rostfreier Spaten aus Chrom-Nickel-Stahl. Er ist zwar teurer, doch besitzt dieser Stahl eine gute Federkraft und liegt leicht in der Hand. Eine Rostverhütung im Winter ist überflüssig, einfaches Abspülen mit Wasser genügt.

Aufgrund der Schonung des Schuhwerks und eines erleichterten Einstechens ist ein sog. Spatentritt von Vorteil. Dabei sind aus Gründen der Haltbarkeit die aus Federstahl gefertigten Spatentritte denen aus Kunststoff vorzuziehen.

In Bezug auf Stiel, Stiellänge und Griff sind, da sie die Körperhaltung eines Menschen während der Arbeit wesentlich bestimmen, gewisse Anforderungen zu stellen. Die Länge des Stiels ist dann richtig bemessen, wenn das Gerät bis zur unteren Rippe des Arbeitenden reicht. Der Durchmesser des Stiels sollte etwa 35 mm betragen. Der Griff muss eine günstige Form aufweisen. T-Griffe haben sich bewährt. D- und Y- Griffe sind zum Teil unhandlicher und haben oft einen zu engen Eingriff.

Grabegabel: Was versteht man darunter?

Die Grabegabel gleicht in der technischen Grundkonzeption dem Spaten. Sie weist statt des Blatts vier bis fünf etwa 2 cm breite Stahlzinken auf. Grabegabeln werden überall dort eingesetzt, wo es darum geht, den Boden nur aufzulockern und nicht wie beim Graben umzuschichten. Zur Lockerung des Bodens wird die Grabegabel im Abstand von 10 cm in den Boden gestoßen und hin- und herbewegt. Auf diese Weise wird der Boden streifenweise durchgearbeitet. Auch erfordert die Arbeit mit der Grabegabel weniger Kraft als mit dem Spaten. Die Grabegabel ist außerdem zum Lockern des Bodens zwischen stehenden Pflanzen sowie zum Bearbeiten steiniger oder von Wurzelunkräutern durchzogener Böden günstiger. Der Vorteil ist vor allem, dass Quecken und andere Wurzelunkräuter nicht in viele Stücke zerteilt werden, wie es beim Spaten zwangsläufig der Fall ist. Eingesetzt wird die Grabegabel u. a. auch zur Ernte von Wurzelgemüse und für das Ausgraben von Stauden.

Spatengabel: Was versteht man darunter?

Die Spatengabel ist ein Mittelding zwischen Spaten und Grabegabel. Der obere Blattteil ist flächig wie beim Spaten, während der untere, wie bei der richtigen Grabegabel, in vier Zinken ausläuft. Bei der Spatengabel ist der Einstich in den Boden leichter im Vergleich zum Spaten.

Hacken: Wozu dienen sie?

Hacken sind Handgeräte zur hauenden oder ziehenden Bodenbearbeitung. Aufgabe der Hackgeräte ist es, den Boden flach (1–5 cm tief) zu lockern, ihn oberflächlich zu mischen und Wildpflanzen (Unkräuter) zu vernichten. Das Angebot an Hackgeräten ist vielseitig und umfangreich. Nach den auszuführenden Bewegungen und Arbeitsverfahren werden die Hackgeräte in drei Kategorien eingeteilt:

- Schlaghacken für schlagende Arbeitsbewegungen,
- Stoßhacken für stoßende Handhabung,
- Ziehhacken für ziehende Bodenbearbeitung.

Schlaghacken: Was versteht man darunter?

Der Name erklärt die Tätigkeit. Mit dieser Hacke wird der Boden geradezu zerschlagen. Dies wird notwendig bei der tiefen Bodenlockerung, bei sehr schweren oder steinigen Böden oder bei der Neuanlage eines Beets, wenn der Boden stark verdichtet oder auch verunkrautet ist. Aus diesem Grund bestehen Schlaghacken, die seit Jahrtausenden benutzt werden, in der Regel aus einem stabilen, geraden Blatt mit einer scharfen Kante am langen Stiel. Sie können bezüglich Größe und Gewicht sowie auch landschaftlich sehr unterschiedlich sein. Manche tragen ihre Bezeichnung auch nach der Kultur, für die sie ursprünglich entwickelt wurden, z. B. Rüben-, Hopfen-, Weinberg- oder Kartoffelhacke. Im Laufe der Zeit sind die Schlaghacken leichter und ihre Schneiden schärfer geworden, die ursprünglich kurzen, dicken Stiele länger und dünner.

Zieh- oder Zughacke: Was versteht man darunter?

Vom Prinzip her eine leichte Schlaghacke, mit der mehr gezogen als geschlagen wird. In erster Linie werden diese Hacken zur Unkrautbekämpfung eingesetzt. Ihre schärfbaren Stahlblätter schneiden das Unkraut gut ab. Wird das Blatt von einem Bügel gehalten, spricht man von einer Bügelzughacke. Ziehhacken gibt es für verschiedene Arbeitsbreiten, z. B. 8, 12, 16, 18, 20 cm breit. Verschiedentlich werden außer geraden Hackblättern auch gewellte und gezähnte angeboten. Bei diesen ist die Schneidfläche dann über die Arbeitsbreite gemessen länger als bei geraden Schneiden.

Stoßhacken (Schuffel): Was versteht man darunter?

Stoßhacken haben beidseitig eine scharf geschliffene Schneide (Stoßeisen), die an einem langen Stiel befestigt ist. Stoßhacken werden insbesondere zum Wegschürfen oder Abstoßen von Unkraut auf Plätzen und Wegen verwendet. Das Stoßeisen wird rückwärtsgehend hin und her bewegt. Es lockert dabei oberflächlich den Boden und schneidet das Unkraut dicht unter der Oberfläche ab.

Pendelhacke: Was versteht man darunter?

Ein MitteldING zwischen Stoß- und Ziehhacke, das beide Nutzungsarten zulässt. Das in der Regel auswechselbare und beiderseits geschliffene, U-förmige Hackenblatt ist in der Halterung lose, also pendelnd befestigt. Es bewegt sich entsprechend der Arbeitsrichtung und schneidet dabei das Unkraut ab. Die Pendelhacke wurde vor allem zur Verwendung an schwer zugänglichen Stellen entwickelt: Für das Jäten und die oberflächliche Bodenlockerung unter Sträuchern bzw. zwischen weit ausladenden Stauden, d. h., im Prinzip für alle Stellen, die mit anderen Hacken nicht bearbeitet werden können.

Hackenstiele: Welche Stiellängen sind üblich?

Bei einer körpergerechten Hacke muss das Stielende bis in Brusthöhe reichen, wenn man die Hacke im Arbeitswinkel aufstellt. Für Zughacken sind Stiellängen von 1,40–1,50 m üblich. Bei Schlaghacken ist ein langer Stiel eher hinderlich. Verschiedene Gerätehersteller (u. a. Wolf und Gardena) bieten sog. Geräte-Stiel-Kombinationen an. Diese Kombinationssysteme machen es möglich, mit einem Stiel für mehrere Geräte auszukommen.

Kultivator: Was versteht man darunter?

Handgerät zur Bodenbearbeitung mit umgebogenen runden Zinken oder Lanzenzinken, die am Ende mit kleinen (meist gänsefüßchenförmigen) Pfeilscharen ausgerüstet sind. Es gibt sie in verschiedenen Arbeitsbreiten (9–30 cm) mit meist drei oder auch fünf Scharen. Bei einigen Fabrikaten lässt sich die Arbeitsbreite des Geräts durch die Anzahl der Bügel verändern, die in eine Tülle gesteckt und mit einer Schraube festgehalten werden. Neben Ausführungen mit fest stehenden Zinken gibt es verstellbare Geräte auf dem Markt. Hier können die Zinken den Reihenabständen angepasst werden. Eingesetzt wird der Kultivator zur Bodenlockerung, insbesondere in stehenden Kulturen. Zur Unkrautbekämpfung ist er weniger geeignet, da er das Unkraut nicht wie die Hacke abschneidet, sondern lediglich dessen Wachstum stört. Nur bei Unkräutern im Keimstadium kann das Durchziehen bereits zur Vernichtung führen.

Harken (Rechen): Wozu werden sie eingesetzt?

Harken oder Rechen sind vielseitig einsetzbare Arbeitsgeräte. Mit ihnen wird u. a. Grasschnitt, Laub und Unkraut zusammengezogen, die Oberfläche des Bodens flach aufgelockert oder auch oberflächlich Dünger oder Saat eingearbeitet. Insbesondere wird der Rechen aber eingesetzt, um Pflanz- oder Saatflächen, die vorher umgegraben oder auf andere Weise aufgelockert wurden, glatt zu ziehen (einzuebnen). Es gibt viele Formen mit verschiedenen Abmessungen. Der Bügelrechen (Arbeitsbreite zwischen 35 und 40 cm) ist besonders geeignet zum Einebnen und Abziehen von Pflanzflächen sowie zum Säubern von Beeten und Kieswegen. Die seitlichen Bügel sorgen für gleichmäßige Kraftverteilung. Die sog. Kleinrechen mit Arbeitsbreite von 13–19 cm haben besonders eng stehende Zinken und sind insbesondere für das Vorbereiten von Aussaatflächen sowie für kleine, schmale Beetanlagen geeignet. Neben Harken aus Eisen gibt es auch aus Holz hergestellte. Holzharken sind leichter und eignen sich besser zum Einharken von Grassamen. Sie sind auch für das „Zusammenkehren" von Laub und anderen Reinigungsarbeiten in vielen Fällen günstiger. Dennoch ersetzen sie kein konventionelles Gerät aus Eisen. Zum Reinigen des Rasens oder zum Planieren von Neuanlagen gibt es von verschiedenen Herstellern spezielle Rasenrechen (Arbeitsbreite bis 70 cm). Zur Entfernung von feinem und grobem Kehrgut (Laub, Rasenschnitt, abgeschnittenes Unkraut usw.) sind Draht-, Fächer-, Rasen- bzw. Laubrechen (-besen) in den unterschiedlichsten Ausführungen und Materialien (Kunststoff oder mit Federstahl) im Handel erhältlich.

Krail: Was ist das?

Der Krail, auch Dunghacke, Karst, Vierzahn oder Queckenhaken genannt, ist ein stahlgeschmiedetes Stielgerät zur Bodenbearbeitung mit klauenartig im rechten Winkel abgebogenen runden Zinken. Daneben gibt es dieses Gerät auch mit giebelförmigen Zinken. Letzteres wird auch als Kartoffelhacke bezeichnet. Der Krail dient zum Einebnen von Beeten für Aussaat (z. B. zur Rasenansaat) und Pflanzung und zur oberflächlichen Einarbeitung von Kompost oder Dünger. Dazu wird der Krail quer bzw. diagonal zum Beet ziehend-stoßend hin und her geführt.

Sauzahn: Was ist das?

Der Sauzahn oder Tiefenlüfter ist ein Handgerät zur krumentiefen Lockerung des Bodens bei gleichzeitiger Schonung der natürlichen Bodenschichtung. Er ist ein sichelförmig gebogener Ziehhaken aus Stahl (manchmal verkupfert) mit Gänsefußschar. Durch einen günstigen Anstellwinkel ist ein intensives und tiefes Greifen in den Boden bei geringem Kraftaufwand möglich. Allerdings ist ein Einsatz nur auf humusreichen, von Natur aus lockeren Böden möglich, nicht bei schweren lehmigen oder tonigen Böden.

Die mit dem Sauzahn tiefgründig gelockerte Fläche ist nach dem Einebnen mit dem Rechen saat- und pflanzfertig. Etwa vorgesehene Dünger- und Kompostgaben streut man vor der Arbeit auf die Beete, so kommt es zu einer gewünschten, nur flachgründigen Einmischung des Düngers bzw. Komposts. Neben der Bodenlockerung dient der Sauzahn als Erntehilfe bei Wurzel- und Knollenfrüchten.

Scheren für den Gehölzschnitt: Zwischen welchen Schneidesystemen wird unterschieden?

Man unterscheidet mehrere Schneidesysteme, in der Hauptsache ein- und doppelschneidige (zweischneidige) Scheren mit geraden oder halbmondförmigen Schneiden. Bei der einschneidigen Schere fungiert das obere Messer als Schneidmesser, während die Gegenschneide kantig geschliffen ist. Für feinere Schneidearbeiten (krautige Pflanzenteile) sind diese Scheren weniger geeignet, da sie Quetschungen verursachen können. Qualitativ gute Schnitte liefert die zweischneidige Schere. Die obere und untere Klinge sind scharf geschliffen wie bei einer Haushaltsschere (Papierschere). Da beide Schneiden aneinander vorbeigleiten, ergibt sich ein sauberer Schnitt. Sie sind jedoch relativ empfindlich und vertragen es gar nicht, wenn man sie während des Schneidens hin- und herdrückt. Die sogenannten Amboss-Scheren sind den einschneidigen Scheren zuzurechnen, denn sie weisen eine geschliffene, gerade Schneide und als Gegenstück einen Amboss auf. Das selbsttätige Öffnen der Scheren erfolgt durch Blatt- oder Spiralfedern.

Kulturgefäße

Anzuchtgefäße: Welche Formen bzw. Arten bietet der Handel an?

Unter Anzuchtgefäßen fasst man Kulturgefäße zusammen, die nicht den endgültigen Standort der Pflanzen darstellen. Anzuchtgefäße sollen eine möglichst rationelle, d. h. arbeitssparende Anzucht sowie optimales Pflanzenwachstum ermöglichen, preiswert sein, für Jungpflanzenbetriebe den Verkauf bzw. den Transport erleichtern, nach Verbrauch umweltfreundlich zu beseitigen bzw. wieder verwendbar sein. Grundsätzlich unterscheidet man zwischen ungegliederten Einzelgefäßen (Pikierkisten, Saatkisten) und in größeren Einheiten zusammengefasste gegliederte Anzuchtgefäße (Multizellenplatten), die je nach Hersteller unterschiedlich bezeichnet werden: Anzuchtplatten, Kulturplatten, Topfanzuchtplatten oder Topfplatten (Euro-Multitopfplatten, Multitopfplatten, Vefi-Zapfencontainer-Platten). Volumen und Formen können unterschiedlich sein. In der Regel sind die Gefäße mehrfach verwendbar, inzwischen sind aber verstärkt Einweganzuchtgefäße auf dem Markt. Als Materialien werden heute ausschließlich Kunststoffe verwendet.

Welche Arten von Kulturgefäßen kommen als Aussaatgefäße zum Einsatz?

Am weitesten verbreitet ist die Aussaat in ungegliederte Kisten, die im Allgemeinen als Pikier- oder Handkisten bezeichnet werden, darüber hinaus ist eine Direktsaat auch in sogenannte Multizellenplatten üblich. Speziell als Saatkisten auf dem Markt sind Anzuchtgefäße aus wärmeisolierendem Styropor (siehe nachfolgende Frage). Als Saatschale bezeichnet die Firma Romberg eine Styroporkiste mit den Maßen 40 × 30 × 6 cm. Sie hat schräge Wände und wird auch als Pikierkiste, Einweg-Verpackung und Transportbehälter für Topfpflanzen verwendet.

Saatkisten: Was versteht man darunter?

Als Saatkisten werden Anzuchtgefäße aus wärmeisolierendem Styropor bezeichnet (Hersteller Firma Romberg). Sie sind sehr leicht und vielseitig einsetzbar. Mit ihren senkrechten Wänden lassen sie sich besonders sicher aufeinanderstapeln. Seitliche Schlitze sorgen für Luftzufuhr. Durch Bodenstege ist das Aussaatsubstrat während des Transports gegen Verschiebung gesichert. Folgende Größen sind auf dem Markt: 20 × 15 × 5 cm, 22 × 17 × 5 cm, 28 × 18 × 5 cm, 30 × 20 × 5 cm, 32 × 22 × 5 cm.

Multitopfplatten: Was versteht man darunter?

Vermehrungsgefäße in Plattenform, die zusammengefasste, gleich große Einzeltöpfe darstellen. Bereits 1959 durch ihren Erfinder Hermann Helfert patentiert, sind Multitopfplatten seit Jahrzehnten, die Klassiker unter den Anzucht-Systemen. Multitopfplatten überzeugen in ausgesuchter Qualität durch ihren arbeitssparenden Einsatz und ihre sehr guten Anzuchtergebnisse. Multitopfplatten eignen sich besonders gut für die Anstaubewässerung. Überschüssiges Wasser kann schnell abziehen. Stauende Nässe wird so vermieden. Das Befüllen der Platten mit Substrat kann manuell oder automatisch über Substrat-Füllmaschinen erfolgen. Nach der Kultur lassen sich die Platten leicht reinigen und desinfizieren. Die leeren Topfplatten sind Platz sparend ineinander stapelbar und dank Stapelnoppen leicht zu trennen. Für alle Platten werden passgerechte Untersetzer angeboten, mit denen das Gießen durch Unterbewässerung wesentlich erleichtert und vereinfacht wird. Original Multitopfplatten sind in der Abmessung 50 × 30 cm und in drei Material-Ausführungen erhältlich: Die Standard-Platte wird aus schlagzähem, langlebigem Kunststoff in weißer Farbe hergestellt. Einweg-Platten bestehen aus schwarzem, dünnwandigem, preiswertem Material. Die besonders stabilen Mehrweg-Platten bestehen aus 2,0 mm dickem, schwarzem Polystyrol.
Folgende Typen bietet die Firma Romberg an:
M 35: 3,4 cm Durchmesser = 96 Töpfe/Platte (640 Pflanzen/m^2)
M 40: 4,0 cm Durchmesser = 73 Töpfe/Platte (487 Pflanzen/m^2)
M 50: 4,7 cm Durchmesser = 51 Töpfe/Platte (340 Pflanzen/m^2)
M 60: 5,6 cm Durchmesser = 38 Töpfe/Platte (253 Pflanzen/m^2)
M 70: 6,5 cm Durchmesser = 24 Töpfe/Platte (160 Pflanzen/m^2)

Die Standard- und Einweg-Platten sind sowohl mit kleinem als auch mit großem Bodenloch erhältlich.

Euro-Multitopfplatten: Was versteht man darunter?

Spezielle Multitopfplatte der Firma Romberg für Dachstauden und Gehölze. Euro-Multitopfplatten bestehen aus schwarzem Polystyrol und sind als Mehrweg- und Einweg-Platten lieferbar. Mit ihrem Außenmaß von 56 × 36 cm sind sie passgerecht für Staudenkisten. Romberg bietet die Topfplatten in zwei Ausführungen an:

- Die Euro-Multitopfplatte 53677 K hat 77 runde Töpfe mit 4,2 cm Durchmesser und 5,5 cm Topfhöhe. Die Platten sind mit einer umlaufenden Stabilisierungsrinne versehen. Griffmulden an den Querseiten erleichtern die Entnahme aus der Transportkiste.
- Die Euro-Multitopfplatte 53650 K ist eine Platte mit 50 sechseckigen Töpfen der Abmessungen 5,4 × 5,7 × 5,5 cm. Durch die besondere Topfbodenform wird die Bildung von Staunässe verlässlich verhindert. Verbindungsstege zwischen den Töpfen erleichtern die Bewässerung.

Multizellenplatten (Trays): Was versteht man darunter?

Multizellenplatten, Trays oder Topfballen-Pikierkisten sind eine Weiterentwicklung der Multitopfplatten. Es sind Vermehrungsgefäße in Plattenform, die aus in gleicher Größe zusammengefassten „Einzeltöpfen“, den sogenannten Zellen bestehen. In den Abmessungen der Multizellenplatten und in der Größe sowie in der Form der einzelnen Zellen besteht eine große Vielfalt. Das Außenmaß der Platten ist nicht genormt. Je nach Anbieter haben die Plattenabmessungen unterschiedliche Maße. Auch die Zellenform (die sogenannte plug-Form) kann sehr verschieden sein. Bei den auf den Markt angebotenen Multizellenplatten gibt es plugs als Zylinder und als Zylinder mit seitlichen länglichen Aussparungen (= Stöpsel). Es gibt plugs als Kegelstumpf und es gibt plugs als Pyramidenstumpf (= Zapfen). Dazu kommen noch sechs- oder achteckige plug-Formen. Der Zellendurchmesser (plug-Durchmesser) beginnt bei 1,25 cm. Die Höhe des Wurzelballens reicht bei den Fabrikaten in Abhängigkeit vom Zellendurchmesser von 2,5 bis 11,5 cm. Die Anzahl der Zellen pro Platte ist vom Zellendurchmesser abhängig. Sie reicht von 15 Zellen pro Platte bis 600. Quadratische plugs sind stets im Quadratverband auf der Platte angeordnet, runde auch im Dreieckverband. In der Regel haben die einzelnen Zellen im Bodenbereich eine kleine Öffnung, durch die die Hauptwurzel wachsen kann, um dann außerhalb der Zelle abzusterben. Dieser Vorgang wird als „air pruning“ bezeichnet, was soviel wie „Stutzen durch die Luft“ bedeutet. Durch dieses natürliche „Stutzen“ wird das Verzweigen des Wurzelsystems in der Zelle gefördert.

Welche Vorteile haben Multizellenplatten?

Die Anzucht in Jungpflanzenbetrieben findet heute fast nur noch in Multizellenplatten statt. Die Vorteile sind, dass weniger Substrat, Wasser und Dünger benötigt werden und dass die Frachtkosten niedriger sind. Für den Erzeuger von Fertigpflanzen, d. h. dem Kunden der Jungpflanzenbetriebe, haben die Jungpflanzen aus den Multizellenplatten den Vorteil, dass sie ohne wesentlichen Verpflanzschock weiterwachsen, weil ein Auseinanderreißen der Wurzeln entfällt. Ein weiterer Vorteil ist, dass bei vom Substrat ausgehenden pilzlichen Infektionen der Befall nicht weiterlaufen kann. Darüber hinaus sind für die Automatisierung von Pflanz- und Umtopfvorgängen alle Voraussetzungen gegeben, da jede Pflanze einen eigenen Durchwurzelungsraum hat und in einem vorgegebenen Abstand steht.

Plugs: Was sind das?

Der Begriff Plug stammt aus dem englischen und steht für Pflock, Stöpsel. In der gärtnerischen Umgangssprache werden damit die gleich großen, kleinen Einzeltöpfe der Multizellenplatten bezeichnet, durch die der Wurzelballen der jeweiligen Pflanze geformt wird. Die durch die Gefäßwandung des Anzuchtgefäßes vorgegebene Plug-Form kann sehr verschieden sein. Bei den auf dem

Markt angebotenen Anzuchtgefäßen gibt es Plugs als Zylinder und Zylinder mit seitlichen länglichen Aussparungen (= Stöpsel), als Kegelstumpf und als Pyramidenstumpf (= Zapfen). Dazu kommen noch sechs- oder achteckige Plug-Formen.

Air pruning: Was versteht man darunter?

Air pruning bedeutet so viel wie „Stutzen durch die Luft". Der Begriff wird im Zusammenhang mit der Kultur von Jungpflanzen in Multizellenplatten gebraucht. Die einzelnen Zellen weisen im Bodenbereich eine kleine Öffnung auf, durch die die Hauptwurzel wachsen kann, um dann außerhalb der Zelle abzusterben. Durch dieses natürliche Stutzen wird die Verzweigung des Wurzelsystems in der Zelle gefördert.

Pikierkiste: Was versteht man darunter?

Als Pikierkiste, Pikierschale, Handkiste, Kulturkiste, Transportkiste oder auch Arbeitskiste bezeichnet der Gärtner ungegliederte, rechteckige Gefäße aus Kunststoff (früher auch aus Holz). Wie die unterschiedlichen Bezeichnungen deutlich machen, dienen Pikierkisten nicht nur zum Pikieren, sondern werden auch zur Aussaat oder zum Stecken von Stecklingen eingesetzt. In den stärkeren Ausführungen haben sie besondere Bedeutung als Transportgefäße für Pflanzen. Übliche Maße sind 50 × 32 × 6 cm sowie 60 × 40 × 6 cm. Am weitesten verbreitet sind Pikierkisten der Firmen Manna und Romberg.

Kulturtopf: Was versteht man darunter?

Die Bezeichnung Kulturtopf, Blumentopf oder nur Topf, steht für Einzelgefäße in denen Pflanzen kultiviert und das Endprodukt verkauft wird, in der Regel unabhängig davon, ob das Produkt im Freien ausgepflanzt wird oder beim Verbraucher im Gefäß verbleibt.

Die früher ausschließlich verwendeten Tontöpfe sind heute aus Gewichts- und arbeitstechnischen Gründen nur noch in selteneren Fällen im Gebrauch. Sie sind weitgehend durch Töpfe aus Kunststoffen ersetzt worden. Diese sind wegen ihres geringen Gewichts, ihrer besseren Stapelfähigkeit und der Möglichkeiten der maschinellen Verarbeitung (automatischer Topfeinsatz bei Eintopf- und Umtopfmaschinen) üblich geworden. Neben den genannten Materialien gibt es verstärkt Bemühungen, Kulturtöpfe aus Altpapier und anderen organischen Materialien einzusetzen. Ausreichende Festigkeit und Stabilität sind bei diesen Materialien nur bis zu gewissen Größen und durch besondere Herstellungsverfahren erreichbar. Die Forderung nach Freiheit von Algen, Pilzen und Moos ist bei diesen Materialien nur schwer erfüllbar, da Zellulose als Grundsubstrat auch Nährboden für diese Lebewesen ist.

Biotöpfe: Was versteht man darunter?

Biotöpfe, Ökotöpfe oder Recycling-Töpfe sind der Oberbegriff für Topfgefäße, die aus Materialien hergestellt werden, die im Boden (Substrat) in kurzer Zeit verrotten. Das heißt, die Pflanzen werden mit den Töpfen eingepflanzt. Bei der Herstellung der auf dem Markt unter verschiedenen Handelsbezeichnungen erhältlichen Töpfen werden folgende Materialien eingesetzt: Altpapier, Wellpappe, Holzfasern in Kombination mit Torf, Pressholz, Torf, Bitumenpappe, Flachs, Jute, Kokosfaser, Naturalis (Pflanzenfaserreste, ein Nebenprodukt aus nachwachsenden Rohstoffen) und Compophan (Produkt aus Kartoffel- und Maisstärke und abbaubaren Rohölprodukten).

Container: Was bezeichnet man damit?

In der gärtnerischen Umgangssprache bezeichnen der Stauden- und der Baumschulgärtner alle Einzelgefäße, in denen sie ihre Pflanzen kultivieren, als Container. Gemäß den Gütebestimmungen des Bundes deutscher Baumschulen sind Container Kulturtöpfe mit einem Mindestinhalt von zwei Liter Substrat. Großcontainer sind Gefäße mit mehr als 20 l Inhalt.

Anbau- und Kulturplanung

Anbauplanung: Was versteht man darunter und was sind die Grundlagen?

Unter Anbauplanung versteht man die Festlegung des Produktionsprogramms für die kommende Wirtschaftsperiode. Grundlagen der Anbauplanung sind inner- und außerbetrieblichen Faktoren.

Innerbetriebliche Faktoren:

- Produktionsfläche, die zur Verfügung steht,
- Verfügbarkeit von Arbeitskräften,
- Bedarf von Arbeitskräften (auch saisonal),
- technische Ausstattung.

Außerbetriebliche Faktoren:

- Bedarf des Marktes (Kundenwunsch),
- Preissituation am Markt,
- Zukaufsmöglichkeiten,
- Preise für Produktionsmittel,
- Absatztermine.

Die innerbetrieblichen Faktoren kennt der Gärtner genau oder er kann sich leicht den Überblick verschaffen. Außerbetriebliche Faktoren wirken auf den Betrieb ein, ohne von ihm verändert werden zu können. Darüber hinaus sind sie, da in der Zukunft liegend, in ihrem Ausmaß unbekannt. Diese Einflüsse muss der Gärtner abschätzen. Er ist dabei auf seine Erfahrung, ständige Marktbeobachtung und die Beurteilung der gesamtwirtschaftlichen Entwicklung angewiesen. Das Ergebnis der Anbauplanung sollte eine marktgerechte Produktmenge sein, die zu akzeptablen Preisen abgesetzt werden kann.

Kulturfolge: Was versteht man darunter?

Anbaufolge gärtnerischer Kulturen auf einer bestimmten Fläche (z. B. folgen der *Euphorbia pulcherrima*-Kultur Beet- und Balkonpflanzen).

Kulturzeit: Was versteht man darunter?

Im gärtnerischen Sprachgebrauch die Zeit, die Pflanzen (eine Kultur) im Betrieb bis zum Verkauf verbringen. Sie beginnt entweder mit der Vermehrung oder dem Zukauf von Jungpflanzen (z. B. pikierten Sämlingen oder bewurzelten Stecklingen) oder Rohware (Pflanzen, die schon im Endtopf stehen, die noch fertig getrieben oder kultiviert werden müssen).

Produktionsverfahren: Was versteht man darunter?

Unter Produktionsverfahren versteht man die Kombination eines bestimmten Kulturverfahrens mit einem bestimmten Arbeitsverfahren.

Arbeitsverfahren: Was versteht man darunter?

Inhalt des Arbeitsverfahrens ist das Zusammenwirken von Mensch, Arbeitsmittel und Pflanze, das „Wie" der Arbeitsausführung. Das heißt, unter Arbeitsverfahren versteht man die Art und Weise, in der eine Arbeit ausgeführt wird. Arbeitsverfahren beschreiben die Methoden und die Hilfsmittel, die zur Erledigung der Kultureingriffe (z. B. Pikieren, Topfen, Rücken, Ernten) angewendet werden.

Kulturverfahren: Was versteht man darunter?

Das Kulturverfahren bestimmt die einzelnen Produktionsschritte. Es legt z. B. fest, ob die Produktion einer Pflanze mit dem Saatkorn oder einer bereits vorkultivierten Pflanze beginnen soll, in welchem Substrat kultiviert werden soll, welches Bewässerungsverfahren angewendet werden soll, wie oft pikiert, getopft werden soll, welche Temperaturen gehalten werden sollen, ob belichtet oder verdunkelt werden soll und ob der Kulturablauf durch chemische Maßnahmen beeinflusst werden soll. Es ist letztendlich die gedankliche Vorwegnahme des Kulturverlaufs vor Beginn der Kultur. Jede einzelne Kulturmaßnahme ist durch die Beantwortung der Fragen, was geschieht mit den Pflanzen oder welche Kulturarbeit wird wann, wie und wo durchgeführt, gekennzeichnet.

Erdelose Kultur: Was versteht man darunter?

Bezeichnung für Kulturverfahren, bei denen die Kultur von Pflanzen unabhängig vom gewachsenen Boden erfolgt. Ziel der bodenunabhängigen Kultur sind die Vermeidung bodenbürtiger Krankheiten, die Erzielung eines höheren Ertrags und die umweltfreundliche Gestaltung der Pflanzenproduktion. Nicht zuletzt wird von erdelosen Kulturverfahren eine Einsparung von Arbeit mit dem Ziel der leichteren Arbeitsbewältigung und der Verminderung der Arbeitskosten erwartet. Erdelose Kulturverfahren nehmen an Bedeutung zu.

Gegenüber dem Anbau im gewachsenen Boden, wo der natürlich entstandene oder durch menschliche Eingriffe veränderte und verbesserte Boden als Standort der Pflanze genutzt wird, müssen bei den erdelosen Kulturverfahren durch spezielle Maßnahmen die Nachteile des eingeengten Wurzelraums gemildert oder ausgeglichen werden. Dies wird erreicht, indem man ganz auf Substrate verzichtet oder besondere Substrate bzw. Substratmischungen und spezielle Bewässerungs- und Düngungssysteme einsetzt.

Im Laufe der Jahre wurde eine Vielzahl unterschiedlicher Systeme der erdelosen Kultur entwickelt. Dabei kann grundsätzlich zwischen Kulturverfahren ohne Substrat (Aeroponik, NFT-Kultur) und in sog. inerten Substraten (Stein-

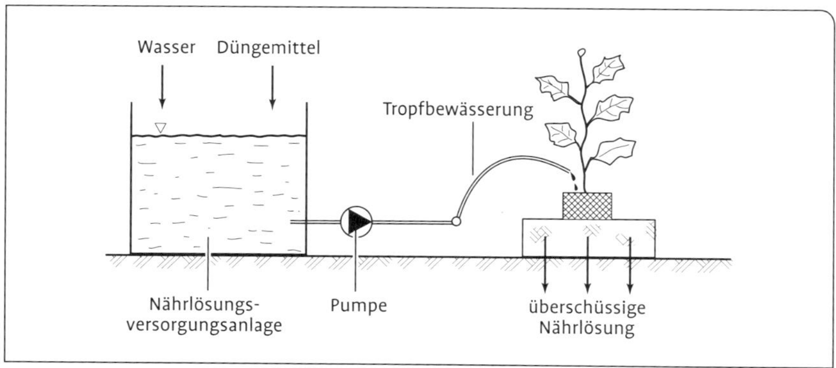

Abb. 48 Prinzip offener erdeloser Kulturverfahren.

wolle, Blähton, PU-Schaum u. a.) unterschieden werden. Bei den Kulturverfahren ohne Substrat wird bewusst auf die Speicherfunktion verzichtet. Substrat wird, wenn überhaupt, nur noch für die Anzucht der Pflanzen benötigt.

Bei den erdelosen Kulturverfahren mit inerten (untätigen) Substraten werden verschiedene Stoffe in unterschiedlicher Menge und Anwendungsform eingesetzt. Das Substrat dient der Halterung und der Speicherung von Wasser und Nährstoffen. Die größte Verbreitung hat dabei die Steinwollkultur gefunden, so z. B. bei der Kultur von Gurken, Tomaten, Rosen u. a. Schnittblumenarten. Neben Steinwolle werden Blähton, Perlite sowie Kunststoffschäume wie PU-Schaum eingesetzt. Die Anwendung der Substrate kann in Form von mehr oder weniger dicken Schichten als Dünnschichtkultur oder in Rinnen, in Gefäßen (Container, Foliensäcken) oder Matten (Steinwolle, PU-Schaum) erfolgen. Die Bewässerung erfolgt in der Regel von oben auf das Substrat durch Tropfbewässerung. Andere Bewässerungsverfahren, wie zeitweiliges Anstauen von unten, sind denkbar.

Grundsätzlich lassen sich alle Verfahren der erdelosen Kultur als Geschlossene Bewässerungssysteme betreiben. Dabei kommen zwei unterschiedliche Verfahrensweisen in Betracht: die Überschussbewässerung mit anschließendem Recycling des Dränwassers sowie geschlossene Beete oder Einheiten ohne Rückflusslösung, bei denen das Wasser und Nährstoffangebot streng bedarfsorientiert erfolgen muss.

Warum sind erdelose Kulturverfahren in der Bevölkerung nicht unumstritten?

Erdelose Kulturverfahren sind in der Bevölkerung nicht unumstritten. Die Diskussion entzündet sich daran, dass die Produktionsweise als unnatürlich betrachtet wird und mit einer schlechteren inneren Qualität der Produkte und entsprechenden Auswirkungen auf die Gesundheit des Menschen in Zusammenhang gebracht wird. Dies bezieht sich insbesondere auf Gemüse. Wissenschaftliche Untersuchungen konnten bisher keine Unterschiede der inneren und äußeren Qualität zwischen erdelos und in traditioneller Weise im Boden kultiviertem Gemüse nachweisen. Das Problem ist, dass die Wissenschaft immer nur eine begrenzte Auswahl und auch nur die ihr bekannten Qualitätseigenschaften untersuchen kann. Dazu kommen für viele Menschen auch ethische Bedenken.

Hydrokultur: Was versteht man darunter?

Das Kultivieren lebender Pflanzen ohne Erde mithilfe einer Nährlösung (griech. *hydor* = Wasser). Bei der Hydrokultur dient das Substrat (es gibt auch Verfahren ohne Substrat) wie Blähton oder Blähschiefer hauptsächlich als Halt für die Pflanze und nicht für deren Ernährung wie bei der Erdkultur. Hydrokulturen benötigen weniger Pflege als die herkömmliche Erdkultur, weil Vergießen und Austrocknung kaum möglich sind. Auch die Nährstoffversorgung ist einfacher. Durch sog. Ionenaustauschdünger kann die Nährstoffversorgung für mehrere Monate sichergestellt werden.

Dünnschichtkultur: Was versteht man darunter?

Bei der Dünnschichtkultur erfolgt der Pflanzenanbau auf einer dünnen Schicht (2–5 cm, teilweise auch bis 20 cm dick) herkömmlicher gärtnerischer Substrate in einem nicht rezirkulierenden geschlossenen Kultursystem. Sie hat im Zierpflanzenbau im Zusammenhang mit der Schnittblumen- und Mutterpflanzenkultur eine gewisse Bedeutung. Die Kultur auf dünnen Substratschichten besitzt gegenüber dem Anbau in reiner Hydrokultur mit umlaufender Nährlö-

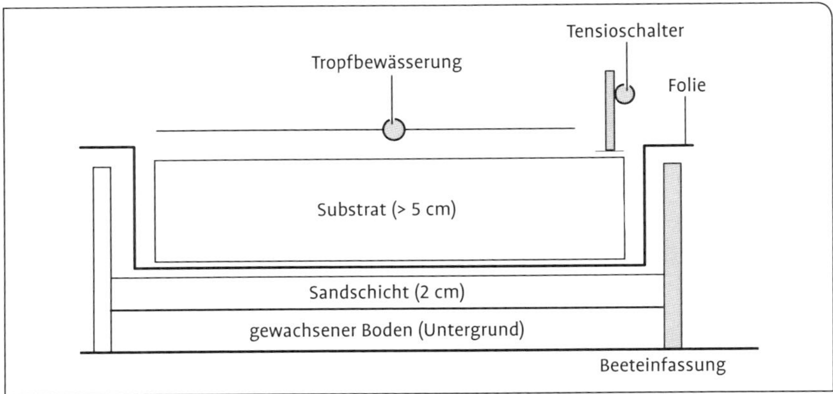

Abb. 49 Systemaufbau einer Dünnschichtkultur.

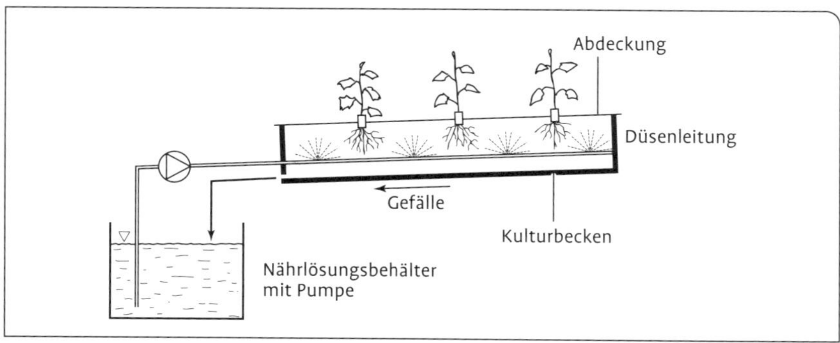

Abb. 50 Prinzip des Aeroponik-Verfahrens.

sung, wie z. B. Steinwollkultur, Blähtonkultur, NFT-Kultur und Aeroponik, eine Reihe von Vorteilen. Die Anforderungen an die Gießwasserqualität sind nicht so hoch, weil die Substrate je nach Schichtdicke unterschiedliche Mengen an Salzen sorbieren können. Das Filtrieren und die Rückführung von Nährlösungen entfallen, und damit ist es möglich, die technische Einrichtung einfach und kostengünstig zu installieren, aber auch weitgehend zu automatisieren. Im Gegensatz zur Steinwollkultur treten keine besonderen Entsorgungsprobleme auf, denn Substrat und Pflanzenreste können kompostiert und nach entsprechender Aufarbeitung wiederverwendet werden.

Aeroponik-Kultur: Was versteht man darunter?

Ein geschlossenes Kultur- bzw. Bewässerungssystem, bei dem die Pflanzen in einer Haltevorrichtung stecken und in einen abgeschlossenen Behälter hineinwurzeln. Per Sprühdüsen gelangt die Nährlösung stetig oder periodisch an die Wurzeln. Die Überschussnährlösung wird an der niedrigsten Position in einem Tank aufgefangen, gespeichert und wiederverwendet. Zu den Vorteilen Geschlossener Bewässerungssysteme kommt bei diesem Verfahren die optimale Sauerstoffversorgung der Wurzeln hinzu. Bedeutung hat sie im Gemüsebau, z. B. bei der Kultur von Tomaten, im Zierpflanzenbau bei der Kultur von Schnittblumen.

Nährlösungsfilmkultur: Was versteht man darunter?

Bei der NFT-Kultur (NFT = Nutrient Film Technic, Nährlösungsfilmtechnik) stehen die in Steinwollwürfeln oder in einem anderen geeigneten Substrat angezogenen Pflanzen in Rinnen, durch die ständig oder zyklisch ein dünner Nährlösungsfilm fließt. Das Wurzelsystem der Pflanzen breitet sich als Wurzelmatte in der Rinne aus. Die NFT-Kultur wird u. a. bei Chrysanthemen, Kopfsalat und Kohlrabi durchgeführt. Bei dem ähnlichen Aggrofoam-System stehen die Jungpflanzen nicht unmittelbar in der Rinne, sondern werden auf einen zusätzlichen Streifen aus PU-Schaum aufgesetzt. Auf diese Weise soll dem Sauerstoffmangel bei hoher Nährlösungstemperatur vorgebeugt werden. Es wird bei Tomaten und Gurken eingesetzt.

Sackkultur: Was versteht man darunter?

Kulturverfahren, bei dem mit Substrat gefüllte Kunststoffsäcke zum Einsatz kommen. Als Substrat werden organische Materialien unterschiedlichster Art als auch inerte Medien, wie Perlite und Steinwollgranulat verwendet. In der Mehrzahl kommen von der Erdeindustrie fertig gefüllte 70 bzw. 80-l-Kunststoffsäcke zum Einsatz. Die Säcke werden an der Oberseite mit Kreuzschlitzen zum Aufnehmen der Jungpflanzen versehen. Alternativ können auch runde Löcher oder größere „Fenster“ ausgeschnitten werden. An der Unterseite werden Schlitze angebracht, die der Dränung überschüssiger Nährlösung dienen. Die Säcke liegen auf dem Gewächshausboden auf, wobei zur Isolierung häufig Styroporplatten untergelegt werden. Teilweise werden die Säcke auch aufgeständert, um eine optimale Arbeitshöhe zu bekommen. Dies kann z. B. für Gerbera auf einfache Weise durch zwei übereinandergestapelte Hohlblocksteine mit darüber gelegter Holzbohle von etwa 35 cm Breite geschehen. Die Holzbohlen werden dabei mit einer Folie abgedeckt. Mit Wasser bzw. Nährlösung werden die Säcke mittels Tropfbewässerung im Überschuss versorgt. Die zu viel verabreichte Nährlösung kann über die Dränschlitze frei abfließen und wird durch geeignete Auffangsysteme (Folien, Rinnen) gesammelt und einer Wiederverwendung zugeführt. Häufig wird die Sackkultur jedoch als offenes System betrieben. Eingesetzt wird die Sackkultur u. a. bei Fruchtgemüsearten und Schnittblumen, wie Gerbera und Rosen sowie bei Poinsettien-Mutterpflanzen.

Mehrlagenkultur: Was versteht man darunter?

Kultureinrichtungen für Gewächshäuser, bei denen auf zwei Ebenen kultiviert wird. Durch eine Mehrlagenkultur lässt sich die Platzausnutzung der Gewächshausgrundfläche erheblich steigern. Unterschieden wird zwischen absetzend oder rund laufend arbeitenden Systemen. Absetzend arbeitende Systeme benötigen auf beiden Seiten der Kulturfläche je einen Umsetzroboter, rund laufende Systeme arbeiten mit einem durchgehenden Kettenantrieb. Diese Systeme werden auch Pflanzenrotore genannt. Das große Problem der Mehrlagenkultursysteme ist das geringe Lichtangebot auf der unteren Lage. Für ein gutes Wachstum ist dort eine Zusatzbelichtung unerlässlich. Mit Mehrlagensystemen hat man die Möglichkeit, eine Kulturflächenausweitung auch an Standorten vornehmen zu können, in denen aus räumlichen oder anderen Gründen kein Neubau von Gewächshäusern mehr möglich ist.

Vermehrung und Jungpflanzenanzucht

Vermehrung: Was versteht man darunter?

Das Vermögen von Pflanzen, Nachkommen zu bilden. Im gartenbaulichen Sinne Oberbegriff für alle Möglichkeiten, Pflanzen zu vervielfältigen. Dabei wird zwischen der Aussaatvermehrung (gemeinhin als generative oder geschlechtliche Vermehrung bezeichnet) aus Samen (bzw. Sporen bei Farnen) und der vegetativen Vermehrung unterschieden. Die Entscheidung, welche Vermehrungsart angewendet wird, vegetativ oder durch Aussaat, hängt neben den Eigenschaften und Besonderheiten der zu vermehrenden Pflanzen von der Wirtschaftlichkeit ab.

Welche Gründe sprechen dafür, nicht selbst zu vermehren?

Der Zukauf von Saatkisten und Jungpflanzen durch die Produktionsbetriebe hat in den letzten Jahren erheblich zugenommen. Als Gründe für diese Entwicklung sind zu nennen:

- Der Zukauf ist im Allgemeinen günstiger als die Eigenvermehrung (durch mögliche Ausfälle und bei der vegetativen Vermehrung durch Wegfall der Mutterpflanzenhaltung).
- Der Jungpflanzenbetrieb liefert die benötigten Mengen termingerecht, gibt Mengen- und Bestellungszeitrabatte.
- In Bezug auf die vegetative Vermehrung kann man durch Weiterentwicklung des Sortenspektrums stets auf die neuesten Sorten zurückgreifen.
- Die Qualität und die Gesundheit sind in der Regel besser als bei Eigenvermehrung.
- Erleichterung in der Organisation durch Wegfall von Vermehrung und Jungpflanzenpflege.
- Es entstehen keine Kosten für teure Vermehrungseinrichtungen.
- Erhöhung der Flächenproduktivität durch kürzere Kulturzeit.
- Größere Einheitlichkeit der Pflanzen, die besonders bei Terminkulturen für ein schnelles und gleichmäßiges Aufblühen und Räumen der Flächen wichtig sind.

Entscheidend für eine gute Zusammenarbeit zwischen Jungpflanzen- und Produktionsbetrieb ist die absolute Zuverlässigkeit des Jungpflanzenbetriebs hinsichtlich Liefertermin, Qualität und gewünschter Pflanzenart und Sorte.

Vermehrungstermin: Wovon wird der Zeitpunkt der Vermehrung bestimmt?

Im Zierpflanzenbau, Friedhofsgartenbau und im Gemüsebau wird der Vermehrungszeitpunkt, von wenigen Ausnahmen abgesehen, durch die Absatztermine bestimmt, in der Staudengärtnerei und der Baumschule (einschließlich der Anzucht von Obstgehölzen) dagegen mehr von der Eigenart des verwendeten Vermehrungsguts und der gewählten Vermehrungsart. So können die verschiedenen vegetativen Vermehrungsmethoden der Gehölze und Stauden in der Regel nur zu bestimmten Zeiten durchgeführt werden. Auch die Aussaatvermehrung ist von jahreszeitlichen Gegebenheiten abhängig. Nicht zuletzt spielen auch betriebs- und arbeitswirtschaftliche Gesichtspunkte eine Rolle, die in der Regel aber im engen Zusammenhang mit den Vermehrungsmethoden stehen.

Aussaatvermehrung: Was spricht für sie?

Die Aussaatvermehrung ist die naturgemäße und zur Erhaltung der Arten in sehr vielen Fällen allein zulässige (bei Wildstauden und Wildgehölzen) oder auch einzig mögliche Vermehrungsart (bei einjährigen Pflanzenarten). Viele Topfpflanzen, die meisten Sommerblumen, Gemüse, Getreide und auch einige Gehölze werden ausschließlich durch Aussaat vermehrt. Große Bedeutung hat die Aussaatvermehrung im Zusammenhang mit den F1-Hybriden, die einen einheitlichen Pflanzenbestand garantieren. Die Aussaatvermehrung ist zudem eine wichtige Voraussetzung für die Züchtung.

Samen: Was ist er und wie ist er aufgebaut?

Der Samen ist die Ausbreitungseinheit der Samenpflanzen. Er ist ein von der Mutterpflanze aus der Samenanlage gebildetes, von einer festen Hülle (Samenschale) umgebenes junges Pflänzchen (Embryo bzw. Keimling), das sein Wachstum unterbrochen hat und sich in einer Trockenstarre befindet. Der Embryo besteht aus Keimwurzel (Radicula) und Keimknospe (Plumula), die durch einen Keimstängel (dem Hypokotyl) miteinander verbunden sind (siehe Abb. 51 Seite 208). Die Samenschale kann sehr verschieden gestaltet sein und Anhänge zur Samenverbreitung besitzen. Die für die Keimung erforderlichen Nährstoffe sind entweder in den Keimblättern (z. B. bei den Leguminosen) oder einem besonderen Nährgewebe (Endosperm) gespeichert. Dieses enthält Stärke, Eiweiß, Öle, Fette und Zellulose. Samen der Orchideen besitzen weder Endosperm noch Keimblätter. Ihre Keimung erfolgt in der Natur in Lebensgemeinschaft (Symbiose) mit dem Myzel bestimmter Pilze.

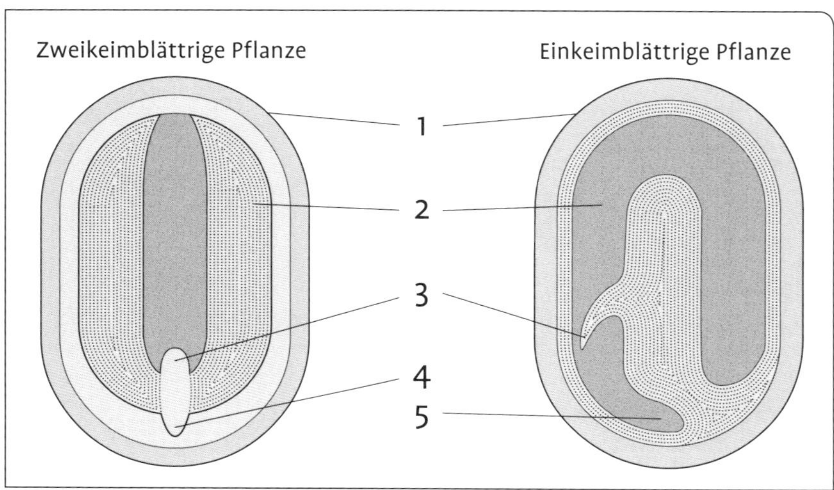

Abb. 51 Vereinfachter Querschnitt durch ein Samenkorn.
1 Samenschale 2 Keimblätter mit Nährgewebe (Kotyledonen) 3 Keimsprossknospe (Plumula) 4 Keimwurzel (Radicula) 5 Wurzelanlage (Radicula).

Saatgutverkehrsgesetz: Wozu dient es und was regelt es?

Es regelt die Überwachung des Handels mit Saatgut von volkswirtschaftlich und ernährungspolitisch wichtigen Pflanzenarten. Es soll sicherstellen, dass die Sortenreinheit erhalten und garantiert ist und der Käufer vor Schäden bewahrt wird. Das Gesetz regelt auch die Vermehrungsüberwachung, die Ein- und Ausfuhr von Saatgut. Es enthält Bestimmungen über Kennzeichnung und Verschluss von Saatgut sowie Verpackungen und Behältnisse.

Saatgutkategorien: Zwischen welchen unterscheidet das Saatgutverkehrsgesetz?

Der Vertrieb von Saatgut, das in das Artenverzeichnis des Bundessortenamts aufgenommen ist, unterliegt gesetzlichen Bestimmungen, die im Saatgutverkehrsgesetz geregelt sind. Das Gesetz unterscheidet dabei zwischen Basissaatgut, Zertifiziertes Saatgut, Standardsaatgut, Handelssaatgut und Behelfssaatgut.

Saatgutqualität: Durch welche Merkmale ist sie gekennzeichnet?

Durch Reinheit und Keimfähigkeit. Reinheit bezeichnet den Grad der Verunreinigung des Saatguts durch Samen von Unkräutern und fremden Kulturpflanzen oder durch Fremdkörper (Sand, Steinen, Samenschalen, Fruchtresten u. a.). Die Reinheit wird in einem Prozentsatz ausgedrückt. Keimfähigkeit bezeichnet die Zahl der entwicklungsfähigen Samen in Prozent in einer bestimmten Saatgutpartie.

Keimwilligkeit: Was versteht man darunter?

Die innere Bereitschaft keimfähiger Samen unter entsprechenden Keimbedingungen zu keimen. Sie kann sofort nach der Samenreife oder erst nach einer kürzeren oder längeren Keimruhe vorliegen.

Samenruhe (Keimruhe): Was versteht man darunter?

Bei der Mehrzahl der von den Gärtnern kultivierten und angebauten Pflanzenarten können deren Samen unmittelbar nach der Samenernte, d. h. nach der Reife, zur Keimung gebracht werden. Aber es gibt auch Pflanzenarten – dabei handelt es sich vor allem um Gehölze und Stauden – die nach der Reife (in der Regel im Herbst) auch dann nicht keimen, wenn die zu einer Keimung äußeren Bedingungen (Feuchtigkeit, Wärme, Sauerstoff, Licht) in optimaler Weise gegeben sind. Diese Samen unterliegen einer kürzeren oder auch längeren Keimruhe, auch Keimhemmung genannt. Zu den wesentlichen Faktoren, die zu einer unterschiedlich langen Samenruhe führen können, zählen eine noch nicht abgeschlossene Samenreifung (unterentwickelter Embryo), Hemmstoffe im Fruchtfleisch oder der Samenschale und eine noch undurchlässige Samenschale.

Frostkeimer (Kaltkeimer): Was versteht man darunter?

In der gärtnerischen Umgangssprache Bezeichnung für Samen, die, um keimen zu können, zunächst niedrigen Temperaturen ausgesetzt werden müssen. Dabei werden in den meist mit dickeren oder härteren Schalen versehenen Samen keimhemmende Stoffe abgebaut. Die Bezeichnung Frostkeimer ist an sich nicht richtig, weil bei den meisten Arten für die Überwindung der Keimruhe niedrige Temperaturen zwischen ein und zehn Grad Celsius ausreichen. Konstante Temperaturen unter dem Gefrierpunkt sowie ein Gefrieren und Auftauen im Wechsel sind nicht oder nur wenig wirksam. Temperaturen unter dem Gefrierpunkt sind deshalb wirkungslos, weil die Keimlingsanlage Feuchtigkeit benötigt, die bei Frost nicht verfügbar ist. Beispiele von Frostkeimern sind u. a. Hundsrose (*Rosa canina*) und Christrose (*Helleborus niger*).

Stratifikation: Was versteht man darunter?

In der gärtnerischen Umgangssprache Bezeichnung für die Kalt-Nass-Behandlung kältebedürftiger Samen (Frostkeimer, Kaltkeimer) um die Keimruhe zu überwinden. Der Begriff Stratifikation hatte ursprünglich eine etwas andere Bedeutung. Er kommt aus dem Französischen (*stratifier* = schichtenförmig lagern) und leitet sich davon ab, dass man früher das Saatgut schichtweise in feuchtigkeitshaltende Materialien, z. B. Sand einlegte: eine Schicht Sand – eine Schicht Samen – usw.

Keimfähigkeitsprüfung: Was beinhaltet sie?

Die Keimfähigkeitsprüfung ist eine Methode, um die Keimfähigkeit einer bestimmten Saatgutpartie festzustellen. Im einfachsten Fall wird eine bestimmte Menge Samen in eine Schale auf Filterpapier gestreut, das immer feucht gehalten wird. Nach einer gewissen Zeit, je nachdem, ob es sich von Natur aus um schnell oder langsam keimende Pflanzenarten handelt, zählt man die gekeimten Samen aus und kann feststellen, wie viel Prozent noch keimfähig sind. Auf diesem Prinzip basierend gibt es für Gemüsesaaten und landwirtschaftliche Saaten internationale Vorschriften (ISTA-Vorschriften) über Prüfmethodik und Auszählrhythmus. Für Zierpflanzensamen verwenden die Firmen neben Empfehlungen der ISTA verschiedene eigene bzw. artspezifische Untersuchungsmethoden. In diesen Richtlinien ist u. a. festgelegt, welche Keimmedien (Filterpapier, Quarzsand, Erde) verwendet, wie viel Körner insgesamt ausgelegt und wie viel Wiederholungen angelegt werden sollen, welchen Härtegrad das Wasser haben darf, wie hoch die Luftfeuchtigkeit und die Temperatur sein müssen und wie lange ausgezählt wird. Im Rahmen der Keimfähigkeitsprüfung versteht man unter Keimung den sichtbaren Durchbruch der Keimwurzel und des Sprosses aus der Samenhülle. Anomale, d. h., beschädigte, fehlerhafte oder faule Keimlinge werden gesondert erfasst.

Keimfähigkeitsverlust: Worin ist er begründet?

Kein Samen ist unbegrenzt keimfähig. Von Pflanzenart zu Pflanzenart unterschiedlich tritt nach einer gewissen Zeit der Verlust der Keimfähigkeit ein. Das Trocknen der Samen nach der Ernte und die trockene Lagerung sind für die meisten Pflanzen unabdingbare Voraussetzungen, um lebensfeindliche Prozesse im Saatgut zu bremsen und damit die Keimfähigkeit über einen längeren Zeitraum zu erhalten. Aber auch die Temperatur ist entscheidend. Generell führen Temperaturen um 20 °C und darüber zur Verringerung der Keimfähigkeit und damit der Lebensdauer der Samen, während Temperaturen um 10 °C und darunter die Abnahme der Lebensfähigkeit verlangsamen. Eine Regel besagt, dass die Lebensfähigkeit der Samen annähernd verdoppelt wird, wenn die Lagertemperatur um 5 °C gesenkt wird. Der Sauerstoffgehalt der Umgebungsatmosphäre beeinflusst ebenfalls die Lebensfähigkeit des Saatguts. Kontinuierliche Zufuhr von Sauerstoff beschleunigt wie hohe Luftfeuchtigkeit und höhere Temperaturen die Atmung und damit den Stoffwechsel bzw. den Abbau von Reservestoffen im Nährgewebe oder in den Keimblättern. Was schnell zum Keimfähigkeitsverlust der Samen führt.

Saatgutveredlung (Saatgutkonfektionierung): Was versteht man darunter und welche Ziele hat sie?

Veredeltes Saatgut ist Saatgut in besonders aufbereiteter Form. Die Saatgutveredlung hat zum Ziel die Aussaat zu vereinfachen und damit wirtschaftlicher zu machen, aber auch höhere und gleichmäßigere Keimung, höhere Triebkraft, also schnellere Keimung, bessere Lagerfähigkeit, Schutz vor Umfallkrankheiten der Sämlinge sowie Verbesserung der Säbarkeit mit Aussaatmaschinen und -geräten.

Welche Formen bzw. Verfahren der Saatgutveredlung gibt es?

Die einfachste und gängigste Form der Saatgutveredlung ist die **Reinigung** des Samens. **Kalibrieren** ist das größenmäßige Sortieren von Saatgut. Es wird durch Absieben aus Normalsaatgut gewonnen und in bestimmten Größenklassen geliefert. Kalibriertes Saatgut kann von mechanischen Sägeräten gleichmäßiger erfasst und verteilt werden. **Abgeriebenes Saatgut** erhält man durch Entfernen von Flugeinrichtungen, Behaarungen und anderen in der Natur nützlichen Anhängseln. Dadurch wird das Saatgut kompakter, das Tausendkorngewicht höher und die Gefahr des Pilzbefalls geringer. Diese Art der Saatgutveredlung ist bei *Limonium* (Meerlavendel) und *Gazania* üblich. **Geschnittenes Saatgut** verfolgt einen ähnlichen Zweck. Durch das Entfernen des langen Pappus bei *Tagetes* wird die maschinelle Aussaat ermöglicht. **Monogermsaatgut** besteht aus einsamigen Bruchstücken von Pflanzenarten, deren Samen in sog. Samenknäuel zusammengefasst sind (z. B. Rote Rübe und Statice). Monogermsaatgut entsteht durch Zertrümmerung dieser Samenknäuel. Dadurch wird die Aussaat vereinfacht und ein Vereinzeln entfällt. Bei **graduiertem Saatgut** werden Körner mit geringerem spezifischem Gewicht aussortiert. **Granuliertes Saatgut** wird bei sehr feinen Sämereien, z. B. Begonien, Gloxinien, Calceolarien, Kakteen, Ziertabak und feinsamigen Grasarten angewendet. Das feinkörnige Saatgut wird in eine Granuliermasse eingemischt. Eine Strangpresse drückt die pastöse Masse durch Düsen, wonach sie in Stückchen zerteilt und getrocknet wird. Jedes zylinderförmige Granulatstückchen enthält in statistischer Verteilung einen oder mehrere Samen. **Pilliertes Saatgut** ist von einer Hüllmasse umgebenes, unrundes oder kleines Saatgut von hoher Qualität (graduiert), das damit für mechanische Sägeräte auf einheitliche Größe und passende Form gebracht ist. Die Pilliermasse besteht in der Regel aus einer mit Wasser angerührten Mischung aus pulverisiertem Torf, Holz-

bzw. Steinmehl. Es können wachstumsfördernde und schädlingsabweisende Materialien beigemischt sein. Diese einfache Pillierung ist für den Freilandanbau gedacht. Die Hülle löst sich bei Zutritt von Feuchtigkeit auf und gibt das Samenkorn frei. Für die Jungpflanzenanzucht von Zierpflanzen oder Gemüse wird die **Erdtopfpille** (Potpill) verwendet. Bei Erdtopfpillen besteht die Hüllmasse überwiegend aus anorganischen Materialien, die mit der Quellung der Samen platzen. Die Keimung setzt unverzüglich ein. Eine Erdabdeckung ist bei Erdtopfpillen nicht notwendig. **Inkrusaat** ist in einem Inkrustierverfahren (man spricht auch vom Coating) mit Fungiziden, Insektiziden, Naturextrakten, Spurenelementen und sonstigen Wirkstoffen sowie einer farbigen Deckschicht hauchdünn (gecoated) und abriebfest überzogenes Saatgut. Diese Schicht verhindert das Zusammenhaften von Samen und ermöglicht, in farbiger Ausführung, eine bessere Kontrolle der Ablagegenauigkeit. Letzteres ist besonders bei sehr kleinem, dunkel gefärbtem Samen (z. B. *Petunia*) hilfreich.

Saatgutbeizung: Was versteht man darunter und wozu dient sie?

Behandlung der Samen mit chemischen Mitteln, um in oder an den Samen vorhandene Schaderreger abzutöten. Die Anwendung chemischer Mittel richtet sich dabei nicht nur gegen die samenbürtigen Schaderreger, sondern zum Teil auch gegen Pilze (z. B. *Pythium*) und Schädlinge (z. B. Drahtwurm, Tipulalarven), die vom Boden aus die Pflanzen infizieren bzw. befallen. Die Beizung ist eine umweltschonende Bekämpfungsmaßnahme, weil im Vergleich zu einer Ganzflächenbehandlung eine geringere Aufwandmenge benötigt wird und die mit den Wirkstoffen kontaminierte Fläche wesentlich kleiner ist. Um einen möglichst optimalen Schutz des Saatguts zu erreichen, ist ein gut haftender und möglichst gleichmäßig über die Saatgutoberfläche verteilter Wirkstoffbelag erforderlich. Weitverbreitet ist die Trockenbehandlung. Dabei wird das Saatgut mit pulverförmigen Präparaten vermischt oder eingepudert. Bei kleinsamigem Saatgut wendet man das Siebverfahren (Überschussbeize) an, d. h., nach dem Durchmischen des Saatguts mit dem Trockenbeizmittel wird der überschüssige Anteil wieder abgesiebt. Beizmittel sind Pflanzenschutzmittel, deshalb ist bei der Saatgutbeizung dem Schutz des Anwenders besondere Aufmerksamkeit zu schenken.

Saatgutbedarf: Wovon ist er abhängig?

Von der Anzahl der Pflanzen, die erzeugt (geerntet oder vermarktet) werden sollen, und davon ausgehend von der Keimfähigkeit des Saatguts.

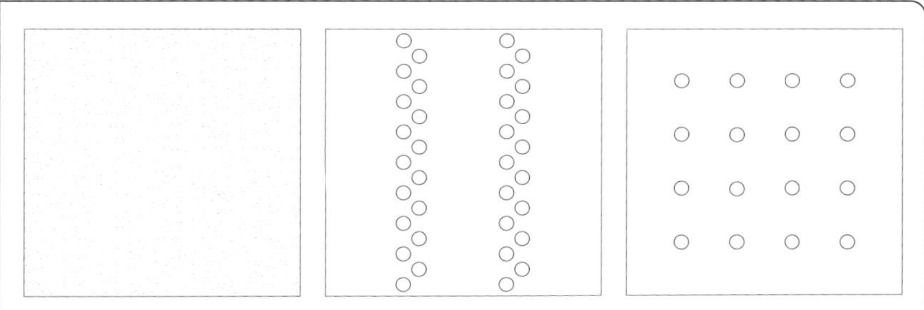

Abb. 52 Aussaatmethoden: Breitsaat, Reihensaat, Einzelkornsaat.

Tausendkorngewicht: Was versteht man darunter?

Die Masse von 1 000 Saatgutkörnern in Gramm. Das Tausendkorngewicht wird insbesondere zur Mengenberechnung des auszusäenden Saatguts benötigt. Das Tausendkorngewicht ist einerseits ein Sortenmerkmal, andererseits unterliegt sie starken Schwankungen durch die jeweiligen Anbau- und Witterungsbedingungen im Erzeugungsjahr.

Aussaatmethoden: Zwischen welchen wird allgemein bei Zierpflanzen unterschieden?

In Abhängigkeit von den Eigenschaften der Samen und den Erfordernissen der Anbautechnik werden verschiedene Aussaatmethoden angewandt. Das Saatgut wird entweder zur Jungpflanzenanzucht in Gefäßen (Töpfen, Schalen oder Kisten), auf Grundbeeten oder direkt an den Endstandort ausgesät. Hinsichtlich der Ausbringung sind als Methoden die Breitsaat, die Reihensaat und die Einzelkornaussaat gebräuchlich.

Breitsaat (Flächensaat): Was versteht man darunter?

Breitwürfiges Ausbringen von Samen auf der jeweiligen Aussaatfläche. Das kann der Endstandort, das Grundbeet zur Jungpflanzenanzucht oder ein Aussaatgefäß sein. Die Breitsaat wird meist von Hand, zum Teil aber auch mit Sämaschinen ausgeführt. Die gleichmäßige Verteilung von Hand erfordert besonders bei feinem Saatgut, wie dem von Begonien und Petunien, viel Geschick und Übung. Breitsaat wird bevorzugt, wenn die Sämlinge bald nach dem Auflaufen pikiert oder gepflanzt werden. Der Vorteil der Breitsaat gegenüber der Reihensaat liegt in der besseren Standraumverteilung.

Reihensaat (Drillsaat): Was versteht man darunter?

Bei der Reihensaat werden die Samen in der Reihe in ungleichmäßigen Abständen abgelegt. Die Reihen haben gleichmäßige Abstände. Die Reihensaat erleichtert die Pflege und Bearbeitung der Kulturen. Sie wird daher bevorzugt bei länger stehender Freilandsaat, z. B. bei einigen Sommerblumen, Stauden, Gehölzen und vielen Gemüsearten, durchgeführt. Bei Aussaat in Gefäßen spielt sie keine große Rolle.

Einzelkornaussaat (Gleichstandssaat): Was versteht man darunter?

Bei Einzelkornaussaat oder Gleichstandssaat werden die Samen einzeln in gleichmäßigen Abständen ausgelegt. Abgelegt werden die Körner im Rechteck- oder Quadratverband, meist aber im Dreieckverband. Die Gleichstandssaat setzt Saatgut mit hoher Keimfähigkeit voraus, weil sonst Lücken entstehen und Kulturfläche unnötig verschenkt würde. Bei der Ablage von Hand werden dafür Markiergeräte (Markierbrett, Markierwalze), bei größeren Saatmengen Einzelkornsägeräte unterschiedlicher Systeme verwendet. Die maschinelle Einzelkornablage in Erdtöpfe ist häufig mit der Erdtopfpresse kombiniert. Mit pneumatischen oder mechanischen Einzelkornsägeräten können auch Multizellenplatten, Torfquelltöpfe u. a. besät werden.

Tuffsaat: Was ist darunter zu verstehen?

Im Zierpflanzenbau Bezeichnung für das Einbringen von jeweils mehreren Samen in definierten Abständen bzw. in Einzeltöpfe oder Topfeinheiten (z. B. Multitopfplatten). Im Gemüsebau wird hierfür die Bezeichnung Dibbelsaat oder Horstsaat verwendet. Tuffsaat ist im Zierpflanzenbau u. a. bei Lobelien üblich.

Sämaschinen: Welche Vorteile hat ein Einsatz und zwischen welchen Typen wird unterschieden?

Die Aussaat von Samen gehört zu den wesentlichen Tätigkeiten gärtnerischer Arbeit und ist in Handarbeit sehr arbeitsaufwendig. Mit Sämaschinen kann die Aussaat wesentlich rationalisiert werden. Entsprechend den unterschiedlichen Aussaatverfahren (Breitsaat, Reihensaat, Einzelkornsaat) und Aussaatorten (Freiland, Gewächshaus, Beete, Kisten) gibt es sehr verschiedene Ausführungen auf dem Markt. Bei den Einzelkornsämaschinen für Flächensaaten im Freiland unterscheiden sich die verschiedenen Systeme im Wesentlichen durch die Art und Weise der Aufnahme und Abgabe der einzelnen Samen. Üblich sind: Lochscheibe oder Zellenrad, Lochband oder Zellenband, Löffelrad, Saugluft an Lochscheiben oder Zellenscheiben, Druckluft an Lochtrommel oder Zellenrad. Bei diesen Systemen muss das Saatgut eine gleichmäßige, runde Form haben und durch Kalibrieren auf eine einheitliche Größe ausgesiebt sein. Unrundes Saatgut muss durch Pillierung mit einer Hüllmasse in eine runde Form gebracht werden.

Bei pneumatischen Einzelkornsägeräten für Kistensaaten werden die Samenkörner durch Unterdruck an die Öffnungen von Düsenrechen oder an die Löcher von Lochplatten, deren Lochbohrungen kleiner als die jeweilige Saatgutgröße sein müssen, gezogen und durch Unterbrechung des Luftsogs im vorgegebenen Abstand einzeln abgelegt. Solche pneumatischen Einzelkornsämaschinen sind von Samengröße und Samenform weniger abhängig.

Durchführung der Aussaat – Vorquellen: Wozu dient es?

Maßnahme um die Quellung und damit den Beginn der Keimung zu beschleunigen. Dazu wird das Saatgut in Wasser für 24–48 Stunden eingelegt oder in Jutesäckchen gefüllt eingehängt.

Priming: Was versteht man darunter?

Priming bedeutet, dass der Samen unter exakt kontrollierten Bedingungen angekeimt wird. Durch die angebotene Wassermenge, Temperatur, Dauer der Behandlung und durch eventuelle Zusätze keimfördernder Substanzen entwickelt sich der Embryo bis zum gewünschten Stadium der Keimung. Dann wird die Behandlung abgebrochen und der Samen zurückgetrocknet. Die Vorteile des geprimten Saatguts liegen in größerer Uniformität, schnellerer Keimung und größerer Toleranz gegenüber nicht optimalen Keimbedingungen. Nachteilig ist die geringe Lagerfähigkeit des Saatgutes.

Aussaatsubstrate: Welche Anforderungen sind an sie zu stellen?

Aussaatsubstrate dienen dem Samen als Keimbett und bieten dem Sämling den ersten Standort. Ein Aussaatsubstrat sollte nährstoffarm – nicht nährstofffrei – und wegen der Krankheitsanfälligkeit der Keimlinge keimfrei sein. Es muss beste physikalische Eigenschaften besitzen, ein hohes Porenvolumen aufweisen und selbst bei Wassersättigung noch einen ausreichenden Luftaustausch gewährleisten. Der Feinheitsgrad der Erde sollte sich nach der Größe der Samen richten.

Was ist beim Herrichten der Aussaatgefäße zu beachten?

Gebrauchte Aussaatgefäße müssen vor ihrer Verwendung gründlich gereinigt werden. Das darf nicht nur von innen erfolgen, sondern auch das Äußere der Gefäße muss entsprechend behandelt werden, damit alle Stoffe entfernt werden, die unter Umständen eine Grundlage für die Entwicklung von Krankheitserregern bilden können. Der Feinheitsgrad der zu verwendenden Erde richtet sich nach der Korngröße des Saatguts, damit sich die Erde gut um das keimende Samenkorn legt und die Keimung gleichmäßig verläuft. Dies gilt zumindest für die oberste Bodenschicht. Sollte die Erde sehr grob sein, so muss sie gesiebt werden. Die Siebrückstände können in die Aussaatgefäße bis zur halben Höhe gefüllt werden. Darauf siebt man die gesiebte Aussaaterde, die nach dem Füllen an den Ecken und Rändern angedrückt wird, ehe sie nochmals bis zum Rand nachgefüllt und sauber mit einer Latte abgestrichen wird. Das Andrücken der Erde an den Rändern und Ecken sollte nicht vergessen werden, weil sie sonst ungleichmäßig dicht liegt und beim Angießen zusammensackt. Gefäße, die mit einer Scheibe abgedeckt werden sollen, sind nur 1 bis 1,5 cm unter den Gefäßrand zu füllen.

Soweit die Aussaaten in der kalten Jahreszeit erfolgen, muss bei wärmebedürftigen Pflanzenarten auf die Temperatur der Aussaaterde geachtet werden. Am besten ist es, die Erde frühzeitig hereinzuholen, oder die Saatgefäße einige Tage vor der Aussaat zu füllen und an den vorgesehenen Standort zu stellen, damit die Erde die Raumtemperatur annimmt.

Samentiefe: Wie tief muss der Samen in der Erde liegen?

Auf diese Frage gibt es keine allgemeingültige Antwort. Sie richtet sich im Allgemeinen nach der Größe der Samen. Eine Faustregel besagt, dass man den Samen so hoch mit Erde bedecken soll, wie er dick ist. Feinere Sämereien werden nicht abgedeckt, hier genügt das Andrücken. Liegt der Samen zu tief, weil zu viel Erde aufgebracht wurde, so stirbt der Keimling ab, bevor er an die Erdoberfläche gelangt. Bei zu flachem Säen trocknet der Samen leicht aus, und der Keimling stirbt ebenfalls ab.

Behandlung der Aussaaten: Was ist zu beachten?

Jedes Aussaatgefäß wird umgehend mit dem Namen der Pflanzenart oder -sorte und auch mit dem Datum der Aussaat beschriftet, damit eine Verwechslung der verschiedenen Pflanzenarten bzw. Sorten später ausgeschlossen ist. Das Angießen muss gründlich, aber vorsichtig erfolgen. Grobe Sämereien kann man mit einer feinen Brause angießen. Bei besonders feinen Sämereien empfiehlt es sich, die Aussaatgefäße in eine Schale mit Wasser zu stellen. So kann sich die Erde selbst mit Wasser voll saugen und ein Abschwemmen oder Zusammenschwemmen der Samen wird vermieden.

Die Keimtemperaturen richten sich nach den einzelnen Pflanzengruppen bzw. -arten. Samenhändler geben in ihren Katalogen in der Regel entsprechende Hinweise für die optimalen Keimtemperaturen der einzelnen Arten. Es sind Richtwerte. Sie sollten nicht wesentlich über- bzw. unterschritten werden, um kräftige, kompakte und gegen Krankheiten widerstandsfähige Jungpflanzen zu erzielen. Im Allgemeinen sind bei Zierpflanzen zur Keimung Temperaturen zwischen 18 und 24 °C üblich.

Neben der Temperatur richtet sich der Aufstellungsort auch danach, ob es sich bei den Arten um lichtgehemmte oder lichtgeförderte Samen handelt (siehe auch nächste Frage). Bei lichtgehemmten Keimern, die anfangs dunkel stehen dürfen, ist es beim Durchbruch der ersten Sämlinge unbedingt notwendig, sie aus der Dunkelheit zu nehmen und ihnen einen hellen Platz einzuräumen. Die ganze Aufmerksamkeit ist darauf zu richten, dass die Jungpflanzen kurz und gedrungen bleiben. Das ist aber nur möglich, wenn die Lichtverhältnisse mit den Temperaturverhältnissen in Einklang gebracht werden. Gegen starke Sonneneinstrahlung sollten frische Aussaaten und junge Sämlinge grundsätzlich geschützt werden.

Im Übrigen beschränkt sich die Behandlung der Aussaaten auf die richtige Bewässerung. In der ersten Zeit muss die Aussaaterde ausreichend feucht sein, damit der Quellvorgang der Samen ohne Unterbrechung vor sich gehen kann. Das Gießwasser sollte der Temperatur des Aussaatortes entsprechen. Aussaaten von Feinsämereien mit Scheibenabdeckung erfordern, dass die mit Tropfen behangenen Scheiben anfangs täglich gewendet werden, um einem durch Tropfwasser begünstigten Krankheitsbefall vorzubeugen. Nach dem Keimen werden die Scheiben nach einigen Tagen mithilfe kleiner Hölzchen gelüftet, ehe sie ganz abgenommen werden, um den erstarkenden Sämlingen eine freie Entwicklung zu gewährleisten.

Ein Düngen der Sämlinge in den Aussaatgefäßen ist in der Regel nicht nötig, denn das erste Pikieren in neue Erde erfolgt im Allgemeinen sofort nach der Ausbildung der Keimblätter. Eine Ausnahme von dieser Regel kann eintreten, wenn eine Einzel- bzw. Reihensaat durchgeführt wurde. Wo das der Fall ist, wird das Pikieren in der Regel sowieso eingespart. Hier ist eine Nachdüngung etwa 14 Tage nach dem Auflaufen angebracht. Dabei muss man sich auf schwache Konzentrationen beschränken, die wöchentlich einmal anzuwenden sind. Geeignet sind dazu alle vollwasserlöslichen Mehrnährstoffdünger, die in einer Konzentration von 0,2 % – d. h. 2 g bzw. 2 ml Dünger je Liter Wasser – angewendet werden sollten.

Licht- und Dunkelkeimer: Was versteht man darunter?

Ähnlich wie bei der Temperatur beginnt der Lichteinfluss auf die Entwicklung der Pflanzen schon bei der Samenkeimung. Die Mehrzahl der Pflanzenarten erweisen sich als lichtindifferent, das heißt, sie keimen bei Licht und Dunkelheit gleich gut. Es gibt aber auch Samen, z. B. *Nicotiana*, *Primula obconica*, *Kalanchoe blossfeldiana*, welches im Licht zu 90 bis 100 %, im Dunkeln dagegen nicht keimt. Umgekehrte Verhältnisse liegen bei *Cyclamen*- und *Amaranthus*-Saatgut vor, das in der Dunkelheit zu 90 bis 100 %, nicht aber im Licht keimt. Wir zählen daher Primeln und Tabak zu den Lichtkeimern, Alpenveilchen und *Amaranthus* zu den Dunkelkeimern. Die Beeinflussung der Keimung durch das Licht spielt sich aber nicht immer in so überschaubarer Weise ab. In vielen Fällen bewirkt das Licht nämlich nur eine mehr oder weniger starke Förderung oder Hemmung der Keimung. Die auch heute noch übliche Gegenüberstellung von Licht- und Dunkelkeimern sollte aufgegeben werden, weil die lichtgeförderten Samen zwar im Licht bevorzugt keimen, diesen Entwicklungsprozess aber zu einem oft recht beachtlichen Prozentsatz auch im Dunkeln einleiten können. Das Entsprechende gilt für die lichtgehemmten Samen. Lichtgehemmte Aussaaten stellt man bis zur Keimung in einen dunklen Raum (Temperaturansprüche beachten) oder deckt sie mit schwarzer Folie zu. Werden die ersten Keimlinge sichtbar, müssen die Aussaaten aber wieder hell stehen, damit ein Weiterwachsen ermöglicht wird.

Viola x *wittrockiana* werden vielfach als Dunkelkeimer bezeichnet, sie sind aber lediglich gegen hohe Temperaturen während der Keimung empfindlich. Da sie aber üblicherweise im Sommer bis Frühherbst ausgesät werden, ist dann bei entsprechend häufig vorherrschender hoher Einstrahlung auch die Temperatur im Saatbeet hoch. Mittels starker Schattierung wird infolgedessen das Keimergebnis besser. Dies ist aber auf die Temperaturminderung und nicht auf den Faktor Licht zurückzuführen.

Keimung: Was versteht man darunter?

Keimung ist die Entwicklung einer jungen Keimpflanze aus einem Samen unter Ablauf komplizierter physiologischer und biologischer Prozesse. Sie setzt ein, wenn im ruhenden Samen die innere Bereitschaft zum Keimen vorliegt, d. h. wenn der Samen keimfähig und keimwillig ist. Ein Zustand, der in unterschiedlicher Weise und jeweils nach einer bestimmten Zeit erreicht wird. Die erforderlichen äußeren Bedingungen – Feuchte, Temperatur, Sauerstoff und in der Regel Licht – müssen gegeben sein. Durch die Zufuhr von Wasser wird zunächst die Trockenstarre des Keimlings im Samen beendet. Der Samen beginnt durch Wasseraufnahme zu quellen. Die Reservestoffe im Nährgewebe werden mobilisiert und dem Keimling zugeleitet, worauf er zu wachsen beginnt. Schließlich platzt die Samenschale auf, und der Wasser- und Luftzutritt wird erleichtert. Die Keimwurzel durchbricht die weich gewordene Samenschale und dringt in die Erde ein. Durch die Wurzel ist der Keimling nun zur selbstständigen Aufnahme von Wasser und Nährsalzen befähigt. Der weitere Verlauf der Keimung hängt davon ab, ob es sich um eine epigäische (oberirdische) oder hypogäische (unterirdische) Keimung handelt.

Epigäische Keimung: Was versteht man darunter?

Bei der epigäischen oder oberirdischen Keimung streckt sich der Keimstängel (das Hypokotyl) so stark, dass er gemeinsam mit den Keimblättern (die aus der Samenschale gezogen werden) die Erdoberfläche durchbricht. Die ersten nach dem Auflaufen der Saat sichtbaren Organe sind also das Hypokotyl und die Keimblätter. Die zur Fotosynthese befähigten Keimblätter, die damit die weitere Ernährung des Sämlings sicherstellen, haben eine einfache, von den später folgenden Laubblättern sehr verschiedene Form. Epigäisch keimen u. a. Fichte, Ahorn, Buche, Senf, Sonnenblume, Gartenbohne. Auch die Mehrzahl der im Zierpflanzenbau kultivierten Pflanzenarten keimt epigäisch.

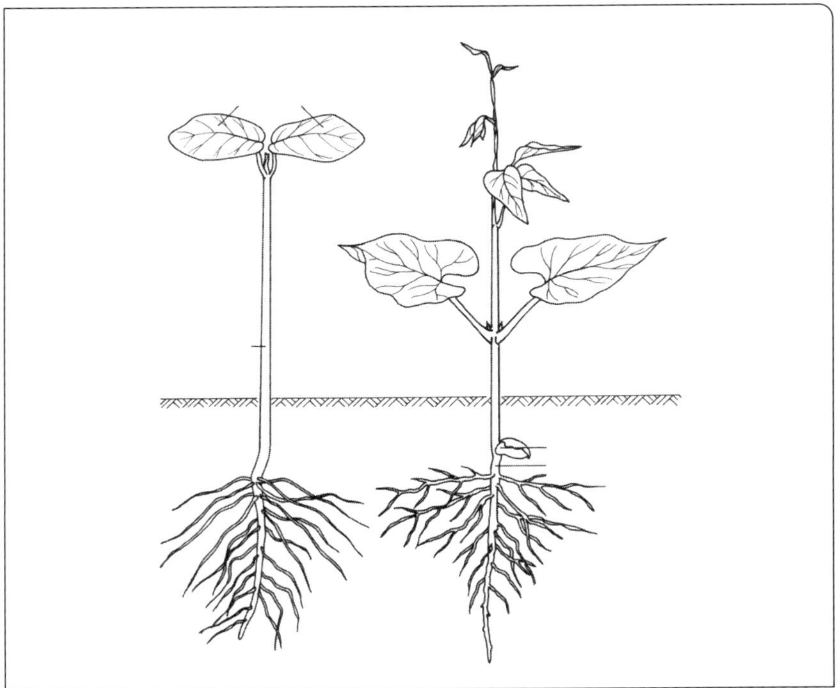

Abb. 53 Oberirdische und unterirdische Keimung.

Hypogäische Keimung: Was versteht man darunter?

Keimungsart bei der sich der Keimstängel (Hypokotyl) nicht oder nur wenig streckt. Die Keimblätter verbleiben im Samen, der auf oder knapp unter der Erde liegt. Das erste, was sich bei einer hypogäischen oder unterirdischen Keimung über die Erde erhebt, ist das Epikotyl, an dessen oberem Ende die ersten Laubblätter angelegt werden. Erst diese Laubblätter übernehmen die Ernährung der jungen Pflanze. Bis diese Blätter funktionsbereit sind, wächst die Keimpflanze allein mithilfe der Nährstoffe, die ihr von der Mutterpflanze mitgegeben wurden und in den Keimblättern lagern. Es sind meist dicke, sehr nährstoffreiche Samen (z. B. Eiche, Rosskastanie, Feuerbohne), bei denen die Keimung hypogäisch erfolgt.

Pikieren: Was wird damit bezeichnet?

Bezeichnung für das Verpflanzen junger Sämlinge oder auch von Stecklingen auf neue Standweiten. Insbesondere Sämlinge aus Flächensaaten (Breitsaaten) müssen in der Regel pikiert werden.

Welchen Zielen dient das Pikieren?

Junge Sämlinge aus Flächensaaten ohne vorgeformten Ballen müssen in der Regel pikiert (vereinzelt) werden, bevor man sie topft oder auspflanzt. Sie erhalten dadurch mehr Platz, Licht, Luft und Nährstoffe. Außerdem ist die Möglichkeit der Selektion gesunder, kräftiger Pflanzen gleicher Größe gegeben, die zu gleichmäßigeren Beständen führt. Durch das Pikieren wird darüber hinaus erreicht, dass die Pflanzen ein reich verzweigtes Wurzelsystem entwickeln. Denn beim Pikieren wird durch bewusstes oder unbewusstes Abreißen, Abknipsen oder Abschneiden der Wurzeln die Seiten- und Haarwurzelbildung angeregt. Je mehr Haarwurzeln die Pflanze hat, desto mehr Wasser und Nährstoffe können die Wurzeln aufnehmen und umso schneller geht die Weiterentwicklung der Pflanze voran.

Der richtige Zeitpunkt zum Pikieren ist gekommen, sobald sich die Sämlinge mit den Blättern berühren, sodass sie sich im Wachstum behindern und gegenseitig nach oben schieben. Allerdings können auch andere Gründe maßgebend sein, die das Pikieren schon vor diesem Zeitpunkt erforderlich machen. Nämlich dann, wenn in den Aussaatgefäßen Krankheiten auftreten.

Pikierstäbe: Welche Gegenstände bzw. Formen kommen zum Einsatz?

Pikierstäbe dienen als Hilfsmittel, um für Sämlinge kleine Löcher vorzustechen, in die sie eingesetzt (pikiert) werden, aber auch um Sämlinge aus dem Aussaatgefäß herauszunehmen. Im Handel werden Pikierstäbe aus Kunststoff angeboten, die am einen Ende dicker, am anderen dünner geformt sind. Gut geeignet sind auch flache, spatelförmige, an der Spitze abgerundete Holzetiketten oder ähnliche Hölzchen. Für feine Sämlinge werden zum Pikieren Pinzetten oder kleine Holzgäbelchen verwendet.

Pikiervorgang: Worauf ist zu achten?

Das Füllen der Pikierkisten erfolgt bis zum Rande. Überflüssige Erde wird mithilfe eines Stabes oder einer dünnen Latte abgestrichen. Vorher wird in den Ecken und an den Rändern ganz leicht angedrückt. Die Erde liegt sonst ungleichmäßig dicht und löst sich nach einiger Zeit von den Rändern. Gelegentlich wird empfohlen, die Pikierkisten mit erhöhter Mitte zu füllen. Das soll bewirken, dass sie gleichmäßiger austrocknet, denn erfahrungsgemäß trocknen die Ränder immer zuerst aus. Der Vorteil, der in der Mitte erhöhten Füllung kann aber sehr leicht zum Nachteil werden, und zwar dann, wenn die Kisten mal etwas zu trocken werden. Dann ist nämlich die Mitte schwer wieder nass zu bekommen, weil das Wasser schnell nach den Rändern abläuft.

Die Aussaatgefäße sollten am Tage vor dem Pikieren noch einmal gründlich gewässert werden, auch wenn es normalerweise noch nicht nötig wäre. Dadurch saugen sich die Pflanzen voll Wasser, was vorteilhaft ist, da in den ersten Tagen nach dem Pikieren die Wasseraufnahme sowieso behindert ist. Denn beim Herausnehmen werden bewusst oder unbewusst Wurzelspitzen abgerissen, die dann natürlich bei der Wasseraufnahme fehlen. Noch wichtiger aber ist, dass nach gründlicher Wässerung die Erde viel besser beim Herausnehmen an den Wurzeln haftet und so die Störung in erträglichen Grenzen bleibt. Außerdem soll das letztmalige Gießen am Tage vor dem Pikieren bewirken, dass die Erde beim Pikieren nicht mehr klebt.

Die zu pikierenden Pflanzen werden unter Schonung des Wurzelwerkes vorsichtig aus den Saatkisten genommen, in dem man mit dem Pikierholz unter die Wurzel fasst und die Pflanzen anhebt. Man legt sie in extra Kisten oder lose griffbereit auf die vorbereitete Pikierfläche. Reißen dabei feine Wurzeln ab, ist das nur günstig für die Bildung eines dichten Wurzelballens. Bei Sämlingen mit langer Hauptwurzel fördert man die Wurzelverzweigung durch Abknipsen der Wurzeln. Stets sollten allerdings nur so viele Pflanzen herausgenommen werden, wie in einer halben Stunde pikiert werden können. Es muss alles vermieden werden, wodurch die Wurzeln zu lange der Luft ausgesetzt sind und darunter leiden.

Pikiert wird in der Regel einzeln, manchmal auch in Tuffs (Büschel) zu mehreren, in vormarkierten Reihen im Dreiecks- oder Vierecksverband. Die Entfernung beim Pikieren richtet sich nach der Pflanzenart und nach der Stärke der Pflanzen. Grundsätzlich sollte das Pikieren nur so weit vorgenommen werden, wie es unbedingt erforderlich ist. Die Pflanzen wachsen immer besser, wenn sie fast in Tuchfühlung stehen.

Mit dem Pikierstab wird das für die Aufnahme der Wurzeln notwendige Loch gestochen. Die jungen Sämlinge werden mit den Wurzeln bis zur gewünschten Tiefe hineingehalten. Darauf wird mit dem Stab die Erde an die Wurzeln so herangebracht, dass keine Hohlräume bleiben. Starkes Andrücken ist dabei zu vermeiden. Besonderes Augenmerk ist darauf zu richten, dass sie in der richtigen Höhe stehen. Richtig pikiert ist, wenn die Keimblätter der Erdoberfläche aufliegen. Bei größeren Pflanzen kann das Pikieren, das Lochbohren, Einsetzen und Andrücken auch mit den Fingern geschehen. Nach dem Pikieren wird mit einer feinen Brause angegossen, damit die Erde mit den Wurzeln bzw. mit dem Wurzelballen innigen Kontakt erhält.

Der Aufstellungsort hängt von den Kulturansprüchen der Pflanzenart ab. Während der ersten Tage ist bei empfindlichen Pflanzen für eine hohe Luftfeuchtigkeit zu sorgen, um den Sämlingen das Anwachsen zu erleichtern.

Vegetative Vermehrung: Was versteht man darunter?

Die Vermehrung von Pflanzen aus Pflanzenteilen. Man unterscheidet dabei grundsätzlich zwischen autovegetativen und xenovegetativen Methoden. Während bei der autovegetativen Vermehrung ausschließlich Pflanzenteile der zu vermehrenden Pflanze verwendet werden, wird die xenovegetative Vermehrung mithilfe einer anderen Pflanze durchgeführt (= Veredlung). Die autovegetativen Methoden lassen sich weiter untergliedern in welche, bei denen die Vermehrungsorgane erst nach der Bewurzelung von der Mutterpflanze getrennt werden (= Entwicklung an der Mutterpflanze, z. B. Brutzwiebeln, Brutknollen, Ausläufer, Ableger, Abrisse, Absenker, Teilen, Kindel bzw. Ableger) und in solche, wo von Anfang an zwischen den der Vermehrung dienenden Pflanzenteilen und der Mutterpflanze keine Verbindung mehr besteht (= Entwicklung getrennt von der Mutterpflanze, z. B. Stecklinge vom Spross und vom Blatt, Wurzelschnittlinge, Steckhölzer, Meristem- und Gewebekulturen).

Was spricht für die vegetative Vermehrung?

Der Vorteil der vegetativen Vermehrung gegenüber der Aussaatvermehrung (generativen Vermehrung) besteht darin, dass die Nachkommen in allen Merkmalen der Mutterpflanze gleichen, da sie exakt das gleiche Erbgut besitzen. Auch blühen und fruchten vegetativ vermehrte Pflanzen früher als generativ vermehrte, da sich die physiologische Blühreife von der Mutterpflanze auf die Nachkommen überträgt. Zur vegetativen Vermehrung ist man gezwungen:

- Wenn Pflanzen keine Samen bilden. Viele Pflanzenarten bzw. Sorten der Arten setzen keine Samen an, weil der geeignete Bestäubungspartner fehlt oder die Blüten steril sind.
- Wenn Pflanzen kaum Samen produzieren. Viele Pflanzenarten aus wärmeren Gebieten, aus den Tropen oder Subtropen, bringen in unseren Breiten keine Samen hervor, oder die Vegetationszeit ist so kurz, dass der Samen nicht ausreifen kann.
- Wenn der Samen nicht echt fällt, das heißt, wenn die Sämlinge stark aufspalten. Zahlreiche Kulturformen (Gartenformen) bzw. Sorten zeigen bei der generativen Vermehrung nur selten einheitliche Nachkommen. So lassen sich viele buntlaubige Hänge-, Zwerg- oder Säulenformen von Gehölzen nur auf vegetativem Wege sortenecht vermehren. Ebenso ist es bei vielen Zierpflanzen. Hier sind es häufig gefüllte oder besonders großblütige Arten.
- Wenn gleichmäßige Pflanzenbestände erzielt werden sollen. Dies ist für den Gärtner von großer Bedeutung, da Samen häufig sehr unterschiedlich keimen und dadurch ungleichmäßige Pflanzenbestände entstehen können.
- Wenn die vegetative Vermehrung schneller zum Erfolg führt. Bei der vegetativen Vermehrung hat das Ausgangsmaterial, z. B. der Steckling oder Ausläufer, schon eine gewisse Größe und ist in der Regel gegenüber einer Pflanze aus Samen zeitlich gesehen im Vorteil.

Die Entscheidung, ob eine Pflanze vegetativ oder generativ durch Aussaat vermehrt werden soll, hängt neben ihren Eigenschaften und Besonderheiten auch von der Wirtschaftlichkeit der Vermehrungsart ab.

Mutterpflanze: Was versteht man darunter?

Als Mutterpflanze wird bei der vegetativen Vermehrung die Pflanze bezeichnet, die das Vermehrungsmaterial liefert. Demgegenüber ist der Samenträger bzw. die Samenträger-Pflanze die Ausgangspflanze für die generative Vermehrung.

Teilung: Was versteht man darunter?

Vegetative Vermehrungsmethode, bei der in der Regel ältere, mehrtriebig entwickelte Pflanzen in mehr oder weniger große Teilstücke aufgeteilt werden. Teilung ist besonders bei Stauden üblich und hier in erster Linie bei Sorten, die bei Aussaat nicht echt fallen. Sie wird meist im Frühjahr, bei früh blühenden Arten gleich nach der Blüte vorgenommen. Sie sollte aber möglichst so rechtzeitig durchgeführt werden, dass die Teilpflanzen in der gleichen Vegetationsperiode noch zu verkaufsfähigen Pflanzen heranwachsen. Auch verschiedene Sträucher lassen sich durch Teilung vermehren. Im Zierpflanzenbau ist die Teilung als Vermehrungsmethode relativ unbedeutend, da sie aufgrund der dazu erforderlichen großen Mutterpflanzenbestände unwirtschaftlich ist.

Ausläufer: Was versteht man darunter?

Mehr oder weniger waagerecht wachsende Seitentriebe, deren Internodien meist stark gestreckt sind und deren Nodien sehr leicht Achselsprosse und Adventivwurzeln bilden und der natürlichen oder künstlichen vegetativen Vermehrung dienen (siehe Abb. 54 Seite 224). Man unterscheidet oberirdische und unterirdische Ausläufer. Während oberirdische Ausläufer neben schuppenartigen Niederblättern immer normale Blätter entwickeln, tragen die in der Erde wachsenden nur kleine, bleiche Niederblätter. Diese sind oft unscheinbar, sodass solche Ausläufer leicht mit Wurzeln verwechselt werden. Oberirdische Ausläufer finden sich z. B. bei Erdbeeren (*Fragaria*), bei Steinbrecharten (z. B. *Saxifraga stolonifera*), Grünlilie (*Chlorophytum comosum*) sowie verschiedenen Gräsern. Beim Schwertfarn (*Nephrolepis*) wachsen die Ausläufer zum Teil auf der Erdoberfläche, zum Teil darunter. Unterirdische Ausläufer treten z. B. bei der Kartoffel auf, deren Ausläuferenden zu knollenförmigen Speicherorganen, den Kartoffeln, anschwellen.

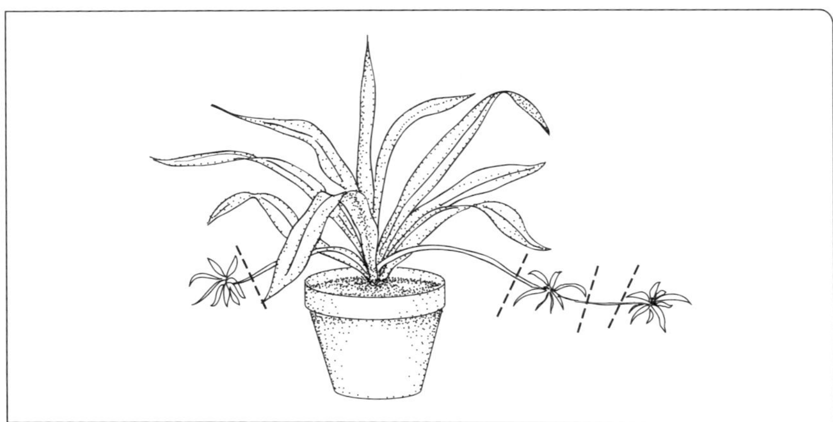

Abb. 54 Ausläufer bei *Chlorophytum comosum*.

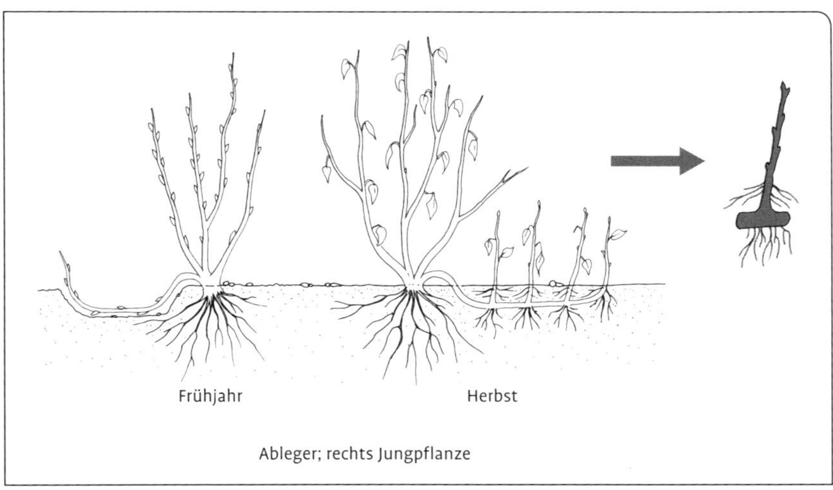

Abb. 55 Ableger.

Kindel: Was sind das?

Typ des Ausläufers bei der die Bildung der Tochtersprosse an der Substratgrenze oder darüber erfolgt. Der Begriff Kindel wird im Gartenbau für die Seitensprosse der Bromeliaceae verwendet. Sie entwickeln sich bei den Bromelien mit oder nach der Blüte und können zur Vermehrung verwendet werden. Gärtnerisch hat die Vermehrung durch Kindel keine Bedeutung, da unwirtschaftlich, allenfalls zur Erhaltung der Art oder Sorte im Rahmen der Züchtung. Im Rahmen der Kundenberatung ist diese sichere Form der Vermehrung aber von großer Bedeutung.

Ableger: Was versteht man darunter?

Vegetative Vermehrungsmethode, insbesondere für Gehölze, bei der die Wurzelbildung an der Mutterpflanze erfolgt. Vorjährige Triebe werden in ganzer Länge waagerecht (horizontal) in flache Rinnen gelegt und festgehakt, in der Regel sternförmig von der Mutterpflanze ausgehend. Jedes vorhandene Auge ergibt meistens eine neue Pflanze.

Markottieren: Was versteht man darunter?

(Syn.: Abmoosen, Luftableger). Vegetative Vermehrungsmethode, die der Vermehrung durch Absenker ähnlich ist, mit dem Unterschied, dass die Bewurzelung nicht im Boden, sondern oberhalb der Erdoberfläche (deshalb Luftableger) erfolgt (siehe Abb. 56 Seite 225. Dazu werden die Triebe an der Stelle, an der die Wurzelbildung erfolgen soll, mit Feuchtigkeit speichernden Materialien und einer Hülle aus Kunststoff- oder Aluminiumfolie umgeben. Da ursprünglich nur Sphagnum (Torfmoos) dafür verwendet wurde, bezeichnet man diese Methode auch als Abmoosen. Nach ausreichender Bewurzelung wird der Trieb

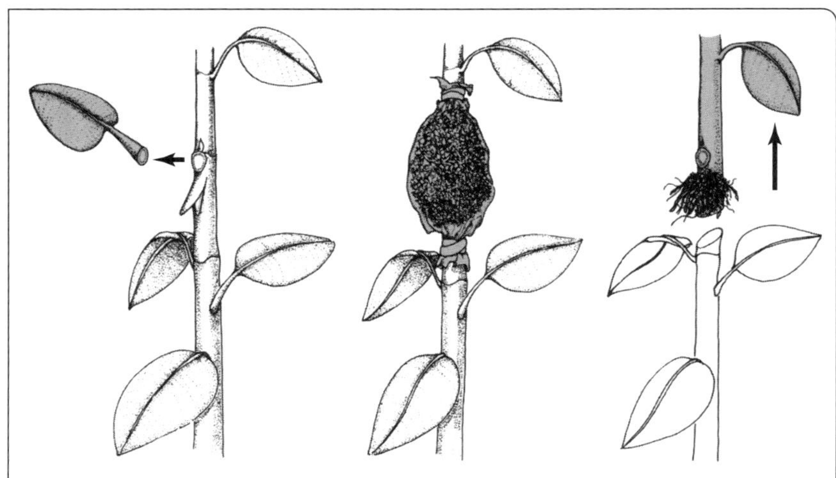

Abb. 56 Abmoosen.

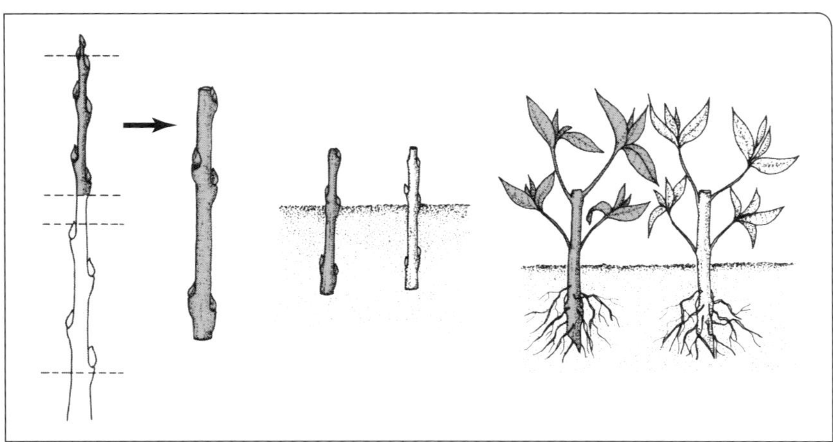

Abb. 57 Steckhölzer.

abgeschnitten und eingepflanzt. Außer bei *Yucca*, *Dracaena* und *Cordyline*, die als markottierte Stämme in hohen Stückzahlen aus den Tropen bei uns eingeführt werden, hat das Markottieren im Gartenbau keine große Bedeutung. Interessant ist das Abmoosen für den Hobbygärtner zur Verjüngung älterer, unten verkahlender Stämme verschiedener Grünpflanzen wie *Ficus*, *Monstera* und *Philodendron*. Darüber hinaus hat man mit dieser Methode bei wertvollen Pflanzen die Möglichkeit in Erfahrung zu bringen, ob eine vegetative Vermehrung überhaupt möglich ist. Findet keine Bewurzelung statt, so kann man die Umhüllung wieder entfernen, ohne dass die Pflanze größeren Schaden davonträgt.

Steckholz: Was ist das?

Unbeblättertes, verholztes Triebstück, das zur vegetativen Vermehrung benutzt wird (siehe Abb. 57). Während ein Steckling krautig oder verholzt sein kann, aber immer belaubt ist, ist ein Steckholz immer verholzt und beim Stecken unbelaubt. Ein Steckholz ist im Prinzip nichts anderes als ein Triebsteckling im laublosen, das heißt im winterlichen Ruhezustand. Der große Vorteil der Steckholzvermehrung gegenüber der Stecklingsvermehrung besteht darin, dass sie einfach auszuführen ist und man keine besonderen Vermehrungseinrichtungen benötigt. Durch Steckholz vermehrt man viele stark wachsende Gehölze und Blütensträucher. Geeignetes Steckholz erhält man von kräftig gewachsenen, nicht mastigen, meist einjährigen Trieben, die nach dem Laubabfall von November bis Januar geschnitten werden und in ihrer ganzen Länge zu Steckholz verarbeitet werden können. Das Steckholz soll mindestens zwei, besser fünf Nodien besitzen. Da die Länge der Internodien arttypisch ist, schwankt die Länge von Steckhölzern zwischen 15 und 30 cm.

Steckling: Was versteht man darunter?

Unter dem Oberbegriff Steckling fasst man von einer Pflanze abgetrennte Spross- oder Wurzelteile sowie ganze Blätter und Blattteile zusammen, die unter geeigneten Bedingungen, in je nach Pflanzenart unterschiedlicher Weise, durch Bildung von Wurzeln und Sprossteilen zu einer neuen, selbstständigen Pflanze heranwachsen. Diese Neubildungen entstehen durch Weiterentwicklung bestehender oder aus als Anlage vorhandener Wurzeln und Sprossteile oder durch deren Regeneration. Unterschieden wird dabei zwischen Spross- oder Triebstecklingen (unterteilt in Kopf- und Teilstecklinge), Blattstecklingen, Stammstecklingen, Augen- oder Knotenstecklingen und Wurzelstecklingen (Wurzelschnittlingen).

Zeitpunkt: Wovon hängt der Zeitpunkt der Stecklingsvermehrung ab?

Der Zeitpunkt der Vermehrung hängt bei den Pflanzen des Zierpflanzensortiments heute in erster Linie vom Verkaufszeitpunkt ab. Licht und Temperatur lassen sich bei Vorhandensein entsprechender Einrichtungen zu jeder Jahreszeit optimal steuern. Bei Gehölzen und Stauden ist dies allerdings anders, hier spielt neben der Jahreszeit häufig auch der Entwicklungsstand der Pflanzen eine große Rolle.

Sprossstecklingsvermehrung: Was versteht man unter einem Sprosssteckling?

Mit Spross- oder Triebsteckling bezeichnet man beblätterte Spross- bzw. Triebstücke, die unter geeigneten Bedingungen zur Bewurzelung gebracht werden (siehe Abb. 58, Seite 228). Im Allgemeinen werden krautige Triebstücke verwendet (= Grünsteckling), weil die Bewurzelung hier rascher einsetzt als bei holzigen Trieben. Stecklinge von *Rhododendron* sollten gut ausgereift, mehr oder weniger verholzt sein. Werden Spitzen wachsender Triebe mit – je nach Stecklingsgröße – einem bis mehreren beblätterten Knoten (Nodien) und einer Endknospe verwendet, spricht man von Kopfstecklingen. Teilstecklinge sind Sprossstecklinge, die aus einem bis mehreren beblätterten Nodien ohne Endknospe bestehen.

Stecklingsschnitt: Wie erfolgt im Allgemeinen das Schneiden der Stecklinge?

Je nach Pflanzenart werden krautige, leicht verholzte (halb reife) oder verholzte (reife) Stecklinge geschnitten. Im Zierpflanzenbau werden überwiegend Grünstecklinge, das heißt krautige Stecklinge verwendet. Die Mutterpflanzen

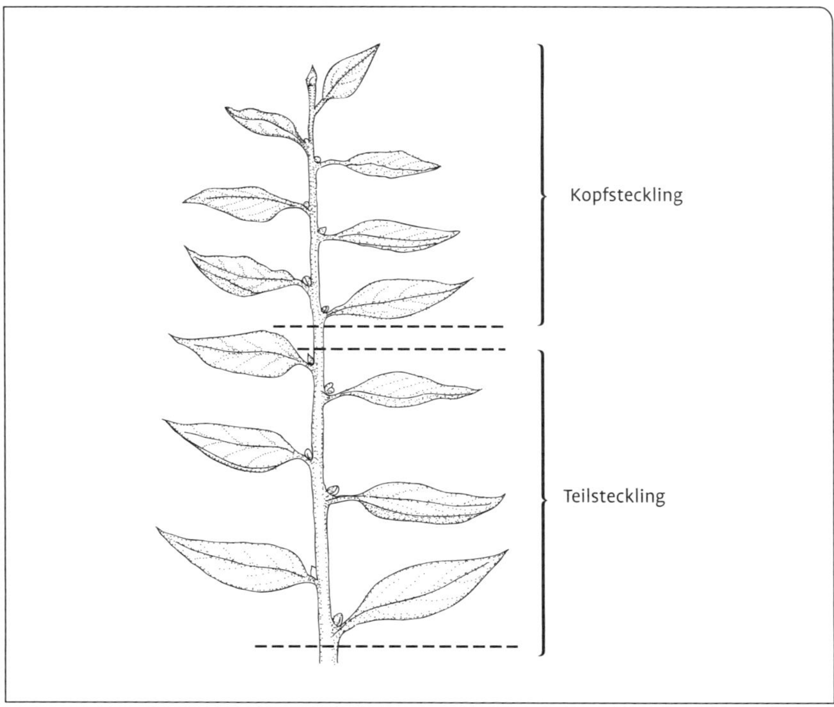

Abb. 58 Sprossstecklingsarten.

sollten gesund und wüchsig sein. Stecklinge von schlecht ernährten Pflanzen mit gelben Blättern bewurzeln nur langsam oder gar nicht, da zu wenige Reservestoffe vorhanden sind. Von kranken oder absterbenden Pflanzen nimmt man Stecklinge nur dann, wenn man die Pflanzen erhalten will und weitere Pflanzen der Art nicht zur Verfügung stehen. Grünstecklinge sollten weder zu weich noch zu hart sein. Zu weiche faulen fast immer, zu harte bilden nur langsam, manchmal gar nicht Wurzeln aus. Was nun im einzelnen Fall als zu weich oder zu hart anzusehen ist, lässt sich kaum beschreiben. Als Faustregel kann man in etwa sagen: Zu hart sind sie dann, wenn sie sich schlecht schneiden lassen; zu weich, wenn das Messer wie durch Vaseline fährt.

In der Regel nimmt man Stecklinge erst etwas länger von der Mutterpflanze ab, als man sie braucht. Die Stecklingslänge kann von Pflanzenart zu Pflanzenart sehr verschieden sein. Als Faustzahl gilt eine Stecklingslänge von fünf bis zehn Zentimetern mit vier bis fünf Blattansätzen (Knoten oder Nodien). Dem Schnitt des Stecklings wird auch heute noch (zumindest in Zusammenhang mit Prüfungen) eine große Bedeutung beigemessen. Man benutzt ein scharfes Messer oder eine scharfe Schere. Bei krautigen Stecklingen sind Rasierklingen gut geeignet. Beim Schneiden ist darauf zu achten, dass sauber geschnitten und die Schnittfläche nicht gequetscht wird. Der Schnitt selbst erfolgt etwa 3 bis 5 mm unter einem Nodium. Der Grund, weshalb der Schnitt dicht unter einem Nodium erfolgen sollte und nicht durch das Internodium, ist folgender: Die Wurzelbildung geschieht in der Regel bevorzugt, manchmal ausschließlich, an den Nodien oder dicht daneben. Dies hängt damit zusammen, dass meristematische Zellen oder Zellen, die eine größere Regenerationsfähigkeit besitzen, überwiegend oder ausschließlich im Nodienbereich vorhanden sind, und dass es in diesem Bereich (Leitbündelverzweigungen) zu einem lokalen Stau des Wuchsstoffstromes kommt, wodurch die Wurzelbildung gefördert wird.

Sind an dem Steckling Blüten oder Knospen vorhanden, so sind diese zu entfernen. Auch empfiehlt es sich, das unterste Blattpaar bzw. Einzelblatt zu entfernen, da diese Blätter später, da sie ja in die Erde gesteckt werden, faulen könnten.

Ein frisch geschnittener Steckling verfügt über keine wasseraufnehmenden Organe, da die Wurzeln erst noch gebildet werden müssen. Die Wasserverdunstung bleibt aber die gleiche wie bei einer intakten Pflanze mit Wurzeln. Deshalb empfiehlt es sich, bei großblättrigen Stecklingen die Blätter ein wenig einzukürzen. Auch lassen sie sich dann besser stecken. Die geschnittenen Stecklinge wirft man für eine Weile in ein Gefäß mit Wasser, damit sie frisch bleiben. Anschließend legt man sie in einer Kiste ab, bis man einen gewissen Vorrat hat. Danach wird gesteckt.

Hinweis! Oben wurde darauf hingewiesen, dass dem Schnitt des Stecklings mit dem Messer oder der Schere auch heute noch eine große Bedeutung beigemessen wird. Die Praxis zeigt aber, dass es auch anders geht: Ohne dass dadurch die Bewurzelung wesentlich beeinträchtigt wird, werden aus Gründen der Arbeitsvereinfachung Stecklinge in vielen Betrieben oft nur gebrochen und zwar direkt von der Mutterpflanze, ohne sie nochmals nachzuschneiden.

Stecken: Wie geht man vor?

Je nach Art der Stecklinge werden sie entweder zu vielen Stecklingen zusammen in Pikierkisten oder einzeln in Multizellenplatten (Multitopfplatten) oder auch Einzeltöpfe gesteckt. Die erstere Methode hat unter anderem den Vorteil geringeren Platzbedarfs und leichter regulierbarer Feuchtigkeit. Ihnen stehen einige Nachteile gegenüber, besonders ausschlaggebend ist die Wurzelstörung, welche bei dem Eintopfen bzw. der Entnahme aus der ungegliederten Pikierkiste unvermeidlich ist und die junge Pflanze empfindlich beeinflussen kann. Dieser Nachteil entfällt, wenn die Vermehrung in Einzeltöpfen oder Pflanzeinheiten erfolgt, wo die Pflanzen mit einsetzender Wurzelbildung ungehindert weiterwachsen können. Welche Gefäße man auch verwendet, wichtig sind die hygienischen Eigenschaften. Die Materialien sollten Pilzkrankheiten und anderen Pflanzenschädigern keinen Nährboden liefern. Deshalb Vorsicht bei gebrauchten und schon mehrmals verwendeten Gefäßen. Das Stecklingssubstrat muss feuchtigkeitshaltend, dabei gleichzeitig gut durchlüftet und keimfrei sein. Grundsätzlich ist so flach wie möglich zu stecken. Neben der Standfestigkeit (der Steckling muss gerade stehen und darf sich nicht ohne Weiteres wieder herausziehen lassen) muss eine ausreichende Sauerstoffzufuhr an der Schnittstelle gewährleistet sein, denn die beste Wurzelbildung erfolgt in der obersten luftnahen Zone.

Bei feintriebigen und krautigen Stecklingen werden die Löcher mithilfe eines Hölzchens vorgestochen. Beim Stecken von Teilstecklingen ist darauf zu achten, dass das ursprünglich untere (basale) Ende auch nach unten in das Vermehrungssubstrat kommt. Denn ein Steckling bildet Wurzeln immer basal – unabhängig von der Lage zur Erdbeschleunigung –, während an der Spitze (apikal) Seitenknospen zu neuen Sprossen austreiben.

Die Abstände von Steckling zu Steckling richten sich nach der Blattgröße der Arten. Um die Vermehrungsgefäße maximal zu nutzen, sollte in der Regel so gesteckt werden, dass sich die Blätter der Stecklinge berühren. Ist ein Gefäß voll gesteckt, wird vorsichtig angegossen, oder man lässt das Gefäß sich mit Wasser voll saugen. Um die Wurzelbildung zu fördern, werden in vielen Betrieben Bewurzelungshormone eingesetzt.

Vermehrungseinrichtungen: Welche Anforderungen sind an sie zu stellen?

Ein Steckling wird im Augenblick der Abnahme von der Mutterpflanze von der Wasserzufuhr abgeschnitten, trotzdem wird weiterhin Wasser verdunstet. Daher muss für eine Einschränkung der Verdunstung gesorgt werden, denn die Wasseraufnahme über die Schnittstelle ist sehr gering. Der Steckling muss also seinen Wasserbedarf vorwiegend über die Umgebungsluft decken. Aus diesem Grund muss die relative Luftfeuchtigkeit in der Umgebung der Stecklinge so hoch wie möglich gehalten werden. Verbraucht ein Steckling mehr Wasser als er aufnehmen kann, beginnt er zu welken. Die Spaltöffnungen, über die der Gasaustausch erfolgt, werden geschlossen. Mit dem Schließen ist eine Einschränkung der CO_2-Aufnahme verbunden. Der Steckling kann keine Fotosynthese mehr betreiben und somit keine Körpersubstanz und auch keine Wuchsstoffe produzieren, die zur Wurzelbildung benötigt werden. Vermehrungseinrichtungen für Stecklinge müssen deshalb möglichst dicht gegenüber der Außenluft abschließen, damit im Inneren eine möglichst hohe relative Luftfeuchtigkeit erreicht wird. Eine einfache Vermehrungseinrichtung ist das Abdecken der Stecklinge mit dünner PE-Folie. Sie wird sofort nach dem Angießen aufgelegt und allseitig gut verschlossen. Bei etwas empfindlicheren Arten sollte zwischen Stecklingen und der Abdeckung ein größerer Luftraum vorhanden sein. Hierzu werden Folientunnel, die über die Tischbeete gebaut werden, eingesetzt. Als optimal gilt die Stecklingsbewurzelung unter Sprühnebel.

Sprühnebelvermehrung: Was versteht man darunter?

Bei der Sprühnebelvermehrung wird mittels Düsen über den Stecklingen ein feiner Wassernebel erzeugt, der sich langsam absenkt und die Blätter der Stecklinge befeuchtet, ohne das Substrat zu vernässen. Dies wird durch eine Steuerung der Anlage, die nur sehr kurze, genau dosierte Sprühstöße zulässt, erreicht.

Bei der Stecklingsvermehrung unter Sprühnebel kann auf Schattieren und das Zurückschneiden des Blattwerks verzichtet werden. Beides ist in der Regel nötig, um eine zu hohe Verdunstung und damit ein Welken der Stecklinge zu verhindern. Große Blattflächen und voller Lichtgenuss führen zu einer sehr intensiven Fotosynthese, die wiederum die Kallus- und Wurzelbildung stark fördert. Die Stecklinge bewurzeln sich in vergleichsweise kurzer Zeit. Sprühnebelanlagen sind im Prinzip alle gleich konstruiert. Sie bestehen aus

- einem Steuer- oder Regelgerät (Tauwaage);
- einem Magnetventil, über das die Wasserzufuhr gesteuert wird;
- den Leitungen für Wasser und Strom sowie
- der Düsenrohrleitung mit Pralldüsen, die das Wasser besonders fein verteilen.

Gespannte Luft: Was versteht man darunter?

Begriff, der im Zusammenhang mit der Stecklingsvermehrung gebraucht wird. Gespannte Luft ist durch eine hohe relative Luftfeuchtigkeit bei in der Regel höheren Temperaturen (20–25 °C) gekennzeichnet. Dieses Klima benötigen Stecklinge zur Bewurzelung, weil sie wegen der fehlenden Wurzeln nicht ausreichend Wasser aufnehmen können und durch gespannte Luft die Wasserabgabe (Transpiration) weitgehend eingeschränkt wird. Geschaffen wird gespannte Luft durch entsprechende Vermehrungseinrichtungen mit verkleinertem Luftraum (z. B. unter einer Folienabdeckung) oder unter Sprühnebel.

Stecklingspflege: Wie geht man vor?

Die Stecklinge sind hell aufzustellen. Nur bei direkter Sonnenbestrahlung müssen Vermehrungseinrichtungen schattiert werden, damit es nicht zu einer übermäßigen, pflanzenschädlichen Erwärmung unter der Folie kommt. Bei der Sprühnebelvermehrung erfolgt die Bewurzelung in voller Sonne. Auf die Bewurzelung hat neben dem Licht die Temperatur, insbesondere die Bodentemperatur, einen großen Einfluss. Für eine optimale Bewurzelung sind im Allgemeinen Bodentemperaturen von 20 bis 25 °C (Faustzahl) erforderlich. Eine hohe Bodentemperatur bewirkt eine Steigerung der Atmung an der Schnittfläche des Stecklings. Dies führt zu einer vermehrten Zellteilung und somit zu einer schnelleren Wurzelbildung. Die Lufttemperatur kann dabei niedriger sein als die Bodentemperatur. Optimale Temperaturen sind bei Verwendung von entsprechenden Vermehrungseinrichtungen mit Bodenheizung erreichbar. Darüber hinaus muss alles dafür getan werden, um die Verdunstung der Stecklinge herabzusetzen. Voraussetzung dafür sind dicht schließende Vermehrungseinrichtungen. Die Stecklinge sollten regelmäßig kontrolliert werden, doch ist in der Regel ein Wässern der Stecklinge, wenn überhaupt, nur in größeren Abständen notwendig. In den relativ dicht schließenden Vermehrungseinrichtungen mit geringem Luftraum kann die Luftfeuchtigkeit nur wenig entweichen. Die Stecklinge werden somit weitgehend aus dem wieder kondensierenden Verdunstungswasser versorgt. Sind die Blätter mit einem Feuchtigkeitsfilm überzogen und keine Welkeerscheinungen zu erkennen, sind die Bedingungen für einen Bewurzelungserfolg optimal.

Mit Beginn der Wurzelbildung wird langsam mit dem Lüften begonnen. Die Wurzelbildung hat eingesetzt, wenn die Spitzen beginnen zu wachsen. Dies ist an neuen hellgrünen Blättern zu erkennen. Es wird immer stärker gelüftet, bis die Folie ganz entfernt werden kann. Zu beachten ist, dass in diesem Stadium der Wasserbedarf immer größer wird. Die zur Wurzelbildung benötigte Zeit ist von Pflanzenart zu Pflanzenart verschieden. Krautige Stecklinge bewurzeln sich oft schon nach zwei bis drei Wochen.

Knotensteckling (Augensteckling): Was versteht man darunter?

Unter einem Knoten- bzw. Augensteckling versteht man ein Sprossstück (Stammstück) mit einem Auge und Blatt von Pflanzen mit wechselständigen Blättern (z. B. *Ficus*-Arten) oder ein halbiertes Sprossstück mit einem Auge und einem Blatt (z. B. *Aphelandra* und *Hydrangea macrophylla*) von Pflanzenarten mit gegenständigen Blättern. Augenstecklinge ohne Blatt werden von in Vegetationsruhe befindlichen verholzenden Pflanzen genommen (z. B. *Vitis*-Arten).

Stammsteckling: Was versteht man darunter?

Stecklinge aus in der Regel blattgrünhaltigen, mehr oder weniger krautigen (im Gegensatz zu den Steckhölzern) Stammstücken ohne Blätter, mit jeweils mindestens einer ruhenden Knospe (Adventivauge, Adventivknospe), also einem Knotenbereich. Über Stammstecklinge können beispielsweise *Dieffenbachia*-, *Monstera*- und *Philodendron*-Arten vermehrt werden.

Wurzelsteckling (Wurzelschnittling): Was ist das?

Bezeichnung für Wurzelstücke, die zur vegetativen Vermehrung benutzt werden. Sie besitzen oder bilden Adventivaugen. Wurzelstecklinge sind vor allem in der Staudengärtnerei (z. B. *Phlox*, *Anemone hupehensis*, *Echinops*) und bei einigen Gehölzen (z. B. Obstunterlagen, *Ailanthus*, *Rhus*) von Bedeutung.

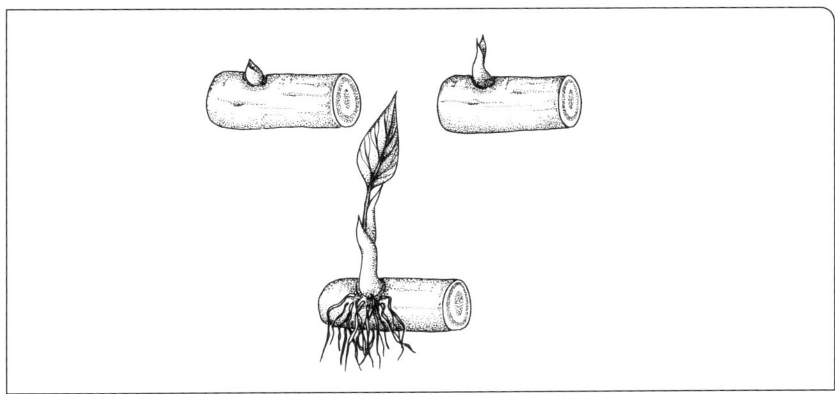

Abb. 59 Stammsteckling.

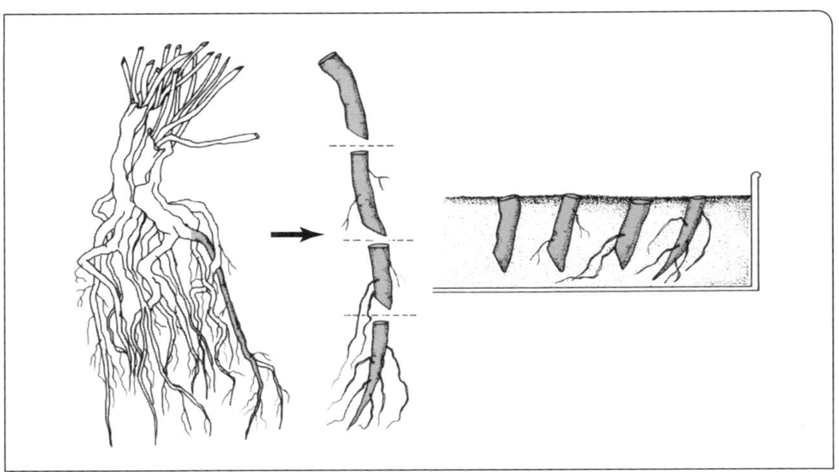

Abb. 60 Wurzelschnittlinge.

Abrisssteckling: Was versteht man darunter?

Triebsteckling (meist Kopfsteckling), der mit einem Ansatz vom alten Holz gerissen wird (siehe Abb. 61 Seite 234). Üblich zum Beispiel bei der Vermehrung von Nadelgehölzen. Zu den Abrissstecklingen gehören auch Stecklinge, die mit einem Stück der angetriebenen Knolle (z. B. *Begonia*, *Dahlia*) oder bei Stauden mit einem Stück vom Wurzelstock abgetrennt werden (z. B. *Delphinium*, *Dicentra*). Letztere bezeichnet man auch als grundständige Stecklinge.

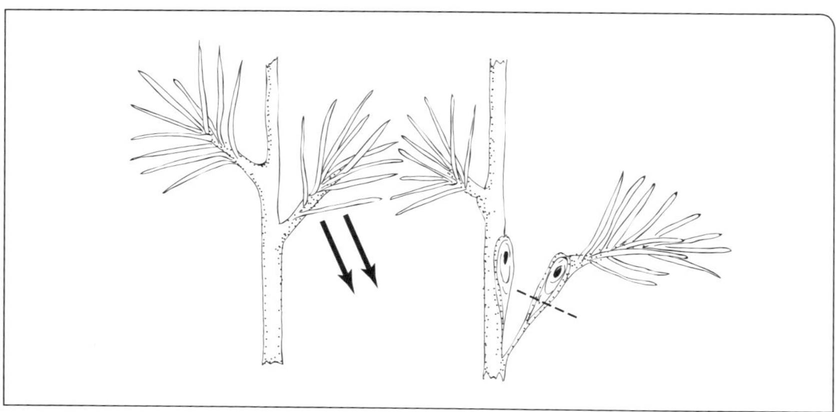

Abb. 61 Abrisssteckling bei Nadelgehölzen.

Grundständiger Steckling: Was ist das?

Mit Grundständiger- oder Basissteckling bezeichnet man in der Staudengärtnerei Stecklinge aus jungen Trieben, die im zeitigen Frühjahr der Staudenbasis entnommen werden. In der Regel wird der Steckling mit einem kleinen Ansatz vom alten Holz (Platte) entnommen. Durch die Platte hat der Steckling eine größere Kambiumfläche, was zu einer besseren Bewurzelung führt. Üblich ist diese Stecklingsart bei Stauden, die später hohle Stängel ausbilden (z. B. *Delphinium*, *Dicentra* und *Lupinus*).

Blattsteckling: Was ist das?

Ein zur vegetativen Vermehrung benutztes Blatt. Die Besonderheit im Vergleich zu den anderen Stecklingsarten ist, dass die Blattstecklinge sowohl Wurzeln als auch Sprosse regenerieren müssen, da sie keine Reserveknospen (schlafende Augen) enthalten. Es gibt zwar zahlreiche Pflanzen, bei denen abgetrennte (isolierte) Blätter leicht Wurzeln bilden, doch sind die meisten nicht in der Lage, auch Sprossknospen zu entwickeln (z. B. Pelargonien, Chrysanthemen). Als Blattstecklinge werden ganze Blätter in bestimmtem Zustand (meist fast oder gerade voll entwickelt, ohne oder mit Stiel) verwendet, z. B. von *Begonia*-Elatior-Hybriden, *Saintpaulia ionantha*, *Peperomia*-Arten und Sukkulenten aus der Gattung *Crassula*, oder Blattstücke (Blattstückstecklinge, Blattteilstecklinge). Bei *Begonia rex* (Königs-Begonie) werden Quadrate oder keilförmige Stücke (begrenzt von Blattadern) aus dem Blatt herausgeschnitten oder das ganze Blatt der Erde aufgelegt und an den Adern eingeschnitten. Von *Streptocarpus* (Drehfrucht) und *Sansevieria*-Arten (Bogenhanf) werden Blatt-

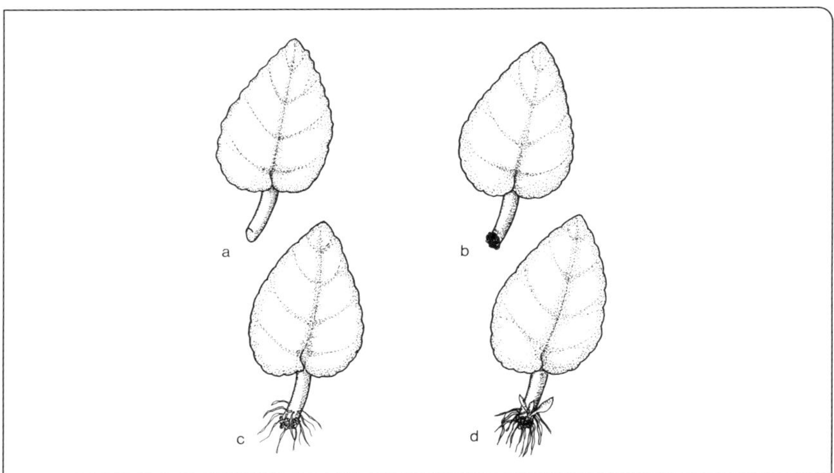

Abb. 62 Blattsteckling (Usambaraveilchen).
a = frischgeschnitten b = mit Kallus c = mit ersten Wurzeln d = mit Adventivknospe.

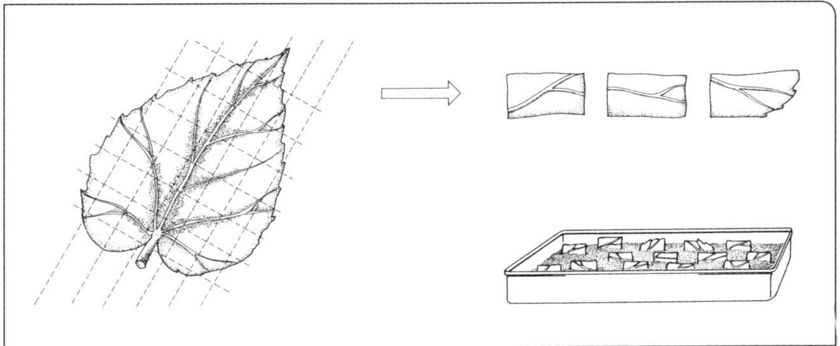

Abb. 63 Vermehrung durch Blatt-Teilstecklinge (Rex-Begonie).

querschnitte genommen, von *Streptocarpus* auch Blatthälften. Dazu werden die Mittelrippen der Blätter herausgetrennt. Blattstielstecklinge sind verdickte Blattstielenden vorjähriger oder noch älterer Blätter, z. B. von *Asplenium scolopendrium*.

Veredlung: Was versteht man darunter?

Besonderes Verfahren der vegetativen Vermehrung, bei der zwei Pflanzenteile dauerhaft verbunden werden, von denen der eine Partner das Wurzelsystem (Unterlage), der andere den Blüten bzw. Früchte produzierenden Sprossteil (Reis oder Auge) stellt. Durch die Veredlung bilden die beiden Partner eine Lebensgemeinschaft, bzw. sie verwachsen zu „einer" Pflanze. Die Veredlung gelingt nur dann, wenn gleichartige Gewebe (das Kambium und die Leitungsbahnen) beider Partner zum Verwachsen gebracht werden, d. h., zwischen Reis (oder Auge) und Unterlage dürfen keine Hohlräume sein.

Wann wird die Veredlung angewandt?

Die Veredlung ist dann notwendig, wenn Formen, die man vegetativ vermehren möchte, nicht in der Lage sind, Wurzeln zu bilden oder ein ausreichendes Wurzelsystem aufzubauen. Sie kann auch dann sinnvoll sein, wenn das eigene Wurzelsystem gegenüber Krankheitserregern oder ungünstigen Bodenverhältnissen anfällig ist (z. B. Gurken auf Kürbisunterlagen als Vorbeugung gegen *Fusarium*-Welke).

Was ist Bedingung bei der Veredlung?

Eine dauerhafte Vereinigung ist in der Regel nur dann möglich, wenn beide Partner in einem bestimmten verwandtschaftlichen Verhältnis zueinander stehen. Das ist am ehesten dann gewährleistet, wenn als Unterlage für Sorten die jeweilige Art verwendet wird. Will man z. B. einen geschlitztblättrigen Ahorn (*Acer palmatum* 'Dissectum') veredeln, dann wählt man die Art (*Acer palmatum*) als Unterlage. Oft ist es aber auch möglich, eine andere Art der Gattung als Unterlage zu verwenden. So kann man die Blaufichte (*Picea pungens* 'Koster') auch auf die Gemeine Fichte (*Picea abies*) veredeln. Aber selbst Veredlungen zwischen verschiedenen Gattungen innerhalb einer Familie sind möglich. So kann die japanische Ulme (*Zelkova*) auf eine unserer einheimischen Ulmen (*Ulmus*) veredelt werden. Die Familienzugehörigkeit ist aber nach heutigem Wissen der mindest erforderliche Verwandtschaftsgrad, bei dem eine erfolgreiche Vereinigung von zwei Partnern möglich ist. Aber oft ist, selbst bei nahen verwandten Arten, eine Veredlung nicht möglich. Kommt es nicht zum Verwachsen, so spricht man von Unverträglichkeit. Es gibt auch Fälle, wo es kurzfristig zum Verwachsen kommt und sich erst später am Kümmerwuchs oder am Abstoßen der Veredlung eine Unverträglichkeit zeigt.

Veredlungsmethoden: Welche gibt es?

Der Gärtner kennt eine große Zahl verschiedener Veredlungsmethoden, die sich in der Art der Ausführung voneinander unterscheiden. Je nach Methode müssen Reis und Unterlage bestimmte Stärken aufweisen. Entscheidend ist neben der Verträglichkeit auch der Veredlungszeitpunkt. Die wichtigsten Vered-

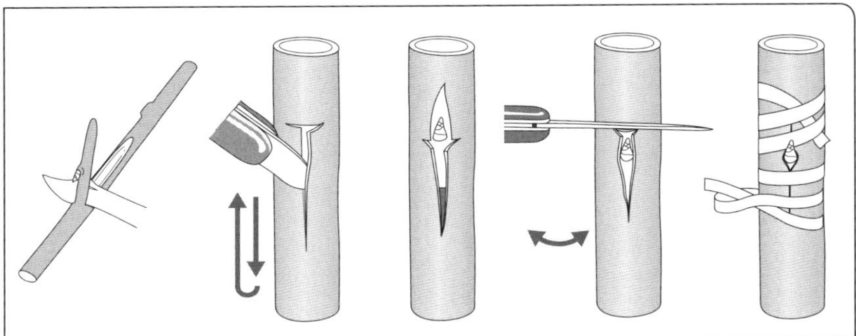

Abb. 64 Okulation.

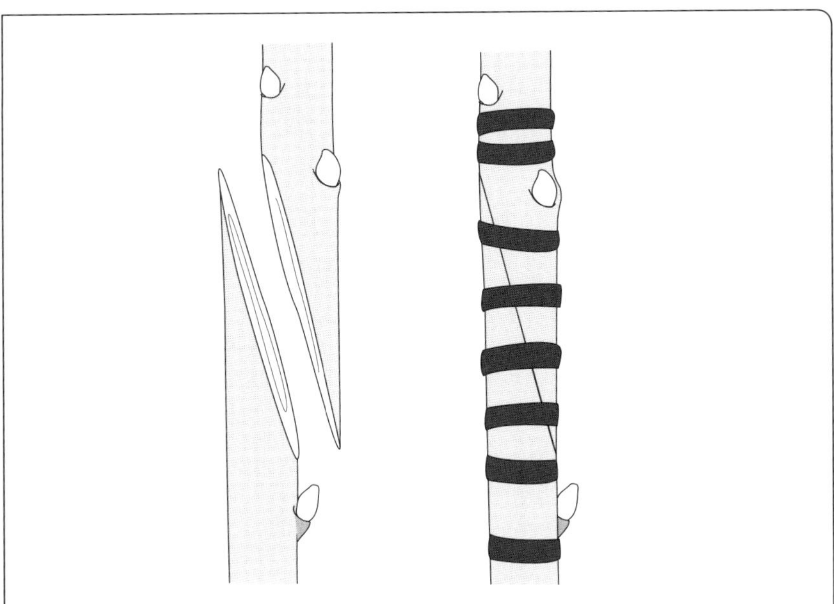

Abb. 65 Kopulation.

lungsmethoden sind: Okulation, Chip-Veredlung, Kopulation, Sattelpfropfen, Anplatten, Einspitzen, Geißfußpfropfen, Pfropfen in den Spalt, Pfropfen hinter die Rinde, Ablaktieren, Omega-Veredlung und Lamellen-Veredlung.

In-vitro-Vermehrung: Was versteht man darunter?

Vermehrungsmethode, bei der nicht ganze Pflanzenteile wie Triebteile, Wurzeln usw. der Vermehrung dienen, sondern Embryonen, Spross- und Wurzelspitzen, Meristeme und andere Gewebe, Einzelzellen und Protoplasten. Die Fähigkeit, selbst aus einer einzelnen Pflanzenzelle neue Pflanzen zu regenerieren, beruht auf der Tatsache, dass jede Zelle den vollständigen „Bauplan" für die gesamte Pflanze enthält. Die für die In-vitro-Vermehrung benutzten Bestandteile werden in der Fachsprache als Explanate oder Isolate bezeichnet. Das Material wird den Pflanzen unter sterilen Bedingungen entnommen, um sie auf einem geeigneten Nährmedium in vitro (= im Glas) zur Regeneration zu veranlassen. Die In-vitro-Vermehrung ist die modernste Art der Vermehrung; ihre Bedeutung nimmt im Gartenbau immer mehr zu. Diese Verfahren setzen entgegen den traditionellen Vermehrungsmethoden, die normalerweise in den Betrieben angewendet werden, die Einrichtung eines dafür geeigneten Labors voraus.

Gewebekultur: Was versteht man darunter?

Die Gewebekultur ist ein Verfahren der In-vitro-Vermehrung. Während bei der Isolierung von Organen (z. B. Vegetationspunkten = Sprossspitzenkultur), zumindest eines der drei Grundorgane (Wurzel, Spross, Blatt) ausdifferenziert ist, müssen bei der eigentlichen Gewebekultur alle drei Grundorgane neu gebildet werden. Für die Gewebekultur kommen alle lebenden Gewebe infrage, doch kommt es umso eher zu einer erfolgreichen Neubildung von Organen, je weniger spezialisiert das isolierte Gewebe ist. Besonders geeignet sind die Bildungsgewebe (Meristeme), die sich an den Wurzelspitzen, in den Triebspitzen, Knospen und im Spross als Kambium finden. Jedoch sind auch einige spezialisierte Gewebe, wie z. B. Epidermis und Leitgewebe, relativ leicht zur Regeneration neuer Pflanzen fähig. Die unter einem Mikroskop unter sterilen Bedingungen herausoperierten Gewebeteile werden auf einem speziellen Nährboden ausgebracht, wo sich schon bald die Zellen zu teilen beginnen und undifferenzierte Zellklumpen entstehen. Diese Zellklumpen werden in speziellen Glasgefäßen unter dauernder schüttelnder oder rotierender Bewegung gehalten, damit die Nährlösung immer gut durchlüftet ist und verhindert wird, dass schon in diesem Stadium Wurzeln und Sprosse entstehen. Durch das Schütteln wird nämlich erreicht, dass die Zellen sich ununterbrochen weiter teilen und eine Ausdifferenzierung von Organen unterbleibt. Hat man auf diese Art genügend Zellhaufen (Protocorme) erzeugt, werden sie auf ein anderes Nährmedium umgelegt, auf dem sich dann Wurzeln, Spross und Blätter ausbilden. Durch

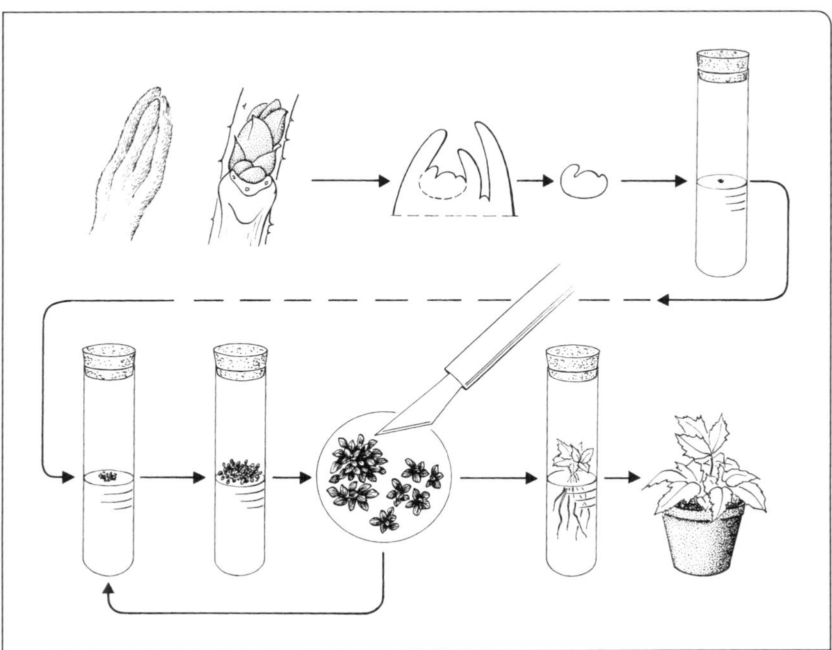

Abb. 66 Prinzip der Gewebekultur.

fortlaufende Teilung der sich bildenden Protocorme können aus einer einzelnen Zelle eine unbegrenzte Zahl neuer Pflanzen erzielt werden, die alle Eigenschaften der Mutterpflanze aufweisen und sich wie ein Ei dem anderen gleichen. Die Gewebekultur kann dem hohen Aufwand entsprechend nur zur Reproduktion hervorragender Züchtungen dienen. Mit ihr können keine Verbesserungen und Fortentwicklungen erreicht werden, dazu bedarf es nach wie vor der Pflanzenzüchtung und damit der generativen Vermehrung.

Sprossspitzenkultur: Was versteht man darunter?

Form der In-vitro-Vermehrung, bei der Sprossspitzen (Vegetationskegel) oder in Ruhe befindliche Knospen (Augen) als Vermehrungsmaterial dienen. Das Verfahren ermöglicht die Anzucht von Pflanzen, die frei von Virosen und Bakteriosen sind. Der Entnahme der Vegetationskegel geht in der Regel eine Wärmebehandlung voraus. Dabei werden die ausgesuchten Mutterpflanzen Temperaturen von etwa 40 °C ausgesetzt. Diese hohen Temperaturen hemmen die Lebenstätigkeit von Viren und Bakterien und verzögern ihre Verbreitung in der Pflanze. Die während dieser Wärmebehandlung gewachsenen Vegetationskegel sind dadurch keimfrei. Sie werden mit feinen Instrumenten (z. B. Skalpell) abgeschnitten, auf künstlichen Nährboden gebracht und ins Labor gestellt. Nach sechs bis acht Wochen entwickelt sich aus der Sprossspitze eine Jungpflanze, die bei entsprechender Größe auf normalem Substrat (Erde) weiterkultiviert wird. Diese Pflanzen bilden das Ausgangsmaterial für Mutterpflanzen, von denen in Spezialbetrieben Stecklinge geschnitten werden, aus denen in Gärtnereien verkaufsfähige Pflanzen herangezogen werden.

In der gärtnerischen Umgangssprache wird für die Sprossspitzenkultur synonym häufig die Bezeichnung Meristemkultur verwendet. Dies ist aber falsch. Ein Meristem ist ein Bildungsgewebe ohne jegliche Differenzierung, das man als Kambium in den Wurzel- und Triebspitzen, in Knospen und im Spross findet. Die Sprossspitze dagegen ist schon mehr oder weniger ausdifferenziert und stellt eine Art Ministeckling dar.

Kulturmaßnahmen

Arbeiten an und mit der Pflanze: Welche Arbeiten zählen dazu?

Mit Arbeiten an und mit der Pflanze werden im gärtnerischen Sprachgebrauch, so auch in der Verordnung über die Berufsausbildung zum Gärtner/zur Gärtnerin, allgemeine und spezielle Kulturmaßnahmen (Kultureingriffe) beschrieben. Zu diesen Arbeiten gehören das Pikieren, das Ein- und Umtopfen, das Auspflanzen, Stäben, Aufbinden, Formieren, Schneiden, Aus- und Durchputzen und andere Maßnahmen. Im erweiterten Sinne zählen hierzu auch die Düngung, die Bewässerung und die Durchführung von Pflanzenschutz- und Bodenbearbeitungsmaßnahmen sowie die Ernte und Aufbereitung von Schnittblumen und Topfpflanzen.

Eintopfen: Was bezeichnet man damit?

Bezeichnung für das erstmalige Einsetzen einer Pflanze in einen Topf (Container). Indem man Pflanzen topft werden sie gezwungen, einen für sich geschlossenen, festen Wurzelballen zu bilden.

Umtopfen: Was bezeichnet man damit?

Bezeichnet das Umsetzen einer im Topf (Container) kultivierten Pflanze in einen dem zu erwartenden Wachstumsfortschritt entsprechenden größeren Topf. Es hat zum Zweck, den Pflanzen einen ihrer Größe entsprechenden größeren Wurzelraum und frische, nährstoffreiche Erde zu geben. Der Zeitpunkt für das Umtopfen und die Größe des neuen Topfs sind durch die Pflanze selbst und die Kulturführung bestimmt.

Rücken: Was versteht man darunter?

Kulturmaßnahme, um bei der Topfpflanzenkultur dem wachstumsbedingt steigenden Platzbedarf der Pflanzen nachzukommen. Der Zeitpunkt für das Rücken und die Abstände von Topf zu Topf sind durch die Pflanze selbst und die Kulturführung bestimmt. Topfpflanzen werden in den meisten Fällen nicht sofort auf Endabstand gestellt. Ein späteres Rücken ist daher notwendig. Die Flächen werden so intensiver genutzt. Die Töpfe können entweder im Dreiecks- oder Vierecksverband stehen. Während der Dreiecksverband die Fläche besser nutzt, ist der Vierecksverband übersichtlicher. Bei Ersterem können die Töpfe so gestellt werden, dass Querreihen entstehen, was etwas einfacher ist, oder Längsreihen, was mehr Erfahrung voraussetzt.

Stutzen: Was versteht man darunter?

Kulturmaßnahme, bei der, im Gegensatz zum Rückschnitt, der stark ins ältere und alte Holz geht, nur junge, im Wachstum befindliche Triebe bzw. Triebspitzen einer Pflanze mit dem Messer geschnitten, mit den Fingernägeln abgekniffen oder einfach abgebrochen werden.

Warum Stutzen wir Pflanzen?

Pflanzen werden in der Regel gestutzt, um eine stärkere Verzweigung zu erzwingen, damit sie in gewünschter kompakt-buschiger Form wachsen. Bei Blütenpflanzen verlängert Stutzen die Kulturzeit, weil die Blütenbildung an den Seitentrieben naturgemäß später erfolgt als am Haupttrieb. Dafür blüht die Pflanze üppiger. Beim Stutzen gewonnene Triebspitzen können meist als Sprossstecklinge verwendet werden. Das Entfernen der äußersten (krautigen) Triebspitze bezeichnet man als Pinzieren oder weiches Stutzen.

Ausgeizen: Was versteht man darunter?

Ausgeizen, man spricht auch vom Ausbrechen, Entknospen oder Entgeizen, ist eine Kulturmaßnahme, bei der dem Kulturziel entgegenwirkende, unbrauchbare Seitentriebe entfernt werden. Will man im Zierpflanzenbau beispielsweise großblumige Chrysanthemen mit einer Blüte am Ende des Sprosses heranziehen, müssen alle Seitenknospen am Haupttrieb entfernt werden. Auch bei einblütigen Edelnelken ist so zu verfahren. Das Entfernen noch krautiger Seitentriebe bei der Anzucht von Hochstämmen bezeichnet man ebenfalls als Ausgeizen. Im Gemüsebau geht es um das Entfernen der Triebe, die den Ertrag beeinträchtigen (z. B. bei Tomaten).

Formieren: Was versteht man darunter?

Kulturmaßnahme zur künstlichen Erziehung von vom natürlichen Wuchs abweichenden Pflanzenformen oder zur Formverbesserung. Techniken des Formierens sind das Beschneiden, Anbinden und Biegen von Zweigen in eine bestimmte Richtung.

Auslichten: Was versteht man darunter?

Kulturmaßnahme, um ältere Gehölze beständig wuchs- und blühfreudig zu erhalten. Bei Sträuchern werden dazu im Laufe der Jahre jeweils einige der ältesten, im Wuchs nachlassenden Zweige bis zum Boden herausgeschnitten, um die Bildung junger, wuchsfreudiger Bodentriebe anzuregen und diesen Raum für eine kräftige, normale Entwicklung zu schaffen. Durch das Auslichten soll die natürliche Gestalt eines Strauchs nicht verloren gehen. Bei Bäumen ist durch das Auslichten die Krone so weit aufzulockern, dass alle Teile genügend Raum und Licht bekommen. Von zu dicht stehenden, sich behindernden Ästen wird jeweils der weniger wichtige Ast entfernt. Beginnende Zwieselbildung (Teilung des Stamms in zwei gleich starke Äste) ist möglichst frühzeitig durch

Entfernung eines Astes zu verhindern. Durch das Auslichten darf die natürliche, charakteristische Kronenform nicht beeinträchtigt werden.

Auch im Zierpflanzenbau wird von Zeit zu Zeit ausgelichtet, so z. B. bei mehrjährigen Schnittblumen wie *Anthurium*-Andreanum-Hybriden und *Gerbera*. Dabei werden ältere Blätter entfernt. Die Luftzirkulation im Bestand wird verbessert und die Fäulnisgefahr somit verringert.

Durchputzen: Was versteht man darunter?

Kulturmaßnahme, die dem Zweck dient, abgestorbene und ggf. faule Pflanzenteile aus einem Pflanzenbestand zu entfernen.

Stäben: Was versteht man darunter?

Kulturmaßnahme bei Pflanzenarten, die aufrecht gezogen werden sollen, deren Sprossen von Natur aus aber die erwünschte Standfestigkeit nicht haben (z. B. Kletterpflanzen) oder auch beim Heranziehen besonderer Kulturformen (z. B. Hochstämme). Als Halterungen für kleine Höhen werden Tonkinsplittstäbe, die in Längen von 25–70 cm im Handel sind, für größere bzw. höhere Pflanzen, ganze Tonkin- bzw. Bambusstäbe verwendet. Darüber hinaus finden eine Vielzahl von Stäben aus den unterschiedlichsten Materialien (u. a. Kunststoff, Aluminium, kunststoffummantelte Eisenstäbe, Holz) Verwendung. Verschiedene Grünpflanzenarten, die natürlicherweise klettern oder ranken, z. B. *Philodendron*-Arten, *Ficus pumila* und *Hedera helix*, zieht man an Moos- oder Korkstäben hoch. Das sind Holzstäbe, die mit Moos umwickelt oder mit Leim bestrichen und dann in Korkflocken getaucht werden. Andere Pflanzen wiederum, wie *Stephanotis floribunda* und *Passiflora*-Arten, werden häufig kreisförmig um einen Drahtbügel gelegt.

Aufleiten: Was versteht man darunter?

Kulturmaßnahme, bei der die Triebe von natürlicherweise kletternden oder kriechenden Pflanzenarten an Stäben, Schnüren hochgebunden werden, um sie besser pflegen und beernten zu können. Darüber hinaus geht es darum, die zur Verfügung stehenden Flächen besser zu nutzen. Das Aufleiten ist im Gemüsebau von Bedeutung, u. a. bei Tomaten, Stangenbohnen und Salatgurken, teilweise auch bei Auberginen und Paprika.

Legen bzw. Stecken: Was Legen bzw. Stecken wir?

Mit Stecken oder Legen wird in der gärtnerischen Umgangssprache das (Aus-) Pflanzen von Zwiebeln und Knollen bezeichnet.

Präparieren: Was versteht man darunter?

Maßnahmen bei der Blumenzwiebelkultur, um die Entwicklung der sich in einer Ruheperiode entwickelnden Blütenknospen zu beschleunigen. In der Regel werden hierzu die Blumenzwiebeln (z. B. Freesien, Tulpen, Hyazinthen, Narzissen) im Lager bestimmten wechselnden Temperaturbereichen ausgesetzt.

Verfrühen: Was versteht man darunter?

Das durch die Schaffung günstiger Wachstumsbedingungen (in der Regel erhöhte Temperatur) veranlasste vorzeitige Austreiben vorgebildeter Organe von Pflanzen, die sich in einer Zwangsruhe befinden. Eine schon lange bekannte Methode ist die Wärmebehandlung, bei der die ganzen Pflanzen (Maiglöckchen, Schnittlauch) oder nur die Sprosse (Flieder) eine bestimmte Zeit Dampf, warmem Wasser oder Warmluft ausgesetzt werden. So wird z. B. Flieder für etwa 12 Stunden in Wasser von 28–35 °C getaucht, bei Schnittlauch sind Anfangstemperaturen von 40 °C günstig. Auch abgeschnittene Zweige von Forsythien, *Prunus*-Arten und anderen Gehölzen reagieren sehr leicht auf eine solche Wärmebehandlung. In der gärtnerischen Umgangssprache wird das Verfrühen häufig gleichgesetzt mit Treiben, womit aber ein vorzeitiges Austreiben infolge bestimmter Veränderungen der Bedingungen während der Vegetationsruhe gemeint ist.

Treiben: Was versteht man darunter?

Unter Treiben werden im Gartenbau Verfahren verstanden, die darauf ausgerichtet sind, Ruhephasen, denen eine Vielzahl von gärtnerisch wichtigen Pflanzenarten unterliegen, zu brechen bzw. zu verkürzen, um eine Vorverlegung des Austriebs insbesondere der Blütenbildung zu erlangen. Bekanntestes Beispiel ist die sog. Blumenzwiebeltreiberei. Der Treibvorgang besteht in der Endphase zwar auch hier (wie beim Verfrühen) in der Schaffung günstiger Wachstumsbedingungen, entscheidend ist jedoch die davorliegende Lagerung. In dieser Phase der scheinbaren Ruhe bilden bzw. entwickeln sich die Blütenknospen. Die dabei ablaufenden Prozesse werden durch bestimmte wechselnde Temperaturbereiche beschleunigt. Die Temperaturfolge, um eine möglichst rasche Entwicklung zu erreichen, wird als Präparieren bezeichnet.

Einsenken: Wozu dient es?

Mit Einsenken oder Einfüttern bezeichnet man eine Kulturmaßnahme, bei der die Kulturtöpfe in den Boden eingesenkt werden. Eine Maßnahme, die heute nur noch bei wenigen Kulturen von Bedeutung ist (u. a. bei Eriken, Azaleen, Hortensien). Das Einsenken dient der Verbesserung der Standfestigkeit der Pflanzen, einer gleichmäßigeren Wasserversorgung, bei Verwendung von Tontöpfen auch der Einsparung von Wasser (die Verdunstungsfläche des Topfs wird reduziert) und damit bei Bewässerung von Hand auch Arbeitszeit. Da das Einsenken sehr arbeitsaufwendig ist, wird heute aus arbeitswirtschaftlichen, aber auch hygienischen Gründen, weitgehend darauf verzichtet.

Abhärten: Was versteht man darunter?

Durch Abhärten sollen Pflanzen (z. B. Beet- und Balkonpflanzen) an den Pflanzschock und die härteren Wachstumsbedingungen im Freiland angepasst werden. Abgehärtet wird durch ein langsames Absenken der Temperatur bis an die Freilandwerte und ein verstärktes Lüften.

Beeinflussung des Streckungswachstums: Welche Maßnahmen kommen infrage?

Wesentliche Maßnahmen zur Beeinflussung des Streckungswachstums sind Gewächshausklima, Wasser- und Nährstoffangebot, Berührung (Thigmophogenese) und Bioregulatoren (Hemmstoffe, Wachstumsregulatoren). Von großer Bedeutung im Zierpflanzenbau ist der Einsatz von Hemmstoffen. Damit werden Stoffe bezeichnet, die auf den Sprossstreckungsvorgang (die Zellstreckung) wirken und das Längenwachstum hemmen (im Sinne von: verzögern). Man spricht deshalb auch von Stauchemitteln. Die Internodien bleiben kürzer, die Blattzahl wird im Allgemeinen nicht beeinflusst. Je nach Wirkstoff und Konzentration kommt es auch zu einer Beeinflussung der Zellteilungsprozesse.

In manchen Fällen, z. B. bei Sämlingspelargonien, werden eine Verfrühung der Blüte und somit eine Kulturzeitverkürzung beobachtet. Häufig kann nach einer Hemmstoffbehandlung eine intensivere Blattfärbung festgestellt werden. Aus ökonomischer Sicht ist die durch den Einsatz von Wuchshemmstoffen erhöhte Flächenproduktivität – von den insgesamt kleineren Pflanzen kann eine höhere Stückzahl pro m^2 kultiviert werden – von Bedeutung.

Hemmstoffe: Geht eine Wuchshemmung auch ohne Hemmstoffe?

Diese Frage bewegt den Zierpflanzengärtner schon lange. Nicht zuletzt, weil die Zulassung von Hemmstoffen aus umweltpolitischer Sicht in den letzten Jahren vom Gesetzgeber her sehr restriktiv gehandhabt wird. In Zukunft ist ein vollständiges Verbot von Hemmstoffen nicht ausgeschlossen. Unabhängig davon sollte das steigende Umweltbewusstsein der Bevölkerung den Gärtnern nicht unbeeindruckt lassen. Darüber hinaus können Hemmstoffe auch zu Schäden führen. Auch ohne Hemmstoffe lassen sich kompakte Pflanzen erzielen.

Sortenwahl: Je nach Produktionsziel niedrige/kompakte, mittel oder stark wachsende Sorten wählen.

Wasser: Durch Minimierung der Wassergaben kann das Streckungswachstum reduziert werden. Doch dürfen die Pflanzen nicht zu stark austrocknen, denn dies führt zu gelben Blättern.

Temperatur: Negativ-Diff oder Drop (Cool Morning) durchführen.

Entblättern: Eine wenig übliche, aber wirkungsvolle Methode ist das Entblättern. Die u. a. bei Pelargonien angewandt wird. Es ist eine Maßnahme, die allerdings nur bei frühen Vermehrungen sinnvoll ist. Hierzu werden große Blätter aus dem unteren Bereich und der Pflanzenmitte entfernt. Dadurch mehr Licht im Pflanzenbestand, was reduziertes Streckungs- und Längenwachstum mit stärkerem Austrieb von Seitentrieben zur Folge hat.

Thigmomorphogenese: Was versteht man darunter?

Bezeichnet die Wuchsregulierung (Höhenregulierung) von Pflanzen mithilfe mechanischer Reize. Dabei werden die Pflanzen durch Berührungsreize (z. B. mit Lappen oder weichen Besen) in ihrem Wuchs begrenzt. Die Thigmomorphogenese dient als Alternative zu chemischen Hemmstoffen.

Kulturpraxis – Zierpflanzen und ihre Kultur

In diesem Kapitel werden Fragen zur Kulturpraxis von zehn ausgewählten, wichtigen Zierpflanzen gestellt. Mehr Fragen zur Kulturpraxis von Zierpflanzen finden sie auf der Internetseite www.azubikolleg.de

Topfpflanzen
Cyclamen persicum, Alpenveilchen

Botanik: Durch welche Merkmale ist Cyclamen persicum gekennzeichnet?
Die Gattung *Cyclamen* umfasst etwa 20 Arten, wobei das Topf-Alpenveilchen, *Cyclamen persicum*, die bekannteste und wirtschaftlich bei weitem bedeutendste Art darstellt. Neben *C. persicum* sind in den Staudengärtnereien als Freilandstauden das heimische *C. purpurascens*, *C. coum* und *C. hederifolium* zu finden.

Cyclamen persicum ist ein ausdauerndes Kraut (eine Staude) mit einer kugeligen bis scheibenförmigen Hypokotylknolle sowie gestielten, herz- oder nierenförmigen Blättern. Sie erscheinen leicht sukkulent und sind in zerstreuter Stellung angeordnet. Der Rand der Blätter ist unregelmäßig knorpelig gekerbt. Die Blattoberseite ist dunkelgrün, mehr oder weniger silbrig geadert oder gefleckt; die Unterseite ist grün oder rötlich. Die nickenden Blüten sitzen auf langen kräftigen Stielen. Die fünf Blütenblätter sind am Grunde zu einer halbkugeligen Blumenkronröhre verwachsen. Ihre Kronblattzipfel biegen sich senkrecht aufwärts, sie sind eiförmig bis länglich lanzettlich, am Ende zugespitzt oder abgerundet und leicht nach links gedreht oder flach. Häufig wird ein Zipfel durch den Stiel verhindert, sich nach oben zu biegen. Das natürliche Verbreitungsgebiet von *C. persicum* reicht von der westlichen Türkei über Syrien, Israel bis Zypern.

Verwendung: In welchen Bereichen werden Alpenveilchen verwendet?
Die Alpenveilchen erfreuen sich als Topfpflanzen seit über 100 Jahren außerordentlich großer Beliebtheit nicht nur bei uns, sondern in vielen Ländern Europas. Das leuchtende Farbspiel, die lange Haltbarkeit der Blüten, die ansprechenden Pflanzen- und Blütenformen und nicht zuletzt die vielfältigen Verwendungsmöglichkeiten sind Anlass für eine große Nachfrage, besonders in den Herbstmonaten. Jährlich werden etwa 25 Millionen *Cyclamen* als Topfpflanzen in Deutschland verkauft. War das *C. persicum* früher eine reine Zimmerpflanze, schmücken heute Alpenveilchen nicht nur Innenräume, sie blühen

ganz besonders farbintensiv in der frostfreien Zeit auch auf Balkon und Terrasse, im Hof und Eingangsbereich, unter Vordächern und sogar im Beet. Auch bei der Bepflanzung von Gräbern spielen Alpenveilchen eine immer größer werdende Rolle.

Sortiment: Wie ist das **Cyclamen**-Sortiment gegliedert?

Die unzähligen *Cyclamen*-Sorten lassen sich nach verschiedenen Gesichtspunkten unterteilen, so nach der Blütenfarbe, der Größe der Blüten, duftend oder nicht duftend oder auch nach der Blattzeichnung. Schaut man sich die Samenkataloge der Züchter, Versuchsberichte und sonstige Veröffentlichungen in Zeitschriften an, wird das *Cyclamen*-Sortiment meist in Gruppen unterteilt, das Bezug auf die Verkaufsgröße (Durchmesser und Höhe bzw. die Pflanztopfgröße) nimmt. In der Mehrzahl werden dabei drei Gruppen unterschieden:

- Maxi-*Cyclamen* (man findet auch die Bezeichnung Normal- oder Standard-*Cyclamen*) sind die „klassischen“ *Cyclamen*. Sie stehen im (11- bis) 12-cm-Topf und haben einen Pflanzendurchmesser von 25 bis 30 cm.
- Midi-*Cyclamen* stehen in 10- bis 11-cm-Töpfen und haben einen Pflanzendurchmesser von 15 bis 21 cm.
- Mini-*Cyclamen* stehen in (6-) 8- bis 10-cm-Töpfen und haben einen Pflanzendurchmesser unter 15 cm.

Darüber hinaus findet man in den Katalogen auch noch die Unterteilung in Samenfeste-*Cyclamen* und F1-*Cyclamen* und nach der Blütenform in glattrandige, gefranste und Rokoko-Sorten.

Anbauzeiten: Zu welchen Zeiten werden **Cyclamen** kultiviert und verkauft?

Cyclamen sind tagneutrale Pflanzen. Die Entwicklung ist vom Lichtangebot bzw. der Lichtmenge und der Temperatur abhängig. Die Aussaat und damit die Kultur kann deshalb ganzjährig vorgenommen werden, ohne dass für das Wachstum oder die Blütenbildung besondere Maßnahmen wie Belichtung und/oder Verdunkelung ergriffen werden müssen. Der Schwerpunkt der Aussaat liegt in den Betrieben zwischen Dezember und März für den Absatz der blühenden Pflanzen zwischen August und Dezember.

Kulturdauer: Wie lange dauert die Kultur der Alpenveilchen?

Die Kulturdauer der *Cyclamen* ist in erster Linie vom Licht- und Temperaturangebot abhängig. Aussaaten in den Monaten Februar und März führen in der Regel zu kürzesten, die im Juli zur längsten Kulturzeit. Während man früher mit Kulturzeiten von 10 bis 12 Monaten und mehr rechnete, liegen die Zeiten heute bei der Normalkultur (Pflanzen im 11- bis 12-cm-Endtopf) mit Aussaat im Februar/März bei sieben bis acht Monaten.

Vermehrung: Wie werden **Cyclamen** vermehrt?

Cyclamen werden ausschließlich über Saatgut vermehrt werden. Eine vegetative Vermehrung durch Knollenteilung ist möglich, hat aber überhaupt keine wirtschaftliche Bedeutung. Die Vermehrung von *Cyclamen* über Gewebekultur steckt noch in den Kinderschuhen, könnte in Zukunft aber an Bedeutung gewinnen.

Lichtansprüche: Welche hat das **Cyclamen**?

Cyclamen gehören zu den tagneutralen Pflanzen. Als optimal für das Wachstum gelten 15 000 bis 20 000 Lux. Bei einem Lichtangebot von über 25 000 Lux erfolgt die Anlage der Blütenknospen am schnellsten. Je höher die Lichtintensitäten sind, umso mehr und kleinere Blätter werden gebildet. Bei Lichtintensitäten unter 10 000 ist das Wachstum verlangsamt, bis schließlich Wachstumsstillstand eintritt. Schattiert werden *Cyclamen* heute meistens erst, wenn gewöhnlich 40 000 bis 60 000 Lux überschritten werden. Vereinzelt wird sogar gänzlich ohne Schatten kultiviert. Wobei dies nur geht, wenn die Gewächshäuser eine besonders effektive Lüftung haben.

Temperaturansprüche: Bei welchen Temperaturen wachsen **Cyclamen** am besten?

Die Keimung erfolgt in einem Bereich zwischen 18 und 20 °C am besten. Für das vegetative Wachstum sind Temperaturen zwischen 18 und 22 °C optimal. Im Sommer muss alles getan werden, dass die Temperaturen in den Kulturen 25 °C möglichst nicht übersteigen. Um nach Abschluss des vegetativen Wachstums die Streckung der Blütenstiele zu beschleunigen sind Temperaturen um 15 °C optimal.

Substrate: Welche werden eingesetzt?

Alpenveilchen lieben ein Substrat mit großem Porenvolumen und guter Wasserführung. In den Betrieben werden meist Einheitserden oder Torfkultursubstrate, oder speziell von der Erdeindustrie für *Cyclamen* hergestellte Substrate verwendet. Der pH-Wert soll bei torfreichen Erden zwischen 5,5 und 6,0, bei ton- oder kompostreichen Erden bei 5,8 bis 6,4 liegen. Während das Pikiersubstrat etwa 1 kg/m³ eines Mehrnährstoffdüngers enthalten soll, kann es beim Endtopfsubstrat bis 1,5 kg/m³ sein. Der Gesamtsalzgehalt sollte 2 g/Liter Substrat nicht überschreiten. Zu hohe Nährstoffgehalte im Substrat behindern das Einwurzeln der Jungpflanzen, verzögern die Blüte und erhöhen das Befallsrisiko für Krankheiten.

Bewässerung: Was ist zu beachten?

Optimal ist für *Cyclamen* ein regelmäßiges Wasserangebot mit geringen Wassermengen. Staunässe muss unbedingt vermieden werden. Bereits ein bis zwei Tage Staunässe führen zu Wurzelverbräunungen. Eine trockene Kulturweise führt zu kompakteren Pflanzen mit besserer Haltbarkeit. Allerdings muss auch Ballentrockenheit unbedingt vermieden werden. Ballentrockenheit führt zu Blattvergilbungen, die Pflanzen sind wertlos für den Verkauf. Die verbreitetsten Bewässerungsmethoden bei *Cyclamen* ist die Rinnenkultur oder die Bewässerung über Bewässerungsmatten.

Hinsichtlich der Luftfeuchte sind 60 bis 70 % günstig. Trockene Luft ist besonders kritisch im Jungpflanzenstadium. Eine zu hohe Luftfeuchte ist allerdings auch nicht gut. Hohe Luftfeuchte fördert das Risiko einer Taupunktüberschreitung (Feuchtigkeit legt sich über die Pflanzenbestände) und damit die Gefahr, dass *Botrytis* auftritt.

Nährstoffansprüche: Welche haben Cyclamen?

Cyclamen gehören zu den Pflanzen mit mittlerem Nährstoffbedarf. Große Pflanzen benötigen während der Kulturzeit 600 bis 800 mg Stickstoff, mittelgroße Pflanzen 400 und Miniatur-*Cyclamen* etwa 100 bis 240 mg. Der Kalibedarf liegt ungefähr in der Höhe des Stickstoffbedarfs, von Phosphor wird lediglich ein Fünftel gebraucht. Der Stickstoffgehalt beeinflusst Qualität und Blütezeit deutlich. Sowohl zu geringe Stickstoffgehalte als auch zu hohe verzögern die Blüte. Sobald die mit der Grunddüngung des Substrates beigegeben Nährstoffe aufgebraucht sind, muss nachgedüngt werden. In den meisten Betrieben ist die flüssige Nachdüngung über ein Düngereinspeisegerät die Regel. Sie erfolgt dabei meist aufgrund von Erfahrungswerten. In größeren Produktionsbetrieben wird die Nachdünung durch Nährstoffanalysen überprüft bzw. bestätigt.

Aussaat: Wie wird vorgegangen?

Für 1 000 Verkaufspflanzen werden etwa 1 500 Samenkörner benötigt. Bei F1-Hybriden geht man von einem Bedarf von 1 250 Korn für 1 000 Pflanzen aus. Ausgesät wird meist in Pikier- bzw. Handkisten in Breitsaat oder Einzelkornaussaat. Breitsaat ist weniger arbeitsaufwendig, erfordert aber in der Regel ein früheres Pikieren. Egal, welches Verfahren man verwendet, die Samen sind etwa 0,5 cm hoch mit Erde abzudecken.

Cyclamen sind lichtgehemmte Keimer (Dunkelkeimer), die nachdem die Saaten kräftig angegossen wurden, bis zur Keimung dunkel aufzustellen sind. Meist stapelt man dazu die Kisten übereinander und deckt sie mit schwarzer Folie ab. In auf *Cyclamen* besonders spezialisierten Produktions- oder Jungpflanzenbetrieben kommen die Kisten in spezielle Keimräume, wo die Keimbedingungen optimal gesteuert werden können. Ganz entscheidend für das Keimergebnis ist die Temperatur. Optimal sind Temperaturen von 18–20 °C. Weichen die Temperaturen auch nur geringfügig nach oben oder unten ab, erfolgt die Keimung stark verzögert oder eine Keimung findet überhaupt nicht statt. Dies gilt insbesondere wenn die Temperatur 25 °C übersteigt. Auch der pH-Wert des Aussaatsubstrats ist von Bedeutung: Er sollte zwischen 6 und 7 liegen, weil unterhalb von pH 6 die Keimung deutlich zurückgeht. Dass stets auf gleichmäßige Feuchtigkeit geachtet werden muss, versteht sich von selbst. Die Keimdauer beträgt drei bis vier Wochen. Nach dieser Zeit sind die Aussaatgefäße hell aufzustellen.

Pikieren: Wann muss pikiert werden?

Sämlinge aus Aussaaten in Pikier- bzw. Handkisten werden in der Regel einmal pikiert bevor sie getopft, bzw. in den Endtopf gepflanzt werden. Je nach Aussaatweite und Jahreszeit ist dies etwa 8–12 (–15) Wochen nach der Aussaat der Fall. Pikiert wird entweder in Hand- bzw. Pikierkisten oder heute meist in Multizellenplatten (Multitopfplatten). Das Pikieren in Multitopfplatten hat den Vorteil, dass beim späteren Topfen ein besserer Ballen vorhanden ist, was insbesondere beim maschinellen Topfen von Vorteil ist. Beim Pikieren hat eine strenge Auslese der Pflanzen einzusetzen. Kleine, verkümmerte Pflanzen und sonstige Nachzügler lohnt es nicht, weiterzukultivieren.

Ein sofortiges Eintopfen aus der Aussaatkiste in den Endtopf kommt bei Miniatur-*Cyclamen* und bei Pflanzen, die in Multizellenplatten ausgesät wurden, in Betracht.

Eintopfen: Wann wird eingetopft?

Sobald die pikierten Sämlinge ihren Standraum ausgefüllt haben, in Multitopfplatten pikierte Sämlinge ihren „Topf“ mit frischen Wurzeln durchwachsen haben, wird in Einzeltöpfe getopft. Dies ist, abhängig von der Jahreszeit, etwa fünf bis neun Wochen nach dem Pikieren der Fall. Zu lange warten sollte man mit dem Topfen nicht. Sind die Wurzeln verfilzt, kommt es zu unerwünschten Wachstumsstockungen.

Rücken: Was ist zu beachten?

Cyclamen werden in der Regel nach dem Topfen nicht auf Endabstand gestellt, sondern eng aneinander, meist Topf an Topf und im weiteren Kulturverlauf ein- bis dreimal gerückt. Wobei die Frage, ob und wie viel Mal gerückt wird, stark von den spezifischen Bedingungen im Betrieb abhängig ist. Bei einem Mangel an Arbeitskräften oder um Arbeitszeit, d. h. Lohnkosten, einzusparen, wählen viele Betriebe einen weiten Stand oder stellen gar auf Endstand. Wird gerückt, ist der Zeitpunkt, wann dies geschieht, für die spätere Qualität von großer Bedeutung. Grundsätzlich gilt, rechtzeitig mit dem Rücken zu beginnen. Bei guten Wachstumsbedingungen genügen drei bis vier Tage für ein sogenanntes Langwerden der Pflanzen. Je später dieses Langwerden in Kauf genommen werden muss, desto weniger Zeit bleibt der Pflanze, Mängel im Habitus auszugleichen. Es empfiehlt sich also mit dem Rücken anzufangen, wenn die Pflanzen beginnen sich gegenseitig zu berühren. Ein ausreichend weiter Stand fördert den gedrungenen Wuchs und damit die Stabilität der Pflanzen.

Für mittelgroße *Cyclamen* geht man von einem Endstand von 14 bis 22 Pflanzen/m², für große Pflanzen von 16 Pflanzen/m², für Pflanzen im 9er Topf von 30 und von Pflanzen im 7er Topf von 40 Pflanzen/m² aus.

Krankheiten: Welche gefährden **Cyclamen**?

Vermehrungskrankheiten (*Pythium* und *Rhizoctonia*). Sämlinge kümmern und sterben frühzeitig ab; Fäulnis an Wurzel, Knolle oder Blattstielgrund.

Cylamenwelke (*Fusarium*). Sie stellt das größte Pflanzenschutzproblem der *Cyclamen*-Kultur dar. Anfangs einseitiges Vergilben und Welken, später Absterben ganzer Pflanzen; Knollen mit gebräunten Leitungsbahnen.

Wurzelbräune (*Thielaviopsis*). Ältere Blätter vergilben und welken. Typisch sind die großen, braunen Faulstellen an den Wurzeln.

Wurzel-, Knollen- und Stängelfäule (*Cylindrocarpon*). Vergilben, Welke und Wuchshemmung; Ansatzstellen der Wurzeln faulen und vermorschen; an jungen Knollen eingesunkene braune Flecken, die sich bei älteren Knollen zu schorfig-rissigen Stellen entwickeln; Basisfäule an Blatt- und Blütenstielen.

Grauschimmel (*Botrytis*). Auf den Blüten kleine Fleckchen, auf Blättern, Blattstielen und Blütenstielen große Faulstellen, die später mit mausgrauen Schimmelrasen bedeckt sind.

Schädlinge: Welche treten häufig an **Cyclamen** auf?

Cyclamenmilbe. Die Blätter sind missgestaltet und wellig verbogen. Die Entwicklung der Blüten ist gehemmt (runde Knospen), bleiben unter dem Laub; Blüten mit Streifen und Flecken. Bei starkem Befall vertrocknen die Blütenknospen.

Thripse. Blattunterseite zunächst rötlich, später braun und grindig; Blüten fleckig; kleine, schmale, hellgelbe bis dunkle Insekten und zahlreiche schwarz glänzende Kottröpfchen.

Trauermückenlarven. Etwa 5–7 mm lange, glasig durchscheinende Larven mit schwarzer Kopfkapsel fressen an den Wurzeln junger Pflanzen; zahlreiche, kleine, schwarze Mücken auf der Substratoberfläche.

Dickmaulrüssler. Pflanzen welken plötzlich und sterben ab; Wurzelfraß durch weiße, braunköpfige, fußlose Larven; das Vollinsekt, flugunfähige Käfer, verursachen Buchtenfraß an Blättern und Blüten.

Blattläuse. Blattläuse verschiedener Art treten an Sämlingen wie auch an knospenden und blühenden Pflanzen auf. Sie saugen an Blättern und Blüten und rufen an beiden Verkrüppelungen hervor.

Darüber hinaus kommt es an *Cyclamen* auch zum Befall von Wurzelgallenälchen und Spinnmilben.

Vermarktung: Wann sind **Cyclamen** verkaufsreif?

Hinsichtlich der Qualität wird, angepasst an Topf- und Pflanzengröße, ein geschlossener Blattaufbau gefordert, der durch eine hohe Anzahl kleiner bis mittelgroßer Blätter auf geraden, gedrungenen Stielen gebildet wird. Darüber hinaus bedingt eine bestimmte, je nach Pflanzengröße unterschiedliche Mindestanzahl Blüten (fünf Stück) und Farbe zeigender Knospen (zehn Stück) in proportionaler Höhe zum Pflanzenaufbau über den Blättern, die Qualität des Topf-Alpenveilchens. Verlangt werden gleichmäßige Blütenformen, die sich durch aufrechtstehende Kronblätter (Petalen) in nur leichter Drehung ausdrücken. Hierbei gibt es allerdings verschiedene Variationen, die von unterschiedlichen Geschmacksrichtungen geprägt werden.

Euphorbia pulcherrima, Weihnachtsstern

Botanik: Durch welche Merkmale ist die Gattung **Euphorbia** gekennzeichnet?

Die Euphorbiaceae gehören zu den größten Familien von Blütenpflanzen. Sie umfassen über 300 Gattungen und mehr als 5 000 Arten. Allein die Gattung *Euphorbia* umfasst etwa 1 600 Arten. Es sind ein- und mehrjährige Kräuter, Sträucher und Bäume. Viele der Arten sind sukkulent. Aufgrund ihrer äußeren Gestalt und ihrer zum Teil sehr unterschiedlichen Lebensweise kann man kaum glauben, dass sie ein und derselben Gattung angehören.

Charakteristisch für die Arten der Gattung *Euphorbia* ist die Zusammenfassung von winzigen, stark vereinfachten Blüten zu Blütenständen, die in Verbindung mit Tragblättern, Drüsen und kronblattartigen Anhängen oft den Eindruck einer zwittrigen Einzelblüte erwecken. Dieser hoch spezialisierte Blütenstand wird Cyathium genannt. Nach der Befruchtung verlängert sich der Stiel der weiblichen Blüte und hebt die sich entwickelnde Frucht aus der Blütenstandshülle heraus. Er biegt sich durch eine Lücke zwischen den Drüsen nach unten, sodass die Frucht neben oder unter die Hülle zu liegen kommt. Die Frucht springt fast immer explosionsartig auf.

Wichtig zu Wissen ist, dass die Entwicklung bzw. die Färbung der Hochblätter (Brakteen) bei den Euphorbien mit der Entwicklung der eigentlichen Blüten (der Cyathien) korreliert. Das heißt keine Färbung der Hochblätter ohne Blütenbildung.

In gärtnerischer Kultur von Bedeutung sind neben *E. pulcherrima*, *E. fulgens* (vor allem als Schnittblume), *E. milii* (Christusdorn) und deren Hybriden mit *E. lophogona*. Hinzu kommen einige als Stauden genutzte Arten, darunter *E. epithymoides* (Syn. *E. polychroma*), die von Süddeutschland und Italien bis Osteuropa heimisch ist. Als Einjährige wird die nordamerikanische *E. marginata* (Schnee auf dem Berge) kultiviert.

Durch welche Merkmale ist **Euphorbia pulcherrima** gekennzeichnet?

E. pulcherrima ist ein immergrüner, milchsaftführender Strauch mit verholztem Stamm und spärlicher Verzweigung, der Wuchshöhen bis zu vier Meter erreicht. Die zylindrischen Zweige sind anfangs krautig, verholzen jedoch mit der Zeit. Die auf zwei bis acht Zentimeter langen Stielen sitzenden Laubblätter sind dunkelgrün mit helleren Unterseiten.

Der Weihnachtsstern kommt natürlicherweise in Süd-Mexiko und Zentralamerika vor. Das Verbreitungsgebiet reicht von Mexiko über die Karibischen Inseln, Venezuela und Brasilien bis Argentinien. Als Zierpflanze in andere tropische und subtropische Regionen eingebracht, ist er vielfach verwildert. So sind größere Bestände in Afrika (beispielsweise in Kenia, Tansania und Uganda), in Asien (zum Beispiel in Burma, Malaysia und den Philippinen), Australien und im Mittelmeer-Gebiet bekannt.

Die von Gärtnern häufig noch verwendete Bezeichnung Poinsettie geht auf den nicht mehr gültigen Namen *Poinsettia pulcherrima* zurück, wie die Art früher einmal hieß. Benannt nach dem amerikanischen Botschafter in Mexiko, Joel Roberts Poinsett, der die Pflanze Anfang des 19. Jahrhunderts in die USA einführte. Dem Artnamen nach bedeutet *pulcherrima* "die Allerschönste“ (lat. pulcherrimus = sehr schön).

Verwendung: Als was werden Weihnachtssterne verwendet?

Die Weihnachtssterne haben als blühende Topfpflanzen große wirtschaftliche Bedeutung. Durch Steuerung, es sind Kurztagpflanzen, könnten sie das ganze Jahr angebaut und angeboten werden. Der deutsche Name Weihnachtsstern beschränkt den Verkauf allerdings auf die Advents- und Weihnachtszeit. Versuche, sie in Deutschland zu anderen Jahreszeiten anzubieten, haben gezeigt, dass der Kunde sie zu anderen Jahreszeiten nicht kauft. Weihnachtssterne werden als eintriebige Minipflanzen gezogen, als größere Eintrieber, als Eintrieber mit Seitengarnierung, gestutzte Pflanzen als Mehrtrieber, aber auch in Ampeln oder auch als Stämmchen. Auch als Schnittblume wird *E. pulcherrima* angebaut.

Sortiment: Wie ist das Sortiment gegliedert?

Es gibt eine große Anzahl von Sorten auf dem Markt. Jährlich kommen neue hinzu, alte Sorten verschwinden. Alle Nuancen von Weiß, Creme, Rosa und Rot, Gelb, Apricot, Orange oder Weinrot umfasst das Sortiment. Einige Sorten werden mit panaschierten, also partiell aufgehellten Blättern angeboten. Neu sind die vielen Formenspiele gedrehter oder rosenartiger Blüten. Unter Bezeichnung „Carnaval“ werden drei gleichwertige Pflanzen in drei verschiedenen Farben gehandelt, die in einem Topf gewachsen sind. Seit einigen Jahren in den USA im Trend ist der Einsatz von Farbe, um den Weihnachtsstern nach Ausbildung der Brakteen farblich gezielt zu verändern. Insbesondere weiße Sorten werden hierzu genommen und mit Farbe auf Alkoholbasis besprüht. Dazu gibt es verschiedene Farben im Angebot, u. a. Pink, Orange, Blau und Lila. Die Farben sind einfach mit jedem Spritzgerät aufzutragen und trocknen bei 18 °C in rund 15 Minuten. Eine weitere Variante sind mit Glitter überzogene Weihnachtssterne. Hierzulande sind die gefärbten Weihnachtssterne eher gewöhnungsbedürftig. Der deutsche Kunde besteht, wie bisher, weiterhin auf seinem roten Weihnachtsstern.

Vermehrung: Wie werden Euphorbien vermehrt?

Die Vermehrung für die gärtnerische Produktion erfolgt ausschließlich vegetativ durch Stecklinge. Die Aussaatvermehrung spielt nur in der Züchtung eine Rolle. Weihnachtssterne gehören zu den ersten Zierpflanzen, die in die Sortenschutzliste beim Bundessortenamt aufgenommen wurden. Alle heute existierenden Sorten dürfen nicht ohne Zustimmung des Züchters bzw. des Lizenzinhabers vermehrt werden.

Anbauzeiten: Zu welchen Zeiten werden Euphorbien kultiviert und verkauft?

Der Absatz ist auf die Advents- und Weihnachtszeit beschränkt. Für die größten Pflanzen (Hochstämme, große Mehrtrieber, bzw. Pyramiden) werden Jungpflanzen ab der 20. Woche (ab Mitte Mai), für kleine Eintrieber in der 38. Woche (ab Ende September) gezogen. Dazwischen liegen die Vermehrungstermine für Mehrstieler und größere Einstieler. Jungpflanzenbetriebe verkaufen bewurzelte Jungpflanzen von Anfang Juni bis etwa Mitte September mit einer Spitze zwischen Mitte Juli und Ende August.

Kulturstufen: Zwischen welchen wird bei E. pulcherrima unterschieden?

In der gärtnerischen Praxis unterscheidet man bei der Euphorbien-Kultur zwischen Jungpflanzenbetrieben, welche Mutterpflanzenkultur, Stecklingsgewinnung und -bewurzelung betreiben und Produktionsbetrieben, die die Blühware erzeugen. Diese Arbeitsteilung, die auch bei vielen anderen Kulturpflanzen weitverbreitete Praxis ist, hat vor allem mit dem hohen Aufwand bei der Mutterpflanzenkultur zu tun. In den meisten Endverkaufsbetrieben geht es in aller Regel nur noch um die Erzeugung von Blühware.

Kulturdauer: Wovon ist sie abhängig und von welcher Dauer ist auszugehen?

Die Kulturdauer ist von der gewünschten Größe der Verkaufspflanzen und/oder vom Verkaufstermin abhängig. Die Bewurzelung der Stecklinge erfolgt innerhalb von zwei bis vier Wochen. Vom Eintopfen in den Endtopf bis zum Verkauf beträgt die Kulturdauer für Eintrieber zweieinhalb Monate, für Dreitrieber dreieinhalb Monate und für Fünftrieber viereinhalb Monate. Nachfolgend Richtwerte für den Eintopfzeitpunkt zur Erzielung verschiedener Pflanzenformen für die Vermarktung in der Adventszeit:

- Eintriebige Minipflanzen 6 bis 7-cm-Topf – Topftermin 39. bis 40. Woche.
- Eintrieber im 8- bis 9-cm-Topf, Topftermin 38. bis 39. Woche.

- Eintrieber mit Seitengarnierung im 11-cm-Topf, Topftermin 33. bis 35. Woche.
- Dreitrieber (gestutzte Pflanzen) im 11-cm-Topf, Topftermin 33. bis 35. Woche.
- Fünftrieber (gestutzte Pflanzen) im 12-cm-Topf, Topftermin 28. bis 31. Woche.
- Stämmchen im 3-l-Container, Topftermin 20. bis 26. Woche.

Licht: Welche Ansprüche hat **Euphorbia pulcherrima**?

E. pulcherrima ist lichtbedürftig. Beste Wachstumsergebnisse werden bei voller Sonne erzielt. Die Pflanzen bauen sich gut auf und die Internodien bleiben kurz. Beschattung ist nur bei sehr hohen Lichtintensitäten erforderlich. Strahlungsreiche Langtage ergeben deutlich mehr Blätter und Seitentriebe als strahlungsarme Langtage, und ebenso führen helle Kurztage zu mehr und größeren Brakteen als lichtarme Kurztage. Direkt nach dem Topfen muss an sonnigen Tagen bei Werten über 20 000 Lux schattiert werden. Später ist eine Schattierung nur bei Werten über 60 000 Lux erforderlich bzw. sinnvoll.

Blütenbildungsverhältnisse: Wie verhalten sich Weihnachtssterne?

Poinsettien reagieren fotoperiodisch, sie sind Kurztagpflanzen. Die kritische Tageslänge liegt bei etwa 12 Stunden. Demnach beginnt der natürliche Kurztag für Poinsettien in unseren Breiten Anfang Oktober. Die Entwicklung bis zur verkaufsfertigen Pflanze mit gut ausgebildeten und gefärbten Brakteen ist sortenabhängig. Als Richtwert gelten 65 bis 75 Tage also 9 bis 11 Wochen. Zur Induktion (zum Anstoß der Blütenbildung) reichen bei optimalen Bedingungen sieben Kurztage. Bis die Blütenorgane deutlich zu erkennen sind, vergehen 6 bis 7 Wochen, das Ausbilden und Färben der Brakteen dauert dann noch 3 bis 4 Wochen. Wobei einzelne Sorten unterschiedlich reagieren und auch die Temperaturen eine Rolle spielen. Dem natürlichen Kurztag ausgesetzte Bestände sind etwa Ende November verkaufsfertig. Will man früher verkaufen, müssen die Pflanzenbestände im September verdunkelt werden. Verdunkelt wird von 17 beziehungsweise 18 Uhr bis 8 Uhr. Sollen die Pflanzen erst kurz vor Weihnachten in den Verkauf gehen, müssen die Bestände mit Beginn des natürlichen Kurztages im Oktober entsprechend lang belichtet werden, um die Pflanzen im vegetativen Zustand zu halten. Dabei sollte die Summe der natürlichen Tageslichtstunden und die Belichtungszeit 14 Stunden betragen.

Temperatur: Bei welchen Temperaturen wachsen Weihnachtssterne am besten?

Hinsichtlich der Temperatur haben Weihnachtssterne vergleichsweise hohe Ansprüche. Im Temperaturbereich zwischen 14 und 26 °C nimmt das Wachstum mit dem Wärmeangebot zu. Unterhalb 14 °C kommt das vegetative Wachstum zum Stillstand. Während der dem Topfen folgenden Durchwurzelungsphase sollte die Tagesmitteltemperatur für vier Wochen nicht unter 20 °C liegen. Höhere Temperaturen während der vegetativen Wachstumsphase, insbesondere hohe Tagestemperaturen, fördern die Pflanzengröße, mittlere Temperaturen von 18 bis 20 °C führen zusammen mit Kurztagen zu kleineren, kompakten Pflanzen. Bei dieser Temperatur verlaufen auch Anlage und Entwicklung der Blüten am schnellsten. Eine Steigerung der Temperatur auf 24 °C in den letzten vier Wochen der Kurztagsphase bewirkt eine deutliche Zunahme der Brakteengröße.

Mutterpflanzenkultur: Was ist zu beachten?

Die Stecklinge für die Vermehrung der Verkaufspflanzen gewinnt man von Mutterpflanzen, welche nur während einer Vegetationsperiode beerntet werden. Eine Mutterpflanze bringt in dieser Zeit etwa 30 Stecklinge. Die Mutterpflanzenkultur beginnt mit dem Stecken von Kopfstecklingen von gesunden und sortentypischen Ausgangspflanzen zwischen Oktober und Dezember des Vorjahres. Um sie in unseren Breiten im vegetativen Zustand zu halten, müssen sie in dieser Zeit belichtet werden. Durch regelmäßiges Stutzen entstehen bis zum Zeitpunkt des Bedarfs in den Sommermonaten ausreichend große Pflanzen. Mutterpflanzen werden entweder in größeren Containern, in Substrat ausgepflanzt oder auch in erdelosen Kulturverfahren (z. B. Steinwolle) gezogen.

Stecklingsvermehrung: Wie wird vorgegangen?

Verwendet werden Kopfstecklinge mit einer Länge von sieben bis zehn Zentimetern bzw. vier bis fünf Blättern. In der Regel werden sie mit dem Messer geschnitten. Aus hygienischen Gründen, um die Übertragung von Krankheiten auszuschließen, ist in verschiedenen Betrieben auch das Brechen der Stecklinge üblich. Früher warf man die Stecklinge nach dem Schnitt in lauwarmes Wasser, um ein zu starkes Ausbluten des Milchsaftes zu verhindern. Heute wird aus arbeitswirtschaftlichen Gründen meist auf diese Maßnahme verzichtet.

Zur Anzucht verwendet man Torfquelltöpfe (z. B. Jiffy-7) oder steckt die Stecklinge in Anzuchtplatten in Torf-Sand-Gemische, Perlite-Torf-Gemische oder fertige Stecklingserden der Erdeindustrie. Zur Beschleunigung der Wurzelbildung werden meist Bewurzelungshormone verwendet.

Aufgestellt werden die Stecklinge unter Folie oder die Bewurzelung erfolgt unter Sprühnebel. Die Bewurzelung erfolgt innerhalb von zwei bis vier Wochen. Optimal zur Bewurzelung sind 20 bis 22 °C Lufttemperatur und 24 °C Bodentemperatur.

Während der Bewurzelung ist auf ausreichend, jedoch nicht zu starken Schatten zu achten.

Topfen: Was ist zu beachten?

Die bewurzelten Stecklinge werden gleich in den Endtopf gesetzt. Allenfalls bei besonders großen Pflanzen und Hochstämmen ist ein Zwischentopf üblich. Beim Eintopfen ist darauf zu achten, dass die brüchigen, etwas empfindlichen Wurzeln geschont werden. Neben relativ hohen Licht- und Wärmeansprüchen erfordert eine erfolgreiche Kultur von Weihnachtssternen ein Substrat mit guter Strukturstabilität. Die Wasserkapazität sollte größer sein als 50 Volumenprozente, die Luftkapazität 30 bis 40 Volumenprozent betragen. Der Nährstoffbedarf ist grundsätzlich abhängig von der gewünschten Pflanzengröße und liegt zwischen 250 (Eintrieber) und 1 000 mg N (große Mehrtrieber) pro Pflanze. Hohe Salzmengen im Substrat vertragen Euphorbien nicht. Die Substrate dürfen nicht mehr als 2 g/l Gesamtsalz enthalten. Außerdem müssen die Substrate eine gute Pufferung gegen pH-Wert-Verschiebung haben. Der pH-Wert soll bei 5,5 bis 6,6 liegen. Bei einem pH-Wert unter 5,0 kommt es zur Festlegung von Molybdän und damit zu Molybdänmangel. Viele Betriebe verzichten auf eigene Erdmischungen und greifen auf fertige Poinsettienerden der Erdeindustrie zurück. Im weiteren Verlauf der Kultur lässt sich der pH-Wert über die Düngung bzw. die Stickstoffform regulieren (Ammonium zur pH-Absenkung, Nitrat, z. B. als Kalksalpeter zur pH-Erhöhung).

Rücken: Wie wird vorgegangen?

Häufig wird nach dem Topfen gleich auf Endabstand ausgestellt. Wird zunächst Topf an Topf ausgestellt, ist, sobald die Gefahr besteht, dass sich die Pflanzen gegenseitig in die Höhe schieben, zu rücken. Auf rechtzeitiges Rücken ist unbedingt zu achten, die Qualität der Pflanzen wird sonst durch lange Internodien erheblich gemindert.
Hinsichtlich des Platzbedarfs ist von folgenden Richtwerten auszugehen:

- Eintrieber, 25 bis 30 Pflanzen je m².
- Eintrieber mit Seitengarnierung, 18 bis 25 Pflanzen je m².
- Dreitrieber, 15 bis 25 Pflanzen je m².
- Fünftrieber, 9 bis 15 Pflanzen je m².

Stutzen: Wie ist vorzugehen?

Um Mehrtrieber zu erhalten, muss gestutzt werden. Je nach gewünschter Triebzahl wird dazu wenige Tage nach dem Eintopfen, wenn sich die anfänglich schlappen Blätter wieder gestreckt haben, auf vier bis sieben Blätter gestutzt bzw. entspitzt. Der 10. September ist bei Ausnutzung der natürlichen Kurztagsbedingungen der letzte Stutztermin, um zu Weihnachten qualitativ gute Pflanzen zu erhalten.

Hemmstoffeinsatz: Wie ist vorzugehen?

Die Züchtung bemüht sich verstärkt um Sorten, bei denen auf eine chemische Wuchshemmung fast oder ganz verzichtet werden kann. Wenn die Sortenwahl mit anderen Kulturmaßnahmen (Temperaturstrategien, z. B. negativ Diff oder Drop (Cool Morning); trockenere Kulturführung; weiter Standraum) kombiniert wird, ist bei vielen der heutigen Sorten ein Hemmstoffeinsatz entbehrlich. Insbesondere durch gleichmäßigen Trockenstress in der Hauptwachstumsphase kann das Längenwachstum der Pflanzen stark verringert werden.

Für *E. pulcherrima* sind als Stauchemittel zugelassen: Caramba, Regalis und Cycocel 720. Die Stauchung muss bei Kulturbeginn fest eingeplant sein. Eine Behandlung von schon zu lang geratenen Pflanzen ist sinnlos. Durch die Behandlung erreicht man einen gedrungenen Wuchs mit kürzeren Internodien und ein satt dunkelgrünes Laub. Bei zu hohen Konzentrationen und falscher Anwendung können Schäden an den Blättern auftreten. Die Hinweise der Hersteller der Stauchemittel sind hinsichtlich Konzentration und Anwendung unbedingt zu beachten.

Bewässerung: Welche Ansprüche haben Weihnachtssterne?

Die Pflanzen benötigen gleichmäßige Feuchtigkeit und sind gegen stagnierende Nässe sehr empfindlich. In der Regel erfolgt die Bewässerung in den Betrieben über Bewässerungsmatten, Rinnenbewässerung oder Ebbe-Flut-Systemen. Bei Ampeln und Hochstämmchen ist auch Tropfbewässerung üblich.

Während der Kultur ist eine Luftfeuchte von 50 bis 60 % optimal. Bei Werten darüber ist rechtzeitig zu lüften. Bei zu hoher Luftfeuchte besteht die Gefahr von *Botrytis*. Feuchtigkeit auf den Brakteen hat Fleckenbildung zur Folge. Die Pflanzen müssen trocken in die Nacht gehen.

Düngung: Wie ist vorzugehen?

Sobald die mit der Grunddüngung des Substrates beigegeben Nährstoffe aufgebraucht sind, muss nachgedüngt werden. Zur wöchentlichen Nachdüngung werden Düngekonzentrationen von bis zu 0,25 % gegeben. Für die Bewässerungsdüngung liegen die Konzentrationen bei 0,05 bis 0,1 %.

Die Düngungshöhe und Häufigkeit wird nicht zuletzt von der angestrebten Größe der Pflanzen und bei der Bewässerungsdüngung (Düngung bei jedem Bewässerungsvorgang) von der Einstrahlung und dem damit verbundenen Wasserverbrauch bestimmt. Das heißt, bei hoher Einstrahlung und hohem Wasserverbrauch wird weniger, bei geringer Einstrahlung und/oder geringem Wasserverbrauch mehr Dünger zugegeben.

In der Regel werden zur Düngung ausgeglichene Mehrnährstoffdünger verwendet (15 : 10 : 15). Viele Gärtner setzen zu Beginn des Brakteenwachstum zur Erzielung möglichst großer Brakteen Stickstoffdünger ein (z. B. Kalksalpeter).

Pflanzenschutz: Welche Krankheiten und Schädlinge treten insbesondere auf?

Krankheiten, Schädlinge und nichtparasitäre Erkrankungen können Euphorbien in jeder Entwicklungsstufe gefährden. Im Stecklings- und Jungpflanzenstadium sind es vor allem Pilze aus den Gattungen *Thielaviopsis*, *Rhizoctonia*, *Pythium* und *Botrytis*, die die Bestände gefährden können. Bezüglich tierischer Schädlinge sind vor allem die Weiße Fliege und Trauermücken zu nennen.

Hydrangea macrophylla, Garten-Hortensie

Botanik: Durch welche Merkmale ist **Hydrangea macrophylla** gekennzeichnet?

Von den 23 Arten der Gattung *Hydrangea,* die in Ostasien, Mittel- und Südamerika sowie den östlichen USA vorkommen, sind die meisten Freilandbäume- und Sträucher. Von einer Art, der Garten-Hortensie, *Hydrangea macrophylla*, werden seit langer Zeit verschiedene Kulturformen auch als Topf- und Zimmerpflanzen gezogen.

Bei der in Japan und Korea heimischen *H. macrophylla* handelt es sich um Laub werfende Sträucher mit gegenständigen Blättern. Sie sind oval bis eiförmig und bis zu 15 Zentimeter lang. Auf jeder Seite der Mittelrippe befinden sich deutlich erkennbare Seitenrippen. Der Blattgrund ist stumpf keilförmig, der Blattrand scharf gezähnt. Vorn ist das Blatt in eine mehr oder weniger lange Spitze ausgezogen. Die verholzten Jahrestriebe sind auffallend dunkelbraun, schwarzbraun. Die zu Doldenrispen zusammengesetzten Blütenstände tragen zwei verschiedene Arten von Blüten. Die Hauptmenge stellen in der Mitte die sehr kleinen, zwittrigen und fertilen Blüten mit winzigen, schnell abfallenden Kronblättern. Am Rande werden sie von den weniger zahlreichen, bis vier Zentimeter großen Randblüten umgeben, die steril sind und nur als Schauapparat dienen. Dieser Schauapparat wird von den kronblattartig gefärbten, stark vergrößerten Kelchblättern gebildet.

Bei den meisten Sorten bestehen die halbkugeligen, ballförmigen Blütenstände nur aus diesen sterilen Randblüten. Die Farben der Sorten reichen von rosa über leuchtend dunkelrosa und von rosa-lila bis helltürkisblau. Seit einigen Jahren sind neben diesen ballförmigen Sorten, Züchtungen mit flachen, schirmförmigen Blütenständen auf dem Markt, die nur am Rand sterile Blüten tragen, die sogenannten Tellerhortensien.

Der Name *Hydrangea* leitet sich von den griechischen Worten hydor = Wasser und aggeion = Gefäß ab. Die Pflanze wächst am Wasser und die Samenkapsel hat die Gestalt einer Schale. Der deutsche Name Hortensie geht vermutlich auf eine Frau zurück, auf Hortense Barré, sie war die Geliebte des französischen Botanikers Philibert Commerson (1727–1773), die ihn auf seinen großen Reisen bekleidete.

Verwendung: Für welche Verwendungszwecke werden Hortensien kultiviert?

Hortensien waren früher als Zimmerpflanzen weit verbreitet, zwischendurch etwas in Vergessenheit geraten, erleben sie seit einigen Jahren eine Renaissance. Besonders gut machen sich Hortensien auch als Kübelpflanzen für Terrassen und Balkone. Gezogen werden Hortensien auch in sogenannten Sonderformen, so als mehrjährige Büsche, Pyramiden und Hochstämmchen oder auch in Ampeln und als Mini-Hortensien.

Hortensien stellen wegen ihres besonderen Kulturablaufs und ihrer langen Kulturzeit besondere Ansprüche an das gärtnerische Können.

Sortiment: Wie ist das Hortensien-Sortiment gegliedert?

Hortensien-Sorten gibt es in weiß, von rosa über rot bis leuchtend rot und dunkelrot sowie in blau. Darüber hinaus wird zwischen frühen, mittelfrühen und späten Sorten unterschieden. Bei der Mehrzahl der Sorten handelt es sich um sogenannte Ball-Hortensien, deren Blütenstände halbkugelförmig aufgebaut sind. Darüber hinaus gibt es seit etwa 1980 verstärkt die sogenannten Teller-Hortensien auf dem Markt, die nur am Rande der Dolde große Schaublüten tragen. In der flachen Doldenrispe der Tellerhortensien stehen die farbigen, großen, sterilen Blüten am Rand, die fertilen gut sichtbar in der Mitte des „Tellers“. Eine Besonderheit stellen die „Fliederblütigen“ Sorten dar. Sie tragen keine oder wenige Schaublüten und die Einzelblüten öffnen sich nicht vollständig. Sie bleiben in einer halb geöffneten, rundlichen Form und ähneln damit einer Fliederblüte.

Blütenbildung: Was muss man über die Blütenbildung wissen, um Hortensien erfolgreich zu kultivieren?

Wer Hortensien kultiviert, muss die Besonderheiten hinsichtlich der Blütenbildungsverhältnisse kennen, eine Grundvoraussetzung für das Gelingen der Kultur. Die Blütenbildung, die Weiterentwicklung der Knospen und das Aufblühen der vorgebildeten Blütenknospen ist bei Hortensien komplizierter als bei vielen anderen Pflanzen, die im Zierpflanzenbau kultiviert werden.

Ähnlich wie bei den Sträuchern unseren Breiten werden die Blütenknospen der Hortensien im Sommer angelegt, können sich dann aber zunächst nicht weiterentwickeln, sondern machen erst eine Ruhezeit durch. Erst wenn die Ruhezeit beendet ist, können die an den Triebenden befindlichen Blüten zum Aufblühen gebracht werden. Innerhalb dieses Prozesses hat die Temperatur eine besondere Bedeutung.

Der Anstoß zur Blütenbildung (man nennt dies Blüteninitiation) erfolgt mit Abschluss des vegetativen Wachstums im Spätsommer und ist im Spätherbst mit den fertig ausgebildeten Knospen abgeschlossen. Für den gesamten Prozess benötigen die Pflanzen sorten- und klimaabhängig eineinhalb bis zweieinhalb Monate. Für die Ausbildung der Knospen sind hohe Lichtintensitäten erforderlich, außerdem müssen gut ausgebildete Blätter vorhanden sein. Hinsichtlich der Temperatur sind 15 bis 18 °C optimal. Geringere und höhere Temperaturen verzögern die Blütenbildung.

Sind die Knospen angelegt, beginnt eine Zeit der Ruhe, in der die angelegten Blütenknospen nicht zum Blühen gebracht werden können. Erst nach Ende dieser Ruhezeit, in der die Pflanzen kühl stehen müssen, können die Knospen sich strecken und kann der Blütenstand sich ausbilden. In der Zeit der Ruhe, sie beträgt etwa sechs bis sieben Wochen, sind Temperaturen zwischen 2 und etwa 8 °C optimal. Zwischen den Sorten bestehen in der notwendigen Dauer der Kühlbehandlung Unterschiede. Die Klassifizierung in frühe, mittelfrühe und späte Sorten beruht in erster Linie auf diesem Umstand.

Ist das Kältebedürfnis der Pflanzen befriedigt, die Ruhezeit beendet, können die Hortensien durch Aufstellen bei höheren Temperaturen vorzeitig zum Aufblühen gebracht werden. Dieser als Treiberei bezeichnete Vorgang erfolgt bei Temperaturen von 12 bis 25 °C. Je höher die Temperatur, umso schneller entwickeln sich die Blüten. Die durchschnittliche Dauer der Treiberei beträgt 10 bis 12 Wochen. Die besten Blumen hinsichtlich Ausfärbung und Standfestigkeit entstehen bei 15 bis höchstens 20 °C. In den besonders lichtarmen Monaten Januar/Februar kann durch eine Zusatzbelichtung (Assimilationsbelichtung) während des Treibens eine Beschleunigung erzielt werden, sodass die Pflanzen etwa zwei Wochen früher blühen als normal.

Blaue Blütenfarbe: Was hat es mit der blauen Blütenfarbe bei Hortensien auf sich?

Es gibt weiße, rote und blau blühende Sorten bei den Hortensien. Wobei es eigentlich keine blau blühenden Sorten von Natur aus gibt. Bei den Sorten, die blaue Blütenfarben hervorbringen, handelt es sich um in Natur rosa bzw. rot blühende Pflanzen, die aber eine Besonderheit aufweisen: Sie enthalten in ihrem roten Farbstoff einen besonderen Stoff, den man Delphinidin nennt. Dieses Delphinidin bewirkt bei Vorhandensein von Aluminium-Ionen in der Pflanze (die sie aus dem Boden aufnehmen) eine Verschiebung der Blütenfarbe von Rot zu Blau. Durch gezielte Düngung mit einem Dünger der das Spurenelement Aluminium (Al) enthält erreicht der Gärtner blau blühende Hortensien. Darüber hinaus spielt in diesem Zusammenhang der pH-Wert eine große Rolle. Da Aluminium für die Pflanze nur im sauren Bereich aufnehmbar ist (im alkalischen Bereich wird Aluminium festgelegt und steht den Pflanzen nicht zur Verfügung), werden blau zu färbende Hortensien in Substraten bei einem pH-Wert im Bereich 4 bis 4,5 kultiviert.

Wichtig zu wissen ist, weiße Sorten lassen sich nicht blau färben, aber auch nicht alle Sorten, die rot bzw. rosa blühen. Denn nicht alle dieser Sorten enthalten das Delphinidin. Darüber hinaus ist zu beachten, dass, je mehr roter Farbstoff im Zellsaft vorhanden, also je dunkler die Farbe ist, umso mehr Al ist notwendig, um einen vollständigen Farbumschlag zu erzielen. Damit erklärt sich auch die Erfahrung aus der Praxis, dass rote Sorten mehr Aluminium zur Blaufärbung benötigen als hellrosa Sorten.

Kulturstufen: Zwischen welchen wird bei der Hortensien-Kultur im Allgemeinen unterschieden?

Hortensien brauchen vom Steckling bis zur verkaufsfertigen blühenden Pflanze im Regelfall mehr als ein Jahr. Dieser Zeitraum wird von drei sehr unterschiedlichen Abschnitten bestimmt. In der Praxis wird zwischen der Mutterpflanzenkultur und Vermehrung, der Anzucht von Rohware und der Erzeugung von Blühware unterschieden. In seltenen Fällen werden in den einzelnen Betrieben alle Kulturstufen durchlaufen. Meist ist die Kultur in den Betrieben auf eine der Stufen begrenzt. In den meisten Endverkaufsbetrieben geht es in aller Regel nur noch um die Erzeugung von Blühware.

Mutterpflanzenkultur und Vermehrung: Wie geht sie vor sich?

Vermehrt werden Hortensien in der Regel durch Kopfstecklinge. Die Mutterpflanzenkultur beginnt mit einer Stecklingsvermehrung im Mai/Juni. Nach erfolgter Bewurzelung und Topfen werden die Mutterpflanzen über Sommer im Freiland oder im Gewächshaus möglichst kühl (bei 16 °C) gehalten. Anfang September werden die Mutterpflanzen zurückgeschnitten und frostfrei überwintert. Ab Mitte Januar werden die Pflanzen dann warm aufgestellt, damit sie durchtreiben. Dann können ab Anfang Februar für etwa vier Monate Stecklinge geschnitten werden.

Für mehrtriebige Pflanzen vermehrt man zwischen Anfang/Mitte Februar und Anfang April. Für Einstieler vermehrt man von Anfang Mai bis Ende Juni.

Die Stecklinge sollen beim Schnitt ein ausgewachsenes Blattpaar besitzen. Hortensien sind in der Lage, am gesamten Stängel, d. h. nicht nur an den Nodien, sondern auch an den Internodien, Wurzeln zu bilden. Deshalb schneidet man Hortensienstecklinge im Gegensatz zu Stecklingen anderer Pflanzenarten nicht unmittelbar unter dem Blattansatz (Nodium), sondern lässt ein ein bis zwei Zentimeter langes Stängelstück (Internodium) stehen.

Gesteckt wird in spezielle Vermehrungsbeete, Kisten, Multiplatten u. a. Als Stecklingssubstrate werden selbst hergestellte Torf-Sand-Gemische, spezielle Stecklingserden der Erdeindustrie oder auch Torfquelltöpfe (Jiffy-7) verwendet.

Hortensien-Stecklinge dürfen nicht welken, deshalb ist für eine hohe Luftfeuchtigkeit Sorge zu tragen. Dies erreicht man durch Abdecken der Stecklinge mit Folie. In der Regel wird dabei Lochfolie verwendet. Die Bewurzelung erfolgt bei Temperaturen von 20 °C innerhalb von drei bis vier Wochen.

Anzucht von Rohware: Wie geht sie vor sich?

Nach der Bewurzelung der Stecklinge wird heute meist direkt in den Endtopf gepflanzt. Für Mehrtrieber verwendet man je nach Wüchsigkeit der einzelnen

Sorten 12- bis 13-cm-Töpfe und für Einstieler 10- bis 11-cm-Töpfe. Für Mini-Hortensien werden 6- bis 8-cm-Töpfe verwendet.

Hortensien benötigen strukturstabile Substrate, die während der Kultur eine ausreichende Belüftung des Substrates gewährleisten, genügend Wasser und Nährstoffe aufnehmen, aber auch gut abgeben können. In der Regel werden die Substrate für Hortensien nicht mehr im Betrieb selbst gemischt, sondern man verwendet Fertigsubstrate, die von der Erdeindustrie angeboten werden. Verschiedene Hersteller bieten spezielle Fertigsubstrate für blaue und rote Hortensien an. Der pH-Wert sollte für blaue Sorten bei 3,5 bis 4,5 liegen, für rote und rosa Sorten bei 5,5 bis 6,5. Weiße Sorten werden meist in dem für „blaue" Sorten bestimmten Substrat kultiviert, aber auch das für rote Sorten ist geeignet.

Hortensien gehören im Hinblick auf die Nährstoffansprüche zu den Starkzehrern.

Ausstellen: Wo werden frisch getopfte Hortensien ausgestellt?

Ausgestellt werden die getopften Pflanzen Topf an Topf ins Gewächshaus, in Frühbeete, in klimatisch günstigen Gebieten auch ins Freiland. Nach der Durchwurzelung erfolgt die Weiterkultur in der Regel auf Freilandbeeten, wo sie eingesenkt werden. Beim Einsenken ist darauf zu achten, dass ein guter Wasserabzug gewährleistet ist. Viele Gärtnereien senken die Töpfe heute nicht mehr ein, sondern stellen sie auf wasserdurchlässige Folie (Bändchenfolie). Dabei ist es üblich, die Töpfe in auf Baustahlmatten befestigte Plastikgittertöpfe zu setzen, um sie vor dem Umfallen zu schützen.

Stutzen: Wann ist es erforderlich und wie wird vorgegangen?

Um Mehrstieler zu erzielen muss gestutzt werden. Das Stutzen muss bis spätestens Anfang Juli abgeschlossen sein, damit die Seitenknospen ausreichend Zeit haben in die Länge zu wachsen und Blütenknospen zu bilden. Hortensien benötigen dafür eineinhalb bis zweieinhalb Monate. Bis Mitte September muss dieser Prozess abgeschlossen sein, denn dann beginnt nach und nach die Ruhezeit der Hortensien. Wird zu spät gestutzt, werden keine Blütenknospen gebildet und die Triebe bleiben vegetativ. Je früher man stutzt, umso stärker wird der Einzeltrieb, umso mehr Einzelblüten werden angelegt. Gestutzt wird auf zwei bis drei Blattpaare, damit man mindestens drei bis vier Durchtriebe erhält. Zum Zeitpunkt des Stutzens sollen die Töpfe gut durchwurzelt sein und sich im guten Wachstumszustand befinden, denn nur so ist mit einem kräftigen, gleichmäßigen Durchtrieb zu rechnen.

Bewässerung: Was ist zu beachten?

Während der Sommermonate haben Hortensien entsprechend ihrer heimatlichen Standortbedingungen einen hohen Wasserbedarf. Zum Abschluss der

Wachstumsperiode sind ab Mitte/Ende August die Wassergaben zu reduzieren, damit die Triebe gut ausreifen können.

Düngung: Wie ist zu verfahren?

Hortensien müssen regelmäßig nachgedüngt werden. Nach dem Einwurzeln wird wöchentlich ein- bis zweimal mit 0,1 bis 0,2 % eines N-betonten Mehrnährstoffdüngers gedüngt. Blaue Hortensien werden zwischendurch mit Ammoniak-Alaun, Kali-Alaun oder Aluminium-Sulfat in einer Konzentration von 0,2 bis 0,3 % nachgedüngt um für eine ausreichende Al-Zufuhr zu sorgen. Zum Abschluss des Wachstums Mitte September wird zwei- bis dreimal mit einem P-K betonten Dünger gedüngt.

Ruhephase (Kühlbehandlung): Was hat es mit der Ruhephase auf sich?

Hortensien machen, wie oben schon beschrieben, nach Abschluss der Bildung der Blütenknospen eine genetisch bedingte Ruhezeit durch, in der sie kühl gestellt werden müssen. Diese Kühlebehandlung wird benötigt, um die Ruhezeit zu beenden und anschließend blühen zu können. Ohne Einhaltung der Ruhezeit und Kühlbehandlung entwickeln sich die Blüten nicht weiter, sondern bleiben in der Knospe stecken.

Ab Ende September/Anfang Oktober muss die Überwinterung vorbereitet werden. Dazu werden die Pflanzen, wenn sie ihr Laub weitgehend abgestoßen haben, frostfrei bei 1 bis 5 °C in geeigneten Kühlräumen oder auch in Erdmieten eingelagert. Frühe Sorten haben zur Überwindung der Ruhe ein geringes (kurzes) Kältebedürfnis, späte eine hohes (langes) Kältebedürfnis. Sortenabhängig liegt dieser Zeitraum zwischen 3 und 8 Wochen. Wenn das Kältebedürfnis erfüllt und damit die Knospenruhe abgeschlossen ist, können Hortensien durch Aufstellung bei höheren Temperaturen verfrüht zur Blüte gebracht werden.

Erzeugung von Blühware: Wie ist vorzugehen?

Die Erzeugung von Blühware kann nach Abschluss der Ruhe beginnen. Frühe Sorten kann man schon ab Ende November zur Erzeugung von Blühware aufstellen. Allerdings ist in dieser Zeit Zusatzlicht (Assimilationslicht) erforderlich. Mitte Dezember aufgestellte Sorten blühen ab Mitte Februar, späte, Anfang Februar aufgestellte ab Anfang April. Die Temperaturen sollten im Dezember und Januar am Tag bei 20 °C liegen, später bei 16 °C. Zur Blütenausfärbung sollten die Temperaturen auf 16 bis 15 °C angesenkt werden.

Kultiviert wird in dieser Zeit, wo Licht schon natürlicherweise Mangelware ist, bei vollem Licht. Bei späten Sätzen ab April ist bei starker Sonne zu schattieren.

Zeitlich gestaffelte Folgesätze verlängern die Angebotszeiten blühender Pflanzen.

Zwischen Aufstellen und Blühbeginn vergehen je nach Sorte, Treibbeginn und Treibtemperatur 8 bis 12 Wochen. Die Treibdauer ist umso kürzer, je später die Aufstellung erfolgt. Durch die besseren Lichtverhältnisse bei einem späten Treibbeginn verkürzt sich die Treibdauer um acht bis 14 Tage.

In den ersten Tagen werden die Pflanzen mehr oder weniger nur überspritzt, denn aufgrund der noch fehlenden Blattmasse ist der Wasserbedarf noch sehr gering. Erst mit zunehmendem Austrieb muss stärker gewässert werden.

Zur Verminderung der Trieblänge können Hortensien in der Treiberei mit Drop (Cool Morning) behandelt werden. Dazu wird die Temperatur ab zwei bis drei Stunden vor bis ein bis zwei Stunden nach Sonnenaufgang um etwa 8 °C abgesenkt.

Mit der Nachdüngung in der Treiberei wird nach der Ausbildung des zweiten Blattpaares eingesetzt. Ein- bis zweimal wöchentlich erhalten rote, rosa und weiße Sorten 0,2 bis 0,3 % eines ausgeglichenen Mehrnährstoffdüngers (z. B. 15 : 10 : 15 + Spurenelemente). Blaue Sorten werden vier- bis fünfmal nach Treibbeginn zweimal wöchentlich mit 0,1 % Kali-Alaun, 0,1 % Ammoniak-Alaun oder 0,05 % schwefelsaurem Ammoniak gedüngt.

Der Platzbedarf ist abhängig von der Wüchsigkeit der einzelnen Sorte sowie von Anzahl der vorhandenen Triebe. Bei Pflanzen mit drei Stielen wird im Durchschnitt folgender Platz benötigt:

Zu Beginn der Treiberei	45–50 St./m².
Vier Wochen nach Treibbeginn	22–25 St./m².
Sechs bis sieben Wochen nach Treibbeginn	10–12 St./m².
Zehn Wochen nach Treibbeginn	8–10 St./m².

Rechtzeitiges Rücken ist von großer Wichtigkeit, wenn die Triebe nicht lang werden sollen.

Pflanzenschutz: Welche Krankheiten und Schädlinge treten häufig auf?

Botrytis. *Botrytis* tritt bei hoher Luftfeuchtigkeit und stagnierender Luft, z. B. infolge eines zu engen Standes auf. Jungpflanzen faulen unmittelbar über dem Boden ab. Dort zeigen sich auch hellbraune, stängelumfassende Trockenfaulstellen, die zum Absterben einzelner Triebe führen. Ist der Befall weiter fortgeschritten, sieht man den grauen Pilzrasen schon mit bloßem Auge. Auch im Kühlquartier und in der Treiberei kommt es häufig zu Botrytisbefall.

Blattfleckenkrankheiten. Sie werden durch Pilze der Gattung *Phyllosticta* und *Septoria* verursacht. Sie verursachen bläulichrote bis braune Blattflecken verschiedener Größe.

Stängelälchen. Der Stängel ist verdickt, verkürzt, oft verkrümmt und sehr brüchig. Die Blätter sind klein und verkrüppelt.

Blattwanzen. Blätter und Triebspitzen sind missgebildet. Auf den Blättern kleine braune Stippen, bei vorschreitendem Befall oft durchlöchert.

Darüber hinaus kann es zu einem Befall mit Blattläusen, Weißer Fliege und Spinnmilben kommen.

Primula obconica, Becher-Primel

Botanik: Durch welche Merkmale ist **Primula obconica** gekennzeichnet?

Die Heimat von *P. obconica* ist China (Sichuan, Yunnan, Hupeh, Kwantung, Kweitschou). Es handelt sich um eine ein- bis mehrjährige (staudige) Pflanze mit lang gestielten, breit eirunden bis länglich oder herzförmigen Blättern. Bei den Kulturformen gibt es zahlreiche Übergänge. Der Blattrand kann wellig gekerbt, gelappt oder gezähnt sein. Die Blüten stehen bei der Wildform in etagenförmigen Blütenständen, bei den Kulturformen in Dolden. Der Kelch ist becherförmig ausgebildet, deshalb auch der Vulgärname Becher-Primel. Die Blütenkrone besteht aus fünf röhrig verwachsenen Blütenblättern. Die Blüten der Kulturformen sind fünf bis acht Zentimeter breit und heterostyl, das heißt, Blüten mit unterschiedlich langem Griffel kommen auf verschiedenen Pflanzen vor. Die Frucht ist eine mehrsamige Kapsel.

Der Gattungsname bedeutet die/der erste (lat. primus). *Primula* ist der erste Frühlingsbote. Der Artname *obconica* bedeutet Becher (zu ob und conicus = kegelförmig). Die Kelchröhre ist umgekehrt kegelförmig.

Primelempfindlichkeit: Was hat es damit auf sich?

Primula obconica ist seit der Entdeckung Ende des 19. Jahrhunderts als Auslöser von Allergien bekannt. Die sogenannte „Primelempfindlichkeit", die bei hierfür allergischen Personen empfindliche Hautreizungen hervorrufen kann, ist auf einen Stoff zurückzuführen, das sogenannte Primin, das aus Blattdrüsen ausgeschieden wird. Primin gehört mit zu den stärksten Kontaktallergenen in der Natur. Der Gehalt von Primin ist schwankend und kann maximal 1 % erreichen. Schon ab einem Gehalt von 0,1 % Primin tritt zwingend eine Hautreizung auf. Diese negative Eigenschaft spielt heute keine oder nur noch eine untergeordnete Rolle. Denn die Züchter haben es sich schon sehr früh zur Aufgabe gemacht Sorten zu züchten, die weitgehend frei von dem Allergie auslösenden Primin sind.

Verwendung: In welchen Bereichen wird **Primula obconica** verwendet?

Primula obconica ist eine „alte" Topfpflanze, die früher weit verbreitet war. Zwischenzeitlich etwas in Vergessenheit geraten, erleben die Becher-Primeln in den letzten Jahren eine Renaissance. Wahrscheinlich auch deshalb, weil die Temperaturansprüche im Vergleich zu manch anderen blühenden Topfpflanzen gering sind. Neben der traditionellen Verwendung als Topfpflanze sind einige Serien auch zur Bepflanzung von Balkonkästen und Kübeln im Frühjahr geeignet.

Sortiment: Welches Farbspektrum umfasst das Sortiment?

Die züchterische Entwicklung der Becher-Primel erfolgte in England, Frankreich aber auch vor allem in Deutschland. In jahrzehntelanger Züchtungsarbeit entstanden eine Vielzahl von Sorten, darunter auch F1-Hybriden. Die Blütenfarbe umfasst ein Farbenspektrum von rund 20 Farben. Dominierend sind rote, lachsfarbige, rosafarbige, weiße und blaue Töne mit vielen Zwischentönen.

Vermehrung: Wie werden Primeln vermehrt?

Die Vermehrung der Becher-Primeln erfolgt ausnahmslos durch Aussaat. Viele Produktionsbetriebe verzichten auf eine eigene Vermehrung sondern kaufen Saatkistchen oder Jungpflanzen zu, die mit Topfballen angeboten werden. Ihre Anzucht erfolgt in Spezialbetrieben in Pflanzenzellenplatten unter genau kontrollierten Wachstumsbedingungen.

Anbauzeiten: Welche sind für die Becher-Primel typisch?

Die Kultur ist ganzjährig möglich. Das Schwergewicht des Verkaufs liegt in den Monaten Februar bis Mai und September bis November. Durch satzweise Aussaat lässt sich eine Ganzjahreskultur durchführen.

Kulturdauer: Wie lange dauert die Kultur?

Von der Aussaat bis zum Verkauf ist im Sommer mit sechs bis acht Monaten, im Winter mit acht bis zehn Monaten zu kalkulieren. Durch Zusammenpflanzen von mehreren Pflanzen (zwei bis drei) kann die Kulturzeit um etwa einen Monat verkürzt werden. Bei Zukauf von Saatkistchen oder Jungpflanzen reduziert sich die Kulturzeit auf vier bis sechs Monate.

Licht und Temperatur: Welche Ansprüche haben diesbezüglich Primeln?

P. obconica ist tagneutral, blüht also unabhängig von der Tageslänge. Geringe Lichtintensitäten beeinträchtigen jedoch das vegetative Wachstum und die Blütenbildung. Für das Wachstum sind Temperaturen von 15 bis 18 °C optimal. Über 25 °C sollten die Temperaturen möglichst nicht ansteigen. Deshalb ist in den Sommermonaten rechtzeitig zu schattieren, Jungpflanzen bei mehr als 20 000 Lux, getopfte, eingewurzelte Pflanzen ab 30 000 Lux. Im Winter reichen auch 12 bis 15 °C. Selbst tiefere Temperaturen werden vertragen, doch erfolgt dann kein Wachstum mehr. Für die Blütenentwicklung sind 12 bis 15 °C optimal. Für die Verbesserung des Pflanzenaufbaus wird in den Wintermonaten im Jungpflanzenstadium verschiedentlich in den Betrieben Assimilationslicht eingesetzt.

Aussaat: Wie ist vorzugehen?

Ausgesät wird in Saatkisten oder Handkisten. Für 1 000 Pflanzen benötigt man etwa 0,5 g Samen, bzw. 1 500 Korn. Als Erde verwendet man schwach aufgedüngte Aussaatsubstrate wie sie von der Erdeindustrie angeboten werden. Das feine Saatgut wird nur angedrückt und nicht zusätzlich abgesiebt. Bis zur Keimung ist es sinnvoll, damit die Samen zügig quellen und keimen können, die Kisten mit einer Glasscheibe abzudecken oder unter ein Folienzelt zu stellen.

Wobei zwischen der Abdeckung und der Saatoberfläche genügend Luftraum sein muss. Sobald die Keimung beginnt, sind die Abdeckungen sofort wieder zu entfernen. Optimal sind zur Keimung 18 bis 20 °C. Unter 15 °C ist die Keimung stark verzögert und über 30 °C findet keine Keimung statt. Die Keimung erfolgt innerhalb von zwei bis drei Wochen.

Pikieren: Wann und wie wird pikiert?

Etwa vier bis sechs Wochen nach der Aussaat sind die Sämlinge im Abstand von 3 × 3 cm bis 4 × 4 cm aufzupikieren. Man pikiert entweder in Handkästen oder Multitopfplatten bzw. sonstige Topfeinheiten. Als Erde verwendet man Einheitserde P oder sonstige Pikiersubstrate. Um schnell verkaufsfähige Pflanzen zu erzielen, setzt man zwei oder drei Pflanzen zusammen.

Topfen: Wann wird getopft und was ist zu beachten?

Sechs bis acht Wochen nach dem Pikieren wird getopft. Verwendet werden 10- bis 12-cm-Töpfe. Vereinzelt werden auch „Schaupflanzen" in 15-cm-Töpfen gezogen. Sind Einzelpflanzen pikiert worden, können jetzt zwei oder drei Pflanzen zusammen getopft werden. Solche Tuffpflanzen sind schneller verkaufsfertig, weil sie stärker belaubt sind und dadurch voller aussehen und gleich mit zwei bzw. drei Blütenstielen kommen.

Primeln benötigen strukturstabile Substrate, die während der Kultur eine ausreichende Belüftung des Substrates gewährleisten, genügend Wasser und Nährstoffe aufnehmen, aber auch gut abgeben können. In den Betrieben werden meist Einheitserden mit einem 20 %igen Tonanteil verwendet. Der pH-Wert sollte bei 6,0 bis 7,0 liegen. Darüber hinaus bietet die Erdeindustrie spezielle Substrate an, die auf die Nährstoffbedürfnisse der Primeln abgestimmt sind.

Rücken: Was ist zu beachten?

Ausgestellt wird nach dem Topfen in der Regel Topf an Topf. Etwa vier bis sechs Wochen nach dem Topfen wird gerückt, sobald sich die Blätter berühren. Rechtzeitiges Rücken ist erforderlich, damit die Blattstiele nicht übermäßig lang werden und die Pflanzen kompakt bleiben. Im Endstand stehen je Quadratmeter 18 bis 20 Pflanzen.

Wasserbedarf: Wie hoch ist er und wie wird die Bewässerung durchgeführt?

Der Wasserverbrauch ist verhältnismäßig hoch, daher ist eine ständige Bewässerung erforderlich, wobei ein Wechsel zwischen hoher und geringer Feuchte im Substrat durchaus zu empfehlen ist. Nässe mögen Primeln überhaupt nicht, aber auch gegen Ballentrockenheit sind sie äußerst empfindlich. Zu hohe Feuchtigkeit im Zusammenhang mit zu tiefer Temperatur führt zu Chlorose. Gelbrandige Blätter können die Folge von Ballentrockenheit sein. In diesem

Zusammenhang ist auch die Luftfeuchte zu beachten, sie sollte zwischen 50 und 60 % liegen. Die Bewässerung erfolgt in den Betrieben über Matten oder in Rinnenkultur bzw. Ebbe-Flut-Systemen.

Düngung: Welche Nährstoffansprüche haben Becher-Primeln?

Primeln gehören zu den Pflanzen mit mittlerem bis geringem Nährstoffbedarf und sind vor allem in der Jugendphase salzempfindlich. Sobald die mit der Grunddüngung des Substrates beigegeben Nährstoffe aufgebraucht sind, muss nachgedüngt werden. Bei Verwendung von P-Substraten beim Topfen kann zwei Wochen nach dem Topfen mit der regelmäßigen Nachdüngung begonnen werden.

In den meisten Betrieben ist die flüssige Nachdüngung über ein Düngereinspeisegerät die Regel. Sie erfolgt dabei meist aufgrund von Erfahrungswerten. Als Faustzahl gilt, alle ein bis zwei Wochen mit einem N-betonten Mehrnährstoffdünger 0,1 bis 0,15 %ig nachzudüngen.

Bei der Bewässerungsdüngung (Düngung bei jedem Bewässerungsvorgang) wird die Düngungshöhe von der Einstrahlung und dem damit verbundenen Wasserverbrauch bestimmt. Das heißt, bei hoher Einstrahlung und hohem Wasserverbrauch wird weniger, bei geringer Einstrahlung und/oder geringem Wasserverbrauch mehr Dünger zugegeben. Als Faustzahl gilt bei der Bewässerungsdüngung eine Konzentration von 0,06 bis 0,08 %.

Pflanzenschutz: Welche Krankheiten und Schädlinge treten insbesondere auf?

Gefürchtet bei Primeln sind Virosen, Grauschimmel, Wurzelbräune, Blattfleckenkrankheiten und *Phytophthora*-Wurzelhalsfäule. Bei den Schädlingen Thripse, Blattälchen, Spinnmilben, Raupen und die Larven des Dickmaulrüsslers.

Saintpaulia ionantha, Usambaraveilchen

Botanik: Durch welche Merkmale ist Saintpaulia ionantha gekennzeichnet?

Die Gattung *Saintpaulia* umfasst 20 Arten, die alle in Ostafrika, in Tansania heimisch sind. Es handelt es sich um immergrüne, mehrjährige krautige, bei uns nicht winterharte Pflanzen mit stark gestauchter Sprossachse. Aufgrund dieser Stauchung bilden die am Spross sitzenden Blätter eine Rosette. Bei jüngeren Pflanzen liegen die Blattrosetten direkt über dem Boden, ältere Pflanzen bilden einen kurzen Stamm. Die Blütenstände entspringen den Achseln jüngerer Blätter, sie sind zum Ende hin zahlreich verzweigt und tragen oft mehr als zehn Blüten. Charakteristisch für die Gattung ist das Vorhandensein von nur zwei fruchtbaren Staubblättern. Die großen, rundlichen Staubbeutelfächer fließen am Grund zusammen.

Die wichtigsten Elternarten unserer heutigen Saintpaulien, sie werden unter den botanischen Namen *Saintpaulia ionantha* geführt, sind eben diese Art und *S. confusa*. *Saintpaulia ionantha* trägt dickfleischige, herzförmige, pelzig behaarte, beidseitig dunkelgrüne Blätter und fünfzählige, zwittrige, violettblaue Blüten. Bei *S. confusa* sind die Blattoberseiten purpur, die Unterseite rötlich bis purpurn. Viele unserer heutigen Sorten, die diese Blattfärbung haben, sind auf diesen Elternteil zurückzuführen. Die Blütenfarbe ist mehr rötlich-violett.

Die Gattung ist nach dem Entdecker Baron Adalbert Emil Walter Redcliffe Le Tanneux von Saint Paul benannt, der Pflanzen im Jahr 1892 in Tansania gefunden hat.

Der Artname *ionantha* kommt aus dem Griechischen und bedeutet „veilchenähnlich“. Das „veilchenähnlich“ deutet schon darauf hin, dass die Gattung mit unseren Veilchen, der Gattung *Viola*, nichts zu tun hat, sie ist auch nicht näher verwandt mit ihr. Ihren deutschen Namen hat die Pflanze von ihrem Fundort, den Usambarabergen in Tansania.

Verwendung: Als was und wo werden Usambaraveilchen verwendet?

Usambaraveilchen sind blühende Topfpflanzen, die große wirtschaftliche Bedeutung haben. Sie gehören zu den beliebtesten blühenden Zimmerpflanzen. Es gibt wohl nur wenige Haushalte, wo nicht schon mal Usambaraveilchen gestanden haben. Von Saintpaulien werden mehr Pflanzen angebaut als von allen übrigen Gesneriaceen zusammen. Als Kleinpflanzen haben sie keinen großen Platzbedarf und können selbst auf schmalsten Fensterbänken gehalten werden. Kaum eine andere Topfpflanze blüht im Zimmer so reich und meist mit mehr als einer Blühsaison. Wann immer der Kunde ein blühendes Usambaraveilchen benötigt, es gibt keine Jahreszeit, zu der man nicht blühende Pflanzen anbieten kann. In der Regel werden die Pflanzen eintriebig mit einer geschlossenen Blattrosette gezogen, aus deren Mitte die Blütenstiele bukettartig hervorkommen (Biedermeiertyp).

Sortiment: Wie ist das Sortiment gegliedert?

Die züchterische Entwicklung begann schon bald nach der Entdeckung der Pflanzen Ende des 19. Jahrhunderts in Deutschland, später vor allem in den USA. Es gibt eine sehr große Menge an Sorten. Allein in den USA, wo es eine eigene Usambaraveilchen-Gesellschaft (African Violet Society of America) gibt, sind mehrere Tausend Sorten registriert. Die Blütenpalette reicht von Weiß über Rosa, Rot und Violett, zu Hellblau bis Dunkelblau, von gestreiften und zweifarbigen, zu geränderten und gekrausten oder gewellten Blütenblättern, wie auch gefüllten Sorten. Neben den stark wachsenden sind es vor allem die kleinlaubigen und kleinblütigen Sorten, die sogenannten Minis, die in jüngerer Zeit mehr und mehr an Bedeutung gewonnen haben.

Die an eine gute Sorte gestellten Forderungen sind gleichmäßiger, schneller Wuchs, nicht zu großes, gleichmäßiges, dunkelgrünes Laub, Reichblütigkeit, Gleichmäßigkeit im Aufblühen sowie drahtige Blütenstiele, kräftige Farben, die nicht verblassen, und gute Haltbarkeit der Blüten.

Weltbekannt sind die Sorten der Firma Holtkamp, sie sind unter den Serienbezeichnungen 'Optimara' und 'Rhapsodie' auf dem Markt. Diese Serien enthalten Sorten, die sich in ihrem äußeren Erscheinungsbild, ihrem Wuchsverhalten und ihren Ansprüchen gleichen und sich nur in der Blütenfarbe unterscheiden.

Vermehrungs- und Absatzzeiten: Zu welchen Zeiten werden Usambaraveilchen angebaut?

Saintpaulien sind tagneutrale Pflanzen, deren Blütenbildung durch höhere Temperaturen gefördert wird. Die Vermehrung und der Absatz erfolgen ganzjährig. Wobei die größten Stückzahlen in der Zeit von Ostern über Muttertag bis Pfingsten auf den Markt kommen.

Kulturdauer: Von welcher Kulturdauer ist auszugehen?

Die Möglichkeit der Kultursteuerung besteht bei *Saintpaulia* nicht. Allein über die Temperatur und Zusatzlicht lassen sich Kulturzeitverkürzungen erreichen. Ganzjähriger Verkauf erfolgt durch satzweisen Anbau.

Je nach Jahreszeit beträgt die Entwicklungsdauer von der Blattstecklingsvermehrung bis zum Verkauf fünf bis sechs Monate. Die Anzucht von der Vermehrung bis zur topffähigen Jungpflanze beträgt etwa 12 Wochen. Vom Topfen bis zum Verkaufsbeginn vergehen 10 bis 16 Wochen je nach Kulturbedingungen. Im Sommer liegt die Kulturdauer vom Topfen bis zum Verkauf bei 10 bis 12 Wochen. Im Winter muss mit einer Verlängerung um zwei bis vier Wochen gerechnet werden.

Topfen Januar – Blüte/Verkauf Mitte April.
Topfen März – Blüte/Verkauf Anfang Juni.
Topfen Juni – Blüte/Verkauf Ende August.
Topfen September – Blüte/Verkauf Anfang Dezember.

Licht: Welche Ansprüche haben Saintpaulien?

Saintpaulien sind tagneutrale Pflanzen. Der Bereich bei dem Wachstum stattfindet liegt zwischen 3 000 und 15 000 Lux, das Wachstumsoptimum bei einer Lichtintensität von 10 000 Lux (10 klx). Usambaraveilchen sind also im Vergleich zu anderen Pflanzenarten als wenig lichtbedürftig einzustufen. Im Sommer muss bei Lichtintensitäten über 15 000 Lux schattiert werden. Andererseits sind im Winter die Tage zu kurz und auch die Lichtintensitäten häufig zu gering, um gutes Wachstum zu erzielen. Deshalb wird in Kultur während der lichtarmen Zeit häufig Zusatzlicht gegeben. Wie Untersuchungen zeigen, bringt eine Erhöhung der Lichtintensität von 3 klx auf 6 klx und eine Verlängerung des Tages auf 12 Stunden in dieser Zeit eine Kulturzeitverkürzung von 10 bis 12 Tagen.

Temperatur: Welche Ansprüche haben Saintpaulien?

Hinsichtlich der Temperatur haben die Saintpaulien aufgrund ihrer tropischen Herkunft vergleichsweise hohe Ansprüche. Das Optimum für Wachstum und Entwicklung liegt bei 20 °C. Temperaturen unter 18 °C führen zu einer Verlängerung der Kulturzeit, bei Temperaturen über 22 °C ist mit einem Verblassen der Blütenfarbe zu rechnen. Wegen der längeren Kulturzeit bei niedrigen Temperaturen nimmt der Pflanzendurchmesser etwas zu. Bei Temperaturen unter 15 °C wird die Wurzeltätigkeit und damit das Wachstum gestört und kommt schließlich völlig zum Erliegen.

Vermehrung: Wie werden Saintpaulien vermehrt?

Saintpaulien können durch Aussaat oder Blattstecklinge vermehrt werden. Wobei die Aussaatvermehrung keine große Bedeutung hat. Hinsichtlich der nur vegetativ vermehrbaren Sorten ist zu beachten, dass diese Sorten dem Sortenschutz unterliegen und nicht ohne Zustimmung des Züchters bzw. des Lizenzinhabers vermehrt werden dürfen. Jungpflanzen für Weiterkultur in Produktions- und Endverkaufsbetrieben werden auch von Jungpflanzenfirmen in Gewebekultur angezogen. Etwa drei Monate nach Vermehrungsbeginn werden die pikierten Jungpflanzen ausgeliefert. Auch Mutterpflanzenbestände werden häufig aus gewebekulturvermehrten Pflanzen aufgebaut.

Mutterpflanzen: Wie wird Mutterpflanzenbestand für die Stecklingsvermehrung aufgebaut?

Für den Aufbau eines Mutterpflanzenbestandes sind etwa sechs Monate Kulturzeit (Vermehrung bis zur ersten Blattstecklingsernte) notwendig, wobei die Pflanzen dann rund sechs Monate beerntet werden können. Das günstigste Alter der Mutterpflanzen für die Ernte der Blattstecklinge liegt zwischen dem fünften und zehnten Monat nach dem Vermehrungstermin. An Stecklingen fallen im drei- bis vierwöchigen Turnus etwa vier Stück pro Ernteperiode an, also etwa 30 Stück je Mutterpflanze. Die Temperatur für Mutterpflanzen soll im Sommer 20 bis 25 °C und im Winter 20 bis 22 °C betragen. Zusatzlicht im Winter wird sich positiv auf das Wachstum aus. Der Tag ist dabei auf 14 bis 16 Stunden zu verlängern. Kultiviert werden die Mutterpflanzen in der Regel in 10- bis 12-cm-Töpfen.

Stecklingsschnitt: Wie ist vorzugehen?

Zur Vermehrung sollen die Blätter einen Durchmesser von 4 cm haben und fast oder gerade ausgewachsen sein. Die Stiellänge soll zwischen 1 und 2 cm liegen. Jüngere bzw. ältere Blätter bilden nur verzögert Wurzeln und Adventivtriebe.

Gesteckt werden die Blätter schuppenförmig zueinander oder dachförmig gegenüberstehend in Kisten. Als Substrat werden Gemische aus Torf und Sand oder Torf und Perlite verwendet. Nach dem Stecken wird kräftig angegossen. Während der Bewurzelung ist die Erde mäßig feucht zu halten. Optimal für die Bewurzelung und Adventivtriebbildung sind 20 bis 25 °C. Während der Bewurzelung ist auf ausreichend, jedoch nicht zu starken Schatten zu achten. Zu geringer Schatten führt zur Verhärtung der Stecklinge und somit zur Verzögerung der Wurzel- und Adventivtriebbildung.

Die Bewurzelungsdauer beträgt drei bis vier Wochen, der Durchtrieb der Adventivtriebe erfolgt nach sechs Wochen. Man rechnet mit einem Platzbedarf von 500 bis 600 Stecklingen je m².

Pikieren: Wie ist vorzugehen?

Vom Stecken des Blattes bis zum pikierfähigen Austrieb vergehen etwa 12 Wochen. Am Grunde des Blattstiels wird nicht nur eine, sondern werden mehrere junge Pflanzen (Adventivtriebe) gebildet. Die Adventivtriebe werden vom Blattstielgrund getrennt und in der Regel einzeln pikiert. Bei eintriebigen Pflanzen werden ein gleichmäßigerer Wuchs sowie eine schönere Rosettenbildung erzielt. Hinzu kommt, dass sich später die Blüten besser auf die Pflanzenmitte konzentrieren. Ferner wird eine frühere Blüte erzielt. Größere Ware bei etwas längerer Kulturzeit erreicht man durch mehrtriebige Pflanzen. Vereinzelt können bei den Adventivtrieben Wurzeln fehlen, sie stellen dann kleine Stecklinge dar. Auch sie werden aufpikiert und bilden schnell Wurzeln. Die Zahl der sich bildenden Adventivtriebe schwankt je nach Jahreszeit und Sorte. Sie liegt im Sommer bei fünf bis sechs und im Winter bei etwa zwei je Steckling. Als Substrat wird zum Pikieren im Allgemeinen Einheitserde P, TKS I oder sonstige P-Substrate verwendet.

Topfen: Was ist zu beachten?

Nach dem Pikieren stehen die Jungpflanzen etwa vier bis sechs Wochen, bis sie eine Größe erreicht haben, dass sie in den Endtopf gesetzt werden können. Als Endtöpfe werden für normale Sorten 8- bis 9-cm-Töpfe verwendet. Minis werden in Topfgrößen von 5 bis 6 cm kultiviert. Als Erden werden in der Regel schwach aufgedüngte Substrate verwendet, z. B. Einheitserde P oder TKS I oder ähnliche Substrate. Der pH-Wert sollte zwischen 6 und 7 liegen. Getopft werden sollte nicht zu hoch und nicht zu locker, da die Pflanzen sich dann besser aufbauen. Der Vegetationspunkt soll etwas tiefer als der Topfrand sein, damit die Blätter später am Topfrand aufliegen.

Nach dem Eintopfen ist kräftig anzugießen. In den ersten vier Wochen nach dem Topfen sind Temperaturen von 22 bis 24 °C günstig. Später sollte die Heizwärme am Tag bei 20 bis 22 °C liegen und nachts auf 18 °C absinken. Im Knospenstadium sind zur Ausfärbung der Blüten 18 °C günstig. Bei hohen

Temperaturen verblassen die Blüten. Ein Problem, das häufig in den Sommermonaten auftritt.

Rücken: Wie ist vorzugehen?

Häufig wird nach dem Topfen gleich auf Endabstand ausgestellt. Wird zunächst Topf an Topf ausgestellt, ist, sobald ein Überwachsen des Topfrandes stattfindet zu rücken. Auf rechtzeitiges Rücken ist unbedingt zu achten, da sonst die Blattstiele zu lang werden und sich keine geschlossene Rosette mehr bildet. Die Qualität der Pflanzen wird erheblich gemindert.

Nach dem Topfen stehen bei normalen Sorten 80 bis 100 Töpfe je m^2, im Endstand 36 bis 40 Pflanzen je m^2.

Bewässerung: Was ist zu beachten?

Zur Bewässerung kann jedes Wasser genommen werden, das den Anforderungen, die üblicherweise an Gießwasser gestellt werden genügt; das heißt, dass aus hygienischen Gründen ein von Pflanzenresten usw. nicht verunreinigtes Wasser genommen wird. Gerade die Übertragung bedeutsamer Krankheiten (z. B. *Phytophthora)* kann durch Wasser sehr leicht erfolgen. Die Erde ist gleichmäßig feucht zu halten, Staunässe ist unter allen Umständen zu vermeiden. In der Regel erfolgt die Bewässerung der Usambaraveilchen über Bewässerungsmatten, über Rinnen oder Ebbe-Flut-Systemen. Die Temperatur des Gießwassers spielt bei der Kultur eine entscheidende Rolle. Der Temperaturunterschied zwischen Gießwasser und Lufttemperatur soll 5 °C nicht übersteigen. Die geeignete Wassertemperatur liegt je nach Haustemperatur bei 15 bis 25 °C, optimal sind 20 bis 22 °C. Gießwasser unter 15 °C bewirkt Wachstums- und Blühverzögerungen. Kaltes Wasser auf den Blättern hat weißlich-gelbe Flecken zur Folge. Dabei kommt es zur Ablösung der Kutikula von den unteren Zellschichten.

Die relative Luftfeuchtigkeit sollte zwischen 70 und 90 % liegen. Bei höherer Luftfeuchte bleiben die Blüten kleiner und blasser. Außerdem besteht die Gefahr eines *Botrytis*-Befalls. Bei zu trockener Luft verlängert sich die Kulturzeit und die Blütenstiele bleiben häufig unter dem Laub stecken.

Nachdüngung: Wie ist vorzugehen?

Sobald die mit der Grunddüngung des Substrates beigegeben Nährstoffe aufgebraucht sind, muss nachgedüngt werden. Bei Verwendung von P-Substraten wird in der Regel vier bis sechs Wochen nach dem Topfen mit der regelmäßigen Nachdüngung begonnen. In den meisten Betrieben ist die flüssige Nachdüngung über ein Düngereinspeisegerät die Regel. Sie erfolgt dabei meist aufgrund von Erfahrungswerten. Als Faustzahl gilt, wöchentlich mit einem ausgeglichenen Mehrnährstoffdünger (zu starke Stickstoffbetonung ergibt große und brüchige Blätter) 0,1 bis 0,2 %ig nachzudüngen. Bei Bewässerungsdüngung ist eine Konzentration von 0,08 % ausreichend.

Pflanzenschutz: Welche Krankheiten und Schädlinge können auftreten?

Krankheiten, Schädlinge und nichtparasitäre Erkrankungen können Saintpaulien in jeder Entwicklungsstufe gefährden. Die wichtigsten Krankheiten, die auftreten können, sind Echter Mehltau und *Phytophthora*. Bei Phytophthorabefall bleiben die Pflanzen im Wachstum zurück und das Wurzelsystem weist viele Faulstellen auf oder auf Blättern und Stielen, insbesondere am den Wurzelhälsen finden sich Faulstellen. Befallene Blätter hängen über dem Topfrand und vertrocknen. Die Pflanze stirbt dann ab. An tierischen Schädlingen ist auf Blattälchen (auf der Blattoberseite, meist in Nähe der Blattadern, helle Flecken; auf der Blattunterseite dunkelbraune eingesunkene Flecken); Weichhautmilben (Wachstumsdepressionen und Deformationen an Blättern und Blüten) und auf Blattläuse (sie treten bevorzugt an den Blüten auf) zu achten. Besonders ist auf einen Thripsbefall zu achten. Thripse schädigen die Blüten, oft kommen diese gar nicht zur vollen Entwicklung. Ein sicheres Zeichen für Thripsbefall ist, wenn Blütenstaub auf den Blüten liegt.

Beet- und Balkonpflanzen

Begonia-Semperflorens-Gruppe, Eisbegonie, Apfelblüte

Botanik: Welche Merkmale sind typisch für die Semperflorens-Gruppe?

Die Gattung *Begonia* umfasst zwischen 900 und etwa 1 400 verschiedene Arten. Es sind ein- oder mehrjährige Kräuter oder aber Halbsträucher. Einige Arten treten als Knollen bildende Pflanzen auf. Die meisten Arten stammen aus Süd- und Mittelamerika, andere Arten aus Asien und Afrika. Typisch für fast alle Arten sind die ungleichseitigen Blätter, weshalb man Begonien auch als Schiefblätter bezeichnet. Die Pflanzen sind einhäusig, getrenntgeschlechtlich, d. h. auf einer Pflanze treten männliche und weibliche Blüten auf. Die Blütenstände sind trugdoldig und stehen immer in den Blattachseln.

Ausgangsart der Semperflorens-Hybriden ist *B. cucullata* var. *hookeri*, besser bekannt unter ihrem Synonym (heute nicht mehr gültigen Namen) *B. semperflorens*. Zur Entstehung des heutigen Sortiments sollen darüber hinaus *B. lycheana*, *B. schmidtiana* und vor allem *B. gracilis* beigetragen haben.

Alle diese Arten sind von Natur aus Stauden, d. h. mehrjährig. Sind aber wegen ihrer tropischen Herkunft bei uns im Freien nicht winterhart. Können aber in Töpfen im Gewächshaus oder Zimmer gezogen, relativ alt und breit und hoch werden. Gärtnerisch werden die vielen Abkömmlinge (die Sorten) bei uns aber wie Einjahresblumen behandelt, d. h. jährlich neu aus Samen herangezogen.

B. cucullata var. *hookeri* und *B. schmidtiana* sind in Brasilien, *B. lycheana* in Mexiko und *B. gracilis* in Mexiko und Guatemala heimisch.

Entdeckt wurden die Begonien im Jahr 1690 von dem französischen Botaniker und Franziskaner Charles Plumier (1646–1704). Auf einer Studienreise in die Antillen fand er einige Begonienarten, die bis dahin unbekannt waren. Zu Ehren seines Reisegefährten Michel Bégon, Gouverneur von Santo Domingo, Förderer der Botanik, gab er ihnen den Namen *Begonia*.

Verwendung: Wo werden Eisbegonien verwendet?

Semperflorens-Begonien haben aufgrund der großen Dauerhaftigkeit der Blüte und der Stabilität der Pflanze, für die Beet- und Rabattenbepflanzung und für die Bepflanzung von Gräbern große Bedeutung. Darüber hinaus werden sie zur Bepflanzung von Balkonkästen und Schalen verwendet. Ergänzend dazu gibt es seit einigen Jahren die sogenannten „Kübelbegonien“, das sind Sorten mit einem besonders starken Wuchs, die bei entsprechender Kulturführung 60 bis 80 cm hoch werden können und sich sehr gut zur Bepflanzung größerer Töpfe eignen. Gelegentlich, vor allem in ländlichen Gebieten, werden Semperflorens-Begonien auch als Topfpflanzen gehalten. Semperflorens-Begonien sind wahre Blühwunder. Der Flor beginnt im Mai und hält den ganzen Sommer über bis in den Herbst an, wenn die ersten Fröste die Pflanzen schädigen. Auf Beeten werden Semperflorens-Begonien in reinen Farben oder auch in Gemischen gepflanzt, in Blumenkästen und Schalen, aber auch auf Gräbern ist ein einheitlicher Farbton günstiger.

Sortiment: Wie ist es gegliedert?

Das heutige Sortiment ist in sogenannten Serien zusammengefasst. Die Blütenfarbe liegt zwischen hellem Rosa und Dunkelrosa, leuchtendem Rot und Scharlachrot sowie Weiß. Dabei handelt es sich heute in der Regel um F1-Hybriden. Man unterscheidet darüber hinaus grünlaubige und dunkellaubige (rotlaubige) Sorten. Andere Anbieter unterscheiden zwischen schwach (sie werden auch Gracilis-Sorten genannt) und stark wachsenden (den sogenannten Semperflorens-Sorten) Sorten. Die stark wachsenden Sorten sind gekennzeichnet durch kräftigen Wuchs, wenige starke, straff aufrechte Triebe, große und glatte Blätter, größere Einzelblüten. Die schwach wachsenden Sorten sind gekennzeichnet durch zierlichen buschigen Wuchs, mehrere dünne Triebe mit kleineren Blättern und zahlreichen Einzelblüten von geringerer Größe. Hinzu kommen dann noch die schon oben erwähnten Kübelpflanzensorten, mit besonders kräftigem Wuchs (z. B. die Gruppe ‘Dragon’).

Vermehrung: Wie erfolgt die Vermehrung?

Die Vermehrung erfolgt in den Betrieben durch Aussaatvermehrung. Eine Vermehrung durch Stecklinge ist leicht das ganze Jahr über möglich, spielt jedoch in den Produktionsgärtnereien praktisch keine Rolle. Früher gab es einige Sorten, die echt nur vegetativ durch Stecklinge vermehrt werden konnten.

Vermehrungszeiten: Wann werden Semperflorens-Begonien vermehrt?

Je nach gewünschtem Absatztermin erfolgt die Aussaat von Anfang Januar bis Ende März. Mitte Januar bis Ende Februar für einen Verkauf im Mai. Aussaat im März für Verkauf im Juni und für Folgesätze. Für den Verkauf ab Ende März als blühende Topf- oder Schalenpflanze sät man im November/Dezember aus.

Von der Aussaat bis zum Verkauf ist mit 12 bis 16 Wochen zu kalkulieren. Bei Zukauf von Jungpflanzen reduziert sich die Kulturzeit auf sechs bis acht Wochen.

Licht und Temperatur: Welche Ansprüche haben Begonien?

Semperflorens-Begonien sind tagneutral, blühen also unabhängig von der Tageslänge. Geringe Lichtintensitäten beeinträchtigen jedoch vegetatives Wachstum und Blütenbildung. Für eine frühe Blüte sind Langtagsbedingungen von mindestens 12 Stunden erforderlich. Für die Verbesserung des Pflanzenaufbaus kann Assimilationslicht eingesetzt werden. Sonst sollte die Kultur hell und luftig erfolgen, eine Schattierung ist nur bei sehr starker Sonneneinstrahlung erforderlich. In der Anzucht sind Temperaturen um 18 bis 20 °C optimal, später ist eine Absenkung auf 15 °C sinnvoll.

Kulturstufen: Welche sind üblich?

Viele Produktionsbetriebe verzichten auf eine eigene Vermehrung sondern kaufen Saatkistchen mit 600 bis 1 200 Pflanzen (die von Januar bis April erhältlich sind) oder Jungpflanzen zu, die mit 2-cm- oder 3-cm-Topfballen angeboten werden. Ihre Anzucht erfolgt in Spezialbetrieben in Pflanzenzellenplatten unter genau kontrollierten Wachstumsbedingungen. Saatkisten enthalten fünf bis sechs Wochen alte Pflanzen, die zunächst pikiert und nach weiteren fünf Wochen in das Verkaufsgefäß verpflanzt werden.

Aussaat: Wie wird vorgegangen?

Der Samen ist sehr feinkörnig. 1 Gramm Samen enthält zwischen 70 000 und 100 000 Korn. Für 1 000 Verkaufspflanzen benötigt man etwa 2 000 Samen. Bei pilliertem Saatgut, das von verschiedenen Saatgutfirmen angeboten wird, reichen 1 500 Korn. Ausgesät wird in kleine Saatkisten in Aussaaterde, wie sie von der Erdeindustrie angeboten wird. Das feine Saatgut wird nur angedrückt und nicht zusätzlich abgesiebt. Bis zur Keimung ist es sinnvoll, damit die Samen zügig quellen und keimen können, die Kisten mit einer Glasscheibe oder mit Folie abzudecken. Wobei zwischen der Abdeckung und der Saatoberfläche genügend Luftraum sein muss. Sobald die Keimung beginnt, sind die Abdeckungen sofort wieder zu entfernen. Optimal sind zur Keimung 22 bis 24 °C. Die Keimung erfolgt innerhalb von 10 bis 14 Tagen. Damit es nicht zu einer übermäßigen Erhitzung kommt, sind die Saatgefäße bei starker Sonneneinstrahlung zu schattieren. Durch Assimilationslicht kann die Entwicklung der Keimlinge beschleunigt werden.

Pikieren: Wie ist vorzugehen?

Etwa vier bis sechs Wochen nach der Aussaat sind die Sämlinge im Abstand von 3 × 3 cm bzw. in entsprechende Multizellenplatten aufzupikieren. Hierzu wird im Allgemeinen Einheitserde P oder sonstige P-Substrate verwendet. Viele Betriebe pikieren die Pflanzen aus den Saatkistchen auch direkt in den Endtopf. In der Regel werden, da die Sämlinge noch sehr klein sind, zum Fassen Pinzetten oder „Pikiergäbelchen" verwendet. Dabei wird meist in Tuffs mit zwei oder drei Sämlingen pikiert.

Topfen: Wie wird vorgegangen?

Begonien benötigen strukturstabile Substrate, die während der Kultur eine ausreichende Belüftung des Substrates gewährleisten, genügend Wasser und Nährstoffe aufnehmen, aber auch gut abgeben können. In den Betrieben werden meist Einheitserden oder Torfkultursubstrate verwendet. Der pH-Wert soll bei 5,5 bis 6,5 liegen.

Fünf Wochen nach dem Pikieren wird, soweit die Pflanzen als Beetpflanzen verwendet werden sollen, in 8- bis 10-cm-Töpfe oder entsprechende Packs getopft. In manchen Endverkaufsbetrieben ist statt Topfen vereinzelt noch das Auspflanzen auf Tischbeete oder Grundbeete im Gewächshaus oder auch in Frühbeetkästen üblich.

In der Regel wird gleich auf Endabstand gestellt, somit erübrigt sich das zeitaufwendige Rücken. Im Endstand geht man von einem Platzbedarf von 120 Pflanzen/m² aus.

In den letzten ein bis zwei Wochen vor dem Verkauf sind die Pflanzen durch relatives Trockenhalten, reichliches Lüften und Senken der Heiztemperatur auf 10 °C am Tage und 7 °C in der Nacht abzuhärten.

Bewässerung: Wie hoch ist der Wasserbedarf?

Der Wasserbedarf ist verhältnismäßig hoch, daher ist eine regelmäßige Bewässerung erforderlich, wobei ein Wechsel zwischen hoher und geringer Feuchte im Substrat durchaus zu empfehlen ist. Denn Nässe mögen auch Semperflorens-Begonien nicht. Sie werden bei zu hoher Nässe schnell von Wurzelerkrankungen befallen. Es ist möglichst von unten zu bewässern. Bei Bewässerung von oben auf das Laub in Verbindung mit starker Sonneneinstrahlung kommt es unvermeidlich zu Blattverbrennungen.

Düngung: Wie ist vorzugehen?

Sobald die mit der Grunddüngung des Substrates beigegeben Nährstoffe aufgebraucht sind, muss nachgedüngt werden. Bei Verwendung von P-Substraten kann zwei Wochen nach dem Topfen mit der regelmäßigen Nachdüngung begonnen werden. In den meisten Betrieben ist die flüssige Nachdüngung über ein Düngereinspeisegerät die Regel. Sie erfolgt dabei meist aufgrund von Erfahrungswerten. Als Faustzahl gilt, alle ein bis zwei Wochen mit einem ausgeglichenen Mehrnährstoffdünger 0,1 %ig nachzudüngen.

Hemmstoffe: Inwieweit ist eine Behandlung notwendig?

Ein Einsatz von Hemmstoffen ist bei entsprechender Kulturführung nicht notwendig. Gelegentlich werden bei Anzucht in Packs, wo die Pflanzen enger stehen, Hemmstoffe eingesetzt. Empfohlen wird das Mittel Topflor, 0,05 bis 0,10 %.

Pflanzenschutz: Welche Krankheiten und Schädlinge können auftreten?

Krankheiten, Schädlinge und nichtparasitäre Erkrankungen können Semperflorens-Begonien in jeder Entwicklungsstufe gefährden. In der Vermehrung können Vermehrungspilze wie *Pythium* und *Rhizoctonia* auftreten. Später ist auf Echten Mehltau, Blattälchen, Trauermücken und Blasenfüße zu achten.

Hinsichtlich des Transports ist zu beachten, dass die festen, knackigen Blätter leicht abbrechen, wenn sie zu eng transportiert werden.

Fuchsia-Cultivars, Fuchsie

Botanik: Durch welche Merkmale ist die Gattung gekennzeichnet?

Die Gattung *Fuchsia* umfasst etwa 105 Arten. Sie treten als Halbstrauch, Strauch oder kleiner Baum auf. Ihre Blätter können gegen-, wechsel- oder quirlständig sein. Die achselständigen Blüten – zuweilen sind sie auch endständig traubig oder rispig angeordnet – sind vierzählig. Sie besitzen einen unterständigen Fruchtknoten, über dem die Kelchröhre mehr oder weniger stark verlängert ist. Die vier Kelchblätter (sie sind bei Fuchsien in der Regel lebhaft gefärbt) bezeichnet man als Sepalen, die einzelnen Blütenblätter als Petalen und die Blütenkrone als Korolle (Corolla). Acht Staubfäden und ein überlanger Griffel überragen die Blütenkrone. Im Gegensatz zu allen anderen Gattungen der Familie Onagraceae sind die Früchte der Fuchsien viel- oder wenig-samige Beeren.

An der Züchtung der vielen Sorten, die botanisch als *Fuchsia*-Cultivars geführt werden, waren insbesondere *F. magellanica* und ihre Varietäten sowie *F. fulgens* und *F. splendens* beteiligt. Bei den traubenblütigen waren es insbesondere *F. triphylla*, *F. corymbiflora* und *F. fulgens*.

Die meisten Fuchsien-Arten sind in Süd- und Mittelamerika heimisch, in Brasilien, Ecuador, Peru, Guatemala, Costa Rica, Argentinien, Panama, Mexiko, einige in Neuseeland und auf Tahiti, wo sie in kühlen und feuchten Gebirgswäldern wachsen.

Benannt wurde die Gattung 1703 nach dem deutschen Arzt und Botaniker Leonhart Fuchs (1501–1566).

Verwendung: Für welche Zwecke sind Fuchsien geeignet?

Fuchsien gehören zu den wichtigen Arten in der Gruppe der Beet- und Balkonpflanzen. Sie werden auf Beete, Gräber, in Balkonkästen, Ampeln und Schalen gepflanzt, als Solitär, Hochstämme und auch als Topfpflanzen verkauft. Stark wachsende Sorten sind beliebt zur Bepflanzung größerer Kübel, wo sie in Verbindung mit anderen Balkon- und Beetpflanzen oder auch alleine, Terrassen, Vorgärten, Gärten und Balkone sowie den öffentlichen Raum schmücken.

Sortiment: Wie ist das Fuchsien-Sortiment gegliedert?

Es gibt von Fuchsien eine schier unüberschaubare Zahl von Sorten. Schätzungen zufolge gibt es etwa 10 000 Sorten. Trotzt dieser großen Zahl sind nur wenige Sorten für den Anbau von Bedeutung. Bei grober Untergliederung des Sortimentes wird von stehenden, halb hängenden und hängenden Fuchsiensorten gesprochen. Nach dem hauptsächlichen Verwendungszweck werden sie in Topf-, Beet- und Balkonsorten untergliedert. Das schließt nicht aus, dass manche universell verwendbar sind. Als Topfpflanzen eignen sich vor allem von Natur aus gedrungen, kugelig wachsende Sorten. Für größere Kübel werden dagegen stark wachsende Sorten verwendet. Balkonsorten sind vorwiegend hängende Sorten, doch eignen sich dafür auch stehende Sorten. Auch buntlaubige Sorten enthält das Sortiment.

Vermehrung: Wie werden Fuchsien vermehrt?

Die Vermehrung der Fuchsien erfolgt bis auf wenige Ausnahmen vegetativ durch Stecklinge. Einige wenige durch Aussaat zu vermehrende Sorten gibt es auf dem Markt. Sie haben eine vergleichsweise lange Kulturzeit und zeigen eine ungleichmäßige Entwicklung. Sie sind keine wirkliche Alternative zu dem großen, vegetativen Sortiment. Im Rahmen der Arbeitsteilung beginnt in vielen Betrieben die Kultur mit dem Zukauf von Jungpflanzen.

Anbauzeiten: Zu welchen Jahreszeiten werden Fuchsien kultiviert?

Fuchsien können grundsätzlich ganzjährig vermehrt und angeboten werden. Die Hauptvermehrungszeit liegt zwischen Dezember und Februar, wobei der spätere Zeitpunkt das Material für Beet-, Grab- und Balkonbepflanzung liefert, der frühere ergibt größere, frühblühende Topf-, Beet- oder Ampelpflanzen. Märzstecklinge ergeben noch kleinere Pflanzware. Hauptabsatzzeit ist April/ Mai bis etwa Sommerbeginn.

Kulturdauer: Wovon ist sie abhängig und wie lange dauert eine Kultur?

Die Kulturdauer ist in starkem Maße von der gewünschten Produktform (Groß- oder Kleinpflanzen, Ampeln oder Hochstämmchen) abhängig. Bei frühen Topfterminen ohne Belichtung sind für normale Größen vier bis fünf Monate Kulturzeit zu planen. Für die Kurzkultur, sind zwei bis drei Monate ausreichend.

Licht und Temperatur: Welche Ansprüche haben Fuchsien?

Die meisten Fuchsiensorten sind Langtagpflanzen. Dabei wird zwischen qualitativen (obligaten) und quantitativen (fakultativen) Langtagpflanzen unterschieden. Die obligaten Langtagpflanzen benötigen für die Blütenbildung zwingend eine Tageslänge von 12 bis 14 Stunden, die fakultativen Sorten sind bei ausreichend vegetativem Wachstum auch bei Tageslängen unter 12 Stunden in der Lage, Blüten anzulegen (zu induzieren). Dann gibt es aber auch Sorten, die tagneutral sind, das heißt unabhängig von der Tageslänge Blüten anlegen. Diese Sorten sind besonders zur Verwendung als Topfpflanzen geeignet. Sind die Blüten einmal angelegt (induziert) ist die Entwicklung der Blüten tageslängenunabhängig, wird aber von der Temperatur stark beeinflusst.

Bei 18 bis 20 °C wachsen und entwickeln sich Fuchsien am besten. Nach dem Topfen sollten für zwei Wochen die Temperaturen nicht unter 16 °C fallen, denn Temperaturen unter 16 °C verzögern oder verhindern bei den meisten Sorten die Weiterentwicklung der angelegten Blüten. Später kann die Temperatur auf 12 bis 15 °C abgesenkt werden. Bei 18 bis 20 °C entwickeln sich einfach blühende Sorten nach dem Eintopfen in sechs bis acht Wochen, gefüllt blühende in 10 bis 12 Wochen zu verkaufsfähigen Pflanzen.

Mutterpflanzenhaltung: Was ist zu beachten?

Die für die Stecklingsvermehrung erforderlichen Mutterpflanzen werden im März/April des Vorjahres angezogen. Mit der Vermehrung wird dann ab August begonnen. Da Stecklinge mit Knospen bzw. Blüten nur schlecht wurzeln, nutzt man die Reaktion auf Kurztag zur Stecklingsproduktion. Im Kurztag gehaltene Fuchsien bilden keine oder nur wenige Blüten aus, denn Fuchsien sind, wie vorstehend beschrieben, hinsichtlich ihres Blühverhaltens Langtagpflanzen. Mutterpflanzen, die im August/September für mindestens drei Wochen KT-behandelt werden, ergeben fünf bis sechs Wochen nach Verdunkelungsbeginn steckfähige Triebe. Dabei werden die Mutterpflanzen im 12-Stunden-Tag gehalten. Bei weniger als 12-Stunden leidet auch das vegetative Wachstum und es werden nur wenige Triebe gebildet, die als Stecklinge geeignet sind.

Stecklingsschnitt: Wie ist vorzugehen?

Die Triebe für die Stecklinge sollten gut ausgereift sein und zwei bis vier voll entwickelte Blattpaare besitzen. Gesteckt wird in Multitopfplatten 3,5–5 cm, ähnliche Zellenplatten oder auch Jiffy-7. Auch das Stecken in Kisten oder in ein Vermehrungsbeet ist möglich, aber heute weniger üblich. Darüber hinaus wird vereinzelt auch direkt in den Endtopf gesteckt. Als Substrat werden reiner Torf, Torf-Sand-Gemische oder fertige Stecklingssubstrate, die von der Erdeindustrie in gleich bleibender Qualität angeboten werden, verwendet. Zur Beschleunigung der Wurzelbildung werden im Allgemeinen Bewurzelungshormone eingesetzt.

Bis zur Bewurzelung müssen die Stecklinge bei hoher Luftfeuchtigkeit (gespannter Luft) gehalten werden. Die Bedingungen schafft man durch eine Sprühnebelanlage oder durch Bedeckung mit dünner Polyäthylenfolie (Lochfolie). Die Temperatur sollte um die 20 °C betragen. Nach Beginn der Wurzelbildung wird auf 16 bis 18 °C abgesenkt. Die Bewurzelungsdauer beträgt 14 bis 18 Tage.

Entsprechend der Hauptabsatzzeit im Frühjahr erfolgt die Vermehrung in der lichtschwachen Jahreszeit. Eine Assimilationsbelichtung kann die Bewurzelung beschleunigen.

Topfen: Welche Topfgrößen sind üblich und wie ist beim Topfen vorzugehen?

Eine generelle Topfgröße gibt es für Fuchsien nicht. Sie hängt ab von der Produktform, der Wüchsigkeit der Sorten, dem Vermehrungs- bzw. Verkaufstermin. 10- bis 12-cm-Töpfe sind für Normalware heute die Norm. Für späte Sätze und für Kleinware verwendet man aber auch 8- bis 9-cm-Töpfe oder auch entsprechende Pflanzeinheiten wie sie die sogenannten Kultipacks darstellen. Ampeln (verwendet werden Töpfe mit 25- bis 30-cm Durchmesser) werden mit drei bis fünf Jungpflanzen bepflanzt.

Während früher die bewurzelten Stecklinge in 7-bis 8-cm-Töpfe zwischengetopft wurden, topft man heute direkt in den Endtopf (Verkaufstopf). Das Eintopfen gleich in den Endtopf erspart viel Arbeitszeit und damit Kosten. Außerdem ist erwiesen, dass es für das gleichmäßige, flotte Wachstum der Pflanzen besser ist, sofort in den Endtopf getopft zu werden, als Zwischengrößen zu verwenden.

Nach dem Eintopfen ist kräftig anzugießen. Förderlich für die Wurzelbildung ist, wenn man die Pflanzen vor dem nächsten Wässern leicht antrocknen lässt.

Substrat: Wie sollte das Substrat beschaffen sein?

Fuchsien benötigen strukturstabile Substrate, die während der Kultur eine ausreichende Belüftung des Substrates gewährleisten, genügend Wasser und Nährstoffe aufnehmen, aber auch gut abgeben können. In den Betrieben werden meist Einheitserden oder Torfkultursubstrate verwendet. Der pH-Wert soll bei 5,5 bis 6,5 liegen. Praxiserden aus Betriebskomposten sind heute eher selten. Werden sie verwendet müssen sie hygienisch einwandfrei, das heißt sterilisiert sein. Was in der Regel durch Dämpfen geschieht. Vor dem Mischen und Aufdüngen von Praxiserden ist unbedingt eine Substratanalyse zu machen, um gezielt Aufdüngen zu können. In der Regel werden zur Grunddüngung Mehrnährstoffdünger eingesetzt, wobei sogenannte Langzeit- bzw. Depotdünger heute die Regel sind.

Ausstellen und Rücken: Wie wird vorgegangen?

Fuchsien werden entweder gleich auf Endabstand gestellt oder zunächst Topf an Topf, um dann einmal auf Endabstand zu rücken. Mehrmaliges Rücken ist heute bei Fuchsien eher selten. Wobei die Frage, ob und wie viel Mal gerückt wird, stark von den spezifischen Bedingungen im Betrieb abhängig ist. Wird gerückt, ist der Zeitpunkt, wann dies geschieht, für die spätere Qualität von großer Bedeutung. Grundsätzlich gilt, rechtzeitig mit dem Rücken zu beginnen. Bei guten Wachstumsbedingungen genügen drei bis vier Tage für ein sogenanntes Langwerden der Pflanzen mit schlechter Seitentriebbildung von unten her. Je später dieses Langwerden in Kauf genommen werden muss, desto weniger Zeit bleibt der Pflanze, Mängel im Habitus auszugleichen. Es empfiehlt sich also mit dem Rücken anzufangen, wenn die Pflanzen beginnen sich gegenseitig zu berühren. Ein ausreichend weiter Stand fördert den gedrungenen Wuchs und damit die Stabilität der Pflanzen.

Das Rücken wird mit dem Ausputzen verbunden. Dabei werden alle abgestorbenen und beschädigten Pflanzenteile entfernt.

Platzbedarf: Von welchem Platzbedarf ist auszugehen?

Der Platzbedarf zum Ende der Kulturzeit (Endabstand) ist abhängig von der Sorte, dem Kulturzeitraum und der gewünschten Verkaufsqualität. Nach dem Topfen können, je nach Topfgröße, 60 bis 80 Pflanzen/m² stehen. Nach dem Rücken bis zum Verkauf sollen bei Premiumware (12-cm-Topf) nicht mehr als 25 Pflanzen/m² stehen. Für Ware in 10-cm-Töpfen kann mit 35 bis 50 Pflanzen/m² kalkuliert werden. Hängende Sorten haben einen Platzbedarf von 20 bis 25 Pflanzen/m².

Stutzen: Was ist bei Fuchsien zu beachten?

Bei den meisten Fuchsien-Sorten gehört das Stutzen zum normalen Kulturablauf. Frühe Vermehrungen und starkwüchsige, sich schwach verzweigende Sorten werden ein- bis zweimal weich entspitzt. Weich entspitzt bedeutet, dass nur der Vegetationskegel entfernt wird und nicht die gesamte Triebspitze mit einem oder mehreren Blattpaaren. Gestutzt wird, sobald die Pflanze drei Blattpaare entwickelt hat und die Spitze zu fassen ist. Meist wird eine Woche vor dem Topfen oder eine Woche danach gestutzt. Weiches Stutzen ist Voraussetzung, um einen guten und gleichmäßigen Durchtrieb zu erzielen. Wird zu tief gestutzt, ist der Austrieb schwach und ungleichmäßig. Häufig kommt es hier zur Bildung einzelner langer Triebe. Spätere Vermehrungen und sich gut verzweigende Sorten werden einmal oder, je nach Erfahrung mit der Sorte, überhaupt nicht entspitzt. Dies gilt vor allem für Kleinware. Hängesorten werden nur zum Teil gestutzt.

Hemmstoffbehandlung: Was ist bei Fuchsien sinnvoll?

Der Einsatz von Hemmstoffen ist eine Kulturmaßnahme, um niedrige, kompakte Pflanzen zu erzeugen. Hemmstoffe verkürzen die Internodien durch Verstärkung der Zellwände und Reduktion der Zelllänge. Hemmstoffe führen aber nicht nur zu einem gedrungenen Wuchs, sondern ergeben auch kleineres, dunkleres Laub. Die Behandlung von Fuchsien mit Hemmstoffen ist sehr stark sortenabhängig. Viele Sorten benötigen bei entsprechender Kulturführung (niedrige Temperatur, viel Licht, Anwendung von „negativ Diff" oder „Drop") keine weiteren Wuchs regulierenden Maßnahmen. Bei stark wachsenden Sorten und einem frühen Kulturbeginn ist eine Anwendung mit Hemmstoffen zu empfehlen. Bei Fuchsien wird meist das Mittel „Topflor" eingesetzt. Die Höhe der Konzentration und Häufigkeit der Behandlung ist von der Sorte und dem Entwicklungsstand der Pflanzen abhängig. Für Fuchsien wird eine Anwendungskonzentration von 0,025 % bis 0,05 % mit ein bis zwei Behandlungen empfohlen.

Düngung: Welchen Nährstoffbedarf haben Fuchsien?

Fuchsien gehören zu den mittelstark zehrenden Kulturen. Wie bei vielen anderen Pflanzenarten beeinflusst Stickstoff auch bei Fuchsien Qualität und Blütezeit deutlich. Sowohl zu geringe Stickstoffgehalte als auch zu hohe verzögern die Blüte. Verwendet werden in den Betrieben in der Regel Mehrnährstoffdünger mit einem ausgeglichenen Nährstoffverhältnis (z. B. 15 : 10 : 15 + Spurenelemente).

Sobald die mit der Grunddüngung des Substrates beigegebenen Nährstoffe aufgebraucht sind, muss nachgedüngt werden. Bei Verwendung von P-Substraten beim Topfen kann zwei Wochen nach dem Topfen mit regelmäßiger Nachdüngung begonnen werden. In den meisten Betrieben ist die flüssige Nachdüngung über ein Düngereinspeisegerät die Regel. Sie erfolgt dabei meist aufgrund von Erfahrungswerten. In größeren Produktionsbetrieben wird die Nachdüngung durch Nährstoffanalysen überprüft bzw. bestätigt.

Die Konzentrationshöhe bei in Intervallen (z. B. wöchentlich oder alle zwei Wochen) gegebener Flüssigdüngung sollte 0,3 % nicht überschreiten. Man beginnt mit 0,1 % und steigert nach Durchwurzelung auf 0,2 bis 0,3 %. Die Konzentrationshöhe bei ständiger, mit dem Gießen verbundener flüssiger Nachdüngung (der sogenannten Bewässerungsdüngung) sollte im Bereich von 0,05 bis 0,08 % liegen.

Bewässerung: Welchen Wasserbedarf haben Fuchsien?

Der Wasserverbrauch ist trotz der Empfindlichkeit der Fuchsien gegenüber Staunässe verhältnismäßig hoch, daher ist eine regelmäßige Bewässerung erforderlich, wobei ein Wechsel zwischen hoher und geringer Feuchte im Substrat durchaus zu empfehlen ist. Mit beginnender Blütenbildung, die bei normaler Kultur ab Mitte März bis April erfolgt, unterstützt eine trockenere Kulturführung für zwei bis drei Wochen die Blütenbildung. Mit Beginn der Blütenentwicklung muss wieder stärker gewässert werden, sonst kommt es zu Knospenfall.

In der Regel werden Fuchsien über Bewässerungsmatten bewässert. Auch Rinnenkultur ist häufig anzutreffen. Einzeltopfbewässerung mit Tropfschläuchen ist nur bei größeren Pflanzen und Ampeln üblich. Hinsichtlich der Gießwasserqualität ist auf die begrenzte Salzverträglichkeit zu achten. Wasser mit einem Salzgehalt von > 600 mg/l ist für Fuchsien nicht geeignet.

Fuchsien lieben eine hohe Luftfeuchtigkeit. Günstig ist eine Luftfeuchte von 60 bis 70 %. Eine zu hohe Luftfeuchte fördert das Risiko einer Taupunktüberschreitung (Feuchtigkeit legt sich über die Pflanzenbestände) und damit die Gefahr, das *Botrytis* auftritt. Dieses Risiko besteht besonders im zeitigen Frühjahr und bei engem Stand.

Pflanzenschutz: Welche Krankheiten und Schädlinge können Fuchsien besonders gefährden?

Krankheiten, Schädlinge und nichtparasitäre Erkrankungen können Fuchsien in jeder Entwicklungsstufe gefährden. Es ist wichtig, die Bestände regelmäßig zu kontrollieren und so rechtzeitig und mit Gewissheit den Erreger von Krankheiten bzw. Ursachen von Beschädigungen zu erkennen.

Botrytis tritt bei hoher Luftfeuchtigkeit und stagnierender Luft, z. B. infolge eines zu engen Standes auf. Jungpflanzen faulen unmittelbar über dem Boden ab. Dort zeigen sich auch hellbraune, stängelumfassende Trockenfaulstellen, die zum Absterben einzelner Triebe führen. Ist der Befall weiter fortgeschritten, sieht man den grauen Pilzrasen schon mit bloßem Auge.

Rost ist erkennbar an gelblich braunen Sporenanlagen auf der Blattunterseite. Etwas später sind auch auf den Blattoberseiten braun-graue runde Flecken zu erkennen.

Als Schädling ist die Weiße Fliege (Mottenschildlaus) an Fuchsien weit verbreitet. Die Larven und die erwachsenen Tiere saugen nicht nur den Saft aus den Blättern, sondern scheiden auch den klebrigen „Honigtau" aus, auf dem sich bald Rußtaupilze ansiedeln. Spinnmilben sitzen an der Blattunterseite, stechen das Blattgewebe an und saugen Zellinhalt aus. An trocken-heißen Tagen vermehren sich die Milben besonders schnell. Blattläuse verursachen Blattverkrüppelungen, Blattkräuselungen und die Blätter vergilben.

Impatiens walleriana, Fleißiges Lieschen

Botanik: Welche Merkmale kennzeichnen Impatiens walleriana?

Die Gattung *Impatiens* umfasst etwa 850 verschiedene Arten. Etwa die Hälfte der Arten kommt auf dem indischen Subkontinent vor, weitere im tropischen bzw. subtropischen Afrika und Asien bis Malaysia und Indonesien. Einige wenige gibt es auch in Europa, so das winterharte „Große Springkraut“ oder „Rühr-mich-nicht-an“, *Impatiens noli-tangere*.

Impatiens walleriana ist in Tansania und Mosambik heimisch. Es handelt sich um bis 60 cm hohe krautige Halbsträucher mit fleischigen Trieben. Die länglich-ovalen, leicht gezähnten, hellgrünen Blätter sind an der Basis wechselständig, weiter aufwärts ringsum angeordnet. Die Blüten mit tellerförmiger Krone laufen in einen langen, dünnen Sporn aus und erscheinen in den Achseln der Blätter. *I. walleriana* sind im botanischen Sinne, wie viele andere Beet- und Balkonblumen, Stauden, also mehrjährige, krautige Pflanzen. Sie werden gärtnerisch aber einjährig, das heißt, wie Einjahresblumen kultiviert.

Der Name *Impatiens* bedeutet ungeduldig, empfindlich. Er nimmt darauf Bezug, dass die Samenkapseln bei Reife gegen Berührung sehr empfindlich sind und sofort aufspringen.

Verwendung: In welchen Bereichen werden Impatiens verwendet?

Impatiens sind wahre Blühwunder, der Flor dauert vom Mai bis zum Frost. Sie eignen sich für alle Verwendungsbereiche, die für Beet- und Balkonpflanzen infrage kommen. Der größte Teil aller *Impatiens* wird zur großflächigen Bepflanzung von Beeten und Rabatten verwendet. Ein in Pastelltönen nuancierendes Farbenspiel ermöglicht fantasievolle Kombinationen sowohl bei gemischten wie bei sortenreinen Pflanzungen. Je nach Standort, Pflanzweise und Sortentyp erzielt man ein gleichmäßig geschlossenes, bodendeckendes Wuchsbild, einen mehr kugelförmigen Wuchs, z. B. bei Tuff- und Kübelpflanzungen, und einen kriechend-hängenden Wuchs in Balkonkästen und Ampeln. Große Bedeutung haben *Impatiens* auch für die Bepflanzung von Gräbern. Die Verwendung als Topfpflanze, die früher weit verbreitet war, wird nur noch vereinzelt praktiziert. Vereinzelt spielen auch kleine Hochstämmchen eine Rolle. Hier wird durch Entfernen der Seitentriebe und Stutzen des Mitteltriebes in etwa 30 cm Höhe, der Kronenaufbau eingeleitet.

Sortiment: Wie ist es gegliedert?

Zahlreiche Sorten bzw. Serien sind auf dem Markt. Diese Serien enthalten Sorten, die sich in ihrem äußeren Erscheinungsbild, ihrem Wuchshalten und Ansprüchen gleichen und sich nur in der Blütenfarbe unterscheiden. Dominierend sind die durch Samen vermehrten mittel- bis großblütigen F1-Hybrid-Sorten mit einem ausgedehnten Farbspektrum. Sie besitzen entweder einfarbige, von weiß über orange bis rot gefärbte oder zweifarbige (gesternte) Blüten. Die Blütengröße reicht von 5,0 bis 6,6 cm. Auf Frühzeitigkeit wird bei allen Serien besonderer Wert gelegt. Auch sollen die Sorten möglichst niedrig bleiben.

Neben denen durch Aussaat vermehrten Sorten, die von der Stückzahl her führend sind, gibt es in den letzten Jahren wieder Sorten, die sortenrein nur vegetativ vermehrt werden können (ursprünglich wurden *Impatiens* nur vegetativ vermehrt).

Anbauzeiten: Welche sind für **Impatiens** typisch?

Impatiens können ganzjährig angebaut werden. Die Hauptabsatzzeit der *Impatiens* sind wie die der anderen Beet- und Balkonpflanzen die Monate April und Mai. Sie werden aber auch schon Wochen davor und danach bis weit in den Sommer hinein angeboten.

Je nach Jahreszeit beträgt die Entwicklungsdauer von der Aussaat bis zum Verkauf zwei bis drei Monate. Die Anzucht von der Aussaat bis zur topffähigen Jungpflanze beträgt fünf bis sechs Wochen. Vom Topfen bis zum Verkaufsbeginn vergehen vier bis sechs Wochen je nach Kulturbedingungen.

Verkauf Anfang bis Mitte Mai – Aussaat Ende Februar (8. bis 9. Woche).

Verkauf Mitte bis Ende Mai – Aussaat Mitte März (11. bis 12. Woche).

Verkauf Juni bis August – Aussaat April bis Anfang Mai (15. bis 19.Woche).

Viele Produktionsbetriebe verzichten auf eine eigene Vermehrung. Jungpflanzenfirmen bieten Saatkisten von Ende Januar bis April und Jungpflanzen mit 2-cm- bis 4-cm-Topfballen bis Mitte Mai an.

Licht und Temperatur: Welche Ansprüche haben **Impatiens?**

Impatiens walleriana ist tagneutral. Wobei ein hohes Lichtangebot die Wuchsform verbessert (die Pflanzen wachsen gedrungener) und die Blütenentwicklung fördert. Deshalb wird in vielen Betrieben in der frühen Anzuchtphase auch häufig Zusatzlicht gegeben. Schattiert werden sollte nur bei extremen Einstrahlungswerten.

Hinsichtlich der Temperatur haben die *Impatiens* aufgrund ihrer tropischen Herkunft vergleichsweise hohe Ansprüche. In der Jugendphase dürfen 16 bis 18 °C nicht unterschritten werden. Bei zu niedriger Temperatur wird das Wachstum stark verzögert, Temperaturen unter 15 °C führen außerdem zu gelben Blättern. Vor Verkaufsbeginn können die Temperaturen nach und nach auf 12 bis 15 °C gesenkt werden.

Vermehrung: Wie erfolgt sie?

Impatiens können sowohl durch Aussaat als auch vegetativ durch Stecklinge vermehrt werden. Wobei die Aussaatvermehrung im Vordergrund steht. Hinsichtlich der nur vegetativ vermehrbaren Sorten ist zu beachten, dass diese Sorten dem Sortenschutz unterliegen und nicht ohne Zustimmung des Lizenzinhabers vermehrt werden dürfen.

Für 1 000 Pflanzen wird 1 g Saatgut, dies sind 1 200 bis 1 500 Korn, benötigt. Ausgesät wird in Breitsaat oder aber auch in Einzelkornablage in entsprechende Pflanzenzellenplatten. Eine Bedeckung der Aussaaten ist aufgrund der geringen Größe der Samen, und nicht zuletzt, weil *Impatiens* lichtgeförderte Keimer sind, nicht erforderlich. Damit die Samen zügig quellen und keimen, ist in den ersten Tagen nach der Aussaat, zur Erhöhung der Luftfeuchtigkeit, eine Abdeckung der Aussaatgefäße mit einer Glasplatte oder einer dünnen Folie hilfreich. Mit beginnender Keimung, die nach vier bis fünf Tagen einsetzt, sind diese Abdeckungen unbedingt zu entfernen, um Vermehrungskrankheiten und ein Langwerden der Sämlinge zu verhindern. Die optimale Keimtemperatur liegt bei 22 °C. Nach 14 bis 20 Tagen ist die Keimung abgeschlossen. Die Temperaturen können nun auf 18 °C abgesenkt werden.

Weiterkultur: Was ist zu beachten?

Etwa drei bis vier Wochen nach der Aussaat werden die Sämlinge im Abstand von 3 × 3 cm oder in entsprechende Pflanzenzellenplatten pikiert. Viele Betriebe verzichten auf das Pikieren und setzen die Sämlinge direkt in den Endtopf. Dazu müssen die Sämlinge aber eine gewisse Größe haben. Dies erreicht man bei weitläufiger Breitsaat oder durch Einzelkornaussaat. Die Topfgröße ist sehr stark von der Sorte abhängig. Die Mehrzahl der Sorten werden in den Betrieben in 9- bis 10-cm-Töpfe oder entsprechende Packs gesetzt. Wobei in der Regel der Einzeltopf in den Betrieben bevorzugt wird, weil sich die Pflanzen hier besser entwickeln. Für stark wachsende Sorten werden auch 12-cm-Töpfe verwendet. Für Ampelkultur sind 25 bis 30 cm große Töpfe die Regel. Als Erden werden in der Regel schwach aufgedüngte Substrate verwendet, z. B. Einheitserde P oder TKS I oder ähnliche Substrate. Eigene Mischungen sind mit 1,5 kg eines ausgeglichenen Mehrnährstoffdüngers aufzudüngen. Der pH-Wert sollte zwischen 5,5 und 6,5 liegen. Nach dem Eintopfen ist kräftig anzugießen. Die Heizwärme sollte bis zur Durchwurzelung 18 °C betragen.

Ob gestutzt werden muss oder soll, wird in den Betrieben unterschiedlich gehandhabt. In der Regel wird nicht gestutzt, allenfalls bei sehr frühen Topfterminen.

Rücken: Wie ist zu verfahren?

Häufig wird nach dem Topfen gleich auf Endabstand ausgestellt. Wird zunächst Topf an Topf ausgestellt, ist, sobald ein Überwachsen des Endtopfes stattfindet und sich die Pflanzen beginnen, gegenseitig in die Höhe zu schieben, zu rücken. Zu enger Stand führt zu kahlen Stängeln, schlechter Verzweigung von unten, zu starkem Längenwachstum und letztendlich minderer Qualität. Der Platzbedarf ist entscheidend von Topfgröße und Sorte abhängig und kann zwischen 16 und 50 Pflanzen/m² liegen.

Hemmstoffeinsatz: Welche Bedeutung hat er bei Impatiens?

Der Einsatz von Hemmstoffen ist eine Kulturmaßnahme, um niedrige, kompakte Pflanzen zu erzeugen. Hemmstoffe verkürzen die Internodien durch Verstärkung der Zellwände und Reduktion der Zelllänge. Hemmstoffe führen aber nicht nur zu einem gedrungenen Wuchs, sondern ergeben auch kleineres, dunkleres Laub. Wobei der Einsatz bei *Impatiens* bei einigen Sorten zu einer Blühverzögerung führen kann.

Eingesetzt wird meist das Mittel Topflor in einer Konzentration von 0,025 %. Der Wirkstoff wird von der Pflanze über Blatt und Wurzel aufgenommen. Die Hemmwirkung von Topflor kann bei geringem Lichtangebot verzögert sein, d. h., bei trübem Wetter setzt sie später ein als in hellen Witterungsperioden.

Bei späten Sätzen und bei nicht zu engen Standweiten ist ein Einsatz von Wuchs regulierenden Mitteln im Allgemeinen überflüssig.

Darüber hinaus lassen sich *Impatiens* durch gezielte Temperaturführung gut in ihrem Wachstum beeinflussen. Durch negativ Diff und/oder Drop (Cool Morning) kann das Streckungswachstum deutlich gehemmt werden.

Bewässerung: Wie hoch ist der Wasserbedarf?

Impatiens haben einen hohen Wasserbedarf. Stauende Nässe ist aber unbedingt zu vermeiden. Zu viel Feuchtigkeit führt zu Blattvergilbungen, stauende Nässe zu Nährstoffmangel. In der Regel werden *Impatiens* über Bewässerungsmatten bewässert. Auch Rinnenkultur ist häufig anzutreffen. Einzeltopfbewässerung mit Tropfschläuchen ist nur bei Ampeln üblich. Hinsichtlich der Gießwasserqualität ist auf die begrenzte Salzverträglichkeit zu achten. Wasser mit einem Salzgehalt von > 600 mg/l ist für *Impatiens* nicht geeignet.

Düngung: Wie ist zu verfahren?

Sobald die mit der Grunddüngung des Substrates beigegeben Nährstoffe aufgebraucht sind, muss nachgedüngt werden. Bei Verwendung von P-Substraten beim Topfen kann zwei Wochen nach dem Topfen mit der regelmäßigen Nachdüngung begonnen werden. In den meisten Betrieben ist die flüssige Nachdüngung über ein Düngereinspeisegerät die Regel. Sie erfolgt dabei meist aufgrund von Erfahrungswerten. Als Faustzahl gilt, wöchentlich mit einem ausgeglichenen Mehrnährstoffdünger 0,1 %ig nachzudüngen.

Die Düngungshöhe und Häufigkeit in den Betrieben wird nicht zuletzt auch von der angestrebten Größe der Pflanzen und bei der Bewässerungsdüngung (Düngung bei jedem Bewässerungsvorgang) von der Einstrahlung und dem damit verbundenen Wasserverbrauch bestimmt. Das heißt, bei hoher Einstrahlung und hohem Wasserverbrauch wird weniger, bei geringer Einstrahlung und/oder geringem Wasserverbrauch mehr Dünger zugegeben. Bei Bewässerungsdüngung ist eine Konzentration von 0,08 % für die meisten Sorten ausreichend.

Pflanzenschutz: Welche Krankheiten und Schädlinge können auftreten?

In der Vermehrung können die einschlägigen Vermehrungskrankheiten, wie *Rhizoctonia* und *Pythium* auftreten. An Schädlingen treten Blattläuse, Spinnmilben, Thripse und Weiße Fliege auf. Am endgültigen Standort sind bei feuchter Witterung größere Schäden durch Schnecken zu verzeichnen.

Pelargonium zonale, Zonal-Pelargonie

Botanik: Durch welche Merkmale ist **Pelargonium zonale** gekennzeichnet?

Die Wildform von *P. zonale* ist ein aufrechter, weichholziger Strauch, der ein bis drei Meter hoch wird. Die alten Stämmchen verholzen im unteren Teil im Laufe der Zeit mehr oder weniger. Die jungen Zweige sind meistens mit kurzen Haaren besetzt. Blätter fast kreisrund (5 bis 8 cm im Durchmesser) mit herzförmigem Grund und unregelmäßig gekerbten Rändern, glatt oder spärlich mit kurzen Haaren besetzt und drüsig. In der Regel haben die Blätter auf der Oberseite eine dunkle hufeisenförmige Zonierung, worauf der Artname Bezug nimmt. Die breit-eiförmigen Nebenblätter an den Basen der langen Blattstiele werden sehr bald häutig und verwelken. Fünf bis siebzig Blüten bilden typische doldenartige Blütenstände. Die Knospen sind zurückgebogen. Die Blüten haben eine ausgesprochen zygomorphe Form: ein oberes Paar und drei untere. Die gleich großen Kronblätter sind im Allgemeinen rosa mit rötlichen Streifen. Man findet zuweilen in den Kronblättern Farbtöne von Rot bis Schneeweiß. Sieben fruchtbare Staubblätter sind vorhanden. Sie blüht das ganze Jahr hindurch.

Die Heimat von *Pelargonium zonale* ist Südafrika, wo sie weit verbreitet ist. Besonders häufig ist sie in den Küstengebieten der südlichen Kapprovinz anzutreffen, wo sie zusammen mit anderem Gestrüpp auf steinigen Hügelhängen wächst.

Der Name *Pelargonium* kommt von Pelargos = Storch und bezieht sich auf die Gestalt der Früchte. Zonale = Zone, Gürtel, gezont und bezieht sich auf die Zonierung der Blätter.

Warum werden Pelargonien auch von Gärtnern häufig als Geranien bezeichnet?

Als der große Botaniker Linné im 18. Jahrhundert die seitdem gültige binäre Nomenklatur schuf, hat er die Pelargonien aufgrund gemeinsamer Eigenschaften als *Geranium*-Arten mit in die Gattung *Geranium* der Familie der Geraniaceae gestellt. Als in den folgenden Jahrzehnten zahlreiche weitere Arten hinzukamen, regte der Franzose L' Heritier eine neue Gattung *Pelargonium* an. So ist die ursprüngliche Zugehörigkeit zur Gattung *Geranium* der Grund, weshalb heute noch, auch im Gartenbau, Pelargonien als Geranien bezeichnet werden.

Verwendung: In welchen Bereichen werden Zonal-Pelargonien bevorzugt verwendet?

In erster Linie sind Zonal-Pelargonien Beet- und Balkonpflanzen, werden aber auch heute noch, vor allem in ländlichen Gebieten, als Topfpflanzen gehalten. Stark wachsende Sorten sind beliebt zur Bepflanzung größerer Kübel, wo sie in Verbindung mit anderen Balkon- und Beetpflanzen oder auch alleine, Terrassen, Vorgärten, Gärten und Balkone schmücken. Insbesondere im öffentlichen Raum haben Zonal-Pelargonien als Kübelpflanzen große Bedeutung. Kleiner bleibende Sorten werden gerne zur Schalenbepflanzung eingesetzt. Eine wichtige Funktion erfüllen Zonal-Pelargonien für die Sommerbepflanzung von Gräbern. Grundsätzlich kann der Anbau von Zonal-Pelargonien ganzjährig erfolgen. Als Balkon- und Beetpflanze ist der Absatz allerdings auf die Frühjahrs- und ersten Sommermonate beschränkt. Erste Pflanzen verlangt der Kunde bei Eintritt von Schönwetterlagen im Frühjahr, manchmal schon Mitte April. Der Schwerpunkt der Nachfrage erstreckt sich über die Zeit von Ende April bis Anfang Juni. Für kleinere Mengen besteht auch in den Sommermonaten laufend Nachfrage.

Sortiment: Wie ist das Pelargonien-Sortiment gegliedert?

Grundsätzlich wird zwischen Sämlingspelargonien und vegetativ vermehrten Sorten unterschieden. Nach dem hauptsächlichen Verwendungszweck wird in den Katalogen zwischen Topf-, Beet- und Balkonsorten unterschieden. Die meisten Sorten sind allerdings universell verwendbar. Für die Beet- und Grabbepflanzung eignen sich vor allem von Natur aus gedrungen, kugelig wachsende Sorten. Für größere Kübel werden dagegen stark wachsende Sorten verwendet. Zur Beet-, Schalen- und Balkonbepflanzung werden im Allgemeinen einfach blühende Sorten den gefüllt blühenden vorgezogen, da sie „selbstreinigend“ und besonders „wetterfest“ sind. Bei den samenvermehrbaren Sorten handelt es sich ausschließlich um F1-Hybriden. Die einzelnen Züchter bieten meist sogenannte Serien an (Benary z. B. die ‘Multibloom’-Serie). Diese Serien enthalten Sorten, die sich in ihrem äußeren Erscheinungsbild, ihrem Wuchsverhalten und ihren Ansprüchen gleichen und sich nur in der Blütenfarbe unterscheiden.

Vermehrung: Wie werden Zonal-Pelargonien vermehrt?

Die Vermehrung der Zonal-Pelargonien erfolgt durch Aussaat oder vegetativ durch Stecklinge oder Gewebekultur. Weitergehende Fragen zur Aussaat- und Stecklingsvermehrung weiter unten.

Licht: Welche Ansprüche haben Zonal-Pelargonien?

Zonal-Pelargonien sind als tagneutrale Pflanzen sogenannte Lichtsummenblüher. Lichtsummenblüher sind Pflanzen bei denen die Blütenbildung erst dann erfolgt, wenn eine bestimmte Lichtsumme, als Addition der täglichen Lichtmenge, überschritten wird. Eng damit verbunden sind die Länge der Kulturzeit und die Größe der Pflanze. Je länger das Wachstum in der lichtarmen Winterzeit verläuft, umso größer werden die Pflanzen und umso länger ist die Kulturzeit. Sätze in der lichtstarken Sommerzeit legen wesentlich früher Blüten an und bleiben kleiner. Vermehrungen im Dezember/Januar führen zur längsten, die im März/April zur kürzesten Kulturzeit. Bei Sämlingspelargonien geht man von einer Kulturzeit von 90 bis 150 Tagen (13 bis 20 Wochen) aus.

Grundsätzlich gilt, je höher die Lichtintensität, umso niedriger und kompakter wachsen die Pflanzen. Unter 2 000 Lux findet bei Pelargonien kein Wachstum statt. Langsames Wachstum erfolgt zwischen 2 000 und 10 000 Lux. Optimal für das Wachstum sind Werte zwischen 25 000 und 35 000 Lux. Schattierung ist in der Regel nicht notwendig.

Temperatur: Welche Ansprüche haben Zonal-Pelargonien?

In der Hauptwachstumsphase sind Tagesmitteltemperaturen (auf 24 Stunden bezogen) von 16 bis 18 °C anzustreben. Zum Beispiel 20 °C am Tag und 14 bis 16 °C in der Nacht. Als Lüftungstemperatur werden 20 bis 24 °C angegeben. Falls durch hohe Sonneneinstrahlung 24 °C am Tag erreicht werden, kann in der darauf folgenden Nacht auch auf 12 °C abgesenkt werden (es bleibt dann bei der Tagesmitteltemperatur von 18 °C).

Etwa 14 Tage vor Verkauf hat sich zum „Abhärten" der Pflanzen eine Tagesmitteltemperatur von 15 °C (z. B. 16 °C am Tag und 14 °C in der Nacht) als günstig erwiesen. Durch die leichte Abhärtung wird das vegetative Wachstum reduziert und die Qualität der Pflanze bleibt bis zum Verkaufszeitpunkt erhalten.

Substrate: Welche werden bei Pelargonien eingesetzt?

Als Substrate werden für Pelargonien Erden mit einem 15 bis 25 %-igen Tonanteil empfohlen, die als Grunddüngung etwa 150 g N, 100 g P_2O_5 und 200 K_2O und 50 MgO je Liter Substrat enthalten sollen. Der Gesamtsalzgehalt sollte bei Topferden 2 g, der pH-Wert bei Ton-Torf-Substraten bei 5,8 bis 6,2, bei reinen Torfsubstraten um 5,5 bis 6,0 liegen. Später im eingewurzelten Zustand werden auch Salzgehalte bis zu 5 g pro Liter vertragen. Ein gewisser Tonanteil ist wünschenswert, um eine gleichmäßige Nährstoffzufuhr an die Pflanzenwurzeln zu gewährleisten. Wichtig ist außerdem eine gute physikalische Stabilität des Substrates, die während der ganzen Kultur eine ausreichende Belüftung des Substrates gewährleistet. Nur so ist ein gutes und gesundes Wurzelwachstum möglich. Auch für eine trockene Kulturführung, die zur Erzielung von kompakter Ware Voraussetzung ist, ist ein Substrat mit hohem Luftporenanteil notwendige Voraussetzung.

Bewässerung: Was ist zu beachten?

Der Wasserverbrauch ist trotz der Empfindlichkeit der Zonal-Pelargonien gegenüber Staunässe verhältnismäßig hoch, daher ist eine ständige Bewässerung erforderlich, wobei ein Wechsel zwischen hoher und geringer Feuchte im Substrat durchaus zu empfehlen ist. In der Regel werden Pelargonien über Bewässerungsmatten bewässert. Auch Rinnenkultur ist häufig anzutreffen. Einzeltopfbewässerung mit Tropfschläuchen ist nur bei größeren Pflanzen üblich.

Düngung: Wie ist zu verfahren?

Pelargonien gehören zu den Pflanzen mit hohem Nährstoffbedarf. Größere Topfgrößen benötigen auf die gesamte Kulturzeit bezogen etwa 400 bis 700 mg Stickstoff, Kleinpflanzen 300 bis 400 mg. Das N : K_2O-Verhältnis sollte in der Hauptwachstumszeit 1 : 1 später 1 : 1,2 betragen.

Sobald die bei der Grunddüngung des Substrates beigegebenen Nährstoffe aufgebraucht sind, muss nachgedüngt werden. Begonnen wird, wenn nicht mit Langzeit- bzw. Depotdüngern das Endtopfsubstrat aufgedüngt wurde, meist ab der 5. Kulturwoche nach dem Eintopfen, wenn die ersten Wurzeln am Topfrand erscheinen.

Die flüssige Nachdüngung über ein Düngereinspeisegerät ist dabei die Regel.

Die Düngung erfolgt in den Betrieben meist aufgrund von Erfahrungswerten, die in größeren Betrieben durch Nährstoffanalysen überprüft bzw. bestätigt werden.

Stutzen: Inwieweit ist ein Stutzen sinnvoll oder erforderlich?

Heute wird in der Regel auf ein Stutzen der Pflanzen verzichtet, dies gilt sowohl für Sämlings- als auch Stecklingspelargonien. Die meisten Sorten wachsen kompakt und selbstverzweigend. Durch das Stutzen würden zwar größere Pflanzen entstehen, der Blühbeginn aber stark verzögert.

Hemmstoffbehandlung: Inwieweit ist ein Einsatz sinnvoll bzw. erforderlich?

Der Einsatz von Hemmstoffen ist eine Kulturmaßnahme, um niedrige, kompakte Pflanzen zu erzeugen. Hemmstoffe verkürzen die Internodien durch Verstärkung der Zellwände und Reduktion der Zelllänge. Hemmstoffe führen aber nicht nur zu einem gedrungenen Wuchs, sondern ergeben auch kleineres, dunkleres Laub mit einer kräftigeren Zonierung.

Bei Zonal-Pelargonien werden in der Regel „Topflor“ und „Cycocel 720“ eingesetzt.

Pflanzenschutz: Welche Krankheiten und Schädlinge treten häufig auf?

Am gefürchtetsten an Pelargonien sind die Bakterielle Welke, Stängelgrundfäule und Blattfleckenkrankheit, die alle drei von einem Bakterium verursacht werden und zwar von *Xanthomonas pelargonii*. Symptome der Bakteriellen Welke und Blattfleckenkrankheit sind ölige, durchscheinende kleine Flecken im Blatt. Flecken vergrößern sich rasch, fließen ineinander und führen zu vertrockneten Partien. Bereits vor dem Sichtbarwerden der Symptome welken bei Sonneneinstrahlung einzelne Triebpartien oder die ganze Pflanze. Symptome der Stängelgrundfäule sind: Stängelgrund trockenfaul und schwarzbraun verfärbt mit allmählicher Ausbreitung nach oben im Bereich der Leitungsbahnen. Befallene Triebe sterben rasch ab.

Auch verschiedene Viren können an Pelargonien große Schäden hervorrufen. Sie haben bei Sämlingspelargonien im laufenden Kulturjahr allerdings keine Bedeutung. Das Ringflecken Virus zeigt sich durch gelbe Ringe und Flecken auf den Blättern. Das Mosaikvirus ist an der mosaikartigen Zeichnung der Blätter erkenntlich. Das Kräuselvirus ruft Verkrüppelungen und Verformungen bei Blättern und jungen Trieben hervor.

Grünschwarze Verfärbung und Nassfäule (Schwarzbeinigkeit) am Stängelgrund wird durch die *Pythium*-Stängelgrundfäule verursacht. Hohe Feuchtigkeit und zu geringe Wärme begünstigen die Ausbreitung.

Der Pelargonien-Rost ist eine Pilzerkrankung, die sehr starke Schäden an Zonal-Pelargonien hervorrufen kann. Runde, zunächst gelbliche Flecken auf der Blattober- und -unterseite, später auf der Blattunterseite braune Sporenlager. Bei stärkerem Befall erhebliche Wachstumsbeeinträchtigungen und Qualitätsminderung.

Bei *Botrytis cinerea* findet man auf Blüten, Blättern, Blatt- und Blütenstielen große Faulstellen, die später mit mausgrauen Schimmelrasen bedeckt sind. Der Grauschimmel ist ein Schwächeparasit, der sich auf faulenden oder absterbenden Pflanzenteilen besonders ausbreitet. Hohe Luftfeuchte im Pflanzenbestand begünstigt das Auftreten von *Botrytis*.

Verschieden Blattlausarten können Zonal-Pelargonien befallen. Sie schädigen durch Aussagen des Zellsaftes. Dadurch tritt Luft in die Zellen ein und es entstehen die typischen hellen Blattflecke, Verkräuselungen oder Verkrüppelungen der Blätter.

Raupen verschiedener Schmetterlingsarten fressen an Pelargonien und können aufgrund ihrer großen Fraßlust in kurzer Zeit beträchtliche Schäden anrichten.

Spinnmilben und Weichhautmilben treten weniger an Zonal-Pelargonien auf.

In den letzten Jahren als Schädling wieder stark zugenommen hat die Weiße Fliege.

Worauf ist ein Aufplatzen des Blütenstängels zurückzuführen?

Bei manchen Zonal-Pelargonien-Sorten platzt der sich streckende Blütenstängel quer. Das freiliegende Gewebe verkorkt, der Blütenstand bricht ab oder entwickelt sich kümmerlich. Die Ursache ist eine plötzliche Wasseraufnahme nach großer Trockenheit und eine hohe Luftfeuchtigkeit, sodass die Verdunstung eingeschränkt ist.

Sämlingspelargonien: Was spricht für die Vermehrung aus Samen?

Während noch vor gar nicht allzu langer Zeit *P. zonale* ausschließlich vegetativ vermehrt wurden, hat im letzten Jahrzehnt die Aussaatvermehrung immer mehr an Bedeutung gewonnen. Treibende Kraft hierbei war sicherlich die Tatsache, dass der Erreger der gefährlichen Blatt- und Stängelbakteriose, *Xanthomonas pelargonii* sowie verschiedene Viruserkrankungen nur durch die In-vitro-Gewebekultur oder eben durch Aussaatvermehrung ausgeschaltet werden konnten. Die weitgehende Befallsfreiheit gilt dabei allerdings nur für das jeweilige Anbaujahr. Außerdem stehen durch die intensive Züchtungsarbeit Sämlingspelargonien heute nicht mehr im Schatten der vegetativ vermehrten Klonsorten. Auch ist heute die Anzucht der Pelargonien aus Samen relativ einfach durchzuführen.

Aussaat: Wie wird vorgegangen?

Das Tausendkorngewicht beträgt bei *P. zonale* 5 g; 1 Gramm Samen enthält also etwa 200 Korn. Gehandelt werden die Samen aber nicht nach Gewicht, sondern nach Stück. Hinsichtlich der Menge des auszusäenden Saatgutes ist trotz der hohen Keimfähigkeit, die über 90 % beträgt, zu berücksichtigen, dass nicht aus jedem ausgesäten Samenkorn eine gute Verkaufspflanze heranwächst. Deshalb sät man etwa ein Fünftel mehr aus, als man Verkaufspflanzen haben will. In Zahlen ausgedrückt heißt dies, für 1 000 Verkaufspflanzen werden 1 200 Samenkörner benötigt.

Ausgesät wird in Pikier- bzw. Handkisten in Breitsaat oder Einzelkornaussaat. Neben der Aussaat in Hand- oder Pikierkisten erfolgt die Aussaat oft auch in Multizellenplatten (Multitopfplatten). Auch Aussaaten in Torfquelltöpfe (Jiffy 9) werden durchgeführt. Größere Produktionsbetriebe mit hohen Aussaatmengen verwenden bei der Aussaat pneumatisch arbeitende Sägeräte, mit denen das Saatgut angesaugt und kistenweise abgelegt wird. Ausgesät wir in Abständen von 2 × 2 bis 3 × 3 cm, was einem Platzbedarf von 2 500 bzw. 1 100 je m^2 entspricht. Egal, welches Verfahren man verwendet, die Samen sind etwa 0,3 cm hoch mit Erde abzudecken.

Pelargonien sind lichtgeförderte Keimer (Lichtkeimer). Damit die Samen zügig quellen und keimen können ist eine gleichmäßige Feuchtigkeit wichtig. Sie erreicht man, indem man die Kisten die ersten 4 Tage mit Folie abdeckt. Keimung ist in einem sehr weiten Temperaturbereich von 5 bis 25 °C möglich. Beste und schnelle Keimergebnisse erzielt man bei Temperaturen zwischen 20 und 25 °C. So aufgestellt, beginnen die Samen schon nach zwei bis drei Tagen zu keimen. Nach 12 Tagen ist die Keimung abgeschlossen.

Für Blüte bzw. Verkauf April bis Juni sät man im Januar bis März aus, für Verkauf Juli bis August im Mai bis Juni.

Soweit die Aussaat in Breitsaat erfolgt, wird aus der Aussaatkiste meist in Multizellenplatten pikiert. Ein Pikieren aus Breitsaat direkt in den Endtopf wird auch praktiziert, allerdings in der Regel nur bei späteren Aussaaten. Das Pikieren erfolgt, sobald die Keimung abgeschlossen ist, dies ist zwei bis drei Wochen nach der Aussaat der Fall.

Topfen: Was ist zu beachten?

Bei Einzelkornaussaaten ist das Topfen direkt in den Endtopf die Regel. Es erfolgt etwa vier bis fünf Wochen nach der Aussaat. Eine generelle Topfgröße gibt es für Zonal-Pelargonien nicht. Im Allgemeinen nimmt man heute kleinere Töpfe als früher. 10- bis 12-cm-Töpfe sind für Fertigware heute die Norm. Für späte Sätze und für Kleinware verwendet man aber auch 8- bis 9-cm-Töpfe oder auch entsprechende Pflanzeinheiten wie sie die sogenannten Kultipacks darstellen.

Der Platzbedarf zum Ende der Kulturzeit (Endabstand) ist abhängig von der Sorte, dem Kulturzeitraum und dem Kulturverfahren. Bei einer Kultur, die Anfang Januar beginnt, rechnet man mit 16 Pflanzen/m². Bei einer Kultur, die Anfang Februar beginnt, rechnet man mit 18 Pflanzen/m². Bei einer Kultur, die Anfang März beginnt (10-cm-Topf), rechnet man mit 20 Pflanzen/m². Bei einer Kultur, die Ende März beginnt (9-cm-Topf) rechnet man mit bis zu 40 Pflanzen/m². Bei Kultipack-Kleinware stehen in der Produktion 44 bis 48 Pflanze je m².

Bei Einzeltopf-Pflanzen im 11-cm-Topf sind es 24 bis 27 Stück/m² und bei Einzeltopf-Pflanzen im 10-cm-Topf 28 bis 32 Stück/m².

Stecklingskultur: Was ist Voraussetzung für eine erfolgreiche vegetative Vermehrung von Pelargonien?

In der gärtnerischen Praxis unterscheidet man zwischen den Jungpflanzenbetrieben, welche Mutterpflanzenkultur, Stecklingsgewinnung und -bewurzelung betreiben, und Produktionsbetrieben, die die Blühware erzeugen. Diese Arbeitsteilung, die auch bei vielen anderen Kulturpflanzen weitverbreitete Praxis ist, hat etwas mit dem hohen Aufwand bei der Mutterpflanzenkultur zu tun und der Anfälligkeit von Pelargonien gegen Bakterienkrankheiten und Virosen. Der Erreger der gefährlichen Blatt- und Stängelbakteriose sowie eine Vielzahl von Virusarten können nur durch In-vitro-Gewebekultur mit Erfolg ausgeschaltet werden. Wegen der sehr komplizierten Test- und Gewebekulturvermehrungsverfahren können sich damit nur Forschungsinstitute, Gewebekulturlabors und sehr große Jungpflanzenbetriebe befassen.

Das Prinzip dieser krankheitseliminierenden Vermehrung besteht darin, dass die in jungem Gewebe enthalten Embryonalzellen frei von Krankheiten sind. Diese In-vitro-Kultur findet in Pflanzenlabors unter künstlichen Klima- und Lichtbedingungen statt. Wenn die Pflänzchen groß genug sind, werden sie in einem sterilen, durch Gazeabdichtung und Überdruck-Ventilatoren insektenfrei gehaltenen Haus weiterkultiviert. Von dieser ersten Generation von Mutterpflanzen werden normale Stecklinge gewonnen, die dann die für die eigentliche Vermehrung notwendigen Mutterpflanzen ergeben. Die Kultur dieser zweiten Generation Mutterpflanzen erfolgt unter Normalbedingungen im Gewächshaus. Die, von dieser Vermehrungsstufe gewonnenen Stecklinge gehen als bewurzelte oder unbewurzelte Ware in die Produktionsbetriebe, wo sie bis zur Verkaufsreife kultiviert werden.

Schon nach dem Verlassen des insektenfreien Spezialhauses ist eine Neuinfektion nicht völlig auszuschließen. Die Vermehrungsbetriebe garantieren aber, durch entsprechende phytosanitäre Maßnahmen und Testungen einwandfreie Jungpflanzen in den Handel zu bringen. In den Produktionsbetrieben unterliegen sie dann zwar wieder der Gefahr einer Infektion, die jedoch erfahrungsgemäß im ersten Jahr nur ganz selten zu Ausfällen führt. Würde man in den Produktionsbetrieben von diesen Verkaufspflanzen welche als Mutterpflanzen für eine Vermehrung im darauf folgenden Jahr abzweigen, wären diese Pflanzen stark befallsgefährdet.

Mutterpflanzenkultur: Wie wird sie durchgeführt?

Für die Mutterpflanzenkultur sind neben Bakteriose- und Virusfreiheit die klimatischen Bedingungen von großer Bedeutung. Dabei spielt das Licht eine besondere Rolle. Letzteres hatte zur Folge, dass vor vielen Jahren die Pelargonien-Mutterpflanzenkulturen unter südliche Sonne verlagert wurden. Sie ermöglicht die Kultur von qualitativ hoch stehenden Pelargonien-Stecklingen das ganze Jahr über. Auch sind die unter südlicher Sonne gereiften Stecklinge besonders kräftig, energiegeladen und durch kurze Internodien sehr gedrungen. Daraus folgen eine gute Verzweigung, ein kompakter Aufbau und eine rasche Bewurzelung mit nur geringen Ausfällen.

Kulturvarianten: Welche bieten sich für Produzenten von Blühware an?

Für die Produzenten von Verkaufsware, die keine eigene Gewebekultur betreiben (das ist die Mehrzahl der Betriebe), bieten sich verschiedene Kulturvarianten an:

- Zukauf von unbewurzelten, frisch geschnittenen Stecklingen.
- Zukauf von unbewurzelten, jedoch bereits mit Kallusgewebe versehenen Stecklingen.
- Bezug von bewurzelten Jungpflanzen.

Vermehrungszeiträume: Welche sind bei Stecklingen üblich?

Für die Vermehrung durch Stecklinge sind folgende Zeiträume üblich:

- für frühblühende besonders große Pflanzen mit „kalter" Überwinterung: Juli bis November;
- für frühblühende große Topfpflanzen: November bis Mitte Januar;
- für frühblühende Beet- und Balkonpflanzen: Mitte Januar bis Ende Februar;
- für Folgesätze während des Sommers: März bis Ende Mai.

Für die Anzucht von Normalware kaufen Produktionsbetriebe Jungpflanzen zwischen Mitte Januar und Anfang März. Kallusstecklinge, im März bezogen und zu mehreren in den Endtopf gesteckt, lassen sich in zwei Monaten zu vollblühenden Pflanzen entwickeln.

Neben der üblichen Handelsware werden auch Sonderformen angeboten. So u. a. Hochstämme mit einer Stammhöhe von 50 bis 60 cm. Sie werden mithilfe von Wuchsstoffbehandlungen produziert. Die Kultur beginnt in der Regel im Hochsommer und dauert sechs bis acht Monate. Bis zum Erreichen der gewünschten Stammhöhe wird mehrfach mit Wuchsstoffen gespritzt und zur Erzeugung einer befriedigenden Krone mehrfach gestutzt.

Bezugstermin für Jungpflanzen: Wovon ist er abhängig?

Der Bezugstermin ist, wie der Termin für die Vermehrung, insbesondere von folgenden Faktoren abhängig: vom Verkaufstermin; welche Produktgröße produziert werden soll und ob eine Nachvermehrung stattfinden soll.

Für einen Verkaufstermin Ende April ohne Stecklingsernte beträgt die Kulturdauer bei Verwendung von:

12er Töpfen – 12 bis 14 Wochen,
11er Töpfen – 10 bis 12 Wochen,
9er Töpfen – 8 bis 10 Wochen.

Unbewurzelte Stecklinge, die direkt in die Töpfe gesteckt werden, brauchen etwa drei Wochen länger.

Stecklingsschnitt: Wie wird vorgegangen?

Pelargonien-Stecklinge werden geschnitten oder gebrochen. Verwendet werden Kopfstecklinge mit zwei bis vier Blättern. Es wird dabei zwischen den Knoten geschnitten bzw. gebrochen. Ein exaktes Nachschneiden unterhalb des Knotens ist bei guten Vermehrungsbedingungen nicht erforderlich. Die Schnittflächen lässt man, im Gegensatz zu früheren Verfahren, nicht antrocknen, sondern steckt sofort. Gesteckt wird bis zum ersten Blattansatz.

Für eine zügige Bewurzelung sind 18 bis 20 °C Luft- und 20 °C Bodentemperatur erforderlich. Bei zu hoher Temperatur kommt es leicht zu einer verstärkten Kallusbildung, was eine verlängerte Bewurzelungszeit zur Folge hat.

Gesteckt wird in 5- bis 6-cm-Multitöpfe in Vermehrungserden mit pH 5,8 bis 6,2. Gut geeignet sind auch die in Tablettenform gepressten Torfquelltöpfe Jiffy 9. Die einschlägigen Jungpflanzenfirmen haben eigene Systeme entwickelt.

Bei großen Vermehrungseinheiten erfolgt die Bewurzelung in hellen Großraumgewächshäusern unter Sprühnebel. In Betrieben ohne spezielle Vermehrungsräume erfolgt die Bewurzelung unter Folie. Die Bewurzelung dauert, je nach Jahreszeit, Ausgangsmaterial und Sorte, etwa drei Wochen.

Eintopfen: Welche Topfgrößen sind üblich?

Die bewurzelten Stecklinge werden in der Regel gleich in den Endtopf gesetzt. Eine generelle Topfgröße gibt es für Zonal-Pelargonien nicht. Im Allgemeinen nimmt man heute kleinere Töpfe als früher. 10- bis 12-cm-Töpfe sind für Fertigware heute die Norm. Für späte Sätze und für Kleinware verwendet man aber auch 8- bis 9-cm-Töpfe oder auch entsprechende Pflanzeinheiten wie sie die sogenannten Kultipacks darstellen.

Rücken: Was ist zu beachten?

Pelargonien werden entweder gleich auf Endabstand gestellt oder zunächst Topf an Topf, um dann einmal auf Endabstand zu rücken. Mehrmaliges Rücken ist heute bei Pelargonien eher selten. Wird gerückt, ist der Zeitpunkt, wann dies geschieht, für die spätere Qualität von großer Bedeutung. Grundsätzlich gilt, rechtzeitig mit dem Rücken zu beginnen. Bei guten Wachstumsbedingungen genügen drei bis vier Tage für ein sogenanntes Langwerden der Pflanzen. Je später dieses Langwerden in Kauf genommen werden muss, desto weniger Zeit bleibt der Pflanze, Mängel im Habitus auszugleichen. Es empfiehlt sich also, mit dem Rücken anzufangen, wenn die Pflanzen beginnen sich gegenseitig zu berühren. Ein ausreichend weiter Stand fördert den gedrungenen Wuchs und damit die Stabilität der Pflanzen.

Das Rücken wird mit dem Ausputzen verbunden. Dabei werden alle abgestorbenen und beschädigten Pflanzenteile entfernt.

Petunia x atkinsiana (Petunia-Cultivars), Garten-Petunie

Botanik: Durch welche Merkmale sind Petunien gekennzeichnet?

Die Gattung *Petunia* umfasst etwa 35 Arten. An der großen Zahl der auf dem Markt befindlichen Sorten der Garten-Petunie sollen vor allem die Arten *P. axillaris* und *P. integrifolia* (syn. *P. violaceae*) beteiligt gewesen sein. Der „Zander“, das Handwörterbuch der Pflanzennamen, führt Kreuzungen zwischen *P. axillaris* x *P. integrifolia* als *P. x atkinsiana an*.

Petunien sind im botanischen Sinne Stauden, also mehrjährige, krautige Pflanzen. Sie werden gärtnerisch aber einjährig, das heißt, wie Einjahresblumen kultiviert.

Gemeinsames Merkmal der Hybriden (Cultivars) sind niederliegende bis aufstrebende, meist klebrig behaarte Triebe. Der Blütenkelch ist fünffach gelappt, und die Blumenkrone besitzt Trichterform. Die Früchte stellen zweizellige Kapseln dar. Die Blüten entstehen auf einzelnen, end- und achselständigen kurzen Stielen. Die einfachen, ganzrandigen Blätter sind wechselständig angeordnet.

Das natürliche Verbreitungszentrum der Gattung *Petunia* befindet sich in Argentinien, Brasilien und Uruguay.

Ende des 17. Jahrhunderts wurden die Petunien von dem Botaniker Commerson entdeckt. Die Züchtung begann etwa um 1830 in England. Schon bald nahmen sich aber auch belgische, deutsche und schweizer Gärtner der Züchtung an. Die ersten F1-Hybriden kamen von amerikanischen und japanischen Züchtern. Einen weiteren Sprung nach vorne im Balkon- und Ampelpflanzensortiment machten Petunien mit den aus Japan kommenden Neuzüchtungen der „Surfinia“-Gruppe, die vegetativ vermehrt werden müssen.

Der Name *Petunia* nimmt Bezug auf die Ähnlichkeit der Blätter mit Tabakblättern. Über französisch petun, englisch petun, petum (Tabak) aus tupi-guarani pety, petyma (Tabak) entlehnt.

Verwendung: Wo werden Petunien verwendet?

Die Petunie zählt mit ihrer großen Blütenfülle und lang anhaltenden Blütezeit zweifellos mit zu den bedeutendsten Sommerblumen. In erster Linie sind Petunien Balkon- und Ampelpflanzen, werden aber auch für sonstige Pflanzgefäße vielfältig verwendet. Im öffentlichen Grün sind sie beliebt als Unterbepflanzung bei Sommerflor-Stämmchen, aber auch als Beet-, Rabatten- und zur Grabbepflanzung haben verschiedene Sortengruppen Bedeutung.

Sortiment: Welche Sortengruppen umfasst das Sortiment?

In den vergangenen Jahrzehnten sind unzählige Sorten entstanden, die in verschiedenen Gruppen zusammengefasst sind. Untergliedert werden die Sorten bzw. Sortengruppen in klein-, mittel- und großblütige; hinsichtlich des Wachstums wird zwischen stark hängenden und Sorten mit eher kompaktem Wuchs unterschieden. Hauptfarben sind rot, blau und weiß mit zahlreichen Zwischentönen. Es gibt auch Sorten mit mehrfarbigen Blüten: Auf weißem Grund hat jedes Blumenblatt einen roten, rosa oder blauen, ziemlich breiten Streifen. Darüber hinaus gibt es auch gefüllt blühende Sorten. Viele Züchter haben eigene Sortengruppen, sogenannte Serien entwickelt. Diese Serien enthalten Sorten, die sich in ihrem äußeren Erscheinungsbild, ihrem Wuchsverhalten und ihren Ansprüchen gleichen und sich nur in der Blütenfarbe unterscheiden.

Vermehrung: Wie werden Petunien vermehrt?

Petunien werden vegetativ durch Stecklinge oder durch Aussaat vermehrt. Erfolgte früher die Vermehrung ausschließlich durch Aussaat, sind heute verschiedene Sortengruppen im Handel, die sortenecht nur vegetativ vermehrt werden können. Dazu gehört u. a. die sogenannte 'Surfinia'-Gruppe. Eine Züchtung der japanische Firma Suntory, die 1992 durch die Firma Kientzler in Deutschland eingeführt wurde. Zu beachten ist, dass die vegetativ vermehrten Sorten dem Sortenschutz unterliegen und nicht ohne Zustimmung des Lizenzinhabers vermehrt werden dürfen. Die Vermehrung durch Stecklinge erfolgt fast ausschließlich in speziellen Jungpflanzenbetrieben, sodass die eigentliche Kultur in den Betrieben mit dem Zukauf von Jungpflanzen beginnt. Auch bei den samenvermehrbaren Sorten ist eine Tendenz zu dieser Art Arbeitsteilung zu beobachten.

Anbauzeiten: Zu welchen Zeiten werden Petunien kultiviert und verkauft?

Die Hauptaussaatzeit ist von Februar bis März. Stecklinge schneidet man hauptsächlich von November bis Februar. Hauptabsatzzeit ist April/Mai.

Kulturdauer: Wie lang dauert die Kultur?

Die Kulturdauer hängt von der Jahreszeit ab. Für normale Absatzzeiten im April/Mai beträgt die Kulturdauer von der Aussaat bis zum Verkauf etwa 10 bis 12 Wochen. Beispiel: Verkauf Anfang Mai (etwa um die 19. Woche) – Aussaat Mitte Februar (um die 7. Woche). Die Kulturdauer, vom Bezug der Jungpflanzen bis zum Verkauf, beträgt 6 bis 10 Wochen. Für die Ampelproduktion werden zusätzlich 2 bis 4 Wochen benötigt.

Licht: Welche Ansprüche haben Petunien?

Petunien sind fakultative Langtagpflanzen mit einer kritischen Tageslänge von 12 Stunden. Fakultative Langtagpflanze bedeutet, dass die Petunie bei einer Tageslänge von über 12 Stunden in ihrer Blütenbildung besonders gefördert wird, aber auch bei anderen Tageslängen zur Blüte kommt. Grundsätzlich werden Wachstum und Entwicklung durch steigende Beleuchtungsstärken gefördert. Deshalb wird in vielen Betrieben in der frühen Anzuchtphase auch häufig Zusatzlicht gegeben. Eine Tagverlängerung auf 14 bis 16 Stunden kann zu einer Verfrühung um zwei bis drei Wochen führen. Bei späteren Sätzen ist aufgrund zunehmender Sonneneinstrahlung und längeren Tagen mit einem verstärkten Streckungswachstum mit langen Internodien zu rechnen. Dieses starke Streckungswachstum könnte verhindert werden, wenn man durch Verdunklung der Bestände, die Pflanzen für einige Tage im Kurztag hält.

Temperatur: Welche Ansprüche haben Petunien?

Wachstum findet zwischen 10 und 25 °C statt, optimal sind 18 bis 20 °C. Nach dem Topfen werden meist Temperaturen von 16 bis 18 °C gegeben. Sind die Töpfe durchwurzelt, kann zu Kulturende auf 12 °C abgesenkt werden. Dabei ist allerdings zu beachten, je niedriger die Temperatur, umso länger ist die Kulturzeit. Unter 10 °C sollten die Temperaturen nicht fallen. Ab 10 °C gibt es Wachstumsstockungen und Schäden bei 6 bis 8 °C. Auf Tag-Nachttemperaturdifferenzen zur Wuchsregulierung reagieren Petunien nur schwach. Gute Erfahrungen hat man mit der Temperaturstrategie Drop (Cool Morning) gemacht.

Beim „Cool Morning“ (kühler Morgen) wird zwei Stunden vor Sonnenaufgang durch Lüften eine Temperaturabsenkung auf 10 °C für vier Stunden vorgenommen. Nach diesen vier Stunden wird die Temperatur dann wieder auf die optimale Tagestemperatur von 16 bis 18 °C eingestellt.

Substrate: Welche werden bei der Kultur eingesetzt?

In der Regel werden Torf-Ton-Substrate (Einheitserden) eingesetzt. Seit einigen Jahren bietet die Erdeindustrie spezielle Petunienerden an, die auf den besonderen Bedarf der Pflanzen auf einen niedrigen pH-Wert (pH 5) und das Spurenelement Eisen abgestimmt sind.

Nährstoffbedarf: Welchen haben Petunien?

Petunien haben während der Anzucht bis zum Verkauf einen Bedarf an Stickstoff (N), der bei etwa 400 mg pro Pflanze liegt. Um diesen Bedarf zu befriedigen, werden zur Düngung in der Regel Mehrnährstoffdünger mit einem ausgeglichenen Nährstoffverhältnis verwendet (z. B. 15-10-15 + Spurenelemente). Ist der Nährstoffvorrat in der Erde aufgebraucht, sind die Pflanzen bei wöchentlicher Düngung in einer Konzentration von 0,2 bis 0,4 % zu düngen. Die höheren Angaben gelten für die stark wachsenden, in der Regel durch Stecklinge zu vermehrenden Serien, wie z. B. ‘Surfinia’. Auf eine ausreichende Eisenversorgung ist zu achten.

Wasserbedarf: Welchen haben Petunien?

Petunien haben einen hohen Wasserbedarf. Anzustreben ist eine gleichmäßige Feuchte. Stauende Nässe sowie Ballentrockenheit muss unbedingt vermieden werden. Bei stauender Nässe kommt es infolge von Wurzelschäden zu Ausfällen. Ballentrockenheit führt zu Blattaufhellungen. Bei Verwendung von hartem Gießwasser ist zu beachten, dass dadurch der pH-Wert im Substrat ansteigt und es zu Eisenmangel kommen kann.

Stecklingsvermehrung: Wie wird sie durchgeführt?

Für den Erfolg der vegetativ vermehrten Petunien sind virusfreie Bestände unbedingt nötig. Hierzu ist eine Anzucht in insektensicheren Häusern erforderlich. In-vitro-Verfahren und Virustestungen sind notwendig, um einwandfreie Mutterpflanzenbestände aufbauen zu können. All dies sind Gründe, weshalb die vegetative Vermehrung in der Regel in speziellen Jungpflanzenbetrieben stattfindet.

Geschnitten werden Kopf- und Teilstecklinge. Bei 20 °C Luft- und Substrattemperatur sind die Stecklinge nach etwa zwei Wochen bewurzelt. Um eine Blütenbildung zu verhindern, werden die Mutterpflanzen bei Tageslängen von 11 bis 12 Stunden gehalten. Um das Wachstum zu fördern, wird in der lichtarmen Zeit (Hauptvermehrungszeitraum ist November bis Februar) Assimilationslicht gegeben. Für die Erzielung von Ampeln ist auch das Direktstecken in den Endtopf möglich. Man rechnet mit drei bis fünf Stecklingen pro 25- bis 30-cm-Ampel.

Aussaatvermehrung: Wie wird sie durchgeführt?

Für 1 000 Pflanzen werden etwa 0,25 g Saatgut benötigt. Bei pilliertem Saatgut etwa 1 300 Pillen für 1 000 Pflanzen. Ausgesät wird in kleinere Saat- oder, bei entsprechender Aussaatmenge, in größere Pikier- bzw. Handkisten in Breitsaat. Eine Bedeckung der Aussaaten ist aufgrund der geringen Größe der Samen, und weil Petunien lichtgeförderte Keimer sind, nicht erforderlich. Optimale Keimtemperatur ist 20 bis 22 °C. Damit die Samen zügig quellen und keimen können ist eine gleichmäßige Feuchtigkeit wichtig. Sie erreicht man, indem man die Kisten die ersten Tage mit Folie oder einer Glasplatte abdeckt. Die Keimung beginnt nach drei bis fünf Tagen und ist nach etwa zwei Wochen abgeschlossen. Nach erfolgter Keimung sind die Aussaatgefäße kühler, bei 16 bis 18 °C aufzustellen.

Pikieren: Wie oft und wann wird pikiert?

Sämlinge werden in der Regel einmal pikiert bevor sie eingetopft werden. Pikiert wird in der Regel in Multizellenplatten mit 3 × 3 cm Zellengröße oder andere Multiplattensysteme. Das Pikieren erfolgt sobald die Keimung abgeschlossen und die Sämlinge sich gegenseitig hochschieben. Sämlinge aus weitem Stand können auch direkt in den Verkaufstopf pikiert werden. Nach dem Pikieren sind 18 bis 20 °C Heiztemperatur anzustreben. Sind die Pflanzen angewurzelt, wird auf 16 °C abgesenkt.

Topfen: Welche Topfgrößen sind üblich?

Wenn die Zellen durchwurzelt sind, die Pflanzen ihren Standraum ausgefüllt haben und sich im Wachstum gegenseitig behindern wird getopft. Für die übliche Verkaufsware der durch Aussaat vermehrten Petunien verwendet man 9-cm-Töpfe oder entsprechende Packs. Im Normalfall sollte der Topf nicht größer als 11 cm sein. Für stark wachsende Sorten, die in der Regel durch Stecklinge vermehrt werden, werden mindesten 12-cm-Töpfe verwendet. Für Ampelkultur sind 25 bis 30 cm große Töpfe die Regel.

Platzbedarf: Wie hoch ist er während der Kultur?

Petunien werden in der Regel gleich auf Endabstand gestellt. Der Abstand von Topf zu Topf wird dabei relativ gering gehalten. Bei 9-cm-Töpfen geht man etwa von 64 Pflanzen/m² aus, bei 11-cm-Töpfen von 35 Pflanzen/m². Wird zunächst Topf an Topf und später gerückt, ist der Zeitpunkt, wann dies geschieht, für die spätere Qualität von großer Bedeutung. Grundsätzlich gilt, rechtzeitig mit dem Rücken zu beginnen. Bei guten Wachstumsbedingungen genügen 3 bis 4 Tage für ein sogenanntes Langwerden der Pflanzen. Je später dieses Langwerden in Kauf genommen werden muss, desto weniger Zeit bleibt der Pflanze, Mängel im Habitus auszugleichen. Es empfiehlt sich also, mit dem Rücken anzufangen, wenn die Pflanzen beginnen, sich gegenseitig zu berühren.

Ein ausreichend weiter Stand fördert den gedrungenen Wuchs und damit die Stabilität der Pflanzen.

Stutzen: Wie wird allgemein vorgegangen?

Ob gestutzt werden muss oder soll, wird in den Betrieben unterschiedlich gehandhabt. Bei denen durch Aussaat vermehrten Sorten ist ein Stutzen in der Regel nur bei stark aufrecht wachsenden Sorten üblich. Gestutzt wird acht Tage nach dem Topfen. Bei den durch Stecklinge zu vermehrenden Sorten ist dagegen ein Stutzen der Pflanzen die Regel. Dabei sind die Empfehlungen der Jungpflanzenlieferanten zu beachten.

Wachstumsregulatoren: Inwieweit werden sie bei der Petunienkultur eingesetzt?

Der Einsatz von Hemmstoffen ist eine Kulturmaßnahme, um niedrige, kompakte Pflanzen zu erzeugen. Hemmstoffe verkürzen die Internodien durch Verstärkung der Zellwände und Reduktion der Zelllänge. Hemmstoffe führen aber nicht nur zu einem gedrungenen Wuchs, sondern ergeben auch kleineres, dunkleres Laub. Bei den vegetativ vermehrten Petunien ist der Einsatz von Hemmstoffen erforderlich. Bei stark wachsenden Sorten sind auch mehrfache Behandlungen üblich. Wichtig ist ein rechtzeitiger Beginn. Der Austrieb nach dem Stutzen sollte nicht größer als 2 bis 3 cm sein. Bei Pflanzen, die für Ampeln mit lang herabhängenden Trieben vorgesehen sind, ist eine Hemmstoffbehandlung nicht erforderlich. Eingesetzt wird meist das Mittel Topflor.

Pflanzenschutz: Welche Krankheiten und Schädlinge treten häufig auf?

Große Schäden werden durch verschiedene Virosen verursacht, die insbesondere bei den vegetativ vermehrten Sorten von Bedeutung sind. Schadbild: Blätter mosaikartig gescheckt, missgebildet; Blüten fleckig und ebenfalls missgebildet; Kümmerwuchs.

An tierischen Schädlingen treten insbesondere Thripse (helle Einstichstellen an den Blättern), Weiße Fliege (Blattunterseite mit Eiablagen und Larvenstadien, Blätter vertrocknen, Verschmutzung durch Honigtau), Minierfliege (kleine weißliche Einstichstellen in den Blättern, später bräunliche Fraßgänge sichtbar) und Blattläuse (helle Saugstellen, Verkrüppelungen, eventuell Honigtau) auf.

Von pilzlichen Schaderregern verursachen Wurzelfäule (an Wurzel- und Stängelgrund Weichfäule), Grauschimmel (Faulstellen an Blättern und Blüten) und Echter Mehltau (weißer mehliger Belag auf Blättern, Stängeln und Blüten) größere Schäden.

Natur- und Umweltschutz

Naturschutz: Was versteht man darunter?

Unter Naturschutz versteht man den Erhalt von wild lebenden Pflanzen- und Tierarten, ihrer Lebensgemeinschaften und natürlicher Lebensgrundlagen sowie den Erhalt von Landschaften und Landschaftsteilen unter natürlichen Bedingungen. Die Schutzziele sind im Bundesnaturschutzgesetz festgelegt. Insbesondere sollen

- die Leistungs- und Funktionsfähigkeit des Naturhaushalts erhalten,
- die Regenerations- und nachhaltige Nutzungsfähigkeit der Naturgüter bewahrt,
- die Tier- und Pflanzenwelt in ihren Lebensräumen geschützt,
- die Vielfalt, Eigenart und Schönheit sowie der Erholungswert von Natur und Landschaft dauerhaft bewahrt

und so die Lebensgrundlage des Menschen und die Voraussetzungen für die Erholung von Natur und Landschaft nachhaltig gesichert werden.

Durch die Ausweisung von besonderen Schutzgebieten, die vor unerwünschten Veränderungen bewahrt werden, sollen in der Praxis Natur- und Artenschutz sowie der Schutz von natürlichen Lebensgemeinschaften und ihren Lebensräumen (den Biotopen) verwirklicht werden.

Als weiterer Schritt zum Schutz der Natur trat 1992 die europäische Richtlinie zur Erhaltung der natürlichen Lebensräume sowie der wild lebenden Tiere und Pflanzen (FFH-Richtlinie) in Kraft. Mit der Unterzeichnung der Richtlinie verpflichten sich die EU-Mitgliedsstaaten, ein europaweites Netz von ausgewiesenen Schutzgebieten einzurichten.

Biotop: Was ist das?

(Griech. *bios* = Leben; *topos* = Gegend, Raum). Bezeichnung für Lebensstätte, Lebensraum oder Standort von Lebensgemeinschaften (Biozönosen). Es ist der Ort einer Organismengemeinschaft mit einheitlichen, von der Umgebung abgrenzbaren, abiotischen (nicht von Lebewesen verursachten) Faktoren. Dazu gehören Temperatur, Strahlungsart und -intensität, Luftfeuchtigkeit, Niederschläge, Wind, Strömungsverhältnisse, Oberflächenform, Bodenzusammensetzung und -beschaffenheit usw. Der oder das Biotop ist in seiner begrifflichen Einordnung der Umweltbeziehungen der Organismen die niederste oder lokal begrenzte Einheit. Die größte Einheit stellt die Öko- bzw. Biosphäre (= Lebensraum aller Pflanzen, Tiere einschließlich der niederen Organismen) dar.

Ökosystem: Was versteht man darunter?

Zusammenspiel von Lebensgemeinschaften (Organismengemeinschaften, den sog. Biozönosen) und nicht biologischen Umweltfaktoren (wie Klima, Wind, Boden). Ein Ökosystem ist ein einigermaßen einheitlicher Bereich bestimmter räumlicher Ausdehnung in der Ökosphäre, z. B. ein Wald, eine Wiese, ein See, das Meer, ein Trockengebiet, ein tropischer Regenwald, ein Moor, ein Hochgebirge oder ein isolierter Tümpel. Ein wichtiges Merkmal von Ökosystemen ist, dass sie sich in einem Fließgleichgewicht befinden und zur Selbstregulation fähig sind, d. h. ihre Organismenzahlen und -arten (Tiere und Pflanzen) über eine längere Zeit konstant bleiben. So ändern sich in einem intakten Ökosystem die Konzentrationen der beiden an der Fotosynthese der Pflanzen beteiligten Gase Kohlendioxid und Sauerstoff langfristig nicht. Die Gesetzmäßigkeiten, die hierbei wirken, gelten in gleicher Weise für die Ökosphäre als Ganzes, aber auch für künstliche Systeme wie ein Aquarium oder ein bemanntes Raumschiff. Letztendlich können auch landwirtschaftliche Betriebe, Gärtnereien oder eine moderne Großstadt als relativ abgegrenzte ökologische Wirkungsgefüge mit eigenem Stoff- und Energiefluss und daher als Ökosysteme angesehen werden.

Biologisches Gleichgewicht: Was versteht man darunter?

Pflanzen, Tiere und Mikroorganismen leben in der Natur nicht unabhängig voneinander, sondern bilden dem jeweiligen Standort angepasste Lebensgemeinschaften (Ökosysteme). Sie haben die Fähigkeit zur Selbststeuerung. Man spricht von einem biologischen Gleichgewicht eines Ökosystems, wenn es in sich stabil ist und keine einzelnen Populationen (z. B. eine Pflanzen- oder Tierart) überhand nehmen. Das heißt, die Individuenzahl der einzelnen Arten verändert sich in dieser Lebensgemeinschaft kaum wahrnehmbar nur noch innerhalb enger Grenzen. Das Ganze basiert auf einem Ausgleich zwischen ab- und aufbauenden Prozessen, wird durch ständigen Zu- und Abgang von Individuen aufrechterhalten und ist ein Fließgleichgewicht. Ausrottung von Tier- und Pflanzenarten oder sonstige Eingriffe können das Ökosystem aus dem bestehenden Gleichgewicht bringen, führen aber schließlich zu einem neuen, veränderten biologischen Gleichgewicht.

Naturschutzgebiete: Was versteht man darunter?

Bereiche, die in ihrer Natürlichkeit vollständig oder in einzelnen Teilen aus wissenschaftlichen, historischen, heimat- oder volkskundlichen Gründen oder wegen ihrer landschaftlichen Schönheit oder Eigenart geschützt werden (z. B. das Wollmatinger Ried, die Hallig Norderoog, das Freudenthal bei Witzenhausen, die Dönche bei Kassel). Die Naturschutzgebiete stellen, abgesehen von den Großschutzgebieten Nationalparks und Biosphärenreservaten, die wichtigste Schutzgebietskategorie für die Bewahrung biologischer Vielfalt sowie für die Umsetzung von Arten- und Biotop- bzw. Ökosystemschutz dar. Neben den

Nationalparks sind sie die strengste Schutzgebietskategorie, was jedoch keineswegs bedeutet, dass es sich immer um Totalreservate handelt. Die Bewahrung zahlreicher Ökosystemtypen und der Schutz einzelner oder besonderer Lebewesen erfordern nicht selten spezielle Pflege- und Gestaltungsmaßnahmen. Selbst pflegliche Nutzung ist, wenn sie das Schutzziel nicht gefährdet, nicht ausgeschlossen. In der Bundesrepublik Deutschland gibt es rund 5 000 Naturschutzgebiete, die nicht einmal 2 % der Fläche des Bundesgebiets einnehmen.

Landschaftsschutzgebiete: Was sind das?

Geschützte Landschaftsteile, wie z. B. Waldgebiete, Seeufer und Heidelandschaften, die entsprechend den gesetzlichen Bestimmungen zur Zierde und zur Belebung des Landschaftsbilds beitragen. Das vorrangige Ziel der Landschaftsschutzgebiete ist die Erhaltung oder Wiederherstellung der Leistungsfähigkeit des Naturhaushalts und der Nutzungsfähigkeit der Naturgüter. Damit und durch ihre Erholungsfunktion erfüllen sie die allgemeinen Ziele von Naturschutz und Landschaftspflege. Eine an die natürlichen Verhältnisse angepasste Entwicklung und eine ordnungsgemäße forst- und landwirtschaftliche Nutzung können hier weiterbetrieben werden. Das heißt, Landschaftsschutzverordnungen sehen in der Regel keine in den normalen Alltag eingreifenden Verbote vor. Verschiedene Maßnahmen und Handlungen sind jedoch nur mit Genehmigung der zuständigen Naturschutzbehörde zulässig. Je nach Schutzzweck handelt es sich dabei z. B. um Errichtung und Änderung von Bauwerken, Aufstellen von Wohnwagen, Abhalten von Versammlungen, Reiten außerhalb befestigter Wege, Beschädigung oder Beseitigung von Hecken, Gebüschen und Bäumen, Umbruch von Grünland. Durch die Auflagen, die sich durch Ausweisung eines Landschaftsschutzgebiets für Betroffene ergeben, entstehen in aller Regel keine Entschädigungsansprüche. Da die Einschränkungen sich in einem Rahmen halten, der nach der Sozialpflichtigkeit des Eigentums den Nutzungsberechtigten zugemutet werden kann. Derzeit gibt es in Deutschland über 6 000 Landschaftsschutzgebiete. Sie nehmen etwa 25 % der Fläche der Bundesrepublik ein.

Biosphärenreservate: Was versteht man darunter?

Einige Landesnaturschutzgesetze sehen in Anlehnung an das seit 1970 laufende UNESCO-Programm „Der Mensch und die Biosphäre“, die Schutzgebietskategorie Biosphärenreservat vor. Biosphärenreservate weichen in ihrer Zielsetzung insofern von den Nationalparks ab, dass sie den wirtschaftenden Menschen nicht ausschließen, sondern einbeziehen. Es handelt sich um großflächige, repräsentative Ausschnitte von Natur- und Kulturlandschaft mit mehreren, nach dem Einfluss menschlicher Tätigkeit gegliederten Schutzzonen: Kernzone, Pflege- oder Pufferzone, Entwicklungs- oder Übergangszone. Mit den Biosphärenreservaten sollen unter Einbeziehung der hier lebenden und wirtschaftenden Menschen Mustergebiete für die Erarbeitung und praktische Umsetzung von Naturschutzkonzepten, die Schutz und Nutzung kombinieren, entwickelt werden. Gegenwärtig existieren 13 Biosphärenreservate (u. a. Spreewald, Mittlere Elbe, Vessertal, Schorfheide-Chorin, Rhön) auf 3,5 % der Fläche Deutschlands (einschließlich Wattenmeer, zum Teil mit bestehenden Nationalparks identisch), die alle von der UNESCO als solche anerkannt sind.

Naturdenkmale: Was versteht man darunter?

Einzelne Schöpfungen der Natur, die aus wissenschaftlichen, historischen, heimat- oder volkskundlichen Gründen oder wegen ihrer Seltenheit, Eigenart oder Schönheit schützenswert sind. Dies können z. B. alte oder seltene Bäume sein. Unter diese Schutzgebietskategorie fallen aber auch kleine Ökosysteme, die den Kriterienrahmen der Naturschutzgebiete erfüllen, jedoch die erforderliche Flächengröße (5 ha) nicht erreichen. Für diese flächenhaften Naturdenkmale gelten daher die gleichen Schutzkriterien wie für Naturschutzgebiete.

Artenschutz: Was versteht man darunter?

Artenschutz umfasst den Schutz und die Pflege bestimmter, aufgrund ihrer Gefährdung als schützenswert erachteter, wild lebender Tier- und Pflanzenarten in ihrer natürlichen und historisch gewachsenen Vielfalt durch den Menschen. Hierdurch unterscheidet sich der Artenschutz vom Tierschutz, bei dem Menschen das einzelne Tier um seiner selbst willen schützen will.

Seit 1966 werden Rote Listen gefährdeter Arten herausgegeben. Durch diese Listen soll versucht werden, den Grad der Gefährdung von Arten zu beziffern. Artenschutzprogramme zielen auf den Schutz meist einer einzelnen gefährdeten bzw. vom Aussterben bedrohten Art ab. Artenschutz ist damit Teil des Naturschutzes, der sich einerseits mit dem Schutz von Populationen einzelner Arten oder auch mit dem Schutz ganzer Lebensräume (Biotope, Ökotope) befasst. Man spricht auch vom Populations- und Lebensraumschutz. Artenschutz ist damit in der Regel auch Ökotopschutz, nicht zuletzt deshalb, weil die zu schützende Art ein notwendiger Bestandteil des Ökotops ist. Umgekehrt gilt dies, weil die Zerstörung des Lebensraums natürlich auch das Verschwinden der Art zur Folge hat (Artensterben).

Rote Listen: Was dokumentieren sie?

Sie dokumentieren den internationalen, nationalen und landesweiten Status ausgestorbener bzw. verschollener und gefährdeter Tier- und Pflanzenarten. Die Rote Liste ist ein Fachgutachten über den Zustand der Natur. Gesetzgebung und Verwaltung beziehen aus diesem Gutachten die notwendigen Informationen zur Erfüllung ihrer Aufgaben in Naturschutzangelegenheiten. Nach dem Vorbild des "Red Data Book" der Internationalen Naturschutz-Union (IUCN = International Union for Conservation of Nature and Natural Resources) wurden Anfang der 70er Jahre in Deutschland erste Rote Listen veröffentlicht. Parallel zu den bundesweiten Bestrebungen entstanden auf der Ebene von Bundesländern und seit Ende der 80er Jahre auch noch stärker regionalisierte Rote Listen. Da die Bundesregierung für den Naturschutz nur die Rahmengesetzgebungskompetenz besitzt, die Ausführung jedoch in den Bundesländern erfolgt, erweist sich das Instrument der Landeslisten als entscheidend. Gleichwohl öffnet die bundesweite Gefährdungseinschätzung den Blick auf die in vielen Fällen bestehende besondere Verantwortung der einzelnen Länder für den Artenerhalt.

Gefährdungskategorien: Welche umfassen die Roten Listen?

Grundlage jeder Roten Liste bilden die Gefährdungskategorien. Die Arten werden hinsichtlich ihres Gefährdungsgrads eingeschätzt und international folgenden neun Gefährdungskategorien (Gefährdungsgraden) zugeordnet:
- ausgestorben (extinct, EX),
- in freier Wildbahn ausgestorben (extinct in the wild, EW),
- vom Aussterben bedroht (critically endangered, CR),
- stark gefährdet (endangered, EN),
- gefährdet (vulnerable, VU),
- gering gefährdet (near threatened, NT),
- nicht gefährdet (least concern, LC),
- ungenügende Datenlage (data deficient, DD),
- nicht bewertet (not evaluated, NE).

Was sind die Ursachen (Gründe) für die Gefährdung von Farn- und Blütenpflanzen?

Standortzerstörung: Am meisten trägt die Standortzerstörung zum Artenrückgang der Farn- und Blütenpflanzen bei. Der größere Teil dieser Eingriffe ist irreversibel. Neben Baumaßnahmen (Verkehrswege, Siedlungen, Industrie- und Gewerbegebiete) ist dies vor allem der Abbau von Rohstoffen.

Landwirtschaftliche Nutzung: An zweiter Stelle rangiert die landwirtschaftliche Nutzung. Nutzungsaufgabe und -intensivierung sind die Hauptursachen, deren Wirkung anhält, besonders auf bisher extensiv bewirtschaftetem Grün- und Ackerland.

Forstwirtschaftliche Nutzung: Bei der forstwirtschaftlichen Nutzung wiegen die Maßnahmen der Vergangenheit am schwersten. Viele Arten offener Standorte wie Binnendünen oder Magerrasen gingen durch Aufforstung bisher waldfreier Flächen zurück. Auch heute noch werden nicht selten Offenlandflächen, die Wuchsorte gefährdeter Pflanzenarten sind, aufgeforstet. Gefährdungsfaktoren im Wald selbst sind Forstwegebau, Entwässerung und Monokulturen aus standortfremden Nadelhölzern bzw. nicht heimischen Baumarten. Die Hochwaldwirtschaft führt für eine Reihe von Arten zum Verlust ihres Lebensraumes, indem natürliche Auflichtungen und alte Bäume sowie das damit verbundene Totholz stark reduziert werden. Mittlerweile werden Laub- und Mischwälder vielerorts zunehmend naturnäher bewirtschaftet.

Wildhege und Jagd: Wildhege und Jagd wirken vor allem durch die vielerorts überhöhten Wilddichten als Gefährdungsfaktor.

Standortveränderungen: Bei den Standortveränderungen gefährden Nährstoffeinträge fast die Hälfte der Flora mit steigender Tendenz. Eingriffe in die Landschaft unterbinden vielerorts die natürliche Neubildung von Standorten, wodurch vor allem Pionierarten gefährdet werden. Die Eindeichung und Verbauung der großen Flüsse sind hierbei an erster Stelle zu nennen. Aber auch durch die Unterbindung anderer natürlicher Prozesse, wie z. B. der Fluss- und Küstendynamik, verlieren viele Arten ihren Lebensraum.

Ex-situ-Erhaltung: Was versteht man darunter?

Im Zusammenhang mit dem Natur- bzw. Artenschutz versteht man darunter die Erhaltung von Bestandteilen der biologischen Vielfalt (Arten) außerhalb ihrer natürlichen Lebensräume; so z. B. in den Gewächshäusern und Freiflächen einer Gärtnerei oder in privaten und öffentlichen Grünflächen. Gegensatz: In-situ-Erhaltung.

In-situ-Erhaltung: Was versteht man darunter?

Die Erhaltung von Ökosystemen und natürlichen Lebensräumen (Biotop) sowie die Bewahrung und Wiederherstellung lebensfähiger Populationen von Arten in ihrer natürlichen Umgebung. Aber auch die Erhaltung domestizierter (heimisch gewordener) oder gezüchteter Arten in der Umgebung, in der sie ihre besonderen Eigenschaften entwickelt haben. Gegensatz: Ex-situ-Erhaltung.

Washingtoner Artenschutzabkommen (CITES): Wozu dient es?

Der Handel, die Ein- und Ausfuhr, der Besitz, die Züchtung sowie Haltung von Pflanzen- und Tierarten, letztendlich die gesamte Artenschutzregelung (sowohl national als auch international) beruht auf der Convention über den internationalen Handel mit gefährdeten Arten der wild lebenden Fauna und Flora (Convention on International Trade in Endangered Species of Wild Fauna und Flora, abgekürzt CITES), bei uns kurz als Washingtoner Artenschutzabkommen (WA) bezeichnet. Dieses Übereinkommen entstand 1973 in Washington und wurde in der Zwischenzeit mehrfach ergänzt bzw. verändert. Das Abkommen, das derzeit von 147 Staaten ratifiziert (= als gesetzgebende Körperschaften einen völkerrechtlichen Vertrag in Kraft gesetzt) ist, listet rund 8 000 Tierarten und 40 000 Pflanzenarten nach ihrem Gefährdungsgrad auf und sieht ein umfassendes Kontrollsystem für den Handel mit geschützten Tier- und Pflanzenarten vor. Über entsprechende EG-Verordnungen haben die Regelungen des Washingtoner Artenschutzabkommens auch bei uns in Deutschland Rechtskraft bekommen. Im Bundesnaturschutzgesetz (BNatG)

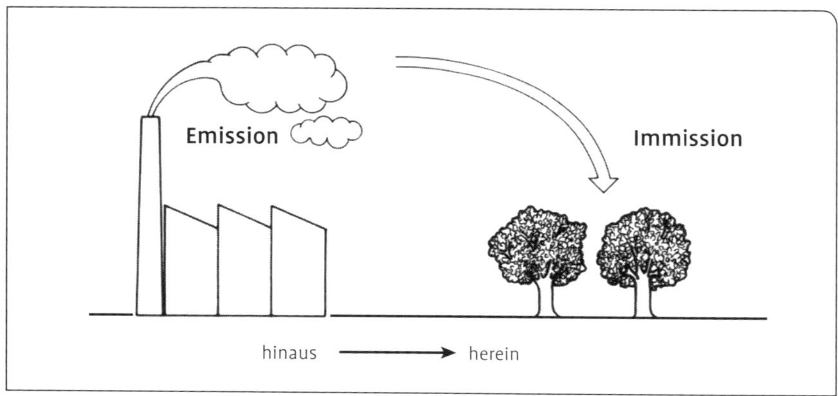

Abb. 67 Emission und Immission.

und der dazu gehörenden Bundesartenschutz-Verordnung (BArtSchV) mit ihrer Anlage 1 werden allgemeine Artenschutzregelungen sowie Zuständigkeiten für den Vollzug und die Umsetzung der EG-Richtlinien geregelt.

Umweltschutz: Was versteht man darunter?

Umweltschutz umfasst die Gesamtheit der Maßnahmen, die zur Überlebenssicherung des Menschen und gegenwärtig existierender Pflanzen, Tiere und Mikroorganismen erforderlich sind. Er lässt sich in zwei Teilbereiche gliedern.

1. Der technisch-hygienisch orientierte Umweltschutz dient zusammen mit dem Ressourcenschutz vordergründig der Sicherung oder Wiederherstellung eines bestimmten Umweltzustands. Dies ist im Interesse eines menschenwürdigen Daseins und der Gesundheit heutiger und künftiger Generationen. Er ist eine unerlässliche Voraussetzung für die Erhaltung der natürlichen Umwelt und ihrer biologischen Vielfalt.
2. Der biologisch-ökologisch orientierte Umweltschutz soll durch Schutz, Pflege und Entwicklung von Natur und Landschaft die natürlichen Lebensgrundlagen sowohl der Arten- und Formenvielfalt der belebten Natur als auch der menschlichen Gesellschaft gewährleisten.

Emissionen: Was versteht man darunter?

Die Abgabe (der Ausstoß) luftfremder Stoffe in die Luft bezeichnet man als Emission. Man unterscheidet natürliche Emissionen (vulkanische Gase, von Pflanzen abgegebene Stoffe) und anthropogene, d. h. durch Menschen verursachte Emissionen (z. B. durch Heizung und Verkehr).

Immissionen: Was versteht man darunter?

Als Immissionen bezeichnet man auf Gegenstände und Lebewesen einwirkende luftfremde Stoffe. Jede Immission geht letztlich auf eine Emission zurück. Als Emittent (Entstehungsherd, Schadstoffquelle) bezeichnet man den Verursacher von Emissionen (Straßenverkehr, Industrie, Heizung usw.).

Luftverunreinigungen: Wodurch entstehen sie?

Mit Luftverunreinigungen bezeichnet man schädliche Stoffeinträge in die Luft, so z. B. durch Kraftfahrzeuge, Heizungen, Fabriken. Solche Luftverunreinigungen können sauer (schweflige Säure, Schwefelsäure, salpetrige Säure, Salpetersäure, Salzsäure, Flusssäure) oder alkalisch (Ammoniak, kalkhaltige Stäube) sein und reduktiv (Schwefeldioxid, Schwefelwasserstoff) oder oxidativ (Ozon, Stickstoffdioxid, Peroxyverbindungen) wirken.

Saurer Regen: Was versteht man darunter?

Gesamtheit aller in Ökosystemen durch Niederschläge und durch Auskämmung von Luftschadstoffen auf Pflanzen und Boden gelangenden sauren oder Säure bildenden Komponenten, die auf lange Sicht die Bodenchemie verändern und Vegetationsschäden hervorrufen.

Eutrophierung: Was versteht man darunter?

Nährstoffanreicherung in Gewässern. Für eutrophierte Gewässer ist eine sehr geringe Sichttiefe und ein besonders in der Tiefe stark absinkender Sauerstoffgehalt typisch. Die Nährstoffanreicherung löst einen Massenwuchs vor allem bei den Algen aus. Nach deren Absterben beginnen Zersetzungsprozesse, dem Wasser wird der Sauerstoff entzogen, sodass im Extremfall alles Leben erlischt. Das Gewässer "kippt um". Ursache für die Eutrophierung von Gewässern ist das Einleiten von nährstoffreichen Abwässern oder Bodenauswaschungen aus Landwirtschaft und Gartenbau.

Umweltgerecht: Was heißt das?

Umweltgerecht bedeutet, dass bei jeglichem Handeln immer ausgewählte, das jeweilige Handeln betreffende Umweltaspekte beachtet werden. Dies bedeutet u. a. beim Einkauf auf Wiederverwertbarkeit zu schauen, den Abfall zu reduzieren, Energie einzusparen, öffentliche Verkehrsmittel zu benutzen, Motoren nicht unnötig laufen zu lassen, Beachtung von Naturgesetzlichkeiten, Hinführung der Menschen zu mehr Naturnähe, Verzicht auf giftige, umweltschädliche Pflanzenschutzmittel usw.

Energieeinsparung: Welche Möglichkeiten der Energieeinsparung gibt es im Unterglasanbau?

Die Möglichkeiten Energie einzusparen sind vielfältig. Grundsätzlich kann zwischen baulichen Maßnahmen an und im Gewächshaus, baulichen Maßnahmen an der Heizung, Wartungsmaßnahmen und Maßnahmen im Rahmen der Kulturführung unterschieden werden.

Bauliche Maßnahmen an und im Gewächshaus:

- Verwendung von Isolier- bzw. Doppelverglasung (Energieinsparung bis zu 40 %).
- Folienunterspannung bei Einfachverglasung (Energieeinsparung zwischen 20 und 40 %).
- Noppenfolien innen oder außen (Energieeinsparung bis 45 %).
- Einbau von Energieschirmen (Energieeinsparung im geschlossenen Zustand bis zu 60 %).
- Wärmebrücken wie Sprossen isolieren (Energieeinsparung bis 5 %).
- Stehwände und Fundamente mit Styropor isolieren (Energieeinsparung bis 85 % an den isolierten Flächen).
- Roll- oder Mobiltische installieren (Nettofläche wird von 70 % auf 90 % erhöht).

Bauliche Maßnahmen an der Heizung:

- Energiesparende Heizungssysteme einbauen (hohe Rohrheizungen haben den höchsten Energieverbrauch, Vegetationsheizungen den niedrigsten).
- Strahlungsschirme (Reflektoren) auf hohen Rohrheizungen anbringen (Energieeinsparung bis zu 10 %).
- Heizungsrohre zu den Gewächshäusern ausreichend isolieren.
- Heizungskessel ausreichend isolieren.
- Brennwerttechnik einsetzen.

Wartungsmaßnahmen:

- Heizkessel (Brenner) regelmäßig warten.
- Heizkessel regelmäßig reinigen (1 mm Ruß bringt 4 % geringere Leistung).
- Am Gewächshaus zerbrochene Scheiben sofort auswechseln bzw. abdichten.
- Auf dichtes Schließen der Lüftungsklappen achten.

Maßnahmen im Rahmen der Kulturführung:

- Verringerung der Heiztemperatur auf ein pflanzenverträgliches Minimum (1 °C Absenkung vermindert den Wärmeverbrauch um etwa 10 %).
- Temperatur nachts absenken (Nachtabsenkung).
- Lichtabhängige Temperaturregelung vornehmen.
- Kulturen (Sorten) mit geringen Temperaturansprüchen auswählen.
- Wassersparende Bewässerungssysteme (wie Tröpfchenbewässerung, geschlossene Bewässerungssysteme) einsetzen.
- Belichtung zur Kulturzeitverkürzung einsetzen.
- Sorgfältige Anbau- bzw. Kulturplanung betreiben, um halb volle Gewächshäuser zu vermeiden.

Abfälle: Wie werden sie definiert?

Dinge/Materialien/Stoffe, die im Betriebsalltag (Haushalt) anfallen und nicht zur weiteren Ver- oder Bearbeitung im Betrieb bzw. im Produktions- und Vermarktungsprozess bleiben.

Abfallvermeidung: Was versteht man darunter?

Das generelle Bemühen, Abfälle erst gar nicht entstehen zu lassen.

Abfallverwertung: Was versteht man darunter?

Gebrauch oder die Wiederaufbereitung von Abfall.

Recycling: Was versteht man darunter?

Recycling bedeutet, einen Stoff oder eine Stoffkombination aus dem Abfallstrom zurückzugewinnen und als Rohstoff so wieder einzusetzen, dass damit primäre Ressourcen eingespart werden können, und dabei aber die gleiche Produkt- und Leistungsqualität wie beim Einsatz primärer Ressourcen erreicht wird. So werden von alters her Metalle recycelt: Anstelle der Verhüttung von Eisenerzen (Primärrohstoff) wird Schrott (Sekundärrohstoff) geschmolzen.

Wertstoffe: Was versteht man darunter?

Begriff aus der Abfallwirtschaft für stofflich verwertbare Abfallbestandteile. Stoffe wie Metall, Glas, Papier und Kunststoffe können nach ihrem Gebrauch wieder genutzt, zu anderen Produkten umgewandelt oder in Rohstoffe aufgespalten werden.

Restmüll: Was ist das?

Eine gesetzlich nicht definierte Abfallkategorie, die herkunftsunspezifisch ist. Man versteht darunter im Allgemeinen die Gesamtheit der Siedlungsabfälle, die nach Abtrennung aller verwertbarer Komponenten (der sog. Wertstoffe) verbleiben und umweltverträglich zu entsorgen sind. Dies geschieht in der Regel über öffentliche Abfalldeponien oder Müllverbrennungsanlagen.

Sperrmüll: Was versteht man darunter?

Müll aus Gegenständen mit großer Ausdehnung, die aus Gründen der Unhandlichkeit (Sperrigkeit) nicht mit dem normalen Hausmüll entsorgt werden können, bzw. nicht in die üblichen Mülltonnen passen (z. B. alte Möbel).

Sonderabfälle: Wie werden sie definiert?

Abfälle, die nach Art, Beschaffenheit oder Menge in besonderem Maß gesundheits-, luft- oder wassergefährdend, explosibel oder brennbar sind oder Erreger übertragbarer Krankheiten enthalten oder hervorbringen können. Hierzu gehören u. a. Pflanzenschutzmittel, Düngemittel, Desinfektionsmittel, Altfarben und Altlacke, Atemschutzfilter, Bauschutt und Erdaushub mit schädlichen

Verunreinigungen (z. B. Altöl), verbrauchte Maschinenöle, Getriebe-, Schmier- und Hydrauliköle.

Blauer Engel: Was ist das?

Ein Umweltzeichen, das an Produkte verliehen wird, die während ihrer gesamten Lebensdauer von Entwicklung und Herstellung, über Vertrieb und Verwendung bis zur Entsorgung geringere Umweltauswirkungen als vergleichbare herkömmliche Produkte haben. Das Umweltzeichen Blauer Engel wurde in Deutschland 1977 auf Beschluss der Umweltminister der Länder eingeführt. Weil die Umweltkrise allein durch Gesetze und Verordnungen nicht zu lösen ist, war das Ziel der vom Umweltbundesamt ausgehenden Initiative, ein freiwilliges Instrument zu schaffen, das die Motivation, Freiwilligkeit und Akzeptanz sowie die Bereitschaft jedes Einzelnen unterstützt, einen Beitrag zum Umweltschutz zu leisten.

Grüner Punkt: Was ist das?

Mit der im Jahre 1991 beschlossenen Verpackungsverordnung ist eine umfassende Rücknahme- und Verwertungspflicht für alle Arten von Verpackungen vorgeschrieben. Eine Freistellung der Rücknahmepflicht kann der Hersteller/Vertreiber (Verteiler, Verkäufer) erlangen, wenn die Erfassung und Verwertung der Verkaufsverpackungen durch das „Duale System Deutschland" (DSD) erfolgt, dessen Erkennungssymbol der Grüne Punkt ist. Der Grüne Punkt auf Verkaufsverpackungen zeigt, dass der Hersteller/Vertreiber den Erfassungsweg DSD gewählt hat und die Gebühr dafür im Rahmen eines Lizenzvertrags bereits an das DSD abgeführt hat. Nutzer solcher Verkaufsverpackungen genießen dann die Freistellung von der Rücknahmepflicht. In den Privathaushalten erfolgt das Sammeln der Verpackungen mit dem Grünen Punkt im Gelben Sack. Bei größeren Mengen, z. B. für Betriebe, stellt das DSD sog. DSD-Wertstofftonnen (bis zur Größe von 1,1 m^3 = Umleerbehälter/DSD-Wertstofftonne) zur Verfügung. Nicht in das Grüne-Punkt-System einzubeziehen bzw. gesondert zu behandeln sind nach der Verpackungsverordnung (§ 2 Abs. 3) Verkaufsverpackungen mit Resten oder Anhaftungen von gesundheits- oder umweltgefährdenden Stoffen oder Zubereitungen, wie Pflanzenschutz-, Desinfektions- oder Lösemittel, Säuren, Laugen, Mineralöle oder Mineralölprodukte oder solchen, die aufgrund anderer Rechtsvorschriften besonders entsorgt werden müssen.

Betriebswirtschaftliche Grundlagen

Produktion: Was versteht man darunter?

Die Anfertigung oder Herstellung und Bereitstellung von Wirtschaftsgütern. Die Land- und Forstwirtschaft, einschließlich des Gartenbaus und der Bergbau zählen zur sog. Primär- oder Urproduktion.

Urproduktion: Was versteht man darunter?

Zweige der Wirtschaft, die ihre Waren in unmittelbarer Abhängigkeit von der Natur bzw. Nutzung des Bodens durch Anbau und Abbau erzeugen. Der Urproduktion zugeordnet werden die Land- und Forstwirtschaft, der Gartenbau, die Fischerei, die Energie- und Wasserversorgung sowie der Bergbau.

Dienstleistungen: Was versteht man darunter?

Alle Formen wirtschaftlicher, immaterieller, nicht transportierbarer oder nicht lagerbarer Güter. Sie werden vom Handwerk (z. B. Friseure), den freien Berufen (z. B. Rechtsanwälten, Ärzten, Musiklehrern), Banken und Versicherungen, der Wissenschaft und Kunst, dem Unterhaltungsgewerbe, der Gastronomie usw. angeboten; darüber hinaus wird die öffentliche kommunale Verwaltung zum Dienstleistungssektor gezählt.

Welche Dienstleistungen bietet der Gartenbau an?

Im Gartenbau gehören zu den Dienstleistungen u. a.:

- der Bau, die Anlage und Pflege von Gartenanlagen, Parks und Grünanlagen, Verkehrsbegleitgrün, Sport- und Spielplätzen,
- die Neuanlage, Erneuerung und Pflege von Gräbern,
- die fachkundige Beratung in allen Fragen des Gartenbaus,
- die Innenraum- und Wohnraumgestaltung mit Pflanzen (Innenraumbegrünung),
- der Verkauf und der Handel mit gartenbaulichen Produkten,
- Floristik, Blumenbinderei und Dekorationen,
- der Handel mit Zubehörartikeln (z. B. Schalen, Töpfen, Dünge- und Pflanzenschutzmitteln, Geräten und Maschinen).

Produktionsfaktoren: Was versteht man darunter?

Die Grundlage jeder Erzeugung von Gütern (Produkten) sind die Produktionsfaktoren. In der Volkswirtschaftslehre wird dabei zwischen Arbeit, Boden und Kapital unterschieden. Zur sinnvollen Kombination dieser Faktoren ist darüber hinaus Information, als zweckorientiertes Wissen unumgänglich. Den genannten drei klassischen Produktionsfaktoren wird heute im Allgemeinen die Unternehmensleistung (Management) als vierter Produktionsfaktor hinzugefügt.

Unter Boden sind nicht nur die Bodenfläche, sondern auch Bodenschätze, Naturkräfte und der Wirtschaftsraum zu verstehen. Arbeit umfasst jede körperliche und geistige Leistung eines Menschen, die der Produktion dient. Unter Kapital versteht man volkswirtschaftlich gesehen den Gesamtwert aller Güter, mit denen im Betrieb gewirtschaftet wird, also z. B. Gebäude, Maschinen (= Sachkapital) sowie Geldkapital. Die Aufgaben des Managements sind im Wesentlichen: die Koordinierung der Faktoren Boden, Arbeit und Kapital; die Festlegung der betrieblichen Verhaltensweise und die Durchführung bzw. Überwachung der getroffenen Entscheidungen.

Betriebsstandort: Von welchen Faktoren ist die Eignung eines Standorts für einen Gartenbaubetrieb abhängig?

Von natürlichen und wirtschaftlichen Faktoren. Als besonders wichtige Faktoren werden angesehen:
- die natürlichen Verhältnisse,
- die Verfügbarkeit von Arbeitskräften,
- die Verkehrslage zum Beschaffungsmarkt von Betriebsmitteln,
- die Vermarktung bzw. Auftragsbeschaffung,
- das Politik-Umfeld.

Auf welche Faktoren hat die natürliche Lage gerade im Produktionsgartenbau einen starken Einfluss?

Insbesondere auf den Verbrauch von Produktionsmitteln (Wasser, Dünger, Pflanzenschutz, Heizmaterial), die Flächenproduktivität (wegen Ertragskraft des Bodens, Klimafaktoren) und Arbeitsproduktivität (wegen Oberflächengestalt, Bodenqualität). Die dargelegten Wirkungen resultieren aus den beiden Faktoren Boden und Klima. Sie sind es auch, die dort, wo produzierende Gartenbaubetriebe ihren Standort haben, darüber entscheiden, ob eine größere Anzahl von Kulturen einen Anbau zulassen.

Äußere Verkehrslage: Was versteht man darunter?

Mit dem Begriff Verkehrslage werden die Möglichkeiten der sog. Raumüberwindung innerhalb und außerhalb eines Betriebs beschrieben. Dementsprechend unterscheidet man zwischen äußerer und innerer Verkehrslage. Sowohl die innere als auch die äußere Verkehrslage hat auf den wirtschaftlichen Erfolg der Betriebe großen Einfluss.

Die äußere Verkehrslage umfasst alle Beziehungen eines Betriebs zur wirtschaftlichen Außenwelt. Kriterien für die Beurteilung der äußeren Verkehrslage sind insbesondere die Anbindungen

- an das öffentliche Straßennetz (Landesstraße, Bundesstraße, Autobahn), ggf. den Bahn- und Flugverkehr,
- an Absatz- und Einkaufseinrichtungen,
- an den Maschinen- und Gerätehandel, im Besonderen an Reparaturwerkstätten,
- an Behörden (wie Gemeinde- und Kreisverwaltung, berufsbildende Schule, Landwirtschaftskammer, Zuständige Stelle, Pflanzenschutzamt).

Innere Verkehrslage: Was versteht man darunter?

Die innere Verkehrslage eines Betriebs umfasst in den Produktionsbetrieben die Beziehungen zwischen den Wirtschaftsgebäuden und den einzelnen Teilen der Betriebsfläche. Kriterien für die Beurteilung der inneren Verkehrslage sind insbesondere:

- Größe und Lage der Betriebsflächen zueinander,
- Wegeeinteilung und Verbindungen untereinander,
- Lage des Arbeitsplatzes vor Ort oder zentral,
- Entfernungen zu den Material-Lagerstellen (z. B. für Substrate und Töpfe),
- Ausstattung mit technischen Hilfen (z. B. Gabelstapler, Röllchenbahnen),
- Zustand der Wege.

Produktionstiefe: Was versteht man darunter?

Unter Produktionstiefe wird die Spanne von Beginn bis Ende der Leistungserstellung eines Betriebes verstanden. Ein Zierpflanzenbaubetrieb, der seine Jungpflanzen selbst heranzieht und bis zum Verkauf weiterkultiviert, hat eine größere Produktionstiefe als der, der Jungpflanzen zukauft und diese als Rohware vertreibt. Im Gartenbau besteht in den Betrieben die Tendenz, die Produktionstiefe zu vermindern.

Produktionsbreite: Was bezeichnet man damit?

Mit Produktionsbreite bezeichnet man den Produktionsumfang an Pflanzenkulturen in einem Betrieb im zeitlichen Nebeneinander. Die Produktionsbreite ist klein, wenn im Jahreslauf nur wenige, sie ist groß, wenn viele (z. B. 10 und mehr) Kulturen produziert werden. Mit fortschreitender Spezialisierung wird die Produktionsbreite geringer und findet ihr Minimum im Monokulturbetrieb (z. B. einem reinen Nelkenbetrieb).

Vertikale Spezialisierung: Was versteht man darunter?

Vertikale Spezialisierung bedeutet eine Beschränkung der betrieblichen Tätigkeit auf bestimmte Produktionsabschnitte was eine Aufteilung der Erzeugung (Produktion) auf mehrere Betriebe bedeutet. Die häufigste Form der vertikalen

Spezialisierung ist der Zukauf von Jungpflanzen, Halbfertigpflanzen und Rohware, bzw. eine Spezialisierung auf die Jungpflanzenproduktion.

Horizontale Spezialisierung: Was versteht man darunter?

Die Entwicklung eines Betriebs mit vielen Kulturen in Richtung Spezialbetrieb mit am Ende nur noch einer Kultur. Typisch für Produktionsbetriebe mit horizontaler Spezialisierung ist in der Regel eine große Sortimentstiefe, d. h., das Angebot umfasst dann meist ein breites Sorten- und/oder Größenspektrum.

Spezialbetriebe: Was versteht man darunter?

Eine im Gartenbau übliche Bezeichnung für Betriebe, die sich auf eine oder sehr wenige Kulturen spezialisiert haben (horizontale Spezialisierung). Im engeren Sinne wird der Begriff nur für Betriebe verwandt, die sich mit sogenannten Sonderkulturen (z. B. Orchideen) beschäftigen.

Regionale Spezialisierung: Was versteht man darunter?

Regionale Spezialisierung liegt vor, wenn sich die Betriebe eines Anbaugebiets auf bestimmte Erzeugnisse (z. B. Azaleen, Rhododendren) spezialisieren. Sie ist besonders unter für einzelne Kulturen günstigen Standortbedingungen anzustreben.

Vertragsanbau: Was versteht man darunter?

Unter Vertragsanbau versteht man eine auf vertraglicher Basis abgesicherte enge Zusammenarbeit zwischen Gärtner (Gartenbaubetrieb) und einem Abnehmer. Während der Gärtner die vereinbarte Menge eines Produkts in der festgelegten Qualität zu einem bestimmten Termin liefern muss, verpflichtet sich der Vertragspartner zur Abnahme der Ware (oftmals zu einem vorher vereinbarten Preis). Diese enge vertragliche Bindung (Anbau- und Lieferverträge) zwischen Gartenbaubetrieben und dem Abnehmer (Großhändler, Einzelhandelskette, Gartencenter, Verwertungsindustrie usw.) bietet für den Gärtner den Vorteil, dass er Sicherheit für den Absatz seiner Produkte erhält. Das heißt, es entfällt für ihn das Absatzrisiko. Diese Sicherheit ist aber nur dann gewährleistet, wenn er in der Lage ist, das Produkt in der festgelegten Qualität und Menge zum richtigen Zeitpunkt zu liefern. Bei der starken Abhängigkeit des Gartenbaus von den äußeren, vom Gärtner häufig nicht beeinflussbaren Faktoren (Witterung), kann der genannte Vorteil zum Nachteil werden. Letztendlich ist dies aber auch eine Frage der Vertragsgestaltung.

Innerbetriebliche Spezialisierung: Was versteht man darunter?

Darunter versteht man die Aufteilung der verschiedenen in einem Betrieb anfallenden Arbeiten und Aufgaben auf einzelne Arbeitskräfte, sodass die einzelne Arbeitskraft jeweils nur noch eine ganz bestimmte Arbeit ausführt (z. B. Pflanzenschutzarbeiten, Düngung). Im Gartenbau ist eine strenge innerbetriebliche Arbeitsteilung nur im Großbetrieb durchführbar. In der Regel endet in Produktionsbetrieben die innerbetriebliche Spezialisierung bei der Zuständigkeit einer Arbeitskraft für eine Kultur, eine Abteilung, einen Schlag oder für ein Gewächshaus.

Rationalisierung: Was versteht man darunter?

Alle technischen und organisatorischen Maßnahmen, die eine Steigerung der Wirtschaftlichkeit (Rentabilität) oder eine Erhöhung der Produktivität bezwecken. Wenn z. B. in einem Betrieb bisher mit der Hand getopft wurde, wird durch die Anschaffung einer Topfmaschine die Arbeit rationalisiert.

Betriebs- bzw. Unternehmensformen: Zwischen welchen wird grundsätzlich unterschieden?

Der Betrieb ist die konkrete Niederlassung einer Firma an einem Ort mit den dazugehörigen Gebäuden, Flächen mit Inventar und Personal. Das Unternehmen ist immer die Gesamtheit einer Firma; zu einem Unternehmen können also mehrere Betriebe gehören. In der Alltagssprache werden die Begriffe Betrieb und Unternehmen häufig gleichgesetzt.

Die Unternehmensform kennzeichnet die rechtliche Verfassung (Rechtsform) der Unternehmung, durch die die Rechtsbeziehungen der Unternehmung im Innen- und Außenverhältnis geregelt werden. Grundsätzlich werden bei den Unternehmensformen zwischen Einzelunternehmen, Gesellschaftsunternehmen, Genossenschaften und Vereinen unterschieden. Die Gesellschaftsunternehmen gliedern sich in Personengesellschaften und Kapitalgesellschaften.

Einzelunternehmen: Was versteht man darunter?

Das Einzelunternehmen ist die im Handwerk, in Gartenbau und Landwirtschaft sowie im Handel am häufigsten anzutreffende Unternehmensform. Im Einzelunternehmen sind Eigentum und Entscheidungsrecht sowie Risiko und Haftung in der Hand des Einzelunternehmers (Inhabers) vereinigt. Das heißt, das Eigenkapital stammt hier von einer Einzelperson, welche auch unbeschränkt mit ihrem gesamten Vermögen haftet. Auf der anderen Seite kann er dementsprechend auch den Gewinn für sich allein beanspruchen. Meist leitet diese Einzelperson als alleiniger Inhaber auch den Betrieb. Der Vorteil dieser Rechtsform liegt in der größeren Flexibilität bei Entscheidungen, insbesondere wenn diese schnell getroffen werden müssen. Schnelle Anpassungen an veränderte wirtschaftliche Verhältnisse sind gewährleistet. Nachteile können vor allem bei der Kapitalbeschaffung auftreten, wenn das Eigenkapital gering und die Beleihungsmöglichkeit begrenzt ist.

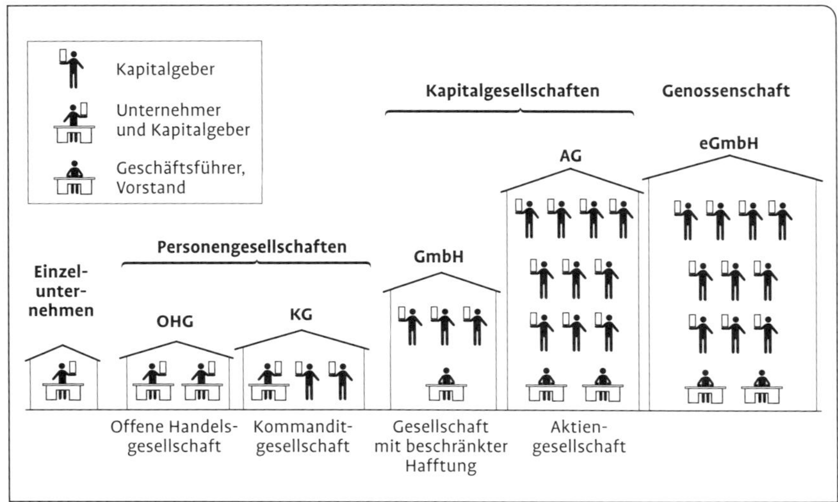

Abb. 68 Unternehmensformen.

Gesellschaftsunternehmen: Was versteht man darunter?

Unternehmensform bei der mehrere Teilhaber (Gesellschafter) Rechte und Pflichten übernehmen, die im Gesellschaftsvertrag festgelegt sind. Die Gesellschaftsunternehmen gliedern sich in Personengesellschaften und Kapitalgesellschaften. Die Vorteile von Gesellschaftsunternehmen sind: Entscheidungen werden kollegial getroffen und verantwortet, Verteilung des Risikos auf mehrere Personen, verstärkte Kapitalzuführung und damit erweiterte Kreditbasis durch breitere Haftungsgrundlage, u. U. steuerliche Vorteile, Verteilung des Verlustes. Nachteile sind: Durch Meinungsverschiedenheiten kann sich eine Entscheidungsfindung verzögern, ein situationsgerechtes Anpassen und Reagieren wird erschwert, Aufteilung des Gewinns.

Personengesellschaften: Was versteht man darunter?

Unternehmensform bei der mehrere Personen (mindestens zwei) eine gemeinschaftliche Firma betreiben. Personengesellschaften werden gewählt, wenn die Personen und ihre Arbeitskraft, ihre Haftung und Kreditwürdigkeit im Vordergrund stehen. Man unterscheidet zwischen Gesellschaft des bürgerlichen Rechts (GbR), Stille Gesellschaft, Erbengemeinschaft, Offene Handelsgesellschaft (OHG), Kommanditgesellschaft (KG) und der Gesellschaft mit beschränkter Haftung (GmbH).

Gesellschaft des bürgerlichen Rechts: Was versteht man darunter?

Eine Form der Personengesellschaft. Die Gesellschaft des bürgerlichen Rechts (GbR) wird auch als BGB-Gesellschaft bezeichnet, da sie im Bürgerlichen Gesetzbuch (BGB) verankert ist. Die Gründung einer GbR wird in Betracht gezogen, wenn beispielsweise die finanzielle Grundlage für den Betrieb vergrößert werden soll oder wenn tüchtige, risikofreudige Personen zur Mitarbeit gewonnen werden sollen. Geschäftsführung und -vertretung stehen allen Gesellschaftern gemeinschaftlich zu. Für die Verbindlichkeiten haften alle Gesellschafter mit ihrem gesamten Vermögen (auch dem Privatvermögen). Gewinn oder Verlust werden nach Köpfen oder laut Gesellschaftsvertrag verteilt. Ist etwas im Gesellschaftsvertrag nicht geregelt, so gelten die Bestimmungen des Bürgerlichen Gesetzbuches. Diese Unternehmensform wird im Gartenbau beispielsweise zwischen Vater und Sohn oder Tochter gegründet. GbR-Gesellschaften eignen sich auch als Rechtsform einer vorübergehenden Zusammenarbeit von Unternehmen, z. B. in Arbeitsgemeinschaften zur gemeinschaftlichen Ausführung eines Großauftrages.

Erzeugergemeinschaft: Was versteht man darunter?

Zusammenschluss von Gartenbaubetrieben, um gemeinsam die Erzeugung und den Absatz ihrer Produkte den Erfordernissen des Markts anzupassen. Ihr Hauptziel ist es, die Zusammenarbeit zwischen Gartenbaubetrieben bei der Produktionsplanung und der Anpassung des Angebots an den Bedarf nach Menge, Qualität und Zeitpunkt der Anlieferung sowie die Partnerschaft mit den Abnehmern zu fördern.

Genossenschaft: Was versteht man darunter?

Die Genossenschaft ist eine Gesellschaft mit nicht geschlossener Mitgliederzahl. Sie hat das Ziel, den Erwerb oder die Wirtschaftlichkeit ihrer Mitgliedsbetriebe zu fördern. Der Aufbau einer Genossenschaft ähnelt dem einer Aktiengesellschaft. Allerdings handelt es sich bei der Genossenschaft, im Gegensatz zu den anderen Unternehmensformen, nicht um ein Erwerbsunternehmen. Ihre Zielsetzung hat letztendlich sozialen Charakter. Die Mitglieder wollen gemeinschaftlich ihre wirtschaftlichen Interessen wahrnehmen, weil der Einzelne in der Regel dazu nicht in der Lage ist. Die Genossenschaft hat für sich selbst keine Gewinnabsicht; die Genossen sind Träger und zugleich Kunden dieses Unternehmens. Im Gartenbau kennt man insbesondere Absatz- und Einkaufsgenossenschaften.

Betriebsmittel: Was versteht man darunter?

Unter Betriebsmitteln versteht man materielle Güter die die technischen und materiellen Voraussetzungen der betrieblichen Leistungserstellung (der Produktion oder Dienstleistung) bilden (u. a. Grundstücke, Bauten, Maschinen,

Werkzeuge, Geräte, Düngemittel, Pflanzenschutzmittel, Wasser, Treib- und Brennstoffe, Energie, sonstige Materialien und Werkstoffe, auch Saatgut, Zwiebeln, Knollen und, soweit keine eigene Anzucht erfolgt, auch Jungpflanzen). Dabei unterscheidet man in Verbrauchsgüter (Verbrauchsmittel) und Gebrauchsgüter (Gebrauchsmittel).

Verbrauchsgüter: Was versteht man darunter?

Verbrauchsgüter sind Mittel, die im Laufe des Produktionsprozesses in das Produkt eingehen, also verbraucht werden, wie z. B. Wasser, Substrate, Dünger, Pflanzenschutzmittel, Energie, Töpfe und Bindematerial.

Gebrauchsgüter: Was versteht man darunter?

Gebrauchsgüter sind Mittel, die nur gebraucht werden und nach dem Gebrauch wieder für weitere Aufgaben zur Verfügung stehen, wie z. B. Boden, Gebäude, Gewächshäuser, sonstige bauliche Anlagen, Maschinen, Fahrzeuge und Geräte sowie auch Dauerkulturen (z. B. Obstbäume oder im Zierpflanzenbau Eiben für das Schnittgrün oder Forsythien für Blütenzweige).

Produktionskosten: Was versteht man darunter?

Jene Kosten, die bei der Produktion eines Gutes (z. B. einer Topfblume) durch Gebrauch (z. B. der Topfmaschine und des Gewächshauses) und Verbrauch (z. B. Erde und Dünger) von Betriebsmitteln und Arbeit (die an die Mitarbeiter zu zahlenden Löhne) für das Unternehmen entstehen.

Gemeinkosten: Was versteht man darunter?

Darunter fallen die Kosten, die unabhängig von der Leistungserstellung (z. B. der Produktion von *Pelargonium zonale*) und dem Umfang dieser anfallen. Sie können den einzelnen Kostenrägern nicht unmittelbar zugerechnet werden. Unter die Gemeinkosten fallen u. a.: Löhne und Gehälter von nicht zurechenbaren Arbeitskräften (z. B. Bürokräfte), Ausgaben für Reparaturen, Versicherungen, Betriebssteuern, Zinsen für Fremdkapital, betriebswirtschaftliche Abschreibungen und kalkulatorischer Zinssatz für das eingesetzte Eigenkapital.

Feste Kosten: Was versteht man darunter?

Man versteht darunter Kosten, die unabhängig von der Erzeugungs- oder Leistungsmenge (z. B. der Kultur von *Cyclamen* oder der Grabanlage) gleich bleiben. Sie entstehen im Betrieb beispielsweise durch konstante Lohnzahlungen an ständige Arbeitskräfte oder wie beim Beispiel der Kraftfahrzeuge, durch Versicherungen und Steuern. Für den Unternehmer ist es wichtig, dass er die Faktoren, die ausschließlich oder überwiegend Kosten verursachen, voll auslastet; denn mit zunehmendem Einsatz sinken die Kosten je Einheit (Mengeneinheit wie Stück, kg, m² usw.).

Variable Kosten: Was versteht man darunter?

Man versteht darunter Kosten, die sich in enger Abhängigkeit von der betrieblichen Leistungserstellung (z. B. der Kultur von *Cyclamen* oder der Grabanlage) verändern. Sie steigen mit zunehmender Erzeugungs- oder Leistungsmenge. Wird z. B. die Produktion stillgelegt, so fallen die Kosten (bei *Cyclamen* z. B. für Erde, Samen und Töpfe usw.) nicht an.

Einzelkosten: Was versteht man darunter?

In der Betriebswirtschaft alle Kosten, die sich einer Ware, einem Produkt vollständig zurechnen lassen: der Samen, der Blumentopf. Auch Bezugskosten (Porto, Fracht usw.) stellen Einzelkosten dar, wenn sie einzelnen Produkten zugerechnet werden können. Beispiel: Der Gärtner bezieht 1 000 Ampeltöpfe. Die Fracht beträgt 50,00 €. Damit sind jedem Topf 0,05 € Bezugskosten zuzurechnen.

Gewinn: Was versteht man darunter?

Betriebswirtschaftlich ist Gewinn die positive Differenz zwischen Ertrag (Einnahmen) und Aufwand (Ausgaben) einer Abrechnungsperiode (siehe Abb. 69 Seite 326). Beispiel: Eingenommen im Jahr 2010 250 000,00 €, ausgegeben 200 000,00 € = Gewinn 50 000,00 €. Steuerrechtlich ist Gewinn der Überschuss der Betriebseinnahmen über die Betriebsausgaben.

Produktivität: Was versteht man darunter?

Bezeichnet das Verhältnis zwischen dem Produktionsergebnis und dem Produktionsfaktoreinsatz. So kann der Produktionsertrag beispielsweise auf die Arbeitskraft (AK) bzw. Arbeitsstunde (Arbeitsproduktivität) oder auf die Fläche (Flächenproduktivität) bezogen werden. Hatte beispielsweise ein Betrieb mit fünf Arbeitskräften (AK) im Jahr 2010 ein Produktionsergebnis von 100 000 € und 2011 ein Ergebnis von 125 000 €, so betrug 2010 die Arbeitsproduktivität 20 000 €/AK, 2011 dagegen 25 000 €. Damit konnte die Arbeitsproduktivität in einem Jahr um 5 000 € je Arbeitskraft gesteigert werden. Eine Steigerung der Arbeitsproduktivität kann auf verschiedene Weise zustande kommen, z. B. dadurch, dass die Arbeitskräfte ihre Arbeitsleistung steigern, dass Rationalisierungsmaßnahmen durchgeführt werden oder dass ganz einfach höhere Preise für die Produkte erzielt werden können.

Rentabilität: Was versteht man darunter?

In der Betriebswirtschaft Verhältnis zwischen erzieltem Gewinn und eingesetztem Kapital in einem bestimmten Zeitabschnitt. Beträgt beispielsweise das eingesetzte Kapital 100 000,- €, und ist der Gewinn eines Wirtschaftsjahres

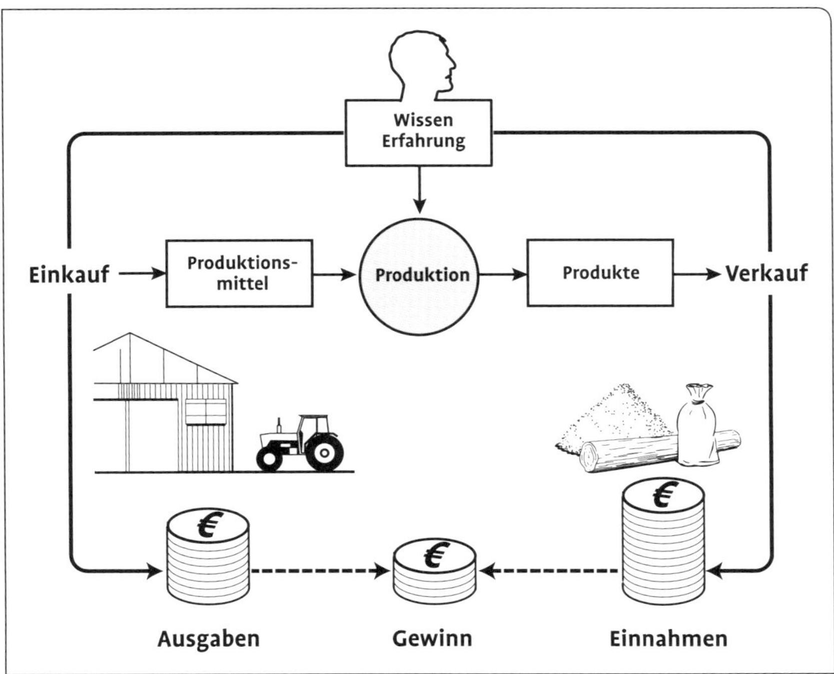

Abb. 69 Der Betrieb muss einen Gewinn erwirtschaften.

3000,- €, dann ergibt sich eine Rentabilität von 3 %. Allgemein versteht man unter Rentabilität die Differenz zwischen Aufwand und Ertrag. Ist beispielsweise bei der Kultur einer Balkonpflanze oder eines Gehölzes der Ertrag höher als der Aufwand, dann sagt man die Kultur ist rentabel, ist der Aufwand höher als der Ertrag ist sie unrentabel.

Ökonomisches Prinzip: Was versteht man darunter?

Da die Mittel, die den Menschen zur Produktion von Gütern und Dienstleistungen zur Verfügung stehen, knapp sind, muss der Einsatz dieser knappen Mittel sorgfältig abgewogen werden. Dieses Vorgehen bezeichnet man auch als das Handeln nach dem „ökonomischen Prinzip". Das ökonomische Prinzip ist nichts anderes als die Anwendung der Grundsätze für planvolles und sinnvolles Handeln. Jeder Betriebsinhaber, der Gewinne erzielen will, versucht daher, das mengenmäßige Ergebnis der Produktion im bestmöglichen Verhältnis seines Einsatzes an Kosten zu erreichen.

Aus- und Fortbildung

Berufsbildung: Was versteht man darunter?

Laut § 1 Berufsbildungsgesetz versteht man unter Berufsbildung die Berufsausbildungsvorbereitung, die Berufsausbildung, die berufliche Fortbildung und die berufliche Umschulung.

Berufsausbildung: Was versteht man darunter?

Die erste umfassende Ausbildung; sie hat in einem geordneten Ausbildungsgang eine breit angelegte berufliche Grundbildung und die für die Ausbildung einer qualifizierten Tätigkeit notwendigen fachlichen Fertigkeiten und Kenntnisse zu vermitteln (§ 1 Berufsbildungsgesetz).

Duales System: Was versteht man darunter?

Die Ausbildung zum Gärtner/zur Gärtnerin erfolgt im dualen System. Unter einem dualen System wird die Kombination von betrieblicher Ausbildung mit Berufsschulunterricht zur beruflichen Qualifizierung der Auszubildenden während der Ausbildungszeit verstanden. Der Auszubildende hat im beruflichen Erstausbildungssystem neben der Ausbildung in einem anerkannten Ausbildungsbetrieb eine adäquate öffentliche Berufsschule zu besuchen. Daneben entwickelt sich immer mehr die sog. überbetriebliche Ausbildung (Unterweisung), als Ergänzung der betrieblichen Ausbildung, als drittes Standbein der Berufsausbildung. Die betriebliche Ausbildung wird von den Unternehmen auf der Grundlage von Gesetzen und Ordnungsmitteln durchgeführt. Der schulische Teil der Ausbildung erfolgt in staatlichen Berufsschulen auf der Grundlage von Rahmenlehrplänen. Die überbetriebliche Ausbildung wird von den Betrieben und dem Staat getragen.

Berufsausbildungsverhältnis: Was versteht man darunter?

Während im Mittelpunkt eines normalen Arbeitsverhältnisses das Erbringen von Leistungen zum wirtschaftlichen Nutzen des Betriebs und damit auch der Belegschaftsangehörigen insgesamt steht, dient das Berufsausbildungsverhältnis vorwiegend der individuellen Ausbildung des Eingestellten (Auszubildenden).

Berufsausbildungsvertrag: Was begründet er?

Der Berufsausbildungsvertrag begründet rechtlich ein Ausbildungsverhältnis. Es handelt sich dabei um einen privatrechtlichen Vertrag, der zwischen dem Ausbildenden (dem Betrieb bzw. Betriebsinhaber) und dem Auszubildenden abgeschlossen wird. Ist der Auszubildende noch minderjährig, so müssen auch die Erziehungsberechtigten den Vertrag unterschreiben.

Zuständige Stelle: Wer oder was ist das?

Die Zuständige Stelle regelt auf der Grundlage des Berufsbildungsgesetzes die Durchführung der Berufsausbildung. Sie überwacht die Durchführung der Berufsausbildung und fördert sie durch Beratung der Ausbildenden und der Auszubildenden. Sie kann von den Auszubildenden als Auskunfts- und Beschwerdestelle in Fragen der Berufsausbildung beansprucht werden. Die Regelungskompetenz beginnt mit dem Abschluss des Ausbildungsvertrages und endet mit der Abschlussprüfung. In den Bundesländern, wo Landwirtschaftskammern existieren, ist die zuständige Stelle der Kammer zugeordnet.

Auszubildender: Wer ist das?

Die an der Ausbildung beteiligten Personen sind der Ausbildende (in der Regel der Betriebsinhaber), der Ausbilder und der Auszubildende. Der Auszubildende ist derjenige, der ausgebildet wird. Vor Inkrafttreten des Berufsbildungsgesetzes im Jahr 1969 bezeichnete man den Auszubildenden als Lehrling und den Ausbilder bzw. den Ausbildenden als Lehrherrn. Stifte nannte man Auszubildende im ersten Ausbildungsjahr.

Ausbildende: Wer ist das?

Der Ausbildende ist derjenige, der mit dem Auszubildenden einen Berufsausbildungsvertrag abschließt. In der Regel ist dies der Betriebsinhaber oder Chef. Im Gartenbau sind der Ausbildende und der Ausbilder normalerweise identisch, d. h., der Ausbildende bildet dann auch selber aus. In größeren Gartenbaubetrieben wird vom Ausbildenden (Betriebsinhaber) hingegen häufig ein Ausbilder benannt.

Ausbilder: Wer ist das?

Als Ausbilder gilt derjenige, der tatsächlich ausbildet, und zwar unmittelbar, verantwortlich und in wesentlichem Umfang. Er muss neben der fachlichen Eignung die erforderlichen berufs- und arbeitspädagogischen Fähigkeiten besitzen.

Ausbildungsplan: Was ist das?

Die Berufsausbildung muss planmäßig, zeitlich und sachlich so betrieben werden, dass das Ausbildungsziel erreicht werden kann. Dies setzt einen (betrieblichen) Ausbildungsplan voraus, nach dem verfahren wird. Dieser individuelle oder betriebliche Ausbildungsplan ist auf Grundlage der Inhalte und der zeitlichen Gliederung des Ausbildungsrahmenplans nach § 5 der Verordnung über die Berufsausbildung zum Gärtner/zur Gärtnerin zu erstellen und dient dem Zweck, die im Ausbildungsrahmenplan aufgeführten Qualifikationen (Fertigkeiten und Kenntnisse) auf die konkreten Verhältnisse des Ausbildungsbetriebs umzusetzen und auszuweisen. Aus dem Ausbildungsplan muss hervorgehen, welche betrieblichen Aufgabenstellungen für die Vermittlung einzelner Ausbildungsinhalte vorgesehen sind und an welchen betrieblichen oder außerbetrieblichen Lernorten (überbetriebliche Ausbildungsstätten oder andere Ausbildungsbetriebe in einem Ausbildungsverbund) die Ausbildung durchgeführt wird. Das Ergebnis des Ausbildungsplans wird in jedem Betrieb anders aussehen, vor allem auch deshalb, weil die Qualifikationen (die zu vermittelnden Fertigkeiten und Kenntnisse) in der Verordnung weitestgehend offen, d. h. pflanzen-, verfahrens-, maschinen- und produktneutral formuliert sind. So ist zwar jeder Ausbildungsbetrieb verpflichtet, seinen Auszubildenden das Düngen beizubringen, welche Düngemittel und Düngeverfahren eingesetzt werden, bleibt jedoch dem Betrieb vorbehalten. Der Ausbildungsplan ist Bestandteil des Ausbildungsvertrags und ist diesem als Anlage beizufügen.

Rechte und Pflichten: Welche haben der Ausbildende und der Auszubildende?

Während der Berufsausbildung hat sowohl der Ausbildende als auch der Auszubildende Rechte und Pflichten:

- Der Ausbildende muss dafür Sorge tragen, dass der Auszubildende das vorgesehene Ausbildungsziel erreichen kann. Der Auszubildende muss sich bemühen, die notwendigen Kenntnisse und Fertigkeiten zu erwerben.
- Ausbildungsmittel, wie z. B. Werkzeuge und Werkstoffe, muss der Ausbildende kostenlos zur Verfügung stellen.
- Die Freistellung des Auszubildenden für den Berufsschulunterricht oder für überbetriebliche Ausbildungsmaßnahmen ist für ihn mit der Verpflichtung verbunden, an den Veranstaltungen teilzunehmen.
- Dem Auszubildenden dürfen nur Tätigkeiten übertragen werden, die dem Ausbildungszweck dienen und seinen körperlichen Kräften angemessen sind. Ein Auszubildender ist nicht verpflichtet, Arbeiten durchzuführen, die mit seiner Ausbildung nicht im Zusammenhang stehen. Verboten sind Arbeiten wie z. B. Akkord- oder Fließbandarbeiten, die die körperlichen Kräfte des Auszubildenden übersteigen. Zumutbar sind dagegen Verrichtungen, die mit der Sauberkeit des eigenen Arbeitsplatzes und der Pflege der Gegenstände, mit denen der Auszubildende zu tun hat, zusammenhängen.
- Den Ausbildungsnachweis muss der Auszubildende selbst ordnungsgemäß und regelmäßig führen. Zur Führung des Ausbildungsnachweises muss der Ausbildende dem Auszubildenden Gelegenheit geben. Der ordnungsgemäß geführte Ausbildungsnachweis ist Zulassungsvoraussetzung für die Abschlussprüfung.
- Zu den Pflichten des Auszubildenden gehört, den Weisungen zu folgen, die ihm im Rahmen der Berufsausbildung von Ausbildenden oder sonst Weisungsberechtigten erteilt werden. Der Ausbildende muss darauf achten, dass

keine Weisungen erteilt werden, die auf die Ausübung einer ausbildungswidrigen Beschäftigung gerichtet sind. Die Anwendung körperlicher Gewalt oder körperlicher Züchtigung ist unzulässig.
- An jeder Ausbildungsstätte gelten bestimmte Ordnungsvorschriften. Diese dürfen jedoch nicht die Persönlichkeitsrechte des Auszubildenden einschränken. Über die bestehende Ordnung soll der Auszubildende informiert werden.
- Der Auszubildende ist verpflichtet, über Betriebs- und Geschäftsgeheimnisse Stillschweigen zu wahren.

Ausbildungsnachweis (Berichtsheft): Was ist das und wozu dient er?

Der Ausbildungsnachweis ist ein vom Auszubildenden schriftlich zu führender Nachweis über die betriebliche Berufsausbildung. Der täglich zu führende Ausbildungsnachweis soll sicherstellen, dass der zeitliche und sachliche Ablauf der Ausbildung für alle an ihr Beteiligten in übersichtlicher Form deutlich und kontrollierbar gemacht wird. Diese Aufzeichnungen über die täglich vorgekommenen Ausbildungsinhalte sollen eine Art Protokoll ergeben, womit am Ende der Ausbildungszeit nachgewiesen werden kann, dass auch alle Inhalte vermittelt worden sind. Der ordnungsgemäß geführte Ausbildungsnachweis ist Zulassungsvoraussetzung zur Abschlussprüfung.

Das „Berichtsheft“ beinhaltet über den eigentlichen Ausbildungsnachweis hinausgehende Aufzeichnungen. Sie haben den Sinn, den Auszubildenden zur geistigen Verarbeitung der in der Ausbildung erlernten Fertigkeiten, Kenntnisse und Fähigkeiten anzuregen. Dabei hat der Auszubildende Gelegenheit, die Ausbildungsinhalte zu überdenken und sie schriftlich (unterstützt von Zeichnungen und Bildmaterial) in Form von Sach- und Projektberichten, von Pflanzenbeschreibungen (Pflanze der Woche), von Tabellen zur Düngung und zum Pflanzenschutz usw., zu Papier zu bringen. Ein so geführtes „Berichtsheft“ bietet die Möglichkeit, bisher Gelerntes jederzeit in Erinnerung zu rufen und zu vertiefen. Eine Bewertung in der Prüfung ist nicht zulässig, weil Berichtshefte selbst nicht Gegenstand oder Teil der Prüfung sind.

Fort- und Weiterbildung: Was versteht man darunter?

Weiterbildung ist der Oberbegriff für alle Lernprozesse, in denen Erwachsene ihre Fähigkeiten entfalten, ihr Wissen erweitern bzw. ihre fachlichen und beruflichen Qualifikationen verbessern oder neu ausrichten. Weil der Begriff der Weiterbildung so weit gefasst ist, fallen darunter Umschulungen und Meisterkurse genauso wie Vorträge zur Tagespolitik, Rhetorikkurse, Sprachunterricht oder ein Kurs im Fotografieren.

Der Begriff „Fortbildung“ steht im Allgemeinen für die **berufliche Weiterbildung** von Erwachsenen. Dieser Begriff der beruflichen Weiterbildung wird im

Berufsbildungsgesetz (BBiG) vom 23.03.2005 (§ 1, Abs. 4) folgendermaßen definiert:

„Die berufliche Fortbildung soll es ermöglichen, die berufliche Handlungsfähigkeit zu erhalten und anzupassen oder zu erweitern und beruflich aufzusteigen".

Fortbildungen werden sowohl von staatlichen oder öffentlich-rechtlichen als auch von privaten Einrichtungen angeboten. In der Regel schließt eine Fortbildung, wenn sie erfolgreich durchlaufen wird, mit einem „Abschlusszeugnis" ab. Eine Fortbildungsmaßnahme ist immer mit einer neuen Qualifikation verbunden, also auch mit einer Prüfung. Die Erlangung des Meisterbriefes oder die Fortbildung zum staatlich geprüften Techniker sind solche Fortbildungsmaßnahmen.

Die Begriffe Weiterbildung und Fortbildung werden umgangssprachlich synonym verwendet. Das heißt, der Begriff „Fortbildung" wird häufig in der gleichen Bedeutung wie „Weiterbildung" gebraucht.

Erweiterungsfortbildung: Was versteht man darunter?

Sie hat den Zweck, die in der Erstausbildung erworbenen Qualifikationen zu vervollständigen, d. h., Kenntnisse und Fähigkeiten zu erweitern, zu vertiefen und arbeitsplatzbezogen anwenden zu können. Zusammen mit der nach der Erstausbildung erworbenen Berufserfahrung und Routine verhilft die Erweiterungsfortbildung zum/zur anerkannten, kompetenten Fachmann/Fachfrau.

Anpassungsfortbildung: Was versteht man darunter?

Weiterbildung, die die Wissenslücken schließen soll, die bei einzelnen oder Gruppen von Erwerbstätigen im Berufsleben durch neue Technologien, neue Organisationsformen und neue wissenschaftliche Erkenntnisse entstehen.

Aufstiegsfortbildung: Was versteht man darunter?

Dient der Fortbildung zu höheren Positionen wie Gärtnermeister/Gärtnermeisterin, Techniker/Technikerin und Studium in den Fachbereichen Gartenbau bzw. Landespflege (Diplom-Ingenieur/in (FH), Diplom-Agraringenieur/in bzw. neu Bachelor oder Master).

Was ist Voraussetzung für die Zulassung zur Meisterprüfung?

Laut § 1 a der Verordnung über die Anforderungen in der Meisterprüfung für den Beruf Gärtner/Gärtnerin vom 12. August 1997 ist

(1) zur Meisterprüfung zuzulassen, wer

1. eine mit Erfolg abgelegte Abschlussprüfung in dem anerkannten Ausbildungsberuf Gärtner/Gärtnerin und danach eine mindestens zweijährige Berufspraxis oder

2. eine mit Erfolg abgelegte Abschlussprüfung in einem anerkannten landwirtschaftlichen Ausbildungsberuf und danach eine mindestens dreijährige Berufspraxis oder

3. eine mindestens fünfjährige Berufspraxis

nachweist.

(2) Die Berufspraxis nach Absatz 1 muss im Bereich des Gartenbaus nachgewiesen werden.

(3) Abweichend von den in den Absätzen 1 und 2 genannten Voraussetzungen kann zur Prüfung auch zugelassen werden, wer durch Vorlage von Zeugnissen oder auf andere Weise glaubhaft macht, dass er Fertigkeiten, Kenntnisse und Fähigkeiten (berufliche Handlungsfähigkeit) erworben hat, die die Zulassung zur Prüfung rechtfertigen.

Anbieter von Weiterbildungsangeboten: Welche gibt es?

Wer sein berufliches Wissen und seine Fertigkeiten gezielt erweitern möchte, kann Weiterbildungsangebote von verschiedenen Institutionen und Unternehmen wahrnehmen. Kenntnisse in EDV, Buchführung, Betriebsführung und Existenzgründung lassen sich dabei ebenso vertiefen wie spezielle Techniken und Fertigkeiten. Kurse und Seminare zu diesen Themen bieten an:

- Bildungsstätte des Gartenbaus in Grünberg,
- Landwirtschaftskammern bzw. zuständige Stellen,
- Lehr- und Versuchsanstalten für Gartenbau,
- Fachschulen,
- Berufsschulen,
- Private Veranstalter und Unternehmen,
- Volkshochschulen.

Umschulung: Was versteht man darunter?

Umschulung soll zu einer anderen beruflichen Tätigkeit befähigen (vgl. § 1 Abs. 5 Berufsbildungsgesetz). Das heißt, wenn man nach abgeschlossener Berufsausbildung eine neue (andere) berufliche Tätigkeit erlernt, spricht man von Umschulung. Lernt man im erlernten Beruf dazu, handelt es sich um Fort- bzw. Weiterbildung.

Mensch und Arbeit

Arbeitskräfte: Nach welchen Gesichtspunkten können Arbeitskräfte unterschieden werden?

Die Einteilung der Arbeitskräfte in Gartenbaubetrieben kann anhand verschiedener Gesichtspunkte erfolgen.

Unterscheidung nach Anstellungsverhältnis und Art der Entlohnung:

- Lohnarbeitskräfte (Arbeiter) bekommen einen Lohn für die geleisteten Stunden.
- Angestellte erhalten ein monatliches Gehalt.
- Arbeitskräfte, die sich in der Ausbildung (Auszubildende, Praktikanten) befinden, steht eine finanzielle Beihilfe (Ausbildungsvergütung) zu.
- Selbstständige Unternehmer erhalten keinen Lohn. Die Entlohnung erfolgt in Form von geldlichen und ggf. naturalen Betriebsentnahmen.
- Mithelfende Familienarbeitskräfte; für sie kann das Gleiche gelten wie für selbstständige Unternehmer. Allerdings überwiegen die Vorteile, wenn sie wie Angestellte oder Lohnarbeitskräfte beschäftigt werden.

Unterscheidung nach Einstellung und Bedarf:

- Ständige Arbeitskräfte stehen dem Betrieb ganzjährig zur Verfügung.
- Nichtständige Arbeitskräfte, wie Aushilfs- oder Saisonarbeitskräfte, sind für kürzere oder längere Zeiträume ganz-, halbtags oder stundenweise verfügbar, um einen hohen Arbeitsanfall zu bewältigen.

Unterscheidung nach Qualifikation und Berufszugehörigkeit:

- Gärtnerische Fachkräfte der Berufszweige Baumschule, Friedhofsgärtnerei, Garten- und Landschaftsbau, Gemüsebau, Obstbau, Staudengärtnerei, Zierpflanzenbau und Floristik, und zwar vom Helfer im Gartenbau (Werker), Gärtner mit Abschlussprüfung (Gärtnergehilfen), Meister, Techniker bis zum wissenschaftlichen Diplom (Diplom-Igenieur bzw. Bachelor, Master, Dr. hort.),
- Fachkräfte mit kaufmännischer, handwerklicher oder landwirtschaftlicher Ausbildung,
- angelernte oder ungelernte Arbeitskräfte.

Arbeitnehmer: Wer ist Arbeitnehmer?

Als Arbeitnehmer gelten Personen, die einem Anderen (Betriebsinhaber, Arbeitgeber) haupt- oder nebenberuflich aufgrund eines privatrechtlichen Vertrags (Arbeitsvertrag) für eine gewisse Dauer zur Arbeitsleistung verpflichtet sind. Ferner setzt das Arbeitsverhältnis im Regelfall die Zahlung eines Entgelts voraus.

Arbeiter: Was versteht man darunter?

Nach allgemeiner Auffassung derjenige Arbeitnehmer, der ausführend mechanisch tätig ist beziehungsweise bei dem die körperliche Arbeit im Vordergrund steht.

Angestellter: Was versteht man darunter?

Nach allgemeiner Auffassung derjenige Arbeitnehmer, der kaufmännische oder büromäßige Arbeiten leistet oder gehobene Tätigkeiten ausübt beziehungsweise der vornehmlich gedanklich-geistige Dienste erbringt. Diese Abgrenzungsformel wird jedoch in der Praxis häufig durchbrochen. Heute richtet sich die Zuordnung des Arbeitnehmers zu den Arbeitern oder Angestellten in der Regel nach der Bewertung seiner Tätigkeit durch die im konkreten Fall beteiligten Berufsvereinigungen, z. B. im Rahmen der einschlägigen Tarifregelungen.

Als leitende Angestellte gelten Personen, die Arbeitgeberfunktionen in einer Schlüsselstellung ausüben und damit selbstständig und verantwortlich den Betrieb einen Betriebsteil oder einen wesentlichen Aufgabenbereich leiten.

Gärtnergehilfe: Was versteht man darunter?

Eigentlich veraltete, aber heute noch häufig verwendete Berufsbezeichnung für einen Arbeitnehmer nach abgeschlossener Gärtnerausbildung und bestandener Abschlussprüfung.

AKE: Was verbirgt sich hinter dieser Abkürzung?

Abkürzung für Arbeitskraft-Einheit. Da nicht alle Arbeitskräfte in gleicher Weise und ganzjährig zum Einsatz kommen, werden bei statistischen Erhebungen und betriebswirtschaftlichen Berechnungen zur besseren Vergleichbarkeit die Arbeitskräfte auf Arbeitskraft-Einheiten umgerechnet. Dabei wird die Arbeitsleistung einer mit betrieblichen Arbeiten vollbeschäftigten Arbeitskraft (AK) (rund 2 000 Arbeitsstunden im Jahr), im Alter von 15 bis unter 18 Jahren mit max. 0,7 AK, im Alter von 18 bis unter 65 Jahren mit 1 AK, im Alter von 65 Jahren und älter mit 0,3 AK, Betriebsleiter jeden Alters mit 1 AK und Auszubildende mit 0,5 AK bewertet.

Teilbeschäftigungen im Betrieb werden mit entsprechenden Anteilen berücksichtigt. Beispiel: Eine Person im Alter von 30 Jahren, die im Jahr 1 000 Stunden im Betrieb arbeitet, entspricht 0,5 AK, bei 400 Stunden sind es 0,2 AK.

Arbeitsverhältnis: Was versteht man darunter?

Rechtsverhältnis zwischen dem einzelnen Arbeitnehmer und seinem Arbeitgeber. Der Arbeitnehmer ist danach vor allem zur Leistung von Arbeit für den Arbeitgeber und der Arbeitgeber vor allem zur Lohnzahlung verpflichtet. Diese

Verpflichtungen werden durch einen schriftlichen oder auch mündlichen Arbeitsvertrag zwischen Arbeitgeber und Arbeitnehmer begründet.

Arbeitsvertrag: Was versteht man darunter?

Er ist die rechtliche Grundlage eines Arbeitsverhältnisses. Er wird schriftlich oder auch nur mündlich zwischen Arbeitgeber und Arbeitnehmer geschlossen. Er kommt, wie jeder Vertrag, durch zwei übereinstimmende Willenserklärungen zustande, d. h. durch ein Angebot und die Annahme dieses Angebots.

Was sollte in einem Arbeitsvertrag geregelt sein?

- Beginn und Dauer des Arbeitsverhältnisses,
- Kündigungsfristen,
- Dauer der Probezeit,
- genaue Tätigkeitsbeschreibung,
- Art der Entlohnung sowie Extrabezüge,
- Sozialleistungen des Arbeitgebers,
- Arbeits- und Pausenzeiten,
- Dauer des Jahresurlaubs,
- erlaubte Nebentätigkeiten.

Abmahnung: Was versteht man darunter?

Aufforderung, ein bestimmtes Verhalten zu unterlassen. Kann bei Nichtbeachtung den Fortbestand eines bestehenden Vertragsverhältnisses (z. B. das Arbeitsverhältnis) gefährden.

Arbeitsentgelt: Was versteht man darunter?

Das Arbeitsentgelt ist die Leistung, in der Regel ein Geldbetrag, die ein Arbeitgeber einem Arbeitnehmer aufgrund eines zwischen den beiden geschlossenen Arbeitsvertrages schuldet. Entgelt ist eine nominalisierte Form von „entgelten“, was so viel heißt wie „vergüten“. Historisch und umgangssprachlich werden zwei Formen des Entgelts unterschieden: Lohn und Gehalt. Die Bezeichnung Lohn wird im Arbeitsrecht häufig nur bei Arbeitern verwendet, bei Angestellten wird dagegen von Gehalt gesprochen. Rechtliche Bedeutung kommt dieser Unterscheidung nicht zu. In der Gesetzgebung und in den Tarifverträgen ist die Unterscheidung zwischen Lohn und Gehalt vielfach aufgegeben, und es wird nur noch vom Entgelt gesprochen.

Zum Teil werden auch die Einkommen selbstständig Tätiger wie Honorar (freie Mitarbeiter, Ärzte usw.) und Gage (bei Künstlern), die Besoldung (Bezüge der Beamten) oder die Entschädigung (eigentlich Erstattung von Auslagen) dazu gerechnet.

Lohngruppen: Was versteht man darunter?

In Tarifverträgen festgelegte Unterteilung von gewerblichen Arbeitnehmern. Neben der Qualifikation (ausgebildeter Gärtner, Meister, Techniker, Ingenieur) wird zur Lohngruppeneinteilung häufig die Art und ggf. Schwere der Tätigkeit als Kriterium verwendet. Die Definition der Lohngruppen wird in der Regel in den Rahmentarifverträgen (Manteltarifverträgen) festgeschrieben.

Ecklohn: Was versteht man darunter?

Bezeichnung der 100-Prozentgruppe im Gefüge der tariflichen Lohn- und Gehaltsgruppen. Er bildet die Ausgangsgröße für (prozentuale) Zu- und Abschläge anderer Lohngruppen.

Zeitlohn: Was versteht man darunter?

Arbeitszeitabhängige Entlohnung, bei dem kein unmittelbarer Bezug zur Leistung besteht. Er wird nach der tatsächlich im Betrieb zugebrachten Zeit berechnet und vergütet (Stundenlohn, Wochenlohn, Monatslohn). Zum Zeitlohn zählt man das Monatsgehalt des Angestellten und den Stundenlohn des Arbeiters. Der Monatslohn des Arbeiters berechnet sich aus der Multiplikation von Anwesenheitszeit und Stundenlohn. Beispiel: Anwesenheit 169 Stunden × 10,05 € = 1698,45 € Brutto-Monatslohn.

Akkordlohn: Was versteht man darunter?

Entlohnungsform, bei der die tatsächlich erbrachte Leistung Bemessungsgrundlage des Arbeitsentgelts ist. Da eine unmittelbare Abhängigkeit der Lohnhöhe von dem erzielten Mengenergebnis besteht, ist der Akkordlohn eine leistungsabhängige Lohnform. Der Leistungslohn bezieht sich im Regelfall entweder auf die Anzahl der geleisteten Arbeitsmenge oder auf eine bestimmte Vorgabezeit für eine bestimmte Arbeitsmenge, in welcher die Arbeit ausgeführt oder das Stück hergestellt sein muss.

Nominallohn: Was versteht man darunter?

Lohn in einer bestimmten zahlenmäßigen Höhe. Es ist letztendlich der Bruttoverdienst in Euro.

Reallohn: Was versteht man darunter?

Im Unterschied zum Nominallohn drückt der Reallohn die Kaufkraft des Geldes aus, d. h. wie viel man tatsächlich für sein Geld (Lohn) kaufen kann. Er berücksichtigt die Veränderung der Kaufkraft des Geldes mithilfe des Lebenshaltungskostenindexes.

Beispiel: Ein Arbeiter verdiente im Jahr 2011 monatlich 1 500 € brutto. Im Jahr 2012 bezog er einen Monatslohn von 1 575 €. Sein zahlenmäßiger Lohn (Nominallohn) nahm somit innerhalb von einem Jahr um 75 € oder um 5 % zu. Währenddessen stiegen die Preise um rund 6 %. Er verdiente zwar 2005

1575 € brutto, jedoch verfügte er durch die 6 %ige Preissteigerung (6 % von 1575 € = 94,50 €) nur noch über einen Reallohn von 1 480,50 € (1 575 € minus 94,50 €).

Nettolohn und Bruttolohn: Was versteht man darunter?

Der Bruttolohn ist das Arbeitsentgelt (der Lohn) des Arbeitnehmers vor Abzug von Steuern und Sozialversicherungsbeiträgen. Zieht man von diesem Bruttolohn die vom Arbeitnehmer zu tragende Lohn- und Kirchensteuer sowie seine Anteile zur Renten-, Kranken-, Pflege- und Arbeitslosenversicherung ab, verbleibt der Nettolohn. Der Nettolohn ist der Anteil des Lohns, der dem Arbeitnehmer bar ausgezahlt oder, wie heute meist üblich, auf sein Konto überwiesen wird.

Lohnzuschläge: Was versteht man darunter?

Zahlungen für besondere Leistungen oder Belastungen des Arbeitnehmers. Zuschläge sind üblich bei Mehrarbeit (Überstunden), Sonn- und Feiertagsarbeit sowie Nachtarbeit. Aufgrund kollektiver (durch Tarifvertrag oder Betriebsvereinbarung) oder individueller Vereinbarung (im Arbeitsvertrag) kann ein Anspruch auf sonstige Zuschläge bestehen, wie z. B. Erschwernisse (Schmutz- und Hitzezulagen), Sozialzuschläge (Kinderzuschlag) und Leistungszuschläge.

Überstunden: Was versteht man darunter?

Arbeitsstunden, die die regelmäßige betriebliche Arbeitszeit überschreiten. Wann Überstunden zu leisten sind, ist in den einschlägigen Tarifverträgen geregelt.

Lohnkosten: Was umfassen sie?

Als Lohnkosten wird die Summe der Bruttolöhne bezeichnet, die ein Unternehmen während eines bestimmten Zeitraums als Arbeitsentgelt für die mit der betrieblichen Leistungserstellung befassten Personen aufwendet. Neben den Fertigungs-Einzelkosten und den Fertigungs-Gemeinkosten zählen hierzu auch die Lohnnebenkosten.

Lohnnebenkosten: Was versteht man darunter?

Zusätzlich zum Arbeitsentgelt (Lohn, Gehalt) vom Arbeitgeber (Unternehmer) zu tragende Lohnkosten. Die Lohnnebenkosten umfassen gesetzlich vorgeschriebene wie auch tarifvertraglich vereinbarte und freiwillige betriebliche Leistungen.

Gesetzlich vorgeschriebene Leistungen sind:

- Sozialversicherungsbeiträge des Arbeitgebers,
- Pauschalsteuer,
- Beiträge zur Berufsgenossenschaft,

- Aufwendungen nach dem Mutterschutzgesetz,
- bezahlte Feiertage,
- sonstige Ausfalltage.

Tarifvertragliche und freiwillige betriebliche Leistungen sind bzw. können sein:
- Urlaub einschließlich Urlaubsgeld,
- Sonderzahlungen (z. B. Weihnachtsgeld),
- betriebliche Altersversorgung,
- Vermögensbildung,
- Fort- und Weiterbildung,
- Betriebsverpflegung,
- Wegegeld,
- Auslösungen.

Tarifvertrag: Was ist das?

Ein schriftlicher Vertrag zwischen den Tarifvertragsparteien (Arbeitgeberverbänden und Gewerkschaften) mit kollektiver Wirkung. Tarifverträge regeln Rechte und Pflichten und enthalten Rechtsnormen. In der Regel wird zwischen Lohntarifverträgen, Gehaltstarifverträgen oder Entgelttarifverträgen und Rahmen- bzw. Manteltarifverträgen unterschieden.

Welche Funktionen haben Tarifverträge?

Schutzfunktion. Der Tarifvertrag soll den einzelnen Arbeitnehmer davor schützen, dass der wirtschaftliche stärkere Arbeitgeber bei der Festlegung der Arbeitsbedingungen einseitig seine Forderungen durchsetzt. Er dient damit der Chancengleichheit zwischen Arbeitnehmer- und Arbeitgeberseite.

Ordnungsfunktion. Die Tarifverträge führen zu einer Typisierung der Arbeitsverträge, zu einer Überschaubarkeit der Personalkosten und damit zu einer autonomen Ordnung des Arbeitslebens.

Friedensfunktion. Der Tarifvertrag schließt während seiner Laufzeit Arbeitskämpfe und neue Forderungen hinsichtlich der in ihm geregelten Gegenstände aus.

Lohntarifverträge: Was regeln sie?

In Lohntarifverträgen (Entgelttarifverträgen, Gehaltstarifverträgen) werden die Art und die Höhe der Löhne und Gehälter geregelt. Lohntarifverträge sind im Vergleich zu den Manteltarifverträgen in der Regel für kürzere Zeiträume angelegt (meist 12 Monate).

Manteltarifverträge (Rahmentarifverträge): Was regeln sie?

Mantel- oder Rahmentarifverträge regeln die laufenden bzw. allgemeinen Arbeitsbedingungen wie:

- Beschreibung der Lohngruppen,
- Dauer der wöchentlichen und täglichen Arbeitszeit,
- Urlaubsdauer,
- Freistellung von der Arbeit, Bildungsurlaub,
- Sonderzahlungen wie Urlaubs- und Weihnachtsgeld, vermögenswirksame Leistungen, Erfolgsbeteiligungen,
- Zulässigkeit und Vergütung von Überstunden,
- Kündigungsvoraussetzungen und -fristen,
- Betriebseigene Regelungen, z. B. über den Arbeitsschutz, über betriebliche Erholungs- und Wohlfahrtseinrichtungen sowie über die Ordnung im Betrieb, vor allem in Form von Rauchverboten, Anwesenheitskontrollen sowie Betriebsbußen,
- Bestimmungen über die Schaffung gemeinsamer Einrichtungen (Pension- oder Sozialkassen).

Tarifvertragsparteien: Was versteht man darunter?

Die am Abschluss eines Tarifvertrags beteiligten, tariffähigen Parteien. Das sind auf Arbeitgeberseite die Arbeitgeberverbände (Verbandstarifverträge) oder auch der einzelne Arbeitgeber (Haustarifverträge), auf Arbeitnehmerseite die Gewerkschaften.

Im Bereich des Produktionsgartenbaus (Baumschule, Friedhofsgartenbau, Gemüsebau, Obstbau, Staudengärtnerei, Zierpflanzenbau) werden die Tarifverhandlungen auf Länderebene bzw. regionaler Ebene geführt. Entsprechend sind die Tarifvertragsparteien die jeweiligen gärtnerischen Arbeitgeberverbände (z. B. der Hessische Gärtnereiverband) und die für das jeweilige Land bzw. die jeweilige Region zuständige Tarifkommission der Industrie Gewerkschaft Bauen-Agrar-Umwelt (IG-BAU).

Für den Garten- und Landschaftsbau werden die Tarifverhandlungen auf Bundesebene geführt. Dabei treten als Tarifvertragsparteien für die Arbeitgeber der Bundesverband Garten- und Landschaftsbau (BGL) und für die Arbeitnehmer, die Bundestarifkommission der Industrie Gewerkschaft Bauen-Agrar-Umwelt (IG-BAU) auf.

Tarifhoheit: Was heißt das?

Die den Gewerkschaften und Arbeitgebern durch Art. 9 Abs. 3 Grundgesetz garantierte Freiheit, ihre arbeitsrechtlichen Beziehungen ohne staatliche Eingriffe in Tarifverträgen zu regeln (Koalitionsfreiheit). Der Staat tritt lediglich im öffentlichen Dienst als Tarifvertragspartei auf.

Tarifautonomie: Was versteht man darunter?

Das unmittelbar aus der Koalitionsfreiheit abgeleitete Recht von Gewerkschaften und Arbeitgebern bzw. ihren Verbänden, die Arbeits- und Einkommensbedingungen (z. B. Löhne, Arbeitszeit, Urlaub) ohne staatliche oder sonstige Eingriffe in freien Tarifverhandlungen kollektiv festzulegen.

Tarifgebundenheit: Was versteht man darunter?

Bezeichnet die Bindung an die Normen des Tarifvertrags. Tarifgebunden sind Arbeitgeber, die selbst Tarifvertragspartei sind (Firmen- bzw. Haustarifverträge, im Gartenbau praktisch nicht anzutreffen) und Arbeitgeber und Arbeitnehmer, die zum Zeitpunkt der Geltung eines Tarifvertrags Mitglied einer der betreffenden Tarifvertragspartei (Arbeitgeberverband bzw. IG BAU) waren. Das heißt, die Normen eines Tarifvertrags gelten nicht ohne Weiteres für sämtliche Arbeitsverhältnisse im Tarifbereich, sondern nur, soweit Tarifgebundenheit besteht. Tarifgebunden sind die Mitglieder der Verbände, die den Tarifvertrag geschlossen haben. Eine Tarifbindung nicht tarifgebundener Arbeitgeber kann durch die Allgemeinverbindlichkeitserklärung von Tarifverträgen erreicht werden.

Der tarifgebundene Arbeitgeber darf einem Arbeitnehmer, der nicht Gewerkschaftsmitglied ist, schlechtere als die tariflichen Arbeitsbedingungen anbieten. Das heißt, die herkömmliche Praxis, auch bei nicht organisierten Arbeitnehmern dem Tarifvertrag zu folgen, ist nicht zwingend.

Tarifvorrang: Was heißt das?

Begriff aus dem Tarif- bzw. Arbeitsrecht. Danach haben tarifliche Regelungen vor betrieblichen Vereinbarungen Vorrang. Dies resultiert aus der herausragenden Bedeutung, die der tarifautonomen Gestaltung der Arbeits- und Wirtschaftsbedingungen eingeräumt wird. Im Betriebsverfassungsgesetz ist festgelegt, dass Arbeitsentgelte und sonstige Arbeitsbedingungen, die durch Tarifvertrag geregelt sind oder üblicherweise geregelt werden, nicht Gegenstand einer Betriebsvereinbarung sein können. Allerdings können die Tarifparteien den Tarifvorrang für bestimmte Regelungsbereiche in ihren Tarifverträgen aufheben (Öffnungsklausel).

Sozialversicherung: Was versteht man darunter?

In existenziellen Risikosituationen den Lebensstandard des Versicherten und seine Stellung im Rahmen der Gesellschaft zu erhalten, das ist die Aufgabe der Sozialversicherung. Als öffentlich-rechtliche Zwangsversicherung schützt die Sozialversicherung die ihr unterliegenden Versicherten nach Maßgabe der entsprechenden Gesetze gegen Nachteile bei Krankheit (Krankenversicherung), Unfall (Unfallversicherung), Alter (Rentenversicherung), Arbeitslosigkeit (Arbeitslosenversicherung) und Pflegebedürftigkeit (Pflegeversicherung).

Die Sozialversicherungen werden überwiegend aus Beiträgen der Arbeitnehmer und Arbeitgeber finanziert. Dabei legt die Selbstverwaltung (für Unfallversicherung) beziehungsweise der Gesetzgeber (für Rentenversicherung, Arbeitslosenversicherung, Krankenversicherung und Pflegeversicherung) die Beitragssätze gesetzlich fest. Die Beiträge orientieren sich am Gehalt des Arbeitnehmers. Für selbstständige Gärtner und Landwirte gelten besondere Regelungen.

Solidaritätsprinzip: Was versteht man darunter?

Unter dem Solidaritätsprinzip wird allgemein ein Orientierungs- und Verhaltensprinzip verstanden, das die Gemeinsamkeit zur Maxime erhebt. Das Solidaritätsprinzip ist Grundsatz in der Sozialversicherung, wo die (Versicherungs-)Risiken von den Versicherten gemeinsam getragen werden. Die Beiträge werden nach der finanziellen Leistungsfähigkeit des Einzelnen bemessen, die Leistungen nach seinem individuellen Bedarf erbracht.

Beitragsbemessungsgrenze: Was versteht man darunter?

Die maximale Verdiensthöhe, aus der die Beiträge zu den Sozialversicherungen berechnet werden. Auch bei höher Verdienenden werden lediglich diese Beträge der Beitragsberechnung zugrunde gelegt. Die Beitragsbemessungsgrenzen in der Sozialversicherung werden vom Staat jährlich an die allgemeine Lohn- und Gehaltsentwicklung angepasst.

Arbeitslosenversicherung: Wer ist versichert?

Versicherungspflicht, Versicherungsfreiheit und die freiwillige Weiterversicherung in der Arbeitslosenversicherung sind im Dritten Buch des Sozialgesetzbuches geregelt. Danach sind grundsätzlich alle Personen, die eine mehr als geringfügige Beschäftigung gegen Arbeitsentgelt ausüben, versicherungspflichtig in der gesetzlichen Arbeitslosenversicherung. Versicherungspflichtig sind auch die Auszubildenden. Die Versicherungspflicht tritt kraft Gesetzes ein, wenn die gesetzlichen Voraussetzungen dafür vorliegen. Bestimmte Personengruppen sind von der Versicherungspflicht ausdrücklich ausgenommen, weil sie dem Schutz der Versicherung nicht unterliegen sollen (zum Beispiel Beamte, Soldaten oder Personen, die das reguläre Rentenalter erreicht haben).

Träger der Arbeitslosenversicherung ist die Bundesagentur für Arbeit, die regional durch die Agenturen für Arbeit vertreten ist.

Leistungen: Welche Leistungen erbringt die Arbeitslosenversicherung?

Im Rahmen der Arbeitslosenversicherung wird eine Vielzahl von Leistungen erbracht. Dazu gehören Leistungen, die die Integration der Menschen in Arbeits- und Ausbildungsverhältnisse unterstützen, aber auch den Lebensunterhalt im Falle der Arbeitslosigkeit sichern. Das Leistungsspektrum der Arbeitslosenversicherung in Beispielen:

- Unterstützung der Beratung und Vermittlung (Bewerbungskosten, Reisekosten; Vermittlungsgutschein).

- Maßnahmen zur Verbesserung der Eingliederungsaussichten.
- Förderung der Aufnahme einer Beschäftigung, Mobilitätshilfen (Übergangsbeihilfe, Ausrüstungsbeihilfe; Reisekostenbeihilfe; Fahrkostenbeihilfe, Trennungskostenbeihilfe, Umzugskostenbeihilfe).
- Förderung der Aufnahme einer selbstständigen Tätigkeit.
- Förderung der Berufsausbildung, (Ausbildungsbegleitende Hilfen; Berufsausbildung in einer außerbetrieblichen Einrichtung; Übergangshilfen).
- Förderung der beruflichen Weiterbildung (Zuschuss zum Arbeitsentgelt für Ungelernte).
- Förderung der Teilhabe behinderter Menschen am Arbeitsleben (Berufliche Rehabilitation).
- Förderung der ganzjährigen Beschäftigung (Saison-Kurzarbeitergeld, Zuschuss-Wintergeld und Mehraufwands-Wintergeld).
- Entgeltersatzleistungen (Leistungen zum Lebensunterhalt).
- Entgeltsicherung für ältere Arbeitnehmer.
- Kurzarbeitergeld.

Finanzierung: Wie wird die Arbeitslosenversicherung finanziert?

Die Finanzierung ist vornehmlich durch Beiträge der Arbeitnehmer, der Arbeitgeber und Dritter gewährleistet. Hinzu kommen Umlagen, Mittel des Bundes (Steuermittel) und sonstige Einnahmen. Arbeitnehmer und Arbeitgeber zahlen den Beitrag in der Regel je zur Hälfte. Der Beitragssatz beträgt seit dem 01.01.2011 drei Prozent der Beitragsbemessungsgrundlage. Beitragsbemessungsgrundlage ist in der Regel das Arbeitsentgelt der Beschäftigten (beitragspflichtige Einnahme), das bis zur Beitragsbemessungsgrenze (Stand 2011: alte Bundesländer 66 000 Euro im Jahr / neue Bundesländer 57 600 Euro im Jahr) berücksichtigt wird. Die Beiträge sind zusammen mit den Beiträgen zur Kranken-, Pflege- und Rentenversicherung als Gesamtsozialversicherungsbeitrag von den Arbeitgebern an die Krankenkassen (Einzugsstelle) zu zahlen. Die Einzugsstellen leiten die für die Arbeitslosenversicherung bestimmten Beiträge an die Bundesagentur für Arbeit weiter.

Gesetzliche Krankenversicherung: Wer ist versichert?

Arbeitnehmer sind in der gesetzlichen Krankenversicherung grundsätzlich versicherungspflichtig, wenn ihr Bruttogehalt eine bestimmte Höchstgrenze nicht überschreitet. Im Einzelnen gehören dazu:

- Arbeitnehmer, einschließlich der zu ihrer Berufsausbildung Beschäftigten,
- Bezieher von Arbeitslosengeld oder Arbeitslosenhilfe,
- Landwirtschaftliche Unternehmer und deren Familienangehörige,
- Künstler und Publizisten nach dem Künstlersozialversicherungsgesetz,
- Personen in Einrichtungen der Jugendhilfe,
- Teilnehmer an Leistungen zur Teilhabe am Arbeitsleben,

- Behinderte Menschen in anerkannten Werkstätten und in Anstalten, Heimen oder gleichartigen Einrichtungen,
- Studenten,
- Praktikanten und Auszubildende ohne Arbeitsentgelt sowie Auszubildende des Zweiten Bildungswegs,
- Rentner/Rentenantragsteller, die eine bestimmte Vorversicherungszeit erfüllt haben, Personen, die über keinen anderweitigen Krankenversicherungsschutz verfügen und aufgrund ihres Status dem System der gesetzlichen Krankenversicherung zuzuordnen sind oder zuletzt gesetzlich krankenversichert waren.

Darüber hinaus gibt es in der Krankenversicherung auch freiwillig Versicherte (z. B. Selbstständige) und Familienversicherte. Freiwillig versichern kann sich im Wesentlichen nur, wer zuvor pflicht- oder familienversichert war. Beitragsfrei familienversichert sind unter bestimmten Voraussetzungen der Ehe- oder Lebenspartner und die Kinder von Mitgliedern.

In der Bundesrepublik Deutschland sind etwa 90 Prozent der Bevölkerung gesetzlich krankenversichert.

Leistungen: Welche Leistungen erbringt die gesetzliche Krankenversicherung?

Die Gesundheit der Versicherten zu erhalten, wiederherzustellen oder zu verbessern das sind die zentralen Aufgaben der gesetzlichen Krankenversicherung. Als Solidargemeinschaft übernimmt sie in der Regel die Leistungen für die notwendige medizinische Hilfe im Falle einer Krankheit mit Ausnahme der beruflich bedingten Unfälle und zahlt ein Krankengeld, wenn der Arbeitgeber das Gehalt während einer Arbeitsunfähigkeit nicht weiterbezahlt.

Die Versicherten können unter allen zugelassenen Ärzten und Zahnärzten frei wählen. Sie sind aber auch selbst für ihre Gesundheit mitverantwortlich: durch gesundheitsbewusste Lebensführung, frühzeitige Beteiligung an gesundheitlichen Vorsorgemaßnahmen sowie durch aktive Mitwirkung an Krankenbehandlung und Rehabilitation. Die Krankenkassen unterstützen dabei die Versicherten aktiv durch Aufklärung und Beratung.

Zu den Sachleistungen, auf die ein gesetzlicher Anspruch besteht, zählen beispielsweise Medikamente und die Krankenhausbehandlung. Dienstleistungen sind unter anderem die ärztliche und zahnärztliche Behandlung. Geldleistungen sind zum Beispiel das Krankengeld bei Arbeitsunfähigkeit, das ab der 7. Woche der Arbeitsunfähigkeit bezahlt wird und das Mutterschaftsgeld.

Finanzierung: Wie finanziert sich die gesetzliche Krankenversicherung?

Die gesetzliche Krankenversicherung finanziert sich weitestgehend selbst, insbesondere durch die Beiträge von Arbeitnehmern und Arbeitgebern. Wie hoch der Beitrag ist, hängt vom individuellen Einkommen der Versicherten ab. Grundsätzlich gilt dabei: der finanziell Stärkere unterstützt den Schwächeren.

Die Höhe dieser Beiträge richtet sich nach deren beitragspflichtigen Einnahmen bis zu einer bestimmten Beitragsbemessungsgrenze, die jedes Jahr angepasst wird (2011: 44 550 Euro im Jahr) und nach dem Beitragssatz. Wie in der Arbeitslosen- oder Rentenversicherung gibt es bei der gesetzlichen Krankenversicherung einen einheitlichen Beitragssatz. Der allgemeine Beitragssatz der gesetzlichen Krankenversicherung beträgt seit dem 1. Januar 2011 15,5 Prozent. Die Beiträge werden vom Arbeitgeber (Beitragssatz 7,3 Prozent) und vom Arbeitnehmer (Beitragssatz 8,2 Prozent) aufgebracht. Arbeitnehmer, die wegen Überschreitens der Versicherungspflichtgrenze freiwillig versichert sind, haben Anspruch auf einen Beitragszuschuss des Arbeitgebers. Die Beiträge für Auszubildende mit einem Lohn oder Gehalt von bis zu 325 Euro werden vom Arbeitgeber allein finanziert. Für pflichtversicherte Rentner übernimmt der Rentenversicherungsträger einen Teil des Beitrags und zahlt ihn zusammen mit dem von dem Rentner zu tragenden Anteil direkt an die Krankenkasse. Freiwillig versicherte Rentner zahlen ihren Beitrag selbst an ihre Krankenkasse. Sie erhalten aber auf Antrag einen Beitragszuschuss des Rentenversicherungsträgers. Studenten zahlen den sogenannten Studentenbeitrag, der bei allen Krankenkassen einheitlich festgelegt ist.

Grundsätzliches Strukturmerkmal bei der Mittelaufbringung der gesetzlichen Krankenversicherung ist das Solidaritätsprinzip. Das Solidaritätsprinzip bedeutet, dass in der gesetzlichen Krankenversicherung finanziell Stärkere für finanziell Schwächere, Junge für Alte und Ledige für die Familien eintreten. Das kommt insbesondere dadurch zum Ausdruck, dass sich die Beiträge des Mitglieds allein nach seiner finanziellen Leistungsfähigkeit richten und nach seinen beitragspflichtigen Einnahmen prozentual bemessen werden.

Träger: Wer sind die Träger der gesetzlichen Krankenversicherung?

Die Träger der gesetzlichen Krankenversicherung (GKV) sind:
- die Allgemeinen Ortskrankenkassen (AOK);
- die Betriebskrankenkassen (BKK);
- die Innungskrankenkassen (IKK);
- die Ersatzkassen;
- die landwirtschaftliche Sozialversicherung und
- die Knappschaft,

mit ihren einzelnen Krankenkassen, wie z. B. Techniker Krankenkasse (TK). Versicherte können frei wählen, bei welcher Kasse sie sich versichern lassen möchten.

Die Krankenkassen der gesetzlichen Krankenversicherung sind, wie alle Träger der Sozialversicherung, Körperschaften des öffentlichen Rechts mit Selbstverwaltung. Sie sind damit finanziell selbstständig und führen die ihnen staatlich zugewiesenen Aufgaben eigenverantwortlich durch. Im Rahmen der Selbstverwaltung gestalten Versicherte und ihre Arbeitgeber (bei den Ersatzkassen nur Versichertenvertreter) die Politik der Krankenkasse über gemeinsam gebildete Verwaltungsräte aktiv mit.

Gesetzliche Pflegeversicherung: Wer ist versichert?

Die Pflegeversicherung ist die fünfte Säule der gesetzlichen Sozialversicherung. Als jüngste der fünf Sparten der Deutschen Sozialversicherung schließt die gesetzliche Pflegeversicherung eine große Lücke in der sozialen Versorgung. In der Pflegeversicherung sind alle krankenversicherten Bürgerinnen und Bürger versichert. Neben den Arbeitnehmern auch Auszubildende, Arbeitslose, Studenten und Rentner. Als Pflichtmitglied einer gesetzlichen Krankenkasse, wird man Mitglied der Pflegekasse dieser Krankenkasse, auch ohne Antrag. Bei einer freiwilligen Versicherung in einer gesetzlichen Krankenkasse, hat der Bürger die Wahl zwischen sozialer oder privater Pflegeversicherung. Damit haben rund 80 Millionen Menschen in der Bundesrepublik einen Versicherungsschutz bei Pflegebedürftigkeit, den es vorher nicht gab. Zurzeit bietet die Pflegeversicherung für mehr als zwei Millionen Leistungsbezieher eine Absicherung gegen die Folgen der Pflegebedürftigkeit. Dabei ist gesetzlich definiert, was Pflegebedürftigkeit heißt und wer pflegebedürftig ist.

Leistungen: Welche Leistungen erbringt die gesetzliche Pflegeversicherung?

Die Pflegeversicherung sichert das finanzielle Risiko der Pflegebedürftigkeit ab. Sie soll es dem Pflegebedürftigen ermöglichen, ein selbst bestimmtes Leben zu führen. Demnach ist die Pflegeversicherung keine Vollversicherung. Sie stellt eine soziale Grundsicherung in Form von unterstützenden Hilfeleistungen dar, die die Eigenleistungen der Versicherten und anderer Träger nicht entbehrlich machen.

Als pflegebedürftig gelten Versicherte, die wegen einer körperlichen, geistigen oder seelischen Krankheit oder Behinderung dauerhaft, das heißt voraussichtlich mindestens für sechs Monate, in erheblichem Maße Hilfe bei den Verrichtungen des täglichen Lebens brauchen. Maßgebend dafür, welche Leistungen Pflegebedürftige erhalten, ist der Grad der Hilfebedürftigkeit. Dieser wird vom Medizinischen Dienst der Krankenversicherung festgestellt. Um den unterschiedlichen Anforderungen Rechnung zu tragen, hat der Gesetzgeber drei Pflegestufen festgelegt. Damit sind auch die Höchstbeträge für die Leistungen durch die Pflegeversicherung festgelegt, die sich in drei Stufen gliedern:

- Pflegestufe I = erheblich Pflegebedürftige,
- Pflegestufe II = Schwerpflegebedürftige,
- Pflegestufe III = Schwerstpflegebedürftige.

Die Pflegeversicherung erbringt Leistungen als Geld- oder Sachleistungen, mit denen die Grundpflege und hauswirtschaftliche Versorgung finanziert wird.

Eine Kombination von Pflegegeld- und Pflegesachleistung ist möglich. Wenn Angehörige oder Bekannte die Pflege übernehmen, wird ein monatliches Pflegegeld gezahlt. Die „ehrenamtlichen“ Pflegenden sind während ihrer pflegerischen Tätigkeit automatisch renten- und unfallversichert, wenn sie eine Mindestzahl von Pflegestunden erreichen.

Finanzierung: Wie finanziert sich die gesetzliche Pflegeversicherung?

Die gesetzliche Pflegeversicherung ist als „Einheitsversicherung“ angelegt – mit einheitlichen Leistungen und keinen Unterschieden im Beitragssatz. Arbeitnehmer und Arbeitgeber zahlen je die Hälfte des Beitrags. Kinderlose zahlen einen Beitragszuschlag. Es gibt einen – wie in der gesetzlichen Krankenversicherung – gesetzlich festgelegten Beitragssatz. Der Beitrag wird mit den übrigen Sozialabgaben automatisch bei der Lohn- oder Gehaltsabrechnung einbehalten. Für versicherte Familienangehörige werden keine Beiträge erhoben.

Der aktuelle Beitragssatz (2011) zur Pflegeversicherung liegt bei 1,95 Prozent vom Lohn bzw. Gehalt. Arbeitgeber und Arbeitnehmer übernehmen jeweils einen Anteil von 0,975 Prozent. Da im Bundesland Sachsen nicht wie im übrigen Bundesgebiet zur Finanzierung der Pflegeversicherung ein Feiertag abgeschafft wurde, zahlen die Arbeitnehmer hier einen höheren Anteil vom Einkommen: 1,475 Prozent. Die Arbeitgeber übernehmen nur 0,475 Prozent. Kinderlose, die mindestens 23 Jahre alt und nach dem 31. Dezember 1939 geboren sind, zahlen einen Beitragszuschlag von 0,25 Prozent. Wie bei der Krankenversicherung gibt es auch bei der Pflegeversicherung ein Limit für die Beitragszahlung. Arbeitnehmer mit einem Monatsgehalt unter einer bestimmten Grenze werden in der Pflegeversicherung pflichtversichert. Arbeitnehmer mit einem höheren Monatsgehalt sind freiwillig versichert.

Träger: Wer ist Träger der gesetzlichen Pflegeversicherung?

Träger der sozialen Pflegeversicherung sind die Pflegekassen, die unter dem Dach der Krankenkassen angesiedelt sind. Das heißt, dass jeder Krankenkasse eine Pflegekasse angeschlossen ist. Im Grundsatz gilt: „Pflegeversicherung folgt der Krankenversicherung“. Das bedeutet: Wer bei einer AOK, Ersatzkasse, Betriebskrankenkasse, Innungskrankenkasse, landwirtschaftlichen Sozialversicherung oder der Bundesknappschaft gesetzlich krankenversichert ist, der gehört dort auch der sozialen Pflegeversicherung an. Dies gilt auch für mitversicherte Familienangehörige. Wer privat krankenversichert ist, muss auch eine private Pflegeversicherung abschließen. Die Selbstverwaltungsorgane der Pflegekassen sind die Organe der Krankenkassen. Arbeitgeber der Beschäftigten der Pflegekasse ist die Krankenkasse.

Gesetzliche Rentenversicherung: Wer ist versichert?

In der Rentenversicherung sind alle Personen, die in einem beruflichen, unselbstständigen Beschäftigungsverhältnis stehen oder sich in der Berufsausbildung befinden – mit Ausnahme der Beamten –, versicherungspflichtig. Sie erfahren durch die Rentenversicherung einen lebenslangen Schutz gegenüber den Risiken der Erwerbsminderung, des Alters und des Todes. Das gilt auch für Behinderte, die in anerkannten Werkstätten beschäftigt sind sowie für Wehr- und Zivildienstleistende. Aber auch Selbstständige können pflichtversichert sein. Dazu gehören unter anderem selbstständige Handwerksmeister, die sich jedoch nach 18 Beitragsjahren von dieser Pflicht befreien lassen können. Selbstständige Künstler und Publizisten sind auf Antrag nach dem Künstlersozialversicherungsgesetz pflichtversichert. Voraussetzung ist ein bestimmtes Jahresmindesteinkommen, das Berufsanfänger jedoch unterschreiten können. Landwirte und Gärtner sind grundsätzlich nicht in der gesetzlichen Rentenversicherung, sondern in der Alterssicherung der Landwirte bzw. Gärtner pflichtversichert. Beamte sind grundsätzlich versicherungsfrei, ebenso geringfügig Beschäftigte mit einem monatlichen Verdienst bis 400 Euro.

Leistungen: Welche Leistungen erbringt die gesetzliche Rentenversicherung?

Die Leistungen der gesetzlichen Rentenversicherung gliedern sich in zwei zentrale Bereiche: Die Zahlung von Altersrenten gehört seit dem Bestehen der gesetzlichen Rentenversicherung zu ihren zentralen Aufgaben. Aber auch vor den Folgen der verminderten Erwerbsfähigkeit und des Todes des Ehepartners sind die Versicherten durch die Rente weitestgehend abgesichert. Die zweite große Aufgabe der Rentenversicherung ist die Rehabilitation. Sie sorgt dafür, die Erwerbsfähigkeit kranker und behinderter Menschen positiv zu beeinflussen und – wenn möglich – wieder herzustellen.

Als Funktion des Lohnersatzes soll die Rente den versicherten Menschen eine ausreichende Lebensgrundlage bieten. In der Regel werden Renten geleistet als

- Renten wegen Alters (beispielsweise Regelaltersrente),
- Renten wegen verminderter Erwerbsfähigkeit sowie
- Renten wegen Todes (beispielsweise als Witwen-/Waisenrenten).

Sie sind in ihrem Leistungsumfang – anders als bei den anderen Säulen der Sozialversicherung – abhängig von der Höhe der eingezahlten Beiträge (Äquivalenzprinzip).

Ein weiterer zentraler Grundsatz der gesetzlichen Rentenversicherung ist die Rehabilitation (Aufgabe der Leistungen zur Teilhabe). Im Rahmen der Rehabilitation sollen frühzeitige Rentenzahlungen verhindert und die Arbeitskraft erhalten werden. Es gilt der Grundsatz „Rehabilitation geht vor Rente". Zum Leistungsspektrum gehören medizinische und andere Leistungen zur Teilhabe am Arbeitsleben, die die Erwerbsfähigkeit Kranker oder behinderter Menschen günstig beeinflussen, wie beispielsweise Heilbehandlungen in einer Reha-Klinik oder die Umschulung zu einem dem Leistungsvermögen angemessenen Beruf.

Rentenhöhe: Wonach richtet sich die Rentenhöhe?

Die Höhe der Rente in der gesetzlichen Rentenversicherung richtet sich grundsätzlich nach der Höhe der gezahlten Beiträge. Durch das System der sogenannten Entgeltpunkte wird pro Jahr ein bestimmter Rentenanspruch erworben, der sich an der relativen Einkommensposition des Versicherten orientiert. Der Durchschnittsverdiener erhält einen Entgeltpunkt gutgeschrieben; der, der die Beitragsbemessungsgrenze erreicht, rund zwei Entgeltpunkte und derjenige mit dem halben Durchschnittsverdienst einen halben Entgeltpunkt. Durch dieses System soll sichergestellt werden, dass die relative Einkommensposition der Versicherten während ihrer Erwerbstätigkeit auch in der Phase des Rentenbezugs beibehalten wird. Vollständige Beitragsäquivalenz ist im deutschen Rentensystem nicht gegeben. Es liegt jedoch eine Teilhabeäquivalenz vor, die gewährleistet, dass jeder Versicherte durch gleich hohe Beiträge gleichwertige Anrechte auf Rentenleistungen erwirbt.

Generationenvertrag: Was versteht man darunter?

In der Rentenversicherung gilt der Generationenvertrag. Das heißt, dass von den laufenden Beitragseinnahmen auch immer die laufenden Renten im Umlageverfahren gezahlt werden. Beim Umlageverfahren werden die Beiträge der Rentenversicherten direkt an die Rentner ausbezahlt.

Finanzierung: Wie finanziert sich die gesetzliche Rentenversicherung?

Die gesetzliche Rente folgt dem solidarischen Prinzip „Einer für alle – alle für einen“. Sie wird im Wesentlichen durch Beiträge der Versicherten und ihrer Arbeitgeber, durch den Bundeszuschuss und sonstige Einnahmen der Rentenversicherungsträger finanziert. Arbeitnehmer und Arbeitgeber tragen die Beiträge entsprechend dem jeweils gültigen Beitragssatz je zur Hälfte. Die Beitragshöhe des Versicherten orientiert sich bis zu einer bestimmten Höhe am beitragspflichtigen Einkommen des Versicherten, der sogenannten Beitragsbemessungsgrenze. Seit dem 1. Januar 2007 liegt der Beitragssatz bei 19,9 Prozent des Bruttolohns oder -gehalts. Er ist für das gesamte Bundesgebiet gleich. Die Beitragsbemessungsgrenze liegt im Jahr 2011 in den alten Bundesländern bei 66.000 Euro im Jahr und in den neuen Bundesländern bei 57.600 Euro. Über die jährliche Rentenanpassung nehmen die Renten an der wirtschaftlichen Entwicklung der Löhne und Gehälter teil.

Träger: Wer ist Träger der gesetzlichen Rentenversicherung?

Am 1. Oktober 2005 haben sich alle Rentenversicherungsträger – die Bundesversicherungsanstalt für Angestellte (BfA), die 22 Landesversicherungsanstalten (LVA), die Bundesknappschaft, die Bahnversicherungsanstalt und die Seekasse – sowie der Verband Deutscher Rentenversicherungsträger (VDR) unter einem Dach zusammengeschlossen. Sie treten jetzt gemeinsam unter dem Namen „Deutsche Rentenversicherung" auf.

Die „innere Organisation" der Rentenversicherungsträger zeichnet sich im Wesentlichen durch das Prinzip der Selbstverwaltung aus – Hauptwesensmerkmal aller Sozialversicherungsträger. Dazu zählt unter anderem, dass die Träger der Rentenversicherung Körperschaften des öffentlichen Rechts sind, die Versicherten und Arbeitgeber in demokratisch gewählten Organen paritätisch organisiert sind, die gesetzlich zugewiesenen Aufgaben eigenverantwortlich wahrgenommen werden (Rechtsautonomie) sowie die Finanzhoheit, was die finanzielle Unabhängigkeit vom Staatshaushalt bedeutet.

Gesetzliche Unfallversicherung: Welche Aufgaben hat sie?

Jedes Jahr ereignen sich in der Bundesrepublik Deutschland rund 1 400 000 Arbeits- und Wegeunfälle. Hinzu kommen rund 18 000 Fälle von anerkannten Berufskrankheiten und rund 1 5 Millionen Schulunfälle. Für die Betroffenen bedeutet das oft gravierende Veränderungen ihrer Lebensgestaltung. Die gesetzliche Unfallversicherung hat die Aufgabe, Arbeitsunfälle und Berufskrankheiten sowie arbeitsbedingte Gesundheitsgefahren zu verhüten, bei Arbeitsunfällen oder Berufskrankheiten die Gesundheit und die Leistungsfähigkeit wieder herzustellen, Verletzte in den Arbeitsprozess wieder einzugliedern und die Versicherten oder ihre Hinterbliebenen durch Geldleistungen zu entschädigen.

Erleidet ein Arbeitnehmer bei seiner Beschäftigung einen Unfall, so würde er vom Arbeitgeber Schadenersatz verlangen können, wenn der Arbeitgeber den Schaden schuldhaft verursacht hat. Diese zivilrechtliche Haftpflicht des Arbeitgebers wird durch die Unfallversicherung abgelöst. Die Unfallversicherung ist insofern eine Haftpflichtversicherung der Unternehmer. Sie ist aber ebenso eine Versicherung zugunsten der Arbeitnehmer; diese haben auch dann Ansprüche auf Leistungen, wenn dem Unternehmer kein Verschulden trifft, wenn z. B. Unfälle auf dem Weg zur oder von der Arbeit eingetreten oder eine Berufskrankheit entstanden sind.

Die gesetzliche Unfallversicherung ist eine Pflichtversicherung. Zur Begründung der Versicherung bedarf es daher weder einer Beitrittserklärung noch kann die Versicherung durch Erklärung des Austritts oder des Verzichts auf Leistungen beendet werden. Auch der Abschluss privater Unfall- oder Haftpflichtversicherungen lässt die Versicherungspflicht in der gesetzlichen Unfallversicherung unberührt.

Die Unfallversicherungsträger erfüllen die ihnen gesetzlich übertragenen Aufgaben der Prävention und Unfallversicherung in paritätischer Selbstverwaltung der Arbeitgeber, Unternehmer und Arbeitnehmer. Dies stellt sicher, dass die Interessen aller Beteiligten gewährleistet sind.

Die Unfallversicherung ist ein selbstständiger Zweig der gesetzlichen Sozialversicherungen.

Organisation: Wie ist die gesetzliche Unfallversicherung organisiert?

Die gesetzliche Unfallversicherung besteht seit 1884. Seither haben sich unterschiedliche Organisationsstrukturen gebildet. In der gewerblichen Wirtschaft und in der Landwirtschaft sind die Berufsgenossenschaften die zuständigen Unfallversicherungsträger. Im Bereich der öffentlichen Hand sind es die Gemeindeunfallversicherungsverbände und Unfallkassen. Aber alle haben das Prinzip der paritätischen Selbstverwaltung von Arbeitnehmern und Arbeitgebern gemeinsam.

Welche Unfallversicherung ist für den Gartenbau zuständig?

Für Unternehmen des Gartenbaus ist die Gartenbau-Berufsgenossenschaft in Kassel zuständig. Sie ist Träger der gesetzlichen Unfallversicherung für den gesamten Gartenbau und aller ihm gesetzlich zugeordneten Einrichtungen.

Die Gartenbau-Berufsgenossenschaft ist zuständiger Unfallversicherungsträger für

Unternehmen des Erwerbsgartenbaues, zu dem versicherungsrechtlich gehören:

- Blumen- und Zierpflanzenbau,
- Baumschulen und Forstbaumschulen,
- Samenzuchtbetriebe,
- gärtnerischer Obst- und Gemüsebau-, Pilzzuchtbetriebe,
- Unternehmen des Garten-, Landschafts- und Sportplatzbaues (Landschaftsgärtnereien),
- Unternehmen der Golfplatzpflege,
- Baumwartunternehmen,
- Haus- und Ziergärten mit einer Größe ab 25 ar bzw. bei geringerem Umfang mit einem Arbeitsaufwand von mehr als 100 Arbeitsstunden für Aushilfsbeschäftigte im Jahr,
- Gemeindliche Unternehmen der Park- und Gartenpflege,
- Friedhofsunternehmen, Friedhofsgärtnereien,
- Unternehmen, die unmittelbar der Sicherung, Überwachung oder Förderung des Gartenbaues überwiegend dienen, einschließlich der gärtnerischen Selbstverwaltung.

Der Versicherungsumfang erstreckt sich daneben auf kaufmännische und verwaltende Teile des Unternehmens, auch auf Blumengeschäfte und Bindereien, sofern sie einer Gärtnerei angeschlossen sind, sowie Haushaltungen, sofern die Haushaltungen dem Betrieb wesentlich dienen.

Wer ist in der gesetzlichen Unfallversicherung versichert?

Kraft Gesetz sind alle Beschäftigten (auch Auszubildende, Teilzeitkräfte, Aushilfen und gegen Entgeltzahlung im Unternehmen tätige Ehegatten der Unternehmer) unabhängig von ihrem Alter oder der Höhe ihres Einkommens pflichtversichert. Bei der Gartenbau Berufsgenossenschaft sind grundsätzlich auch die Unternehmer selbst und ihre unentgeltlich mitarbeitenden Ehegatten in die Versicherungspflicht einbezogen. Die in der gesetzlichen Kranken- und Rentenversicherung bestehende Versicherungsfreiheit für Geringverdiener und Aushilfskräfte gibt es in der gesetzlichen Unfallversicherung nicht.

Zur Begründung der Versicherung bedarf es weder einer Beitrittserklärung noch kann die Versicherung durch Erklärung des Austritts oder des Verzichts auf Leistungen beendet werden. Sie kann nicht durch Abschluss einer privaten Unfall- oder Haftpflichtversicherung ersetzt werden. Die Versicherungspflicht besteht auch dann, wenn keine Arbeitnehmer beschäftigt werden oder die selbstständige Tätigkeit im Nebenerwerb ausgeführt wird.

Die gesetzliche Unfallversicherung schützt auch folgende Personen:

- Kinder, die Tageseinrichtungen besuchen,
- Schüler und Studenten,
- Behinderte Menschen in Werkstätten für behinderte Menschen,
- Helfer bei Unglücksfällen,
- Zivil- und Katastrophenschutzhelfer,
- Blut- und Organspender,
- Personen, die für den Bund, ein Land, eine Gemeinde oder eine andere öffentlich-rechtliche Institution ehrenamtlich tätig sind sowie Zeugen vor Gericht,
- Arbeitslose und Sozialhilfeempfänger bei Erfüllung ihrer Meldepflichten,
- Strafgefangene und Entwicklungshelfer.

Für Beamte gelten besondere Vorschriften.

Finanzierung: Wie finanziert sich die gesetzliche Unfallversicherung?

Im Gegensatz zur Kranken-, Pflege-, Renten- und Arbeitslosenversicherung ist die gesetzliche Unfallversicherung für die Versicherten beitragsfrei. Sie finanziert sich allein aus den Beiträgen der Arbeitgeber. Aus sozialpolitischen Gründen gewährt der Bund zurzeit den versicherten Unternehmern der Gartenbau-Berufsgenossenschaft, ebenso wie den Unternehmern der übrigen landwirtschaftlichen Berufsgenossenschaften, Zuschüsse zu den Berufsgenossenschaftsbeiträgen, soweit in dem Unternehmen Urproduktion betrieben wird, also Grundstücke zur Pflanzenanzucht (z. B. Blumen-, Zier- und Jungpflanzen, Gemüse-, Obst und Baumschulkulturen usw.) bewirtschaftet werden.

Im Bereich der Öffentlichen Hand tragen der Bund, die Länder und Gemeinden aus Steuermitteln die Kosten für die Unfallversicherung.

Wie werden die Beiträge in der Unfallversicherung festgelegt?

Für die Träger der gesetzlichen Unfallversicherung und damit für die Gartenbau-Berufsgenossenschaft gilt das Umlageverfahren der nachträglichen Bedarfsdeckung, das heißt, die Gartenbau-Berufsgenossenschaft legt ihre Aufwendungen nach Abschluss eines Geschäftsjahres auf die ihr zugehörigen Unternehmen in Beitragsform um.

Der Anteil, den jeder Beitragspflichtige der Berufsgenossenschaft vom Umlagebetrag als Beitrag aufzubringen hat, richtet sich nach der Höhe seines Arbeitswertes und des Arbeitswertes seiner Arbeitnehmer, Aushilfskräfte und mitarbeitenden Familienangehörigen sowie nach der Gefahrklasse, in die der Betrieb eingestuft ist. Der Gefahrtarif berücksichtigt die unterschiedliche Unfallbelastung der der Gartenbau-Berufsgenossenschaft zugehörigen Betriebsarten. Für Arbeitnehmer gilt als Arbeitswert das Arbeitsentgelt (Jahresbruttoarbeitsentgelt), das sie im jeweiligen Jahr tatsächlich bezogen haben.

Bei den Gemeindeunfallversicherungsverbänden und Unfallkassen richten sich die Beiträge nach der Einwohnerzahl, der Zahl der Versicherten oder den Arbeitsentgelten.

Worauf erstreckt sich der Versicherungsschutz in der Unfallversicherung?

Versicherungsschutz besteht für Arbeitsunfälle, Berufskrankheiten, Wegeunfälle von und zur Arbeit. Versicherungsschutz besteht auch, wenn der Unternehmer versäumt hat, sein Unternehmen anzumelden oder Beiträge nicht oder verspätet gezahlt werden.

Leistungen: Welche Leistungen erbringt die gesetzliche Unfallversicherung?

Die Berufsgenossenschaften zahlen u. a.

- die Kosten für Heilbehandlungen (z. B. Arzneien, Arztkosten, Krankenhausaufenthalt),
- Verletztengeld bei Arbeitsunfähigkeit nach Wegfall der Lohnfortzahlung durch den Arbeitgeber,
- Renten bei Minderung der Erwerbsfähigkeit,
- Sterbegeld und Rente an Hinterbliebene bei tödlichen Arbeitsunfällen.

Weiterhin leisten die Berufsgenossenschaften Berufshilfe z. B. bei der Wiedereingliederung ins Berufsleben (z. B. durch Umschulung).

Arbeitsunfall: Was versteht man darunter?

Im Sinne der Unfallversicherung ein Ereignis, das während oder als Folge der Arbeit plötzlich innerhalb eines verhältnismäßig kurzen Zeitraums eintritt und einen Körper- oder Gesundheitsschaden verursacht oder den Tod herbeiführt. Als Arbeitsunfälle gelten auch gesetzlich anerkannte Berufskrankheiten und Unfälle, die auf einem mit der versicherten Tätigkeit zusammenhängenden

Weg zum und vom Ort der Tätigkeit (sog. Wegeunfälle) entstehen bzw. passieren.

Wegeunfall: Was versteht man darunter?

Unfall auf dem direkten Weg zwischen Wohnung und Arbeitsstätte, egal welches Verkehrsmittel benutzt wurde. In der gesetzlichen Unfallversicherung gilt der Wegeunfall als Arbeitsunfall.

Prävention: Was versteht man darunter?

Eine wesentliche Aufgabe der gesetzlichen Unfallversicherungen besteht darin, mit allen geeigneten Mitteln Arbeitsunfälle und Berufskrankheiten zu verhüten, arbeitsbedingte Gesundheitsgefahren abzuwenden und eine wirksame Erste Hilfe in den Betrieben sicher zustellen, was als Prävention bezeichnet wird. Um dies zu erreichen, sorgt die Gartenbau-Berufsgenossenschaft

- für die Durchführung der Unfallverhütungsvorschriften durch fachlich ausgebildete Technische Aufsichtsbeamte und Betriebsrevisoren.

Des Weiteren

- führt sie Unfalluntersuchungen zur Ermittlung von Unfallursachen durch,
- hält sie Schulungskurse ab,
- informiert sie in Vorträgen, Beratungen, Besprechungen sowie über die Presse, Rundfunk und Fernsehen über die Unfallverhütung,
- fördert sie Ausbildungsmaßnahmen für die Erste Hilfe,
- berät sie die Hersteller von gartenbaulichen Maschinen und Geräten,
- beteiligt sie sich an Ausstellungen und Messen mit Lehrschauen und sicherheitstechnischen Messekommissionen und
- arbeitet mit allen in Betracht kommenden Stellen zur Förderung der Unfallverhütung zusammen.

Leistungen zur Teilhabe (Rehabilitation): Was versteht man darunter?

Aufgrund einer Krankheit, einer Behinderung oder eines Unfalles kann es dazu kommen, dass die bisherige Tätigkeit nicht mehr oder nur noch eingeschränkt ausgeübt werden kann. In dieser schwierigen Lebensphase unterstützen die Unfallversicherungsträger ihre Versicherten, um die nachteiligen Folgen abzumildern, was man Leistungen zur Teilhabe oder Rehabilitation nennt. Die Rehabilitation ist darauf ausgerichtet, Menschen mit drohender oder bestehender Behinderung möglichst auf Dauer in Arbeit, Beruf und Gesellschaft einzugliedern. Eine Leistung zur Teilhabe ist beispielsweise eine Kur bzw. Heilbehandlung, was man als medizinische Rehabilitation bezeichnet.

Wann zahlt ein Unfallversicherungsträger Rente?

Vorrangiges Ziel der Unfallversicherungsträger ist die Wiederherstellung der Gesundheit und Arbeitsfähigkeit des Versicherten. Renten an Versicherte werden dann gezahlt, wenn die Erwerbsfähigkeit nicht vollständig wieder hergestellt werden kann, das heißt eine Minderung von mindestens 20 Prozent vorliegt.

Sicherheitstechnischer Dienst: Welche Aufgabe hat er?

Er hat nach dem Arbeitssicherheitsgesetz vor allem die Aufgabe, den Arbeitgeber in allen Fragen der Arbeitssicherheit einschließlich der ergonomischen Gestaltung der Arbeitsplätze zu unterstützen und zu beraten. Er hat insbesondere den Arbeitgeber und die sonst für den Arbeitsschutz und die Unfallverhütungsvorschriften verantwortlichen Personen zu beraten, u. a.

- bei der Planung, Ausführung und Unterhaltung von Betriebsanlagen und von sozialen und sanitären Einrichtungen,
- bei der Beschaffung von technischen Arbeitsmitteln und der Einführung von Arbeitsverfahren und Arbeitsstoffen,
- bei der Auswahl und Erprobung von Körperschutzmitteln,
- bei der Gestaltung der Arbeitsplätze, des Arbeitsablaufes, der Arbeitsumgebung und in sonstigen Fragen der Ergonomie,
- bei der Erstellung von Gefährdungsbeurteilungen,
- die Betriebsanlagen und die technischen Arbeitsmittel vor der Inbetriebnahme und Arbeitsverfahren vor ihrer Einführung sicherheitstechnisch zu überprüfen,
- die Durchführung des Arbeitsschutzes und der Unfallverhütung zu beobachten und im Zusammenhang damit
- die Arbeitsstätten in regelmäßigen Abständen zu begehen und festgestellte Mängel dem Arbeitgeber oder der sonst für den Arbeitsschutz und die Unfallverhütung verantwortlichen Personen mitzuteilen, Maßnahmen zur Beseitigung dieser Mängel vorzuschlagen und auf deren Durchführung hinzuwirken,
- auf die Benutzung der erforderlichen Körperschutzmittel zu achten,
- Ursachen von Arbeitsunfällen zu untersuchen, die Untersuchungsergebnisse zu erfassen und auszuwerten und dem Arbeitgeber Maßnahmen zur Verhütung dieser Arbeitsunfälle vorzuschlagen,
- die Umsetzung der Gefahrstoffverordnung im Betrieb zu unterstützen,
- neue und überarbeitete Vorschriften im Bereich des Arbeitsschutzes für die jeweilige betriebliche Verwendung aufzuarbeiten,
- darauf hinzuwirken, dass sich alle im Betrieb Beschäftigten den Anforderungen des Arbeitsschutzes und der Unfallverhütung entsprechend verhalten.

Verkaufen und Beraten

Absatzwege: Zwischen welchen wird im Gartenbau unterschieden?

Die Absatzwege treffen eine Aussage darüber, ob eine Leistung (ein Produkt) direkt an den Endnutzer (Endverbraucher) abgesetzt wird (Absatzweg direkter Absatz) oder ob noch ein Absatzvermittler bzw. Absatzhelfer dazwischen geschaltet ist, bevor die Leistung den Endnutzer erreicht (Absatzweg indirekter Absatz). Dienstleistungsbetriebe bzw. Dienstleistungen setzen ihre Leistungen in der Regel direkt an den Endnutzer ab.

Beispiele für direkte und indirekte Absatzwege im Gartenbau.

Indirekter Absatz:

- Belieferung einer Erzeugergenossenschaft bzw. einer Erzeugergemeinschaft,
- Belieferung eines Abholmarktes,
- Belieferung einer Versteigerung,
- Belieferung von anderen Gartenbaubetrieben,
- Belieferung von Großhändlern,
- Fahrverkauf (Breitfahren),
- Verkauf an Wiederverkäufer im Rahmen von Verkaufsmessen.

Direkter Absatz:

- Verkauf über den eigenen Einzelhandel (Blumengeschäft, Gartencenter),
- Verkauf über einen Stand auf einem Wochenmarkt,
- Verkauf über den eigenen Versandhandel,
- Absatz an den Endverbraucher über das Internet,
- Verkauf an Endverbraucher im Rahmen von Verkaufsmessen,
- Belieferung von gewerblichen Kunden.

Welche Erwartungen und Wünsche hat der Kunde an den Facheinzelhandel?

In der Regel ist mit dem Besuch im Fachgeschäft der Anspruch verbunden, dort auf der Basis einer kompetenten fachlichen Beratung eine maßgeschneiderte Lösung zu erhalten. Der Kunde erwartet eine individuelle Bedienung und Betreuung, eine fachlich kompetente Beratung sowie Erlebniskäufe durch Atmosphäre. Durch die individuelle Bedienung und Betreuung erfährt der Kunde im Fachgeschäft einen wohltuenden Gegenpol zum Einkauf in anonymeren Einzelhandelsstätten.

Der Verkäufer: Was macht einen guten Verkäufer aus?

Neben körperlicher Tätigkeit stellt die Verkaufstätigkeit mehr oder minder hohe Anforderungen an Verstand und Gefühl des Verkäufers. Sechs Eigenschaften machen eine „Verkäuferpersönlichkeit" aus:

Soziale Kompetenz. Ein guter Verkäufer begrüßt und verabschiedet seine Kunden freundlich, unterhält sich gern, kann mit Menschen umgehen und auf ihre Bedürfnisse eingehen, hat eine positive Einstellung zur Arbeit und zum Verkauf, will kooperieren, sieht sich als Vermittler zwischen Kunde und Ware und nimmt sich Zeit für die Vermittlung und baut eine Beziehung zum Kunden auf, versetzt sich in die Lage des Kunden, zeigt also Einfühlungsvermögen und ist bemüht, die Wünsche des Kunden bestmöglich zu erfüllen.

Fachliche Kompetenz. Sie ist unabdingbare Grundvoraussetzung für erfolgreiches Verkaufen. Sie ist notwendig um die richtige Ware oder Dienstleistung anbieten zu können; um treffend die notwendigen Beratungen geben zu können; um Auskünfte über Verwendungsmöglichkeiten der Pflanzen, Pflanzenpflege, Bodenansprüche, Düngemaßnahmen, Pflanzenschutz und Schädlingsbekämpfung erteilen zu können; um Fragen und Äußerungen der Kunden beantworten und deuten zu können. Fachliche Kompetenz, die für den Kunden erkennbar ist, fördert das Vertrauen des Kunden.

Kommunikative Kompetenz. Das wichtigste Werkzeug eines Verkäufers ist die Sprache. Über das gesprochene Wort und über die Körpersprache tauschen sich Verkäufer und Kunde aus. Der Gesamteindruck eines Gesprächs wird zu über 50 % von der Körpersprache bestimmt. Mit einer angenehmen, kundenorientierten Körpersprache hat der Verkäufer schon halb gewonnen. Die Körpersprache, hierzu gehören Mimik, Gesten, Gang, Körperhaltung und Umgangsformen, unterstreicht und unterstützt die gesprochene Sprache.

Allgemeinbildung. Eine gediegene Allgemeinbildung ist erforderlich, um mit allen Kunden ein Gespräch führen zu können, das unter Umständen die rein fachliche Ebene verlässt und auf vielseitige Fragen und Interessen der Kunden eingeht.

Äußeres Erscheinungsbild. Kunden die eine Endverkaufsgärtnerei betreten, ist sicherlich bewusst, dass der Gärtner mitunter auch „schmutzige Arbeiten" erledigen muss und dementsprechend nicht die gepflegten Hände einer Bürokraft hat. Ebenso wenig wird ein Outfit erwartet, dass einer Modezeitschrift entlehnt wurde. Die äußere Erscheinung sollte geschmackvoll und gepflegt sein, weil Kunden nicht zuletzt von der äußeren Erscheinung des Gärtners auf ihre Arbeitsweise und ihr Können – sowohl fachlich als auch beratend – schließen.

Umgangsformen. Neben dem äußeren Erscheinungsbild sind die Umgangsformen wichtig. Da die Kunden oft von der äußeren Erscheinung und den Umgangsformen des Gärtners auf die Arbeitsweise, das Können und damit letztlich auf die Qualität der gesamten Gärtnerei schließen. Höflichkeit und

Wertschätzung im Umgang der Menschen miteinander schaffen eine angenehme Atmosphäre, in der sich der Kunde von Anfang an wohlfühlt.

Ein gut geschultes und motiviertes Verkaufspersonal geht aktiv auf die Kunden zu und beweist immer wieder neu die hohe Beratungs- und Servicekompetenz.

Kaufmotive: Welche Beweggründe gibt es, etwas zu kaufen?

Im Wesentlichen sind es zwei Gründe: Selbstverwirklichung (schöne Dinge anschaffen, entspannen, belohnen, selber gestalten, pflegen sammeln) und soziale Verwirklichung (Freude bereiten, Selbstdarstellung, Macht und Einfluss, Anerkennung, Zuwendung, Freundschaft).

Kundenarten: Zwischen welchen wird beim direkten Absatz unterschieden?

Die Nachfrager nach Produkten und Dienstleistungen des Gartenbaus können sein: private Haushalte, gewerbliche Unternehmen und Körperschaften des öffentlichen Rechts.

In Bezug auf Privatkundschaft unterscheidet man grundsätzlich nach dem Geschlecht in männliche und weibliche Kunden, zwischen Kindern (bis 14 Jahre), Jugendlichen (ab 14–21 Jahre), Erwachsenen (ab 21–65 Jahre) und älteren Menschen (ab 65 Jahre). Diese Gruppen urteilen, empfinden, agieren und reagieren sehr unterschiedlich. Die Unterschiede müssen im Verkaufsgespräch berücksichtigt werden. Den meisten Frauen macht Einkaufen Spaß; Männer betrachten es oft als notwendiges Übel. Männer sind im Allgemeinen ausgabefreudiger als Frauen und in geschmacklichen Fragen eher geneigt, fachlichen Rat von Verkäufern anzunehmen. Erwachsene jeden Lebensalters sind in ihrem Verhalten mehr oder weniger festgelegt und müssen vom Verkäufer so genommen werden, wie sie sind. In Bezug auf Kinder ist zu beachten, dass Kinder die Stammkunden von morgen sind.

Stammkunden: Was versteht man darunter?

Personen oder Institutionen, die häufiger bzw. regelmäßig Kunde eines Anbieters sind, werden als Stammkunden bezeichnet. Der Begriff Stammkunde ist mit dem Begriff Kundenbindung verbunden. Stammkunden muss man mit dem Namen anreden und auf ihre, ja bekannten, Eigenarten und speziellen Wünsche und Vorstellungen besonders eingehen, ohne dass der Kunde es jedes Mal erneut betonen muss.

Laufkunden: Was versteht man darunter?

Sie betreten ein Geschäft entweder, weil sie ihr Weg zufällig dahin führt, oder weil sie von der Schaufensterauslage oder einer Musterpflanzung vor dem Betrieb besonders angezogen wurden. Der Verkäufer sollte bei jedem Laufkunden den Versuch machen, einen neuen Stammkunden für das Geschäft zu gewinnen. Dies verlangt besonders aufmerksame Bedienung und ist außerordentlich wichtig bei Geschäften, die infolge ihrer Lage mehr Laufkunden als Stammkunden haben.

Stoßgeschäft: Was versteht man darunter?

In jedem Einzelhandelsbetrieb gibt es verkaufsarme und verkaufsintensive Zeiten. Ursache dafür sind hauptsächlich die eingeübten Einkaufsgewohnheiten der Kunden. So gehen Hausfrauen am Vormittag üblicherweise zum Einkaufen, wenn sie ihre Hausarbeiten erledigt haben. Dies führt zu einer Häufung von Verkäufen in den späten Vormittagsstunden. Aber auch am Nachmittag bis Geschäftsschluss muss mit verstärktem Kundenandrang gerechnet werden oder auch an Samstagen. Solche Zeiten mit hoher Kundenfrequenz werden als Stoßgeschäft bezeichnet. Stoßzeiten in Endverkaufsbetrieben kehren regelmäßig wieder, sie sind daher weitgehend berechenbar.

Impulskäufe: Was versteht man darunter?

Käufe, die spontan getätigt werden. Dabei unterscheidet man zwischen reinen Impulskäufen (Kunde kauft eine Pflanze, ohne dies vorher geplant zu haben) und geplanten Impulskäufen (Kunde sieht zufällig eine Pflanze, die er schon lange sucht, und kauft sie).

Zusatzverkauf: Was versteht man darunter?

Wenn der Kunde zum ehemals gewünschten Artikel einen weiteren kauft spricht man vom Zusatzkauf. Bei den Zusatzartikeln wird zwischen Ergänzungs- und Fremdartikeln unterschieden. Ergänzungsartikel stehen in einem inneren Zusammenhang mit dem Hauptartikel; beide sind also miteinander verwandt. Beispiele sind: Topfpflanze und Dünger bzw. Übertopf. Fremdartikel sind als Zusatzartikel nicht durch die Hauptware bestimmt. Darunter fallen alle möglichen Keramikwaren und Geschenkartikel, Artikel der Saison, kleine Fertigsträuße, Sonderangebote, Neuheiten. Zusatzverkäufe können auch durch Kombinationsangebote erreicht werden. Das heißt, es werden von vornherein mehrere unterschiedliche Waren gemeinsam angeboten. Beispiele sind: Blumen mit Vase, Topfpflanzen mit Übertopf. Dieser Zusatzverkauf hat besondere Bedeutung in der täglichen Verkaufspraxis. Richtig angepackt, ist er die einfachste Art, den Umsatz zu steigern, vorausgesetzt, er wird mit der Absicht durchgeführt, dem Kunden damit einen zusätzlichen Dienst zu erweisen; denn die Zufriedenheit des Kunden muss immer vor Umsatzsteigerung gehen.

Kundenverhalten (Kundentypen): Zwischen welchen Verhaltensweisen wird unterschieden?

Grundsätzlich unterscheidet man bei Menschen zwischen zwei Grundhaltungen, dem dominanten und dem integrativen Typen. Dominante Menschen sind eher autoritär eingestellt; sie versuchen gerne, andere Menschen zu beeinflussen oder sich diese sogar gefügig zu machen. Integrative Menschen sind nachgiebig und tolerant (duldsam); ihre Absicht ist, sich in die Gesellschaft einzuordnen oder sich gar unterzuordnen. Von diesen Grundmustern lassen sich auf Kunden folgende spezielle Verhaltensweisen ableiten:

- Der anmaßende Kunde und der Besserwisser.
- Der eitle Kunde.
- Der misstrauische, nörgelnde Kunde.
- Der unentschlossene Kunde.
- Der nervöse Kunde.
- Der schwatzhafte und der schweigsame Kunde.
- Der sachverständige Kunde.
- Der geizige Kunde.

Dominante Kunden wollen sich den Verkäufer gefügig machen, integrative Kunden ordnen sich dagegen unter. Mit Anmaßung und Besserwisserei, aber auch mit Eitelkeit wird oft die eigene Unsicherheit überdeckt mit der Absicht, den Verkäufer dadurch zu beeindrucken. Entscheidungsfreudigkeit ist nicht jedem Kunden gegeben, oft muss der Verkäufer nachhelfen. Der Nervosität beim Kunden muss der Verkäufer mit Gelassenheit begegnen; damit wirkt er beruhigend auf ihn. Gesprächige Kunden dürfen nicht mit schwatzhaften gleichgesetzt werden und schweigsame Kunden sind nicht grundsätzlich verstockt. Je sachverständiger ein Kunde ist, umso sicherer und fachlich geschulter muss der Verkäufer sein. Geiz in Grenzen wird von vielen Menschen durchaus anerkannt, für einen Verkäufer aber stellt sich die Forderung, den Geiz des Kunden zu überwinden.

Verkaufsgespräch: In welche Phasen gliedert sich ein Verkaufsgespräch?

1. Eröffnung (Motivation des Kunden) – Kontaktaufnahme, Begrüßung, Gesprächseröffnung.
2. Definition des Angebotes – Bedarfsermittlung und Wunschkonkretisierung.
3. Reaktion des Kunden – Warenvorschlag und Warenpräsentation.
4. Herbeiführung des Kaufentschlusses – Verkaufs-, Nutzenargumente.
5. Abschluss – Einwandbehandlung und Entscheidungsphase.

Wodurch wird das Verkaufsgespräch bestimmt?

Ein Verkaufsgespräch wird bestimmt durch die Kundenart (Frau, Mann, Kind), dem Kundentyp, dem Kaufmotiv, der Warenart und dem Verkäufer.

Kundeneinwände: Was ist Gegenstand von Kundeneinwänden?

Kundeneinwände können nach dem Objekt, gegen das sie gerichtet sind, in fünf verschiedene Gruppen eingeteilt werden:

- Einwände gegen die Ware.
- Einwände gegen den Preis.
- Einwände gegen den Verkäufer.
- Einwände gegen das Geschäft.
- Einwände gegen den Verkaufsabschluss.

Sortiment: Was versteht man darunter?

Als Sortiment bezeichnet man die Gesamtheit aller ausgewählten und angebotenen Waren eines Handelsunternehmens. Das Warenangebot ist in der Regel immer mit Sach- und/oder Dienstleistungen verbunden. In der Sortimentsbildung kommt die spezifische und unverwechselbare Leistung jedes Handelsbetriebs zum Ausdruck. Die Fragen, welche Sortimente gebildet werden sollen, sind essenzielle Bestandteile der strategischen Marketingplanung von Handelsunternehmen.

Dienstleistungen: Welche Dienstleistungen bieten gärtnerische Endverkaufsbetriebe (Einzelhandelsgärtnereien) an?

Zu den allgemeinen Dienstleistungen von gärtnerischen Endverkaufsbetrieben gehören Bedienung, Beratung, Verpackung von Waren (z. B. Geschenkverpackung) und die Zustellung von Waren. Darüber hinaus werden, von Betrieb zu Betrieb unterschiedlich, spezielle Dienstleistungen angeboten wie fachkundige Beratung in allen Fragen des Gartenbaus, die Durchführung von Pflanzungen, Pflege von Gärten, Innenraum- und Wohnraumgestaltung mit Pflanzen (Innenraumbegrünung), Pflanzenüberwinterung und Pflanzenpension, Umtopfen und Rückschnitt von Pflanzen, Bepflanzen und Vorpflanzen von Balkonkästen, Fertigung floristischer Werkstücke, Durchführung von Dekorationen, Pflanzenverleih (Pflanzenleasing).

Welche Vorteile hat das Anbieten von Dienstleistungen?

Dienstleistungen erhöhen die Attraktivität der Einkaufsstätte, indem sie „einfache" und vergleichbare Produkte aufwerten. Sie verbessern die Kundenbindung. Dienstleistungen sorgen dafür, dass die betrieblichen Kapazitäten (Flächen, Fahrzeuge, Arbeitskräfte) besser ausgelastet werden. Sie erleichtern dem Fachhandel die Abgrenzung von Mitbewerbern, die keine oder nur wenig Dienstleistungen anbieten (Lebensmittelhandel, Baumärkte).

Sortimentsbreite: Was versteht man darunter?

Wie breit ein Sortiment ist, hängt im Wesentlichen davon ab, wie viele verschiedene Warengruppen geführt werden. Bei einem Warenhaus kann von einem sehr breiten Sortiment gesprochen werden, denn dort werden z. B. Lebensmittel, Tabakwaren, Schreibwaren, Drogerieartikel, Möbel, Gardinen, Teppiche, Stoffe, Sportartikel, Haushaltswaren Textilien, Fahrräder, Kinderausstattung, Schmuck, Kosmetika usw., angeboten. In den gärtnerischen Endverkaufsbetrieben ist die Sortimentsbreite sehr unterschiedlich. Bietet der Gärtner neben einem Kernsortiment auch noch Randsortimente an (siehe dort) dann kann die Sortimentsbreite sehr breit sein. Man kann den Begriff Sortimentsbreite aber auch auf das einzelne Sortiment (Warengruppe) beziehen. Bietet der Gärtner viele verschiedene Schnittblumen an, so ist sein Schnittblumensortiment breit. Breite Schnittblumensortimente findet man z. B. in umsatzstarken Zeiten. In umsatzschwachen Zeiten hingegen sind die Schnittblumensortimente schmal dimensioniert. Zu beachten ist, dass die Beurteilung, ob ein Sortiment schmal oder breit, tief oder flach ist, von der Nachfrage der Zielgruppe des Händlers abhängt.

Sortimentstiefe: Was versteht man darunter?

Wie tief gegliedert ein Sortiment ist, hängt im Wesentlichen davon ab, wie viele Sorten als Varianten eines Artikels innerhalb einer Warengruppe angeboten werden. Durch Sortimentstiefe zeichnet sich beispielsweise ein Schnittblumensortiment aus, wenn es z. B. Rosen in mehreren Sorten umfasst. Tiefe Schnittblumensortimente findet man z. B. in umsatzstarken Zeiten. Darüber hinaus sind tiefe Rosensortimente z. B. für den Sommer charakteristisch. Die Sortimentstiefe ist immer warengruppenspezifisch, d. h., ein Geschäft kann in einzelnen Warengruppen ein sehr tiefes Sortiment anbieten und gleichzeitig in anderen Warengruppen nur ein sehr flaches Sortiment führen.

Kernsortiment (Grundsortiment): Was versteht man darunter?

Im gesamten Sortiment eines Handelsbetriebs stehen prinzipiell alle Artikel in einer ertragswirtschaftlichen Verbundbeziehung. Die Aufteilung des Sortiments in Kern- bzw. Grundsortiment und Randsortiment erfolgt, um die schwerpunktmäßige Verteilung der Umsätze auf die verschiedenen Sortimentsteile zu kennzeichnen. Das Kernsortiment beinhaltet das eigentliche Sortiment, die Sortimentsmitte, z. B. Sanitärprodukte (Badewannen, Duschen, Toiletten) beim Sanitärhändler. Bei Einzelhandelsgärtnereien sind es die Pflanzen (Gehölze, Stauden, Topfpflanzen, Beet- und Balkonpflanzen, Schnittblumen) und die dazugehörigen Dienstleistungen. Die Waren des Kernsortiments sollen die Rendite des jeweiligen Handelsunternehmens sichern. Mit dem Kernsortiment wird der Hauptumsatz des jeweiligen Betriebs getätigt.

Randsortiment (Nebensortiment): Was versteht man darunter?

Artikel des Randsortiments erreichen in der Regel einen relativ geringen Anteil am Umsatz. Sie werden nicht nur zur Erreichung zusätzlicher Umsätze geführt, sondern auch aus psychostrategischen Gründen: etwa um Verbundkäufe auszulösen, um den Kunden einen zusätzlichen Service und/oder zusätzliches Prestige zu bieten und um mit der Profilierung des eigenen Sortiments einen Imagevorsprung zu erreichen (Abgrenzung gegenüber den Wettbewerbern). Randsortimente ergänzen das Kernsortiment. Mögliche Artikel der Sortimentserweiterung sind Gefäße aus Keramik, Glas, Metall, Düngemittel, Erden und Substrate, Pflanzenschutzmittel, Sämereien, Blumen- und Gartenbücher, Grußkarten, Kerzen, Bänder, Blumenfrischhaltemittel, Dekorationsartikel (z. B. Stoffe, Figuren), Geschenkartikel im Boutiquestil, wie Holz-, Bast-, Korb- und Flechtwaren, Künstliche Blumen, Einrichtungsgegenstände (z. B. Leuchten, Möbel), Gartenmöbel, Wohnaccessoires (z. B. Kerzenständer, Bilder) sowie Maschinen und Geräte für den Garten. Die Übergänge zwischen Kern- und Randsortiment sind natürlicherweise fließend. Im Zusammenhang mit dem Randsortiment spricht man auch von Zusatzartikeln. Als Zusatzartikel kommt alles infrage, was „zur Pflanze gehört“: Gefäße, Erden, Dünger, Pflanzenschutzmittel, Bewässerungsmittel und auch Fachliteratur.

Sortimentserweiterung: Was versteht man darunter?

Wenn sich ein Einzelhandelsunternehmen dazu entschließt, bisher noch nicht geführte Waren oder Artikel ins Sortiment aufzunehmen, ist das eine Sortimentserweiterung. So könnte zum Beispiel eine Endverkaufsgärtnerei Rasenmäher ins Sortiment aufnehmen, weil aufgrund von Gesprächen mit Kunden ein Bedarf dafür besteht. Deshalb sind Kundenwünsche, die nicht erfüllt werden können, sorgfältig zu notieren und bei gehäuftem Auftreten in der Sortimentsgestaltung zu berücksichtigen.

Sortimentsbereinigung: Was versteht man darunter?

Von einer Sortimentsbereinigung spricht man, wenn das bisherige Sortiment um Artikel oder Sorten verringert wird. Diese Strategie („Auslistung“) bietet sich z. B. für Artikel mit übermäßiger Lagerdauer, abnehmendem Image, unattraktiv werdenden Einkaufskonditionen oder schrumpfender Handelsspanne an.

Preis: Was versteht man darunter?

Der Begriff Preis bezeichnet den Tauschwert (in Geldeinheiten ausgedrückt) für eine Ware (ein Produkt) oder Leistung (z. B. die Pflege der Innenraumbegrünung).

Preisbildung: Zwischen welchen drei grundlegenden Methoden wird unterschieden?

Es wird zwischen der kostenorientierten Preisbildung (kalkulierter Preis), der nachfrageorientierten Preisbildung (Marktpreis) und der wettbewerbsorientierten Preisbildung unterschieden. Bei der wettbewerbsorientierten Preisbildung analysiert man fortlaufend die preislichen Aktivitäten der Mitbewerber.

Marktpreis: Was versteht man darunter?

Den Preis, der sich aus dem Zusammentreffen von Angebot und Nachfrage auf dem Markt bildet. Der Preis beeinflusst Angebot und Nachfrage, wie auch Angebot und Nachfrage den Preis beeinflussen. Der Preis fällt bei starker Konkurrenz, großem Angebot und geringer Nachfrage. Der Preis steigt bei Güterknappheit, hoher Kaufkraft, Modeeinflüssen, geringem Angebot und großer Nachfrage. Der Marktpreis kann dem kalkulierten Preis entsprechen (was gut ist), darüber liegen (was noch besser ist) oder darunter (was schlecht ist, weil die Kosten des Betriebes nicht gedeckt werden).

Kalkulierter Preis: Was versteht man darunter?

Das ist der Preis für eine Ware oder eine Dienstleistung, der die Kosten für den Wareneinsatz sowie alle anderen Kosten, die im Unternehmen entstehen deckt und darüber hinaus einen Gewinnaufschlag enthält. Grundlagen des kalkulierten Preises sind die Einzelkosten und die Gemeinkosten. Einzelkosten sind die Kosten die sich der Ware oder Dienstleistung vollständig zurechnen lassen. Gemeinkosten sind jene Kosten, die sich nicht einer Ware oder Dienstleistung zuordnen lassen.

Handelsspanne: Was versteht man darunter?

Differenz zwischen dem Einkaufspreis und dem Verkaufspreis einer Ware.

Die durch die Handelstätigkeit entstehenden Kosten drücken sich in der Handelsspanne aus. Man spricht auch von der Aufschlagspanne. Diese gibt den Aufschlag in % auf den Einstandspreis an. Beispiel: Ein Blumengeschäft kauft die Geranie beim Gärtner für 1,25 € ein und verkauft sie für 2,50 €. Hier beträgt die Handelspanne 1,25 € bzw. der Aufschlag 100 %.

Preisuntergrenze: Was versteht man darunter?

Das ist der Preis, den ein Produkt mindestens erzielen muss.

Schwellenpreis: Was bezeichnet man damit?

Umgangssprachlich derjenige Preis, den der Verbraucher maximal für ein Produkt auszugeben bereit ist. Ziel muss ein hoher Verkaufspreis sein, der möglichst nahe am Schwellenpreis liegt.

Sonderangebotspreis: Was versteht man darunter?

In der Betriebswirtschaft ein Preis (z. B. für eine Pflanze), der nur so hoch ist wie die Summe aller Einzelkosten. Mit einem Erlös in dieser Höhe hat das Unternehmen noch keine Gemeinkosten und keinen Gewinn erzielt. Ein Sonderangebotspreis kann gerechtfertigt sein z. B. bei Minderqualität, zur Anlockung von Kunden oder wenn Kulturflächen kurzfristig geräumt werden müssen.

Sonderangebote: Was wird mit Sonderangeboten angestrebt?

Mithilfe von Sonderangeboten strebt man eine kurzfristige Absatzsteigerung und somit eine zeitliche und mengenmäßige Lenkung der Nachfrage an. Zusätzlich kann bei Produkten, deren Preiswürdigkeit für die potenziellen Abnehmer schwer einzuschätzen ist, die Kaufunsicherheit reduziert werden.

Dumpingpreis: Was bezeichnet man damit?

Warenverkauf zu Preisen unterhalb eines kalkulierten Preises bzw. der üblichen Marktpreise oder auch unterhalb der Selbstkosten.

Rechnung: Was ist das?

Eine Rechnung ist ein Dokument, das eine detaillierte Aufstellung über eine Geldforderung für eine Warenlieferung oder eine sonstige Leistung enthält. Sie enthält Angaben über die Leistung (Art, Menge, Datum, Preis), die Zahlung (Zahlungsbedingungen, Bankverbindung) und den Aussteller (Firma, Adresse). Die steuerliche Anerkennung von Rechnungen ist an genaue Bedingungen geknüpft.

Welche Angaben enthält eine Rechnung?

Mit der Rechnung wird der Käufer aufgefordert, die bestellte Ware zu bezahlen. Sie enthält folgende Angaben:

- Absender, beziehungsweise Name und Anschrift des Gartenbaubetriebes,
- Bankverbindung,
- Name und Anschrift des Leistungsempfängers,
- Rechnungsnummer und Rechnungsdatum,
- Zahlungsbedingungen,
- Menge und Art der Waren,
- Einzel- und Gesamtpreise,
- Entgelt für Lieferung oder sonstige Leistungen,
- Endsumme,
- Mehrwertsteuersatz in %,
- Bei Rechnungen über 150 € zusätzlich den auf das Entgelt entfallenden Steuerbetrag in € und die Steuernummer oder die Umsatzsteuer-Identifikationsnummer.

Rabatt: Was ist das?

Ein Rabatt (von ital.: rabatto, rabattere = niederschlagen, abschlagen) ist ein Nachlass vom Listen-Preis einer Ware oder Dienstleistung. Rabatte werden als Kaufanreize in der Preispolitik eingesetzt. Rabatte werden meist in Prozent vom Listenpreis, dem Rabattsatz, angegeben. Mengenrabatt wird bei Abnahme großer Mengen gewährt. Treuerabatt wegen langjähriger Geschäftsverbindungen. Sonderrabatt wird bei bestimmten Anlässen gegeben, z. B. Geschäftsjubiläen oder der Einführung eines neuen Produkts. Naturalrabatt wird in Form von Waren gewährt, z. B. wird weniger berechnet als geliefert wurde.

Skonto: Was ist das?
Prozentualer Preisnachlass, der vom Lieferanten oft dann gewährt wird, wenn der Rechnungsbetrag innerhalb einer bestimmten Frist bezahlt wird. Üblich sind 2 bis 3 % Skonto bei Zahlungen innerhalb von 10 Tagen nach Eingang der Rechnung.

Bonus: Was ist das?
Gutschriften oder Preisnachlässe, die Kunden z. B. als Treueprämie oder aus anderen Anlässen (im Gegensatz zu Rabatten und Skonto) nachträglich (z. B. am Jahresende) von ihrem Lieferanten gewährt bekommen. Die Boni können in Form von Gutschriften, zusätzlichen Warenlieferungen oder Auszahlungen erstattet werden.

Quittung: Was versteht man darunter?
Die Quittung ist eine schriftliche Bescheinigung über den Empfang einer Geldleistung. Die Quittung ist somit das Beweismittel für die geleistete Zahlung. Nach § 368 Bürgerliches Gesetzbuch kann der Erbringer einer Leistung vom Empfänger derselben eine Quittung verlangen. Als Quittung gelten der Kassenbon, die Zahlungsbestätigung auf der Rechnung und die Quittung auf dem Quittungsformular (Quittungsvordruck).

Was muss eine Quittung enthalten?
Eine Quittung muss enthalten:
- Zahlungsbetrag in Ziffern,
- Zahlungsbetrag in Buchstaben,
- Umsatzsteuersatz in %,
- Umsatzsteuerbetrag (ab 150 € Rechnungsbetrag),
- Name des Zahlers,
- Zahlungsgrund (Leistung, Ware),
- Ort, Datum, Unterschrift des Empfängers.

Zahlungsverkehr: Welche Möglichkeiten der Zahlung werden unterschieden?

Grundsätzlich bar oder bargeldlos. Die bargeldlose Zahlung erfolgt über die Bankkarte, die Kreditkarte, durch Überweisung, mit Lastschrift, per Dauerauftrag oder Verrechnungsscheck.

Electronic Cash mit PIN: Was versteht man darunter?

Ein Bezahlungsverfahren, bei dem eine Online-Verbindung zum Girokonto des Kunden hergestellt wird und wodurch der Händler eine Zahlungsgarantie erhält. Electronic Cash wird mit der Bankkarte mit den entsprechenden Symbolen ec oder Maestro bezahlt. Die Zahlung wird durch Eingabe der persönlichen Geheimzahl (PIN) legitimiert. Für den Händler ist die Electronic Cash mit PIN daher ohne Risiko.

ELV Elektronisches Lastschriftverfahren: Was versteht man darunter?

Ein Bezahlverfahren, bei der von der Bankkarte die Bankleitzahl und die Kontonummer ausgelesen und eine ganz normale Lastschrift mit Einzugsermächtigung erzeugt wird, die der Kunde mit seiner Unterschrift erteilt. Das Problem ist, dass der Händler auf dem Zahlungs- und Betrugsrisiko sitzen bleibt. Auch gesperrte und gestohlene Karten können eingesetzt werden. Und der Kunde und die Bank können die Lastschrift zurückgeben.

Kreditkarte: Was versteht man darunter?

Bargeldloses Zahlungsmittel, mit der der Kunde bei den Händlern zahlen kann, die einer Kreditkartenorganisation (z. B. American Express, Diners Club, Eurocard, Visa) angeschlossen sind. Bei Kreditkarten kauft die Händlerbank dem Händler (dem Endverkaufsbetrieb) seine Forderungen gegenüber dem Kunden ab. Dafür behält er einen Teil des Umsatzbetrages als Provision ein. Die Höhe der Provision beträgt je nach Händlerbank 2–4 %. Für den Händler gibt es dafür eine Zahlungsgarantie.

Umtausch: Was versteht man darunter?

Wenn ein einwandfreier Artikel gegen einen anderen einwandfreien Artikel getauscht wird. Ein gesetzliches Recht auf Umtausch besteht nicht. Grundsätzlich ist der Händler nur dann zum Umtausch verpflichtet, wenn ihn bei der Erfüllung des Vertrages ein Verschulden trifft. Unabhängig davon besteht jedoch die Umtauschpflicht auch dann, wenn dem Kunden das Umtauschrecht vertraglich zugesichert wurde.

Warenmängel: Welche Rechte hat der Kunde, wenn Warenmängel vorliegen?

Liegen Warenmängel vor, hat der Kunde nach den Bestimmungen des BGB bzw. HGB ein Wahlrecht hinsichtlich der Wiedergutmachung des ihm zugefügten Schadens, nämlich das Recht auf Rücknahme der Ware durch den Verkäufer und Rückerstattung des Kaufpreises, das Recht auf Herabsetzung des Kaufpreises in angemessenem Verhältnis, das Recht auf Umtausch der Ware oder das Recht auf Reparatur der Ware (Nachbesserung), falls dies überhaupt möglich ist.

Marketing: Was versteht man darunter?

Auf einen kurzen Nenner gebracht ist Marketing die Kunst, Kunden auf gewinnbringende Weise zu finden und zufriedenzustellen. Der Begriff kommt aus dem englischen und bedeutet soviel wie auf den Markt bringen.

Bei den Instrumenten des Marketings unterscheidet man im Wesentlichen vier Bereiche:

- Distributionspolitik,
- Produktions- und Sortimentspolitik,
- Preispolitik,
- Kommunikationspolitik.

Die Distributionspolitik befasst sich insbesondere mit den Absatzwegen, die für meine Produkte bzw. Dienstleistungen zur Verfügung stehen. Die Wahl des Absatzweges oder der Absatzwege ist die wichtigste Entscheidung im Rahmen der Distributionspolitik.

Die Produkt- und Sortimentspolitik befasst sich mit der Frage, welche Sortimente, Produkte und welche Dienstleistungen ich anbieten sollte, um erfolgreich und gewinnbringend am Markt agieren zu können. Dabei muss der Anbieter sein Sortiment und Serviceangebot ständig den aktuellen Marktanforderungen anpassen. So stellt sich für den Anbieter beispielsweise die Frage, welche Neuheiten aufgenommen werden sollten?

Den Preis als Marketinginstrument kann der Unternehmer einsetzen, der einen preispolitischen Spielraum hat. Bei den Produkten des Gartenbaus ist dieser Spielraum aufgrund des starken Wettbewerbs zwar relativ gering, aber in vielen Fällen immer noch so groß, dass Raum für preispolitische Aktivitäten bleibt; so z. B. für Sonderangebote oder Rabatte.

Das Marketinginstrument Kommunikationspolitik umfasst Maßnahmen, mit denen ein Unternehmen (ein Gartenbaubetrieb) Informationen über seine Verkaufsprodukte zur Förderung des Absatzes weiterleiten kann. Dabei unterscheidet man die Bereiche Werbung, Verkaufsförderung und Öffentlichkeitsarbeit.

Corporate Identity: Was versteht man darunter?

Unter Corporate Identity wird ein einheitliches, prägnantes Erscheinungsbild des Unternehmens verstanden, und zwar sowohl gegenüber der externen Öffentlichkeit (hier insbesondere den Kunden bzw. potenziellen Kunden) als auch in Bezug auf die interne Öffentlichkeit (den Mitarbeitern). Gestalterische Maßnahmen (das Erscheinungsbild des Unternehmens), das Verhalten Kunden und Mitarbeitern gegenüber sowie die Kommunikation insgesamt prägen die Identität des Unternehmens.

Werbung: Was versteht man darunter?

Alle Maßnahmen, die – räumlich nicht festgelegt – zur Information über ein Produkt, eine Leistung oder einen Betrieb genutzt werden. Sie stellt eine planmäßige Beeinflussung von Einzelpersonen oder Gruppen dar mit dem Ziel, Meinungen zu bilden oder zu beeinflussen und das Nachfrageverhalten zu steuern, d. h. es entweder zu stabilisieren (Erhaltungswerbung) oder zu verändern (Einführungs- und Expansionswerbung).

Werbemittel: Was versteht man darunter?

Werbemittel sind sachliche und persönliche Ausdrucksformen wie beispielsweise Anzeigen, Handzettel (Flugblätter), Plakate, Werbebriefe (Kundenbriefe), Produkt- und Preislisten, Prospekte und Kataloge, Werbefilme, Fernseh- und Hörfunkspots.

Werbeträger: Was versteht man darunter?

Gegenstände und Einrichtungen, über die Werbemittel an die Zielperson(en) herangetragen werden. Die wichtigsten Werbeträger sind Pressemedien, Fernsehen, Rundfunk, Anschlagsäulen und -tafeln, Wände, Kinos, Verkehrsmittel.

Zielgruppe: Was versteht man darunter?

Begrenzter Kundenkreis (z. B. Ehemänner, Kinder, Rentner), der mit Werbung auf ein bestimmtes Angebot, eventuell zu einem besonderen Anlass (z. B. Muttertag), hingewiesen wird. Der Erfolg bei einer zielgruppenorientierten Werbung ist in der Regel umso größer, je persönlicher sich der Kunde angesprochen fühlt.

Erfolgreiche Werbung: Welche Kriterien sollte sie erfüllen?

Erfolgreiche Werbung

- passt zum Absender,
- erreicht die richtige Zielgruppe,
- weckt das Interesse, sie erregt Aufmerksamkeit, sie macht neugierig,
- setzt auf Bilder,
- ist sympathisch und/oder lustig,

- ist informativ und sagt dennoch in Kürze alles,
- gibt dem Kunden einen Grund zum Kaufen.

Öffentlichkeitsarbeit (Public Relations): Was wird damit bezeichnet?

Darunter sind sämtliche Aktivitäten zu verstehen, die ein Unternehmen ergreift, um sein Ansehen in der Öffentlichkeit zu pflegen und zu verbessern. Die absatzfördernden Maßnahmen beziehen sich dann nicht auf eine bestimmte Ware, sondern auf das Unternehmen oder den Betrieb als Ganzes. Es geht darum, wie der Gartenbaubetrieb seine Beziehungen zur Öffentlichkeit pflegt. Geworben wird um das positive Image des Betriebes in der Öffentlichkeit. Im Unterschied zur Öffentlichkeitsarbeit ist die Werbung mehr auf ein einzelnes Produkt bzw. eine Leistung gerichtet.

Image: Was versteht man darunter?

Die Ansammlung verschiedener Assoziationen, die eine Ware, eine Dienstleistung, eine Person, ein Betrieb, ein Unternehmen oder eine Branche hervorrufen, nennt sich Image. Dabei handelt es sich um das „Bild im Kopf" und die Botschaft, die vermittelt wird.

Verkaufsförderung: Was versteht man darunter?

Die Verkaufsförderung umfasst alle Maßnahmen, die einem Verkäufer das Verkaufen und einem Käufer das Kaufen erleichtern bzw. ihn zum Kaufen anregen sollen. Durch sie soll der Kunde am Ort des Einkaufs an das Produkt herangeführt werden. Das heißt, Verkaufsförderung findet immer am Ort des Verkaufs statt, z. B. im Verkaufsgewächshaus eines Endverkaufsbetriebs, während Werbung Maßnahmen betrifft, die – räumlich nicht festgelegt – zur Information über ein Produkt, eine Leistung oder einen Betrieb genutzt werden.

Welche Maßnahmen umfasst die Verkaufsförderung?

Zu den Maßnahmen der Verkaufsförderung gehören u. a.:

- Plakate und Angebotstafeln, die z. B. auf ein spezielles Angebot oder die Verwendung eines Produkts hinweisen.
- Hinweisschilder, die den Käufer auf einen Verkaufsbereich (z. B. Düngemittel, Beet- und Balkonpflanzen) aufmerksam machen sollen.
- Bildetiketten an Pflanzen mit Verwendungs- und Pflegehinweisen.
- Schaupflanzungen, die Anregungen für die Verwendung der Erzeugnisse geben, z. B. Musterpflanzungen von Balkonkästen.
- Bildkataloge und Bücher (z. B. über Gartenanlagen, Grabbepflanzungen, Brautsträuße) helfen dem Kunden seine Wünsche genauer auszudrücken und vermitteln ihm neue Anregungen.

- Beleuchtungseffekte heben bestimmte Waren hervor.
- Dia-Shows und Videofilme informieren über Verwendung und richtige Pflege der Erzeugnisse.

Der Einsatz des vielfältigen Verkaufsförderungs-Materials wird häufig und sehr erfolgreich in Verbindung mit Veranstaltungen und Aktionen geplant, z. B. im Zusammenhang mit einem Tag der offenen Tür, mit Verkaufsausstellungen (z. B. zum Advent, zu Weihnachten, zum Valentinstag, zu Ostern, zu zeitgemäßem Grabschmuck, neuen Beet- und Balkonbepflanzungen) oder Sonderangeboten.

Verkaufsflächen: Was sollte bei der Gestaltung beachtet werden?

Der Aufbau von Einzelhandelsgeschäften lässt sich anhand der Einteilung in den Eingangsbereich, in Haupt- und Nebenwege, in Kreuzungen, Ruhe- und Spielzonen sowie den Kassenbereich beschreiben. Von besonderer Bedeutung hinsichtlich der Wahrnehmung durch den Kunden sind dabei der Eingangsbereich, die Hauptwege, die erste Kreuzung nach dem Eingang sowie der Kassenbereich. In diesen aufmerksamkeitsstarken Schlüsselbereichen sind im Facheinzelhandel die höherwertigen und exklusiven Produkte anzubieten.

Das wesentliche Ziel bei der Festlegung der Wegstrecke ist es, den Kunden an möglichst großen Teilen des angebotenen Sortiments vorbeizuführen. Dabei sollen die Wege weder zu verschlungen sein, noch soll der der Kunde zu rasch wieder aus dem Geschäft heraus können. In leicht zu überblickende Verkaufsräume sind optisch gut wahrnehmbare Bereiche zu integrieren, welche die Aufmerksamkeit und Neugierde der Kunden auf sich ziehen und somit das Interesse zum Hingehen wecken (Impulszonen).

Warenpräsentation: Welche grundsätzlichen Anforderungen sind zu stellen?

Wie ein Kunde ein Geschäft wahrnimmt, wird neben inneren auch von äußeren Einflüssen bestimmt. Zum Beispiel wirken Geräusche, Gerüche, Licht, Farben, die Gestaltung insgesamt, das Ambiente sowie die Stimmung auf den Kunden ein. Mithilfe der bewussten Gestaltung von äußeren Einflüssen sollen beim Kunden Emotionen und Neugierde geweckt werden – eine wesentliche Voraussetzung für den Verkauf der angebotenen Waren. Auf Sauberkeit und Ordnung achten sehr viele Kunden besonders.

Eine gelungene Gestaltung sorgt für die übersichtliche Präsentation der angebotenen Waren, für optische Höhepunkte und sorgt regelmäßig für Abwechslung und positive Überraschungen. Impulskäufe sollen ausgelöst werden. Gleichzeitig soll die Warenpräsentation die Selbstbedienung ermöglichen und keinen unverhältnismäßigen Arbeitsaufwand machen. Im gleichen Sinne können warenspezifische Auszeichnungen und Kundeninformationssysteme als „stumme Berater“ einen wichtigen Beitrag zur Entlastung des Verkaufspersonals leisten.

Welche Möglichkeiten der Gruppenbildung bei der Warenpräsentation gibt es (Beispiele)?

- Gruppierung von verschiedenen Artikeln nach zusammenpassenden Farben (Farbinseln).
- Gruppenbildung nach dem Verwendungszweck. Zum Beispiel Topfpflanzen mit dazu passenden Übertöpfen inklusive der Zusatzsortimente (z. B. Dünger, Substrate).
- Themenbezogene Gruppierungen. Zum Beispiel Ansammlung von Geschenkideen.
- Pflanzen nach ihren Ansprüchen (Licht, Temperatur usw.) oder ihren Eigenschaften gruppieren. Zum Beispiel Hydrokultur, Duftpflanzen, Schattenpflanzen.
- Jahreszeitliche Anlässe.
- Gruppierung von gleichartigen Artikeln in großen Mengen und/oder in einer großen Variationsbreite (z. B. durch Hervorhebung der Sortenvielfalt). Massenhaftes Angebot suggeriert ein günstiges Preis-Leistungs-Verhältnis.
- Sonderpräsentation eines einzelnen Artikels. Einzelne, häufig größere Pflanzen werden separat von anderen angeboten. Um diese herum werden kleinere Pflanzen gruppiert.

Friedhofsgärtnerische Tätigkeiten

Friedhofsgärtnerische Tätigkeiten: Welchen Tätigkeiten geht eine Friedhofsgärtnerei in der Regel nach?

Im Regelfall hat eine Friedhofsgärtnerei drei Betriebsteile: den Produktionsbetrieb, das Blumengeschäft und den Bereich Friedhofsgestaltung und Pflege von Grabstätten. Die Produktion von Pflanzen ist für eine Friedhofsgärtnerei keine unabdingbare Voraussetzung. Betriebe, die Anzuchtflächen haben, werden diese nutzen. Betriebe ohne bzw. mit kleinen Anzuchtflächen, werden bevorzugt zukaufen. Schwerpunkt friedhofsgärtnerischer Tätigkeiten ist das Anbieten von Dienstleistungen. Sie erstrecken sich auf folgende Bereiche:

- gärtnerische Anlage und Gestaltung der Grabstätte,
- laufende gärtnerische Betreuung und Pflege des Grabes, dazu gehören das Sauberhalten, die Düngung, das Gießen und der Schnitt von Gehölzen und Bodendeckern,
- jahreszeitliche Wechselbepflanzung mit Frühjahrs-, Sommer- und Herbstblumen,
- Pflege des Grabsteins,
- Schmuck des Grabes mit Wintergrün und dauerhaften Gestecken,
- Grabschmuck (wie z. B. Kränze, Gestecke, Pflanzschalen, Kerzen oder frische Blumen und Gebinde) zu Allerheiligen, Totensonntag oder zu persönlichen Gedenktagen,
- Erneuerung der Grabfläche nach Einsenkung und Nachbeerdigung.

Überprüfter Fachbetrieb Friedhofgärtnerei: Wofür steht diese Bezeichnung?

Es ist eine Auszeichnung für Betriebe, die eine bestimmte Qualifikation nachweisen können. Die Überprüfung der Betriebe durch eine neutrale und unabhängige Kommission wird damit zu einem Leistungsbeweis für einen Friedhofsgärtner-Betrieb. Die Qualitätskontrolle umfasst die Grabgestaltung nach den Gestaltungsrichtlinien des Bundes deutscher Friedhofsgärtner. Weiterhin wird – falls vorhanden – die Trauerbinderei und/oder die Trauerdekoration einschließlich der Verwendung von kompostierfreundlichen Materialien sowie das Blumenfachgeschäft bzw. das Büro (die Annahmestelle) geprüft.

Was ist Grundlage bei der Ausführung friedhofsgärtnerischer Arbeiten?

1. Der Kundenauftrag.
2. Die allgemeinen fachlichen Grundsätze.
3. Die Bestimmungen der örtlichen Friedhofsordnung.

4. Die Richtlinien für die gärtnerische Grabgestaltung.
Es dienen als Empfehlung:
5. Die allgemeinen Geschäftsbedingungen für friedhofsgärtnerische Arbeiten.
6. Die allgemeinen Geschäftsbedingungen für Dauergrabpflege.

Friedhöfe: Welche Funktionen haben Friedhöfe?

Friedhöfe sind öffentliche Einrichtungen zum Zwecke einer würdigen und pietätvollen Bestattung. Sie bilden gleichzeitig kulturelle Einrichtungen, die der Ehrung der Toten dienen und die Pflege ihres Andenkens ermöglichen, sie sind meist auch Gedenkstätte für die Opfer von Krieg und Gewaltherrschaft. Neben ihrer Funktion als Begräbnisstätte sind sie auch Orte der Besinnung, der inneren Einkehr und Kommunikation. Sie sind Lebensräume für Flora und Fauna und somit Grünflächen mit wichtiger ökologischer Bedeutung. In diesem Zusammenhang sind sie wichtige Elemente der Grünflächenkonzeption einer Kommune und dabei wichtige Bestandteile zur positiven Beeinflussung des Stadtklimas. Sie stellen einen beachtlichen Erholungswert für die Bevölkerung dar. Auch sind sie Hüter historischer Kulturgüter im Rahmen des Denkmalschutzes. Nicht zuletzt haben Friedhöfe eine wirtschaftliche Funktion. Sie stellen einen beachtlichen Wirtschaftsraum für lokal und regional arbeitende Betriebe dar.

Wodurch wird das Erscheinungsbild eines Friedhofs bestimmt?

In besonderem Maße von der Einordnung in die äußere Umgebung, der Rahmenbepflanzung, der Wegeführung, der Art und Pflege der Grabbepflanzung und der Pflege der Grabstätte, ihrer Einbindung und der gestalterischen Abstimmung der Gräber untereinander.

Friedhofsrecht: Welche Rechtsstellung hat ein Friedhof?

In der Bundesrepublik Deutschland besteht Bestattungszwang, der in den Bundesländern durch Bestattungsgesetze und sie ergänzende Verordnungen festgelegt ist. Darüber hinaus besteht Friedhofszwang, d. h., die Beisetzungen dürfen nur auf entsprechend ausgewiesenen Flächen stattfinden. Die Errichtung und der Betrieb eines Friedhofes ist wegen seiner gesundheitlichen Bedeutung eine öffentliche Aufgabe. Aus diesem Grund sind die Gemeinden (Kommunen) verpflichtet, Friedhöfe zu betreiben. Kirchengemeinden sind dazu ebenfalls berechtigt, nicht aber verpflichtet. Im Sinne der Gemeindeordnung sind Friedhöfe öffentliche Einrichtungen und gehören zum sogenannten Gemeinbedarf. In Ausnahmefällen sind private Bestattungsplätze (Gruften in Schlössern oder Klöstern) unter bestimmten Voraussetzungen genehmigungsfähig.

Friedhofsträger: Wer kann Friedhofsträger sein?

Der Friedhof wird in den meisten Fällen von der Kommune oder der lokalen Glaubensgemeinschaft (z. B. Kirchliche Friedhöfe wie Evangelischer Friedhof oder Katholischer Friedhof) getragen. Darüber hinaus existieren – insbesondere für kulturell herausragende Friedhöfe mit überwiegendem Denkmalscharakter – Träger in Form von Stiftungen und Vereinen. Kommunale Friedhöfe sind in der Regel als städtische Regiebetriebe geführt, d. h. sie haben im Unterschied zu betriebswirtschaftlich organisierten Betrieben keine eigene Rechtspersönlichkeit und keinen eigenen Haushalt, dafür jedoch hoheitliche Befugnisse. Zuständig für den Betrieb ist die Friedhofsverwaltung. Diese kann in unterschiedlichen Bereichen der Kommunalverwaltung verortet sein, etwa über das Ordnungsamt, das Bauamt oder das Grünflächenamt. In einigen Fällen ist sie auch Bestandteil von Eigenbetrieben, etwa wenn die Friedhofsverwaltung in die Obhut der Stadtwerke ausgegliedert wurde.

Friedhöfe unter kirchlicher Trägerschaft sind dagegen in der Regel mit einem eigenen Haushalt ausgestattet und dazu angehalten, sich selbst zu tragen. Wie kommunale Friedhöfe auch verfügen sie über Einnahmen in Form von Friedhofsgebühren und aus wirtschaftlicher Tätigkeit (etwa Leistungen der Gärtnerei für Grabpflege usw.).

Friedhofssatzung (Friedhofsordnung): Was regelt sie?

Die Friedhofssatzung regelt die Rechte und Pflichten der betroffenen Parteien, dem Friedhofsträger (Kommune, Kirchengemeinde), den Nutzungsberechtigten (dem Besitzer einer Grabstelle), den Gewerbetreibenden (Friedhofsgärtner, Bestatter, Steinmetze, Floristen) und den Besuchern (Hinterbliebenen, Erholungssuchenden). Friedhofssatzungen müssen sich am jeweils geltenden Friedhofs- und Bestattungsrecht ausrichten, das in Deutschland Landesrecht ist. Die rechtlichen Rahmenbedingungen werden örtlich ausgestaltet und konkretisiert.

Im Einzelnen sind in der Regel folgende Angelegenheiten in einer Friedhofssatzung geregelt:

- Ordnungsbestimmungen (Verhalten der Benutzer, Öffnungszeiten, Zulassung zu gewerblicher Tätigkeit),
- Rechtsverhältnisse an Grabstellen (Einteilung, Maße, Benutzungsrecht, Vergabe, Ruhefrist),
- Bestimmungen über die Bestattung (Särge, Überführung, Bestattungsfeier, Benutzung der Bestattungseinrichtungen),
- Unterhaltung und Pflege der Grabstellen (Bepflanzung, Instandhaltung, Grabpflege),
- Errichtung von Grabmalen (Genehmigung, Gestaltung, Inschrift, Fundamentierung).

Zur Satzung hinzu tritt die Friedhofsgebührenordnung, die Gebühren für von der Friedhofsverwaltung bereitgestellte Leistungen festlegt.

Friedhofsverwaltung: Welche Aufgabe hat sie?

Die Friedhofsanlagen zu erstellen, zu gestalten und instand zu halten, Grabstellen bereitzuhalten, die notwendigen Einrichtungen vorzuhalten und ihren ordnungsgemäßen Betrieb zu gewährleisten sowie für den würdigen Ablauf der Bestattungen Sorge zu tragen.

Bestattung: Was versteht man darunter?

Bestattung ist die nach dem Tod eines Menschen vorgenommene längerfristige Bewahrung des toten Körpers oder bestimmter Überreste, wie der Asche. Bestattung und Beisetzung werden im allgemeinen Sprachgebrauch nicht streng getrennt, Sinn übergreifend werden auch die Bezeichnungen Beerdigung und Begräbnis benutzt.

Bestattungsarten: Zwischen welchen wird unterschieden?

Grundsätzlich wird zwischen der Sargbestattung des Leichnams und der Feuerbestattung unterschieden. Die Sargbestattung des Leichnams erfolgt typischerweise in der Erde eines Friedhofs (Erdbestattung). Regional oder vom Kulturkreis bedingt oder für besonders würdige Bestattungen wird der Sarg in einem ummauerten Grab (sog. Gruft) oder im Mausoleum eingestellt. Bei der Feuerbestattung wird der Leichnam im Krematorium verbrannt. Nach der Kremation erfolgt die Beisetzung der Asche mit oder ohne Urne. In der Regel mit Urne, in die Erde eines Friedhofs. Heute auch im Wurzelbereich von Bäumen in sogenannten Friedwäldern. Darüber hinaus in einer Urnenwand (Kolumbarium) oder in Nischen der Friedhofsmauer.

Kolumbarium: Was versteht man darunter?

Als Kolumbarium bezeichnet man eine Mauer, in denen Särge oder Urnen in mehreren Etagen übereinander in Mauernischen gestellt werden. Als Grabmalersatz dient die Platte, mit welcher die Öffnung verschlossen wird. Diese Form der Bestattung ist häufig im Mittelmeerraum anzutreffen. Bei uns gibt es Kolumbarien, die ausschließlich der Aufbewahrung von Urnen dienen.

Grabarten: Zwischen welchen wird grundsätzlich unterschieden?

Bei den klassischen Grabarten unterscheidet man zwischen Wahlgräbern und Reihengräbern sowie anonymen Gräbern für Erd- und Urnenbestattungen.

Reihengrab: Was versteht man darunter?

Reihengräber sind Einzelgrabstätten für Erd- oder Urnenbestattungen, die zeitlich und räumlich der Reihe nach belegt werden und ausschließlich im Todesfall für die Dauer der vorgeschriebenen Ruhezeit (die von Friedhof zu Friedhof unterschiedlich sein kann, z. B. 18 Jahre) zugeteilt werden. Die Lage der Grabstätte kann nicht ausgesucht werden, d. h. eine Einflussnahme auf Ort und Beschaffenheit der Grabstelle – innerhalb des Friedhofs – ist nicht möglich. Eine Verlängerung der Ruhezeit der einzelnen Gräber ist in der Regel auch nicht möglich. Nach Ablauf der Ruhezeit kann der Friedhofsträger die Grabstätte einebnen und neu vergeben.

Wahlgrab: Was versteht man darunter?

Wahlgräber für Erd- und Urnenbestattung sind Grabstätten, dessen Lage auf dem jeweiligen Friedhof frei gewählt werden kann. Für Familienangehörige, die beabsichtigen, gemeinsam bestattet zu werden, kann die Wahl nur zugunsten dieser Grabart ausfallen. Sie können die Größe der Grabstätte selbst bestimmen – von der Grabstätte für Einzelpersonen bis hin zu mehrlagigen Familiengrabstätten. In der Regel kann eine Wahlgrabstätte bereits vor einem Bestattungsfall erworben werden. Auch die Nutzungszeit kann in der Regel über die von der Friedhofssatzung vorgeschrieben Belegungsdauer (z. B. 20 Jahre) hinaus verlängert werden.

Anonyme Beisetzung bzw. Grabstätten: Was versteht man darunter?

Bei einer anonymen Bestattung wird an der Beisetzungsstelle auf jeglichen Namenshinweis verzichtet. Eine gärtnerische Gestaltung sowie das Aufstellen von Gedenkzeichen ist nicht möglich. In der Regel erfolgt die Bestattung darüber hinaus ohne Bekanntgabe des Zeitpunktes. Als Sonderform ohne individuelle Grabstelle ist mancherorts das Rasen-Reihengrab mit Liegestein möglich.

Belegungsdauer (Ruhezeit): Was versteht man darunter?

Mit Belegungsdauer wird die Ruhefrist eines Grabs bezeichnet, ehe es für weitere Beerdigungen freigegeben wird. Die Belegungsdauer ist örtlich verschieden und bei den einzelnen Gräberarten wechselnd. Maßgebend für die Belegungsdauer der Friedhofsträger sind u. a. die Bodenart und der verfügbare Platz für den Friedhof.

Grabmaße: Welche Größe haben Gräber?

Die Größen von Grabstätten sind in den jeweiligen Friedhofssatzungen geregelt. In den „Richtlinien für die gärtnerische Grabgestaltung“ wird von folgenden Grabmaßen (Richtwerte) ausgegangen: Einstellige Wahlgrabstätte: 120 × 250 cm. Eine mehrstellige Wahlgrabstätte hat die entsprechend mehrfache Größe (z. B. hat eine zweistellige Wahlgrabstätte eine Größe von

240 × 250 cm). Reihengrabstätte – einstelliges Wahlgrab: Grabbeetfläche 120 × 240 cm. Urnengrabstätte: Grabbeetfläche 120 × 120 cm.

Grundsätzlich hält der Bund deutscher Friedhofsgärtner einheitliche und den modernen Anforderungen angepasste Grabgrößen für außerordentlich wichtig, um zum einen die gärtnerische Gestaltung individuell umsetzen zu können, zum anderen der durchschnittlichen größeren Körpergröße gerecht zu werden und nicht zuletzt, um ein geschlossenes, harmonisches Gesamtbild auf dem Friedhof zu erhalten. Die Querwege zwischen den einzelnen Gräbern sollen aus arbeitswirtschaftlichen Gründen nicht unter 40 cm, die Wege entlang den Grabreihen nicht unter 120 cm breit sein.

Vorläufige Anlage einer Grabstätte: Welche Maßnahmen umfasst sie?

Wenige Wochen nach der Beisetzung sind die Kränze und sonstigen Gebinde verwelkt. Dann ist die Grabstätte in einen ansehnlichen Zustand zu bringen. Das geschieht in Gestalt der Voranlage, die als erste Anpflanzung nach der Beisetzung provisorischen Charakter hat. Verwelkter Grabschmuck und überschüssiger Erdaushub werden abgefahren, die Fläche wird grob eingeebnet, danach mit Pflanzerde aufgefüllt. Beim ersten Formen erhält die Grabstätte die Gestalt eines leicht gewölbten, 8–10 cm hohen Hügels. Dieser wird ganzflächig mit Blumen der Jahreszeit bepflanzt, bzw. während des Winters mit Fichtenzweigen abgedeckt und mit Dauergebinden geschmückt.

Grabgestaltung: Von welchen Faktoren werden die Gestaltung und das Aussehen einer Grabstätte bestimmt?

Durch das Grabmal selbst (Form, Größe, Volumen, Anordnung), die Gestaltung des Grabmals (insbesondere bezogen auf die Oberflächenstruktur), Standort des Grabzeichens in der Grabfläche (er hat entscheidende Auswirkung auf die räumliche Wirkung des Gräberfeldes und vor allem auf die gestalterische Konzeption der Grabbepflanzung) und nicht zuletzt der Grabbepflanzung mit raumbildenden immergrünen Gehölzen, Bodendeckern und der jahreszeitlichen Wechselbepflanzung. Eine gemeinschaftsbetonte, flächenhafte verbindende Bepflanzung, die auf die räumlichen Komponenten „Grabzeichen" und „Großpflanzung" sowie auf die den unmittelbaren Bereich bestimmenden Details eingeht, ist für den Raumeindruck von Grab und Gräberfeld entscheidend. Eine zurückhaltende Pflanzung, die sich den benachbarten Gräbern mitteilt, weiterführt und als verbindendes, steigerndes, unterstützendes Element den gemeinschaftlichen Charakter eines Friedhofs unterstreicht, macht den „grünen und blühenden Friedhof" aus.

Welche Grundsätze für die Gestaltung und Bepflanzung eines Grabes sind zu beachten?

Bei der Grabgestaltung soll den Hinterbliebenen ein möglichst großer Freiraum für die Umsetzung individueller Wünsche gegeben werden. Auf der anderen Seite ist die einzelne Grabstelle gleichzeitig auch Teil des Grabfeldes und des gesamten Friedhofes. Insofern sollen sich die einzelnen Grabstellen harmonisch in das Gesamtbild des Friedhofs einfügen. Deshalb sind einige wichtige Einschränkungen der individuellen Gestaltungsfreiheit in den einzelnen Friedhofssatzungen festgeschrieben. Darüber hinaus wurden durch den friedhofsgärtnerischen Berufsstand Richtlinien zur Grabgestaltung und Grabpflege erarbeitet, die heute einen hohen Verbindlichkeitsgrad erreicht haben. Insbesondere werden in diesen Richtlinien Hinweise zu Grabmaßen, der Gliederung der Fläche, der Gestaltung des Raumes, der Abstimmung der Farben und zur Bepflanzung gegeben. Grundsätzlich sollten bei der Gestaltung und Bepflanzung der Gräber, die Gestaltungsrichtlinien des Bunds deutscher Friedhofsgärtner zugrunde gelegt werden.

Gliederung der Grabfläche: Was ist zu beachten?

Der wohl stärkste aber auch berechtigteste Eingriff in die Gestaltung der Grabstelle ist die Forderung nach einer Gliederung der Grabfläche. Durch diese Gliederung kann man überhaupt erst von einer Gestaltung sprechen, im Gegensatz zu den vielfach noch üblichen Streupflanzungen, bei denen über die gesamte Fläche einzelne Pflanzen ohne Bezug zueinander verteilt stehen.

Bei der Gliederung der Fläche ist eine größtmögliche Harmonie anzustreben. Hier gelten die Grundsätze des Goldenen Schnittes. Raum und Fläche sind gleichermaßen zu berücksichtigen. Ausgangspunkt für die Gliederung der Fläche und die Gestaltung des Raumes ist das Grabmal. In Abstimmung mit dem Grabmal müssen harmonische Grundsätze berücksichtigt werden, wobei es zu leichten Abweichungen in den Prozentzahlen kommen kann. Die klassische Aufteilung weist etwa 60 % Bodendecker, 25 % Rahmenbepflanzung und mindestens 15 % Wechselbepflanzung auf.

Gibt es zusätzliche Elemente (z. B. Trittplatten, Schalen, Grableuchten), sollen diese in die Gestaltung integriert werden.

Schrittplatten sind innerhalb der gesamten Grabfläche nur aus zweckdienlichen Gründen und nicht als Gestaltungselemente anzuwenden. Die Verwendung von Schalen sollte sich auf begrenzte zeitliche Gegebenheiten beschränken und nicht als Dauergestaltungselement eingesetzt werden. Dadurch behält sie den Reiz des Besonderen, und die sehr aufwendige Pflege verringert sich auf einen kürzeren Zeitraum.

Gestaltung des Raumes: Was ist zu beachten?

Die Gestaltung des Raumes wird durch verschiedene Faktoren beeinflusst, wobei vielfach das Grabmal das alles Beherrschende ist. Die räumliche Wirkung einer Stele mit ihrer schlanken aufrechten Form ist eine andere als die des herkömmlichen, mehr breiten als hohen Grabmals. Angelehnt an den Goldenen Schnitt, besagt eine für die Praxis vereinfachte Regel, dass das Grabmal im Höhenverhältnis 5 : 3 zu den Rahmenpflanzen stehen sollte, um eine harmonische Verbindung zwischen beiden Elementen zu erzielen. Bei einem Grabmal von 1,20 m Höhe sollten die Pflanzen also maximal 0,72 m hoch sein.

Die vorhandene Bepflanzung auf den Nachbargrabstellen oder – wenn vorhanden – die Pflanzungen hinter der Grabreihe müssen mit in die räumliche Wirkung einbezogen werden. In diesem Zusammenhang muss auch die Raumwirkung der Pflanzen in den Jahreszeiten schon bei der Planung der Bepflanzung berücksichtigt werden, denn sie kann sehr unterschiedlich sein. Als ein interessantes Gestaltungselement ist die Modellierung der Grabfläche zu sehen. Die damit entstehenden Höhen und Tiefen unterstreichen diese besondere Art der Grabgestaltung.

Abstimmung der Farben: Was ist zu beachten?

Mithilfe von Farben lassen sich bei dem Betrachter aufgrund der unterschiedlichen Wirkung der einzelnen Farben bestimmte Wirkungen hervorrufen. Auf der Grabstelle ist gemäß der Richtlinie besonders auf die Wechselbeziehung der Farben der einzelnen Elemente zueinander zu achten. Ist die Farbe der Dauerbepflanzung richtig zur Farbe des Grabmales gewählt oder passt die Wechselbepflanzung in ihrem Farbton zu den beiden vorgenannten? Besonders ist auf die Lichtverhältnisse zu achten, wie zum Beispiel unter großen Bäumen, wo dunkellaubige Gehölze oder dunkelblaue Stiefmütterchen kaum noch zur Geltung kommen. Die Farbe des Bodens und der Wegdecke darf ebenfalls nicht unberücksichtigt bleiben.

Bepflanzung: Was ist zu beachten?

Die Bepflanzung der Grabstelle kann in ihrer Gesamtheit nur voll zur Geltung kommen, wenn die richtige Pflanzenauswahl getroffen wurde. Dies setzt allerdings gute Pflanzenkenntnisse – insbesondere bei der Sortenwahl – voraus.

Die Pflanzen sollen nach ihrer Struktur, ihrem Aufbau und ihren Standortansprüchen ausgewählt werden. Die Eigenarten der einzelnen Pflanzen in ihrer Struktur (großlaubig, großblumig, feinnadelig), in ihrem Aufbau (locker, gedrungen) sind wichtige Elemente in der Gestaltung. Die ausgewählte Wuchsform der Pflanzen muss auch im Einklang mit der Grabmalform stehen. Ist ein schlanker aufrechter Stein gegeben, so sollte man nicht mit einer ähnlichen Form daneben gehen, da so gleiche Charaktere zu sehr miteinander konkurrieren und keiner mehr richtig zur Geltung kommt. Bei einem solchen Grabmal bietet sich mehr eine lockere, unregelmäßige Wuchsform als Gegenpol an.

Die Wirkung der Pflanze (Farbe, Blatt, Blüte) in den verschiedenen Jahreszeiten ist besonders zu beachten. Bei der Auswahl sind schwachwüchsige und schnittverträgliche Arten zu bevorzugen.

Zu berücksichtigen ist auch, ob eine Grabstätte in voller Sonne, im Halbschatten oder Schatten liegt.

Die Wirkung der Dauerbepflanzung soll mit möglichst wenigen Pflanzenarten erreicht werden, um die ruhige Gesamtausstrahlung des Grabes zu unterstreichen. Die normale Pflanzenentwicklung in fünf bis zehn Jahren ist ebenso zu berücksichtigen. Nach diesem Zeitpunkt geht man von einer Neugestaltung oder einer teilweisen Überarbeitung aus. Dieses Ziel, also Standdauer der Gehölze von fünf bis zehn Jahren, ist bei richtiger Sortenwahl ohne Weiteres zu erreichen, ohne dass die Pflanzen ständig durch Schneiden in ihrer Wuchsfreude beschränkt werden müssen und damit ihr typisches Erscheinungsbild, um dessentwillen man sie verwendet, verlieren. Damit ist nicht ein eventueller, teilweiser Korrekturschnitt ausgeschlossen.

Die Pflanzenauswahl und -zusammensetzung aus gestalterischer Sicht muss grundsätzlich nach den Gesetzen der Harmonie in Farbe und Struktur erfolgen. Selbstverständlich sind die Wünsche des Kunden primär sowie der Zeitgeist zu berücksichtigen.

Je nach Pflanzenauswahl ist eine entsprechend fachgerechte Bodenverbesserung mit Hilfsstoffen durchzuführen.

Eine fachgerechte Ausführung, vor allem in der Pflanztechnik, bringt den Charakter der jeweiligen Pflanze zum Ausdruck.

Wechselbepflanzung: Welche Gesichtspunkte sind bei der Pflanzenauswahl zu berücksichtigen (Auswahlmerkmale)?

Auswahlmerkmale sind Sortenkenntnisse, Wuchsstärke, Blühwilligkeit, Witterungsbeständigkeit und Pflegebedarf. Eine gelungene Wechselbepflanzung setzt auf jeden Fall fundierte Sortenkenntnisse voraus. Wobei eine ausgewogene Mischung von alten, bewährten Sorten und einigen neuen vorgenommen werden sollte. Eine gute Entscheidungshilfe sind die Sortenprüfungen der Lehr- und Versuchsanstalten, welche in den Versuchsberichten oder Artikeln der Fachpresse veröffentlich werden. Ein gelegentlicher Besuch der Versuchspflanzungen und damit verbundene eigene Beobachtung sind von großer Bedeutung.

Die Wuchsstärke ist für die Sommerwechselbepflanzung von ganz entscheidender Bedeutung; denn alle Sorten, welche im September wesentlich über 30 cm hinausgehen, führen zu einer zu starken Vergrößerung der Wechselbepflanzung und damit zur Zerstörung der Gestaltungsidee der Grabstelle. Die einzelnen Elemente auf der Grabstelle stehen nicht mehr im richtigen Verhältnis zueinander. Die Angaben der Pflanzenzüchter über Höhe und Wuchsstärke können dem Friedhofsgärtner nur einen ungefähren Anhalt geben. Denn diese Angaben resultieren aus den sehr weiten Pflanzabständen der Versuchspflanzungen dieser Betriebe.

Der größte Teil der Wechselbepflanzung wird aufgrund ihrer Blüten eingesetzt. Lässt die Blüte stark nach oder setzt sie zeitweilig ganz aus, so wird das angestrebte Ziel nicht erreicht. Die Ursachen können in der Vorkultur, der Sortenwahl, dem Standort, dem Witterungsverlauf oder auch in der Nährstoffversorgung liegen.

Die Ansprüche an den Boden, die Nährstoffversorgung und der Wasserbedarf lassen sich durch geeignete Maßnahmen erfüllen. Die Besonnung ist jedoch vom Standort abhängig und daher muss dies besonders bei der Sortenwahl berücksichtigt werden.

Die Witterungsbeständigkeit ist hauptsächlich im Zusammenhang mit der Blüte zu sehen. Allgemeingültig ist, dass einfach blühende Sorten besser sind, da sie eine größere Selbstreinigungskraft der Blüte aufweisen als gefüllte Sorten. Letztere führen, besonders bei längeren Regenperioden, zu einem erhöhten Pflegeaufwand und sie regenerieren sich nicht so schnell wie einfache Sorten.

Wichtig ist auch der Pflegebedarf. Es gibt eine Reihe von Gattungen (z. B. *Heliotropium* oder *Calceolaria*), bei welchen nach dem ersten Flor die verblühten Blütenstände entfernt werden müssen, damit sich eine wirkungsvolle zweite Blüte entwickeln kann. Dieser recht hohe Pflegeaufwand ist nur bei allen Grabstätten eines Betriebes zu rechtfertigen, wenn die Marktlage erhöhte, dem Aufwand entsprechende, Preise zulässt. Ist dies nicht möglich, so müssen pflegeärmere Sorten verwendet werden.

Grabstättenerneuerung: Wann ist sie erforderlich und wie ist zu verfahren?

Selbst bei richtiger Pflanzenauswahl, jährlichem Erhaltungsschnitt und ordnungsgemäßer Pflege muss eine Daueranlage nach einiger Zeit erneuert werden. Das ist in der Regel nach 5–10 Jahren der Fall. Dabei werden im Normallfall alle Pflanzen entfernt, das von Wurzeln durchsetzte, verbrauchte Erdreich wird mindestens einen Spatenstich tief ausgehoben und abgefahren, neuer Boden wird verfüllt. Im Übrigen wird bei der Erneuerung nach den gleichen Gestaltungs- und Bepflanzungsgrundsätzen verfahren wie bei der Neuanlage.

Zwischenzeitlich kann es notwendig sein, eine Teilerneuerung einer Grabstätte vorzunehmen. So können als Folge von Witterungseinflüssen, durch eingedrungenes Wild oder beim Absinken des Erdreiches in manchen Fällen Schäden an der Grabstätte und an der Bepflanzung auftreten. Die Behebung solcher Schäden wird als Teilerneuerung bezeichnet. Nach Behebung des Schadens muss die Grabstätte wieder in einem einwandfreien Zustand sein.

Grabpflege: Welche Aufgabe hat sie und welche Leistungen umfasst sie?

Das gärtnerisch gestaltete Grab wird erst durch die friedhofsgärtnerische Pflege langfristig erhalten. Aufgabe der Grabpflege ist, den gestalteten Rahmen unter Berücksichtigung des Pflanzenwuchses durch entsprechende Maßnahmen in optimalem Zustand zu erhalten.

Zum Leistungskatalog friedhofsgärtnerischer Grabpflege gehören insbesondere: das Säubern der Grabflächen (z. B. von Laub und Ästen) und Freihalten von Unkraut, das Lockern des Erdreiches von nicht bepflanzten Teilen der Grabfläche, Gießen und Düngen, Schnitt der Rahmenpflanzung und der Bodendecker, das Entfernen verblühter Blütenstände bei Beetpflanzen, das Abräumen der Pflanzflächen und Pflanzenschutzmaßnahmen.

Unterbleibt auch nur eine der Maßnahmen, so leidet der Gesamteindruck der Grabstätte. Dies zu erfassen und in der richtigen Reihenfolge auszuführen, verlangt ein wenig Geschick und Erfahrung.

Darüber hinaus gehört zur Grabpflege das Erstellen der jahreszeitlichen Wechselbepflanzung mit Frühjahrs-, Sommer- und Herbstblumen, das Bereitstellen von Grabschmuck zu den Totengedenktagen oder persönlichen Gedenktagen, Schmuck des Grabes mit Wintergrün und dauerhaften Gestecken, Behebung von Einsenkschäden.

Dauergrabpflege: Was versteht man darunter?

Dauergrabpflege ist ein Angebot der deutschen Friedhofsgärtner, die den Angehörigen der Verstorbenen die Sorge um Grabpflege und Grabbepflanzung für Jahre im Voraus abnimmt. Dabei kann es sich um bereits bestehende oder zukünftige Grabstellen handeln. Dieser Service wird zurzeit von etwa 4 500 Fachbetrieben, die bundesweit in 26 Treuhandstellen oder Genossenschaften (Dauergrabpflege-Einrichtungen) zusammengeschlossen sind, durchgeführt.

Welche Gründe sprechen für einen Dauergrabpflege-Vertrag?

Die Dauergrabpflege ist eine Dienstleistung, die den Angehörigen der Verstorbenen die Sorge um Grabpflege und Grabbepflanzung für Jahre im Voraus abnimmt. Es ist ein zeitgemäßes Serviceangebot, dessen Nutzung aus vielerlei Gründen sinnvoll sein kann. Sei es aus zeitlichen Gründen oder wegen der zunehmenden Entfernung zum Grab. So zwingt das moderne Leben viele Menschen zum Wechsel ihres Arbeitsplatzes und damit oft auch gleichzeitig zum Umzug in eine andere Stadt. Auch Behinderungen machen es vielen Hinterbliebenen unmöglich, ihre Gräber zu pflegen. Auch ohne Behinderung fällt mit steigendem Alter das Sauberhalten und Gießen der Grabstelle zunehmend schwerer. Für die Menschen übernimmt der Friedhofsgärtner diese anstrengenden Arbeiten, ohne dass die Hinterbliebenen die Bindung zu ihren Gräbern verlieren. Das heißt, die Sorge um die Grabstelle, die man möglicherweise so viele Jahre lang liebevoll selbst gepflegt hat, kann durch einen Dauergrabpflege-Vertrag abgenommen werden. Aber auch die Vorsorge spricht für einen Dauergrabpflege-Vertrag. „Wer wird sich später um meine Grabstelle kümmern?".

Leistungen: Welche Leistungen umfassen Dauergrabpflegeverträge?

Der Umfang der vom Friedhofsgärtner im Rahmen der Dauergrabpflege zu erbringenden Leistungen kann ganz individuell festgelegt werden. Das Angebot reicht vom Sauberhalten der Grabstelle bis zum Komplett-Service rund um Grabgestaltung und Grabschmuck. Zu Lebzeiten können die Vereinbarungen jederzeit angepasst oder ergänzt werden.
Als Leistungen kommen insbesondere infrage:

- Grabpflege (Gießen, Sauberhalten der Grabstätte, Schneiden von Pflanzen usw.),
- Jahreszeitliche Wechselbepflanzung (Frühjahr, Sommer, Herbst),
- Winterschmuck (z. B. zu Allerheiligen oder Totensonntag),
- Decken des Grabes mit Tannengrün,
- Grabschmuck zu besonderen Gedenktagen (Geburtstag, Todestag, Ostern, Muttertag, Weihnachten),
- Beseitigung von Erdsenkungen, Wildschäden usw.,
- Neuanlage nach einer Bestattung,
- Anlage bzw. Erneuerung einer Dauerbepflanzung,
- Ergänzung der Bepflanzung nach einer weiteren Beisetzung.

Auf welcher Grundlage bauen Dauergrabpflege-Verträge auf?

Friedhofsgärtner schließen mit dem Kunden unter Einschaltung von sogenannten Treuhandstellen (einer Dauergrabpflege-Einrichtung) den Grabpflegevertrag ab, in dem die vereinbarten Leistungen, die vom Zeitpunkt der Ausstellung ab oder aber später ausgeführt werden sollen, genau fixiert werden. Rechtlich handelt es sich bei Dauergrabpflege-Verträgen um ein Dreiecksverhältnis: Es bestehen gegenseitige voneinander abhängige Verträge zwischen Auftraggeber (Kunde) und Friedhofsgärtner, Auftraggeber und Dauergrabpflege-Einrichtung, Friedhofsgärtner und Dauergrabpflege-Einrichtung.

Die Pflegevereinbarung wird für eine Laufzeit von mindestens fünf Jahren geschlossen (in der Regel für 10 bis 30 Jahre); eine kürzere Laufzeit ist möglich, ebenso eine längere. Wichtig ist, das die Dauer des Grabnutzungsrechts (von Friedhof zu Friedhof verschieden) beachtet wird. Der Beginn einer Grabpflege wird im Dauergrabpflegevertrag vereinbart: entweder nach Vertragsabschluss oder nach dem Ableben des Auftraggebers.

Die Kosten der Dauergrabpflege sind abhängig von der Größe und Lage des Grabes, von der Beschaffenheit des Bodens, von der Laufzeit der Vereinbarung und natürlich vom gewünschten Leistungsumfang im Hinblick auf Grabgestaltung und Grabschmuck.

Sicherheiten: Welche vertraglichen Sicherheiten hat der Kunde?

Der Dauergrabpflege-Vertrag enthält Angaben über die Grabstätte, die Laufzeit sowie die zu erbringenden Leistungen. Der beauftragte Fachbetrieb richtet sich in der Gestaltung und Pflege der Grabstätten nach den Kundenwünschen. Die Genossenschaft, die auch sämtliche Zahlungen an den Friedhofsgärtner vornimmt, verwaltet die jeweiligen Vertragssummen, die als Einmalzahlung bei Vertragsabschluss geleistet werden. Die Genossenschaft legt die Vertragssumme so sicher und so rentabel wie möglich an. Die erwirtschafteten Zinsen werden für Preissteigerungen sowie Zusatzleistungen verwendet. Die Garantie für eine sorgfältige Betreuung übernimmt die Genossenschaft. Sie kontrolliert und überwacht die Leistungen des Friedhofsgärtners während der gesamten Vertragsdauer und bezahlt jährlich den Friedhofsgärtner.

Treuhandstelle: Welche Aufgabe hat die Treuhandstelle für Dauergrabpflege?

Sie berät in allen Fragen der Dauergrabpflege, schließt Dauergrabpflege-Verträge ab und verwaltet sie. Sie kontrolliert die vereinbarten Pflegeleistungen, legt die Dauergrabpflegegelder sicher an und zahlt die jährlichen Pflegebeträge an den beauftragten Friedhofsgärtner aus. Sie gibt den Pflegeauftrag an einen anderen Gärtner bei Betriebsaufgabe eines Friedhofsgärtners weiter.

Trauerfallvorsorge: Was versteht man darunter?

Die Trauerfallvorsorge stellt ein über die Dauergrabpflege hinaus erweitertes Leistungsangebot der Friedhofsgärtner dar. Mit der Trauerfallvorsorge hat der Kunde die Möglichkeit, nach eingehender Beratung in einem Fachbetrieb bereits zu Lebzeiten ein individuelles Leistungspaket für den Trauerfall zu vereinbaren. Zur Trauerfallvorsorge gehören z. B. Dekoration der Feierhalle, Kranz, Trauerstrauß, Handstrauß, Sarginnenschmuck und Sargaußenschmuck.

Grabschmuck: Zu welchen Anlässen wünscht der Kunde einen besonderen Grabschmuck?

Anlässe, wo vom Kunden ein besonderer Grabschmuck gewünscht wird, sind kirchliche Gedenktage wie Allerheiligen oder Totensonntag, persönliche Gedenktage, wie Todestag, Geburtstag, Namenstag, Hochzeitstag und sonstige Feiertage wie Muttertag, Ostern, Weihnachten, Pfingsten.

Trauerfloristik: Welche Bereiche umfasst sie?

Den Sargschmuck innen und außen, Urnenschmuck, Trauerhallenschmuck, den Trauerkranz, Kondolenzsträuße, Handsträuße für die Trauergäste.

Literaturverzeichnis

Bettin, Andreas (2011): Kulturtechniken im Zierpflanzenbau. Verlag Eugen Ulmer, Stuttgart. ISBN 978-3-8991–5187-5.
Birk, Elisabeth, Theo Melber (2004): Florist Band 3. Wirtschaftslehre, Rechnungswesen, Marketing. Verlag Eugen Ulmer, Stuttgart. ISBN 978-3-8001–1222-7.
Degen, Martin, Karl Schrader (2009): Der Gärtner 1. Grundwissen für Gärtner. Verlag Eugen Ulmer, Stuttgart 2002. ISBN 978-3-8001–1239-5.
Frahm, Bodo (Hrsg.) (1991): BGJ Agrarwirtschaft. Verlag Eugen Ulmer, Stuttgart 1991. ISBN 3-8001–1049-0.
Göhler, Frank, Heinz-Dieter Molitor (2002): Erdelose Kulturverfahren im Gartenbau. Verlag Eugen Ulmer, Stuttgart. ISBN 3-8001–5053-0.
Hintze, Christoph (2007): Marketing für Produktions- und Dienstleistungsgärtner. Verlag Eugen Ulmer, Stuttgart. ISBN 978-3-8001–4870-7.
Kawollek, Wolfgang (2007): Lexikon des Gartenbaus. Verlag Eugen Ulmer, Stuttgart. ISBN-13: 978-3-8001–4886-8.
Kawollek, Wolfgang, Marco Kawollek (2008): Alles über Pflanzenvermehrung. Verlag Eugen Ulmer, Stuttgart. ISBN 978-3-8001–5421-0.
Müller, Norbert (Hrsg.) (2005): Der Gärtner 2 Zierpflanzenbau Friedhofsgärtnerei Verkauf. Verlag Eugen Ulmer, Stuttgart. ISBN 3-8001–1192-6.
Paschold, Peter-J. (Hrsg.) (2010): Bewässerung im Gartenbau. Verlag Eugen Ulmer, Stuttgart. ISBN 978-3-8001–4774-8.
Richtlinien für die gärtnerische Grabgestaltung. Zentralverband Gartenbau e. V. (ZVG), – Bund deutscher Friedhofsgärtner –, Godesberger Allee 142-148, 53175 Bonn. www.grabpflege.de
Sachweh, Ulrich (1998/2001): Der Gärtner 1 Grundlagen des Gartenbaus. Verlag Eugen Ulmer, Stuttgart. ISBN 3-8001–1184-5.
Wohanka, W. (Hrsg.) (2006): Pflanzenschutz im Zierpflanzenbau. Verlag Eugen Ulmer, Stuttgart. ISBN 3-8001–4409-3.

Bildquellen

Benschot – Fotolia.com: Titelbild Mitte
Flubacher, Helmut, Stuttgart: Abb. 51
James, Christiane, Straelen: Titelbild links
Kawollek, Wolfgang, Kassel: Titelbild rechts
Lokau, Siegfried, Bochum-Wattenscheid: Abb. 11
Verlag Eugen Ulmer, Stuttgart, Archiv: Abb. 14, 16

Alle anderen Abbildungen fertigte Artur Piestricow, Stuttgart, nach Vorgaben der Autoren.

Register

C

Q

R

S

Bibliografische Information der Deutschen Nationalbibliothek
Die Deutsche Nationalbibliothek verzeichnet diese Publikation in der Deutschen Nationalbibliografie; detaillierte bibliografische Daten sind im Internet über http://dnb.d-nb.de abrufbar.

Wollgrasweg 41, 70599 Stuttgart (Hohenheim)
E-Mail: info@ulmer.de
Internet: www.ulmer.de
Lektorat: Werner Baumeister
Herstellung: Thomas Eisele
Umschlagentwurf: Atelier Reichert, Stuttgart
Satz: primustype Hurler, Notzingen
Druck und Bindung: Friedrich Pustet, Regensburg
Printed in Germany

ISBN 978-3-8001-7712-7